总主编 江晓原

中国科学技术通史

III

正午时分

内容提要

本书是第一部既有高度学术价值、又能雅俗共赏的中国科学技术通史。本书汇聚中国科技史研究领域全国一流学者，撰写各自领域研究最精深的专题，以百科全书“大条目”的形式串联起来，展示中国科学技术史的历史全貌。全书上自远古，下迄当代，按照大致时间顺序分为五卷:《源远流长》、《经天纬地》、《正午时分》、《技进于道》、《旧命维新》。每卷按照大致的时间顺序设置大小不等的专题，每个专题都是中国科技史研究领域中的最新研究成果和研究思想。全书共300多万字，包含天学、地学、农学、医学、物理学、化学、博物学等中国科技史所有学科，同时配备“名词简释”、“中西对照大事年表”，各卷末附全书总目录，方便检索使用。

图书在版编目(CIP)数据

中国科学技术通史.正午时分/江晓原主编.—上海:
上海交通大学出版社，2015
ISBN 978-7-313-14275-7

Ⅰ.①中… Ⅱ.①江… Ⅲ.①科学技术—技术史—中国
Ⅳ.①N092

中国版本图书馆CIP数据核字(2015)第301087号

中国科学技术通史·正午时分

主　　编：江晓原
出版发行：上海交通大学出版社　　地　　址：上海市番禺路951号
邮政编码：200030　　电　　话：021-64071208
出 版 人：韩建民
印　　制：山东鸿君杰文化发展有限公司　　经　　销：全国新华书店
开　　本：787mm×1092mm　1/16　　印　　张：39
字　　数：465千字
版　　次：2015年12月第1版　　印　　次：2015年12月第1次印刷
书　　号：ISBN 978-7-313-14275-7/N
定　　价：470.00元

《中国科学技术通史》总序

江晓原

关于中国科学技术史的通史类著作，在相当长的时期内曾缺乏合适读物。这种著作可以分为两大类型：一类是学术性的，编纂之初就没有打算提供给广大公众阅读，而是只供学术界使用的。另一类则面向较多读者，试图做到雅俗共赏。

第一类型中比较重要的，首先当数由李约瑟主持、英国剑桥大学出版社从1954年开始出版的《中国科学技术史》(*Science and Civilization in China*)，因写作计划不断扩充，达到七卷共数十分册，在李约瑟去世之后该计划虽仍继续，但完工之日遥遥无期。该书在20世纪70年代曾出版过若干中文选译本，至1990年起由科学出版社(最初和上海古籍出版社合作)出版完备的中译本，但进展更为缓慢。

进入21世纪，中国科学院自然科学史研究所主持了一个与上述李约瑟巨著类似的项目，书名也是《中国科学技术史》，由卢嘉锡总主编，科学出版社出版，凡3大类29卷，虽成于众手，但克竟全功。

第二类型中比较重要的，很长时间只有两卷本《中国科学技术史稿》，杜石然等六人编著，科学出版社1982年出版。此书虽不无少量讹误，且行文朴实平淡，但篇幅适中，提纲挈领，适合广大公众及初学中国科学技术史者阅读。

至2001年，始有上海人民出版社推出五卷本《中华科学文明史》，该书系李约瑟生前委托科林·罗南(Colin A. Ronan)将 *Science and Civilization in China* 已出各卷及分册改编而成的简编本,意在提供给更多的读者阅读。在李氏和罗南俱归道山之后,上海人民出版社从剑桥大学出版社购得中译版权,笔者组织了以上海交通大学科学史系师生为主的队伍完成翻译。后来上海人民出版社又将五卷本合并为两卷本,于2010、2014年两次重印。但此书中译本只有130余万字,且受制于李氏原书之远未完成,内容难免有所失衡,故对于一般公众而言,仍非中国科学技术史的理想读物。

笔者受命主编此五卷本《中国科学技术通史》之初,与诸同仁反复商议,咸以为前贤上述各书珠玉在前,新作如能在两大类型之间寻求一折衷兼顾之法,既有学术价值,亦能雅俗共赏,则庶几近于理想矣。有鉴于此,我们在本书编撰中作了一些大胆尝试,力求接近上述理想。择要言之,有如下数端:

其一,在作者队伍上,力求"阵容豪华"——尽可能约请各相关研究领域的领军人物和著名专家撰写。此举目的是确保各章节的学术水准,为此不惜容忍写作风格有所差异。中国科学技术史研究领域的"国家队"中国科学院自然科学史研究所两位前任所长刘钝教授(国际科学史与科学哲学联合会现任主席)和廖育群教授(中国科学技术史学会前理事长),以身垂范,率先为本书撰写他们最擅长的研究内容,群作者见贤思齐,无不认真从事,完成各自的写作任务。

其二,在内容上,本书不再追求面面俱到。事实上,如果全面贯彻措施一,必然导致某些内容暂时找不到合适的作者。所以本书呈现的结构,是在历史的时间轴上,疏密不等地分布着大大小小的点,而这些点都是术业有专攻的名家之作。

其三，在结构上，借鉴百科全书的“大条目”方式。全书按照大致的时间顺序分为五卷：I《源远流长》，II《经天纬地》，III《正午时分》，IV《技进于道》，V《旧命维新》。每卷中也按照大致的时间顺序设置大小不等的专题。

其四，全书设置了“名词简释”和“中西对照大事年表”，凡未能列入专题而又为了解中国科学技术史所需的有关情况及事件，可在这两部分中得到了解。

本书虽不能称卷帙浩繁，但全书达300余万字，篇幅介于上述第一类型和第二类型之间。在功能和读者对象方面，也力求将上述两大类型同时兼顾。

或曰：既然公众阅读130余万字的《中华科学文明史》尚且有篇幅过大之感，本书篇幅近其三倍，公众如何承受？这就要谈到“大条目”方式的优点了，公众如欲了解中国科学技术史上的某个事件或概念，只需选择阅读本书相应专题即可，并不需要通读全书。而借助全书目录及“名词简释”和“大事年表”，在其中查找相应专题却较在篇幅仅为本书三分之一的《中华科学文明史》更为便捷。

同时，“大条目”方式还使本书在相当程度上成为“中国科学技术史百科全书”，由于条目皆出名家手笔，采纳了中国科学技术史各个领域最新的研究成果，本书的学术价值显而易见。即使是专业的中国科学技术史研究者，也可以从本书中了解到许多新的专业成果和思想观念——而这些并不是在网上“百度”一下就可轻易获得的。

对于中国科学技术史的初学者(比如科学技术史专业的研究生)，本书门径分明，而且直指堂奥，堪为常置案头之有用工具。即便是中国科学技术史的业余爱好者，仅仅出于兴趣爱好，对本书常加披阅，亦必趣味盎然，获益良多。

“一切历史都是当代史”，今世修史，自然有别于前代。吾人今日读史，所见所思，亦必与前代读者不同。读者读此书时，思往事，望来者，则作者编者俱幸甚矣。

2015 年 11 月 11 日

于上海交通大学科学史与科学文化研究院

目录

正午时分

江晓原

中外天文学交流与比较

一、早期中外天文学交流

二、佛教东传中带来的西方天文学

三、蒙元大帝国带来的中国与阿拉伯天文学交流

四、明末清初:近代西方天文学之大举输入

正午时分

一、早期中外天文学交流

1. 中国天学之起源问题

关于中国天学的起源问题，是与中国文明的起源问题密切联系在一起的。几百年来，先后有一些西方和日本学者曾经主张中国文明和天学的西来说。

前面已经探讨了古代中国天学与王权之间密不可分的关系，由此阐明古代中国天学的文化功能。同时，古代中国天学的极强的继承性和传统性也是众所周知的。这样，就有可能为讨论中国天学的起源问题提供一个必要的基础。

在相当大一部分中国天学西源论者心目中，天学在中国上古文化中的地位与性质或许与在古希腊文化中并无不同。因此他们先验地认为，古代中国的天学可以像其他某些技艺那样从别处输入，就好比赵武灵王之引入胡服骑射，或者汉武帝之寻求大宛汗血马。换言之，古代中国可以在自身文明相当发达之后，再从西方传入天学。

但是，只要明白了古代中国天学与王权的相互关系，所有这一类型的西源说(可以饭岛忠夫的“战国传入说”为代表)都将不攻自破——原因很简单，古代中国天学的文化功能决定了它只能与华夏文明同时诞生，它在华夏文明建立的过程中扮演如此重要的角色，就不可能等到后来才被输入。

然而，对于另一类型的中国天学西源说，即主张中国天学早在上古时期就已从西方传入——这类学说通常都要和中国文明西源说的大理论结合在一起，则看来阐明中国天学的文化功能尚不足以构成否定它们的理由。因为按照这类学说，华夏文明本身就可能是由某一支西来文化发展而成，而天学则是该文化东迁时已有的（如郭沫若之说）；或者华夏文明是某个西来文化与土著文化的融合，而天学是由西来者带来的（如苏联学者瓦西里耶夫之说），天学的西来是在华夏文明确立之前或同时。这样就避免与前面所述中国上古天学的文化功能的矛盾。

故至少可以得出如下的结论：现今所知的古代中国天学起源甚早，这一体系在较晚时候从西方传入的可能性可以排除；中国天学的起源问题是与中国文明的起源问题密切联系在一起的，而此两问题都还有讨论的余地。

2.《周髀算经》盖天宇宙模型与印度宇宙模型之关系

中国天学的起源问题，因年代久远，史料缺乏，很难作出确切而完备的结论。因此大体上来说，这是一幅较为虚幻的图景。而另一方面，在较后的时期（那时古代中国天学的体系和格局早已确立），各种西方天学确实曾先后向中土有所传播。这些传来的天学内容中可能有一部分曾被中国天学体系吸收采纳（只是作为技术性的方法补充），但总的来说未对中国天学体系留下重大影响。在这一方面，史料相对来说较多，而理论问题却较少，因此与起源问题的那幅图景相比，这一幅图景较为实在和细致。

在这方面，《周髀算经》中的宇宙模型很可能是一个相当典型的例证。

根据现代学者认为比较可信的结论，《周髀算经》约成书于公元前100年。自古至今，它一直被毫无疑问地视为最纯粹的中国国粹之一。讨论《周髀算经》中有无域外天学成分，似乎是一个异想天开的问题。然而，如果我们先将眼界从中国古代天学扩展到其他古代文明的天学，再来仔细研读《周髀算经》原文，就会惊奇地发现，上述问题不仅不是那么异想天开，而且还有很深刻的科学史和科学哲学意义。

根据《周髀算经》原文中的明确交代，以及本人所发表的对几个关键问题的详细论证，我们已经知道《周髀算经》中盖天宇宙有如下特征：

(1) 大地与天为相距 80 000 里的平行圆形平面。

(2) 大地中央有高大柱形物（高 60 000 里的"璇玑"，其底面直径为 23 000 里）。

(3) 该宇宙模型的构造者在圆形大地上为自己的居息之处确定了位置，并且这位置不在中央而是偏南。

(4) 大地中央的柱形延伸至天处为北极。

(5) 日月星辰在天上环绕北极作平面圆周运动。

(6) 太阳在这种圆周运动中有着多重同心轨道，并且以半年为周期作规律性的轨道迁移（一年往返一遍）。

(7) 太阳光芒向四周照射有极限，半径为 167 000 里。

(8) 太阳的上述运行模式可以在相当程度上说明昼夜成因和太阳周年视运动中的一些天象。

(9) 一切计算中皆取圆周率为 3。

令人极为惊讶的是，我们发现上述九项特征竟与古代印度的宇宙模型全都吻合！这样的现象绝非偶然，值得加以注意和研究。下面是简要的结果：

关于古代印度宇宙模型的记载，主要保存在一些《往世书》(*Puranas*)中。《往世书》是印度教的圣典，同时又是古代史籍，带有百科全书性质。它们的确切成书年代难以判定，但其中关于宇宙模式的一套概念，学者们相信可以追溯到吠陀时代——约公元前 1000 年之前，因而是非常古老的。《往世书》中的宇宙模式可以概述如下：

大地像平底的圆盘，在大地中央耸立着巍峨的高山，名为迷卢(Meru，也即汉译佛经中的“须弥山”，或作 Sumeru，译成“苏迷卢”)。迷卢山外围绕着环形陆地，此陆地又为环形大海所围绕，……如此递相环绕向外延展，共有七圈大陆和七圈海洋。

印度在迷卢山的南方。

与大地平行的天上有着一系列天轮，这些天轮的共同轴心就是迷卢山；迷卢山的顶端就是北极星(Dhruva)所在之处，诸天轮携带着各种天体绕之旋转；这些天体包括日、月、恒星……以及五大行星——依次为水星、金星、火星、木星和土星。

利用迷卢山可以解释黑夜与白昼的交替。携带太阳的天轮上有 180 条轨道，太阳每天迁移一轨，半年后反向重复，以此来描述日出方位角的周年变化。

又唐代释道宣《释迦方志》卷上也记述了古代印度的宇宙模型，细节上恰可与上述记载相互补充：

> ……苏迷卢山，即经所谓须弥山也，在大海中，据金轮表，半出海上八万由旬，日月回薄于其腰也。外有金山七重围之，中各海水，具八功德。

而在汉译佛经《立世阿毘昙论》(《大正新修大藏经》1644 号)卷五“日月行品第十九”中则有日光照射极限，以及由此说明太阳视运动的记载：

> 日光径度，七亿二万一千二百由旬，周围二十一亿六万三千六百

由旬。南剡浮提日出时，北郁单越日没时，东弗婆提正中，西瞿耶尼正夜。是一天下四时由日得成。

从这段记载以及佛经中大量天文数据中，还可以看出所用的圆周率也正好是3。

根据这些记载，古代印度宇宙模型与《周髀算经》盖天宇宙模型实有惊人的相似之处，在细节上几乎处处吻合：

（1）两者的天、地都是圆形的平行平面。

（2）“璇玑”和“迷卢山”同样扮演了大地中央的“天柱”角色。

（3）周地和印度都被置于各自宇宙中大地的南半部分。

（4）“璇玑”和“迷卢上”的正上方皆为诸天体旋转的枢轴——北极。

（5）日月星辰在天上环绕北极作平面圆周运动。

（6）如果说印度迷卢山外的“七山七海”在数字上使人联想到《周髀算经》的“七衡六间”的话，那么印度宇宙中太阳天轮的180条轨道无论从性质还是功能来说都与七衡六间完全一致（太阳在七衡之间的往返也是每天连续移动的）。

（7）特别值得指出，《周髀算经》中天与地的距离是八万里，而迷卢山也是高出海上“八万由旬”，其上即诸天轮所在，是其天地距离恰好同为八万单位，难道纯属偶然？

（8）太阳光照都有一个极限，并且依赖这一点才能说明日出日落、四季昼夜长度变化等太阳视运动的有关天象。

（9）在天文计算中，皆取圆周率为3。

在人类文明发展史上，文化的多元自发生成是完全可能的，因此许多不同文明中相似之处，也可能是偶然巧合。但是《周髀算经》的盖天宇宙模型与古代印度宇宙模型之间的相似程度实在太高——从整个格局到许多细节都一一吻合，如果仍用“偶然巧合”去解释，无论如何总显得过于勉强。

3.《周髀算经》中令人惊奇的寒暑五带知识

《周髀算经》中还有相当于现代人熟知的关于地球上寒暑五带的知识。这是一个非常令人惊异的现象——因为这类知识是以往两千年间，中国传统天学说中所没有、而且不相信的。这些知识在《周髀算经》中主要见于卷下第 9 节：

> 极下不生万物，何以知之？……北极左右，夏有不释之冰。
>
> 中衡去周七万五千五百里。中衡左右，冬有不死之草，夏长之类。此阳彰阴微，故万物不死，五谷一岁再熟。
>
> 凡北极之左右，物有朝生暮获，冬生之类。

这里需要先作一些说明：

上引第二则中，所谓“中衡左右”即赵爽注文中所认为的“内衡之外，外衡之内”；这一区域正好对应于地球寒暑五带中的热带（南纬 23°30′至北纬 23°30′之间），尽管《周髀算经》中并无地球的观念。

上引第三则中，说北极左右“物有朝生暮获”，这必须联系到《周髀算经》盖天宇宙模型对于极昼、极夜现象的演绎和描述能力。圆形大地中央的“璇玑”之底面直径为 23 000 里，则半径为 11 500 里，而《周髀算经》所设定的太阳光芒向其四周照射的极限距离是 167 000 里；于是，每年从春分至秋分期间，在“璇玑”范围内将出现极昼——昼夜始终在阳光之下；而从秋分到春分期间则出现极夜——阳光在此期间的任何时刻都照射不到“璇玑”范围之内。这也就是赵爽注文中所说的“北极之下，从春分至秋分为昼，从秋分至春分为夜”，因为是以半年为昼、半年为夜。

《周髀算经》中上述关于寒暑五带的知识，其准确性是没有疑问的。然而这些知识却并不是以往 2 000 年间中国传统天学体系中的组成部分。

其一，为《周髀算经》作注的赵爽，竟然表示不相信书中的这些知识。例如对于北极附近“夏有不释之冰”，赵爽注称：“冰冻不解，是以推之，夏至之日外衡之下为冬矣，万物当死——此日远近为冬夏，非阴阳之气，爽或疑焉。”又如对于“冬有不死之草”、“阳彰阴微”、“五谷一岁再熟”的热带，赵爽表示“此欲以内衡之外、外衡之内，常为夏也。然其修广，爽未之前闻”——他从未听说过。我们从赵爽为《周髀算经》全书所作的注释来判断，他毫无疑问是那个时代够格的天文学家之一，为什么竟从未听说过这些寒暑五带知识？比较合理的解释似乎只能是：这些知识不是中国传统天学体系中的组成部分，所以对于当时大部分中国天学家来说，这些知识是新奇的、与旧有知识背景格格不入的，因而也是难以置信的。

其二，在古代中国居传统地位的天学说——浑天说中，由于没有正确的地球概念，是不可能提出寒暑五带之类的问题来的。因此直到明朝末年，来华的耶稣会传教士在他们的中文著作中向中国读者介绍寒暑五带知识时，仍被中国人目为未有前闻的新奇学说。正是这些耶稣会传教士的中文著作才使中国学者接受了地球寒暑五带之说。

现在我们面临一系列尖锐的问题：

既然在浑天说中因没有正确的地球概念而不可能提出寒暑五带的问题，那么《周髀算经》中同样没有地球概念，何以却能记载这些知识？

如果说《周髀算经》的作者身处北温带之中，只是根据越向北越冷、越往南越热，就能推衍出北极“夏有不释之冰”、热带“五谷一岁再熟”之类的现象，那浑天家何以偏就不能？

再说赵爽为《周髀算经》作注，他总该是接受盖天说之人，何以连他都对这些知识不能相信？

这样看来，有必要考虑这些知识来自异域的可能性。

大地为球形、地理经纬度、寒暑五带等知识，早在古希腊天文学家那里就已经系统完备，一直沿用至今。寒暑五带之说在亚里士多德的著作中已经发端，至“地理学之父”埃拉托色尼（Eratosthenes，前 275～前 195）的《地理学概论》中，已有完整的五带：南纬 24°至北纬 24°之间为热带，两极处各 24°的区域为南、北寒带，南纬 24°至 66°和北纬 24°至 66°之间则为南、北温带。从年代上来说，古希腊天文学家确立这些知识早在《周髀算经》成书之前。《周髀算经》的作者有没有可能直接或间接地获得了古希腊人的这些知识呢？这确实是一个耐人寻味的问题。

二、佛教东传中带来的西方天文学

1. 巴比伦“折线函数”在中土之踪迹

欲探讨某两事物之间关系，常自对该两事物作比较研究始。对于古巴比伦天学与古代中国天学，以往的比较研究（几乎全由西人所进行）绝大部分都是采用传统人文学科的方法，即通过搜集古籍中的零星有关记载，旁及古代绘画、雕塑、铭文、器物之类，借助于语言学、文字学、神话学、民族志、历史地理学等研究方法和成果，进行考证、分析和推论。其情形大抵如郭沫若《释支干》中所呈现的那样。直到 1955 年，卷帙浩繁的《楔形文天学史料》(*ACT*)和《晚期巴比伦天学及有关史料》(*LBART*)分别由奈格堡(O. Neugebauer)与萨克斯(A. Sachs)两氏编辑,于同年出版,对于巴比伦天学与古代中国天学的比较研究,才开始呈现出一条更扎实、更深入的新途径——数理天文学研究。

本人采用数理天文学方法,对巴比伦天学与古代中国天学发表过一系列比较研究,内容涉及双方的太阳运动理论、行星运动理论、天球坐标、月运动、置闰周期、日长等问题,以期为两者之间的关系提供新的线索。兹略述其大要如次:

巴比伦星历表(ephemeris)中有太阳运动表,记载着每月太阳所在之黄道宫、该月合朔时刻太阳在该宫中的度数、太阳该月运行中所经过的黄经度数等内容。这种表已具有相当复杂的数学结构:表中出现了二次差分,并形成折线函数(zigzag function)——这是巴比伦天学文献中最引人注目的数学工具,几乎所有的数理天文学课题都使用折线函数来描述和处理。折线函数具有多种数学性质,最重要的是它的周期性。在太阳运动问题中,折线函数表现为太阳运动速度随时间变化的关系。

古代中国天学长期认为太阳运动(周年视运动)是匀速的,直到5世末才开始认识到该运动的不均匀性,在公元600年完成的刘焯《皇极历》中,出现了第一张太阳运动不均匀性改正表(日躔表),将此表与巴比伦太阳运动表相比较,发现其中竟也有二次差分及折线函数这两项数学结构。这一现象持续了1个世纪左右。

巴比伦与古代中国的星占学中都把行星的重要性置于首位,在行星运动理论中又都十分重视行星运动的周期及运动状况的数学描述。巴比伦人刻意留心行星运动中的冲、留、重现、隐(伏之始)等"特征天象"(Characteristic phenomena),通过各种周期来预推这些天象发生的日期和黄经。在塞琉古王朝及与之约略同时的西汉王朝,双方的天学家已经同时认识到了一种关于行星的 2 个周期(会合周期与恒星周期)之间的数学关系式,只是表达形式稍有不同而已。双方对这些周期的数值也已掌握得十分精确。而且,双方在行星运动周期问题上还犯相同的错误——认为两个内行星(金星、水星)的恒星周期都是一年。

在行星运动的数学描述上,巴比伦人大为领先。例如,他们已能将最难掌握的水星运动分成六段来处理,其中有匀速、变速、变加速运动,出现三次差分(*ACT*, No. 310)。而中国直到《皇极历》之前一直认为行星运动全为匀速,到《皇极历》和《大业历》中,开始出现类似巴比伦之法,分段处理中出现变速运动,但没有变加速的阶段。就双方数学描述的精确度而言,还是巴比伦方面领先一些。

巴比伦星历表中的行星逐日位置是预先推算所得,而非实测记录(几乎所有巴比伦星历表都系预先推算而得),这就必须使用内插法,通过在一系列已知其时刻与发生位置(黄经)的特征天象之间进行内插以获得其余诸值。而根据一份木星逐日黄经及差分表(*ACT*, No. 654～655)推断,巴比伦人早已使用非线性内插法。而中国自《皇极历》开始,也出现了二次内插法(非线性内插法中阶次最低的一种)。

2. “七曜术”在中土之流传

所谓七曜,指日、月及水、金、火、木、土五大行星,共七天体。此七天体虽数千年前已是古代中国天学家反复考察、研究及论述之对象,但在中国历史上,“七曜”、“七曜历”、“七曜术”、“七曜历术”等术语所指称的,却另有其特殊约定,专指一种异域输入的天学——主要来源于印度、但很可能在向东向北传播的过程中带上了中亚色彩的历法、星占及择吉推卜之术。

七曜术在中土盛行于六朝至唐宋时期，但其在中土首露端倪，或可上溯至东汉末年。至晋宋交替之际，七曜术又出现一次踪迹。约略在此同时，在北中国也出现了七曜术的踪迹。大体言之，传入中土的七曜术在南北朝时期可称盛极一时，至唐代，新的西来天学潮流兴起，但先前的七曜术也继续在流传，降及两宋，都是如此。七曜术在中土的沉寂，似乎恰好伴随着宋朝的灭亡，在此后的史志书目或其他文献中，七曜术的名称几乎完全消失了。

这里要谈一下梁武帝之“长春殿讲义”与印度天学。

《周髀算经》中的宇宙模型与印度的渊源，到了梁武帝萧衍那里，又演出新的一幕，即著名的“长春殿讲义”。梁武帝在长春殿集群臣讲义事，应是中国文化史上非常值得注意的事件之一。古籍中对此事之记载见《隋书·天文志上》：

> 逮梁武帝于长春殿讲义，别拟天体，全同《周髀》之文。盖立新意，以排浑天之论而已。

以往中外学者研究此事，虽各有其价值，但都未能深入阐发此事的背景与意义。这里有两个重要问题必须弄清：①梁武帝在长春殿讲义中所提倡的宇宙理论的内容及其与印度天学之关系如何？②为何《隋书·天文志》上说长春殿讲义“全同《周髀》之文”？

第一个问题比较容易解决。梁武帝长春殿讲义的主要内容在《开元占经》卷一中得以保存下来。梁武帝一上来就用一大段夸张的铺陈将别的宇宙学说全然否定：

> 自古以来谈天者多矣，皆是不识天象，各随意造。家执所说，人

> 著异见，非直毫厘之差，盖实千里之谬。戴盆而望，安能见天？譬犹宅蜗牛之角而欲论天之广狭，怀蚌螺之壳而欲测海之多少，此可谓不知量矣！

如此论断，亦可谓大胆武断之至。特别应该注意到，此时浑天说早已取得优势地位，被大多数天学家接受了。梁武帝却在不提出任何天文学证据的情况下，断然将它否定，若非挟帝王之尊，实在难以服人。而梁武帝自己所主张的宇宙模式，同样是在不提出任何天文学证据的情况下作为论断给出的：

> 四大海之外，有金刚山，一名铁围山。金刚山北又有黑山，日月循山而转，周回四面，一昼一夜，围绕环匝。于南则现，在北则隐；冬则阳降而下，夏则阳升而高；高则日长，下则日短。寒暑昏明，皆由此作。

这样的宇宙模式和寒暑成因之说，在中国的浑天家看来是不可思议的。然而梁武帝此说，实有所本——这就是古代印度宇宙模式之见于佛经中者。

第二个问题必须在第一个问题的基础上才能解决。梁武帝所主张的宇宙模式既然是印度的，《隋书・天文志》说梁武帝长春殿讲义“全同《周髀》之文”，是因为《周髀算经》中的宇宙模式正是来自印度的。因此《隋书・天文志》这句话，其实是一个完全正确的陈述，只不过略去了中间环节。

3. 唐代来华之印度“天学三家”

唐王朝是中国历史上高度开放、高度自信、高度繁荣的盛大帝国。

印度天学之输入中土，也在此时达到空前盛况。当时世界各国各族英杰人物仕唐廷、取高位者比比皆是。极而言之，李唐皇室自身就有异族血统。在这样的背景之下，出现几代仕唐并领导皇家天学机构的印度天学世家，也就不奇怪了。他们所引入的印度天学，还曾取得一定程度的官方地位。不空译《宿曜经》卷上杨景风注云：

> 凡欲知五星所在者，天竺历术推知何宿俱知也。今有迦叶氏、瞿昙氏、拘摩罗等三家天竺历，并掌在太史阁。然今之用多瞿昙氏历，与大术相参供奉耳。

兹将此三家依次考论如次：

迦叶氏(Kāsyapa)：其天学曾在皇家天学机构中与“大术”(中土正统的天学方法)相参使用。

俱(拘)摩罗(Kumāra)：关于俱摩罗氏，两《唐书》均只提到一次，以《旧唐书》所载较详。其术也是与“大术”相参使用的。

瞿昙氏(Gautama)：瞿昙氏在“天竺三家”中最为显赫。史籍中关于瞿昙家族成员的记载很多，但对于这些成员之间的行辈关系，至 1977 年于陕西省长安县北田村发现瞿昙撰墓志，始得完全理清。瞿昙氏至瞿昙晏为止已四代仕唐任天学官职，且都为皇家天学机构中之负责人(太史令、太史监)或重要官员(司天少监、冬官正)。关于瞿昙氏在唐朝的天学活动，史籍中的记载也远较迦叶与俱摩罗两氏为多。瞿昙家族中名声最大者为瞿昙悉达。其人在历史上留下的主要业绩是编译《九执历》及编集《开元占经》。

4.《九执历》:从印度追溯到古希腊天文学

关于《九执历》,《新唐书》卷二八历志四下云:

> 《九执历》者,出于西域。开元六年(718)诏太史监瞿昙悉达译之。

按唐人"西域"一词,含义远较今人之习惯用法为广,五天竺之地都包括在内,这由玄奘之印度纪行名为《大唐西域记》可证。《九执历》纯为印度历法,但在当时人看来,仍不妨谓之"出于西域"。

《九执历》系瞿昙悉达奉唐玄宗之命而译。译文见于《开元占经》卷一〇四,此为现今所存古籍中唯一载有《九执历》译文之处。

《九执历》可能并不存在一种梵文原本,而是从当时各种印度天学文献中摘编而成。《九执历》编译时所参考依据的印度天学著作,至少有《五大历数书汇编》,也许还有《历法甘露》,所牵涉的学派至少有夜半学派(也许还有婆罗门学派),而所有这些印度天学著作和学派的理论,都是源自古希腊的(如图1所示)。

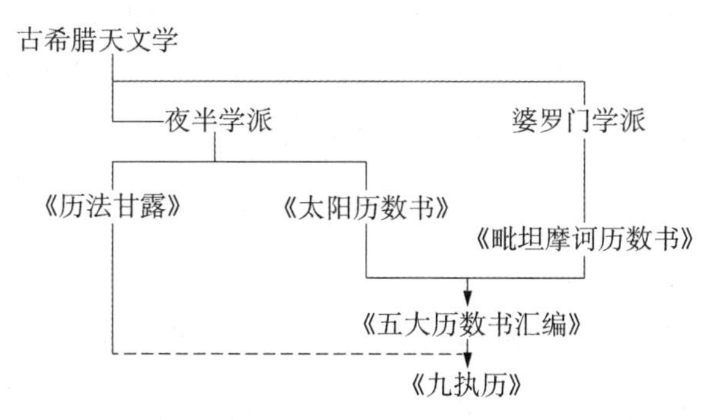

图1 《九执历》源流示意图

虽然经过了如此众多的中介环节,《九执历》中古希腊天文学成分竟依然精晰可辨！下面列出最明显的几项。

(1) 360°的圆周划分。

(2) 60 进位制的计数法。

(3) 黄道坐标。

(4) 太阳周年视运动远地点(定为夏至点之前 10°,这完全符合当时的实际天象)。

(5) 推求月亮视直径大小变化之法。

(6) 正弦函数计算法及正弦数表。

以上各端,皆为中国传统天学体系中向所未有。

三、蒙元大帝国带来的中国与阿拉伯天文学交流

1. 阿拉伯天学仪器及其在中国的影响

元世祖忽必烈登位后(1267),阿拉伯天文学家札马鲁丁进献西域天文仪器七件。七仪的原名音译、意译、形制用途等皆载于《元史・天文志》,曾引起中外学者极大的研究兴趣。由于七仪实物早已不存,故对于各仪的性质用途等,学者们的意见并不完全一致。兹将七仪原名音译、意译(据《元史・天文志》)、哈特纳(W. Hartner)所定阿拉伯原文对音,并略述主要研究文献之结论,依次如下:

(1) “咱秃哈剌吉(Dhatu al-halaq-i)汉言浑天仪也”。李约瑟认为是赤道式浑仪,中国学者认为应是黄道浑仪,是古希腊天文学中的经典观测仪器。

（2）“咱秃朔八台（Dhatu'sh-shu'batai），汉言测验周天星曜之器也”。中外学者都倾向于认为即托勒密（Ptolemy）在《至大论》（*Almagest*）中所说的长尺（Organon parallacticon）。

（3）“鲁哈麻亦渺凹只（Rukhamah-i-mu'-wajja），汉言春秋分晷影堂”。用来测求春、秋分准确时刻的仪器，与一座密闭的屋子（仅在屋脊正东西方向开有一缝）连成整体。

（4）“鲁哈麻亦木思塔余（Rukhamah-i-mustawiya），汉言冬夏至晷影堂也”。测求冬夏至准确时刻的仪器，与上仪相仿，也与一座屋子（屋脊正南北方向开缝）构成整体。

（5）“苦来亦撒麻（Kura-i-sama），汉言混天图也”。中外学者皆无异议，即中国与西方古代都有的天球仪。

（6）“苦来亦阿儿子（Kura-i-ard），汉言地理志也”。即地球仪，学者也无异议。

（7）“兀速都儿剌（al-Usturlab），汉言定昼夜时刻之器也”。实即中世纪在阿拉伯世界与欧洲都十分流行的星盘（astrolabe）。

上述七仪中，第（1）（2）（5）（6）四种皆为在古希腊天文学中即已成型并采用者，此后一直承传不绝，阿拉伯天文学家亦继承之；第（3）（4）两种有着非常明显的阿拉伯特色；第（7）种星盘，古希腊已有之，但后来成为中世纪阿拉伯天文学的特色之一，阿拉伯匠师制造的精美星盘久负盛名。如此渊源的 7 件仪器传来中土，意义当然非常重大。

扎马鲁丁进献 7 件西域仪器之后 9 年、上都回回司天台建成之后 5 年、回回司天台与“汉儿司天台”奉旨同由秘书监领导之后 3 年，中国历史上最伟大的天文学家之一郭守敬，奉命为“汉儿司天台”设计并建造一批天文仪器，3 年后完成（1276～1279）。这批仪器中的简仪、仰仪、正方案等，颇多创新之处。由于郭守敬造仪在扎马鲁丁献仪之后，所造各仪又多为此前中国所未见者，因此很自然就产生了“郭守敬所造仪器是否曾受阿拉伯天文学影响”的问题。

对于这一问题，国内学者自然多持否定态度，认为扎马鲁丁所献仪器“都没有和中国传统的天学结合起来”。就直接的层面而言，郭守敬的仪器中确实看不出阿拉伯天文学的影响，相反倒是能清楚见到它们与中国传统天文仪器之间的一脉相传。对此可以给出一个非常有力的解释：

元代回、汉两司天台同归秘书监领导一事，在此至关重要。因为这一事实无疑已将郭守敬与扎马鲁丁以及他们各自所领导的汉、回天文学家置于同行竞争的状态中。郭守敬既奉命另造天文仪器，他当然要尽量拒绝对手的影响，方能显出他与对手各擅胜场，以便更求超越对手。倘若他接受了阿拉伯天文仪器的影响，就会被对手指为步趋仿效，技不如人，则“汉儿司天台”在此竞争中将何以自立？

但在另一方面，我们又应该看到，就间接的层面而言，郭守敬似乎还是接受了阿拉伯天文学的一些影响。这里姑举两例以说明之：

图 2　简仪

其一是简仪（如图 2 所示）。简仪之创新，即在其“简”——它不再追求中国传统浑仪的环组重叠，一仪多效，而改为每一重环组测量一对天球坐标。简仪实际上是置于同一基座上的两个独立仪器：赤道经纬仪和地平经纬仪。这种一仪一效的风格，是欧洲天文仪器的传统风格，从扎马鲁丁所献七仪，到后来清代耶稣会士南怀仁（F. Verbiest）奉康熙帝之命所造六仪（至今尚完整保存在北京古观象台），都可以看到这一风格。

其二是高表。扎马鲁丁所献七仪中有"冬夏至晷影堂",其功能与中土传统的圭表是一样的,但精确度较高;郭守敬当然不屑学之,而仍从传统的圭表上着手改进,他的办法是到河南登封去建造巨型的高表和量天尺——实即巨型的圭表(如图 3 所示)。然而众所周知,"巨型化"正是阿拉伯天文仪器的特征风格之一。

图 3　河南登封高表

在上述两例中,一是由阿拉伯天文学所传递的欧洲风格,一是阿拉伯天文学自身所形成的风格。它们都可以视为阿拉伯天文学对郭守敬的间接影响。

2. 中国天学家在中亚之活动

随着横跨欧亚大陆的蒙古帝国兴起,多种民族和多种文化经历了一次整合,中外天文学交流又出现新的高潮。关于这一时期中国天文学与伊斯兰天文学之间的接触,其中不少具体问题尚缺乏明确的线索和结论。

首先应该考察耶律楚材与丘处机在中亚地区的天文活动。这一问题意义十分重大。

耶律楚材(1189～1243)本为契丹人,辽朝王室之直系子孙,先仕于金,后应召至蒙古,于 1219 年作为成吉思汗的星占学和医学顾问,随大军远征西域。在西征途中,他与伊斯兰天文学家就月食问题发生争论,《元史·耶律楚材传》载其事云:

> 西域历人奏：五月望，夜月当食。楚材曰否。卒不食。明年十月，楚材言月当食；西域人曰不食。至期，果食八分。

此事发生于成吉思汗出发西征之第二年即1220年，这可由《元史·历志一》中“庚辰岁，太祖西征，五月望，月食不效……”的记载推断出来。发生的地点为今乌兹别克共和国境内的撒马尔罕(Samarkand)，这可由耶律楚材自撰的西行记录《西游录》中的行踪推断出来。

耶律楚材在中国传统天文学方面造诣颇深。元初承用金代《大明历》，不久误差屡现，上述1220年“五月……月食不效”即为一例。为此耶律楚材作《西征庚午元历》(载于《元史·历志》之五至六)，其中首次处理了因地理经度之差造成的时间差，这或许可以看成西方天文学方法在中国传统天文学体系中的影响之一例——因为地理经度差与时间差的问题在古希腊天文学中早已能够处理，在与古希腊天文学一脉相承的伊斯兰天文学中也是如此。

据另外的文献记载，耶律楚材本人也通晓伊斯兰历法。元陶宗仪《南村辍耕录》卷九“麻答把历”条云：

> 耶律文正工于星历、筮卜、杂算、内算、音律、儒释。异国之书，无不通究。尝言西域历五星密于中国，乃作《麻答把历》，盖回鹘历名也。

联系到耶律楚材在与“西域历人”两次争论比试中都占上风一事，可以推想他对中国传统的天文学方法和阿拉伯天文学方法都有所了解，故能知己知彼，稳操胜券。

约略与耶律楚材随成吉思汗西征的同时，另一位著名的历史人物丘处机(1148～1227)也正在他的中亚之行途中。他是奉召前去为成吉思汗讲道的。丘处机于1221年岁末到达撒马尔罕,几乎可以说与耶律楚材接踵而至。丘处机在该城与当地天文学家讨论了这年五月发生的日偏食(公历5月23日),《长春真人西游记》卷上载其事云:

> 至邪米思干(按即撒马尔罕)……时有算历者在旁,师(按指丘处机)因问五月朔日食事。其人云:此中辰时至六分止。师曰:前在陆局河时,午刻见其食既;又西南至金山,人言巳时食至七分。此三处所见各不同。……以今料之,盖当其下即见其食既,在旁者则千里渐殊耳。正如以扇翳灯,扇影所及,无复光明,其旁渐远,则灯光渐多矣。

丘处机此时已73岁高龄,在万里征途中仍不忘考察天学问题,足以见他在这方面兴趣之大。他对日食因地理位置不同而可见到不同食分的解释和比喻,也完全正确。

耶律楚材与丘处机都在撒马尔罕与当地天文学家接触和交流,这一事实看来并非偶然。150年之后,此地成为新兴的帖木儿王朝的首都,到乌鲁伯格(Ulugh Beg)即位时,此寺建起了规模宏大的天文台(1420),乌鲁伯格亲自主持其事,通过观测,编算出著名的《乌鲁伯格天文表》——其中包括西方天文学史上自托勒密之后千余年间第一份独立的恒星表。故撒马尔罕当地,似乎长期存在着很强的天文学传统。

13世纪中叶,成吉思汗之孙旭烈兀(Hulagu,或作Hulegu)大举西征,于1258年攻陷巴格达,阿拔斯朝的哈里发政权崩溃,伊儿汗王朝勃然兴起。在著名伊斯兰学者纳速拉丁·图思(Nasir al-Din al-Tusi)的襄助之下,旭烈兀于武功极盛后大兴文治。伊儿汗朝的首都马拉盖

(Maragha，今伊朗西北部大不里士城南）建起了当时世界第一流的天文台(1259)，设备精良，规模宏大，号称藏书四十余万卷。马拉盖天文台一度成为伊斯兰世界的学术中心，吸引了世界各国的学者前去从事研究工作。

多桑(C. M. D'Ohsson)在《蒙古史》中说，曾有中国天文学家随旭烈兀至波斯，马拉盖天文台上曾有一位中国学者参加工作。此后这一话题常被西方学者提起。但这位中国学者的姓名身世至今未能考证。《蒙古史》中对马拉盖天文台上的中国学者则仅记下其姓名音译(Fao-moun-dji)。由于此人身世无法确知，其姓名究竟原是哪三个汉字也就只能依据音译推测，比如李约瑟著作中采用“傅孟吉”三字。

多桑之说，又是根据一部波斯文的编年史《达人的花园》而来。此书成于1317年，共分9卷，其八为《中国史》。书中有如下一段记载：

> 直到旭烈兀时代，他们(中国)的学者和天文学家才随同他一同来到此地(伊朗)。其中号称“先生”的屠密迟，学者纳速拉丁·图思奉旭烈兀命编《伊儿汗天文表》时曾从他学习中国的天文推步之术。又，当伊斯兰君主合赞汗(Ghazan Mahmud Khan)命令纂辑《被赞赏的合赞史》时，拉施德丁(Rashid al-Din)丞相召至中国学者名李大迟及倪克孙，他们两人都深通医学、天文及历史，而且从中国随身带来各种这类书籍，并讲述中国纪年，年数及甲子是不确定的。

关于马拉盖天文台的中国学者，上面这段记载是现在所能找到的最早史料。“屠密迟”、“李大迟”、“倪克孙”都是根据波斯文音译悬拟的汉文姓名，具体为何人无法考知。“屠密迟”或当即前文的“傅孟吉”——编成《伊儿汗天文表》正是纳速拉丁·图思在马拉盖天文台所完成的最重要业绩；由此还可知《伊儿汗天文表》（又称《伊儿汗历数书》，波斯文原名作 Zij Il-Khani）中有着中国天学家的重要贡献在内。

要确切考证出“屠密迟”或“傅孟吉”究竟是谁，恐怕只能依赖汉文新史料的发现了。

3. 回回司天台上的异域书籍

上都的回回司天台，既然与伊儿汗王朝的马拉盖天文台有亲缘关系，又由阿拉伯天文学家扎马鲁丁领导，且专以进行阿拉伯天文学工作为任务，则它在阿拉伯天文学史上，无疑占有相当重要的地位——它可以被视为马拉盖天文台与后来帖木儿王朝的撒马尔罕天文台之间的中途站。

对于这样一座具有特殊地位和意义的天文台，我们今天所知的情况却非常有限。在这些有限的信息中，特别值得注意的是《秘书监志》卷七中所记载的一份藏书书目——书目中的书籍都曾收藏在回回司天台中。数目中共有天文学著作 13 种如下：

① 兀忽列的《四擘算法段数》15 部

② 罕里速窟《允解算法段目》3 部

③ 撒唯那罕答昔牙《诸般算法段目并仪式》17 部

④ 麦者思的《造司天仪式》15 部

⑤ 阿堪《诀断诸般灾福》

⑥ 蓝木立《占卜法度》

⑦ 麻塔合立《灾福正义》

⑧ 海牙剔《穷历法段数》7 部

⑨ 呵些必牙《诸般算法》8 部

⑩《积尺诸家历》48 部

⑪ 速瓦里可瓦乞必《星纂》4 部

⑫ 撒那的阿剌忒《造浑仪香漏》8 部

⑬ 撒非那《诸般法度纂要》12 部

这里的“部”大体上应与中国古籍中的“卷”相当。第 5、6、7 三种的部数数目空缺。但由该项书目开头处“本台见合用经书一百九十五部”之语，以 195 部减去其余 10 种的部数总数，可知此 3 种书共有 58 部。

这些书用何种文字写成，尚未见明确记载。虽然不能完全排除它们是中文书籍的可能性，但它们更可能是波斯文或阿拉伯文的。

上述书目中，书名取意译，人名用音译，皆很难确切还原成原文，因此这 13 种著作的证认工作迄今无大进展。方豪认为第一种就是著名的欧几里得(Euclides)《几何原本》，“十五部”之数恰与《几何原本》的 15 卷吻合，其说似乎可信。还有人认为第四种可能就是托勒密的《至大论》，恐不可信。因《造司天仪式》显然是讲天文仪器制造的，而《至大论》并非专讲仪器制造之书；且《至大论》全书 13 卷，也与此处“十五部”之数不合。

四、明末清初：近代西方天文学之大举输入

1. 耶稣会士之“通天捷径”

16 世纪末，耶稣会士开始进入中国，1582 年利玛窦(Matteo Ricci,

1552～1610)到达中国澳门,成为耶稣会在华传教事业的开创者。经过多年活动和许多挫折以及与中国各界人士的广泛接触之后,利氏找到了当时在中国顺利展开传教活动的有效方式——即所谓"学术传教"。1601年他获准朝见万历帝,并被允许居留京师,这标志着耶稣会士正式被中国上层社会所接纳,也标志着"学术传教"方针开始见效。

"学术传教"虽然常被归为利氏之功,其实这一方针的提出是与耶稣会固有传统分不开的。耶稣会一贯极其重视教育,大量兴办各类学校,例如,在十七世纪二三十年代,耶稣会在意大利拿波里省就办有19所学校,在西西里省有18所,在威尼斯省有17所;而耶稣会士们更要接受严格的教育和训练,他们当中有一些非常优秀的学者。例如,利玛窦曾师从当时著名的数学和天文学家克拉维斯(Clavius)学习天文学,后者与开普勒、伽利略等皆为同事和朋友。又如后来成为清代第一任钦天监监正的汤若望(Johann Adam Schall von Bell, 1592～1666),其师格林伯格(C. Grinberger)正是克拉维在罗马学院教授职位的后任。再如后来曾参与修撰《崇祯历书》的耶稣会士邓玉函(Johann Terrenz Schreck, 1576～1630),他本人就是猞猁学院(Accademia dei Lincei,意大利科学院的前身)院士,又与开普勒及伽利略(亦为猞猁学院院士)友善。正是耶稣会重视学术和教育的传统使得"学术传教"的提出和实施成为可能。

2.《崇祯历书》所输入之欧洲天文学概览

《崇祯历书》在徐光启、李天经的先后督修之下,分五次将完成之著作进呈崇祯帝御览,共计44种、137卷。《崇祯历书》在明末虽未被颁行,但已有刊本行世,通常称为明刊本。清军入北京时,汤若望处就存有明刊本的版片。经汤若望修订的《西洋新法历书》,在清代多次刊刻,版本颇多，较为完善而又有代表性的，一为今北京故宫博物院所藏清顺治二年刊本，一为美国国会图书馆藏本。

《崇祯历书》卷帙浩繁。其中"法原"即理论部分，占到全书篇幅的1/3，系统介绍了西方古典天文学理论和方法，着重阐述了托勒密（Ptolemy）、哥白尼、第谷（Tycho）3人的工作；大体未超出开普勒行星运动三定律之前的水平，但也有少数更先进的内容。具体的计算和大量天文表则都以第谷体系为基础。《崇祯历书》中介绍和采用的天学说及工作，究竟采自当时的何人何书，大部分已由本人明确考证出来。兹将已考定的著作开列如次：

第谷：

《新编天文学初阶》（*Astronomiae Instauratae Progymnasmata*，1602）

《论天界之新现象》（*De Mundi*，1588，即来华耶稣会士笔下的《彗星解》）

《新天文学仪器》（*Astronomiae Instauratae Mechanica*，1589）

《论新星》（*De Nova Stella*，1573，后全文重印于《初阶》中）

托勒密：

《至大论》（*Almagest*）

哥白尼：

《天球运行论》（*De Revolutionibus*，1543）

开普勒：

《天文光学》（*Ad Vitellionem Paralipomena*，1604）

《新天文学》（*Astronomia Nova*，1609）

《宇宙和谐论》（*Harmonices Mundi*，1619）

《哥白尼天文学纲要》（*Epitome Astronomiae Copernicanae*，

1618～1621)

伽利略：

《星际使者》(*Sidereus Nuntius*，1610)

朗高蒙田纳斯(Longomontanus)：

《丹麦天文学》(*Astronomia Danica*，1622，第谷弟子阐述第谷学说之作)

普尔巴赫(Purbach)与雷吉奥蒙田纳斯(Regiomontanus)：

《托勒密至大论纲要》(*Epitoma Almagesti Ptolemaei*，1496)

上述 13 种当年由耶稣会士"八万里梯山航海"携来中土、又在编撰《崇祯历书》时被参考引用的拉丁文天文学著作，有 10 种至今仍保存在北京的北堂藏书中。其中最晚的出版年份也在 1622 年，全在《崇祯历书》编撰工作开始之前。

3. 欧洲大型天文仪器之仿制

1673 年，耶稣会传教士南怀仁奉康熙之命建造了 6 件大型天文观测仪器，至今仍完好保存在位于北京建国门的古观象台，依次是：天体仪、黄道经纬仪、赤道经纬仪、地平经仪、象限仪、纪限仪。这 6 件仪器几乎是第谷将近 1 个世纪前在欧洲所建造的天文仪器的直接仿制品(如图 4 所示)。南怀仁又撰写了《灵台仪象志》一书，详细描述该 6 件仪器的机械原理、制造工艺和辅助设施，成为一部非常珍贵的欧洲 16～17

图 4　古观象台第谷六分仪仿制品

世纪工艺手册。书中的大量精美线描插图,也是非常罕见的文献资料。

位于建国门的古观象台上还陈列有另外2件大型天文仪器,一件是1715年建造的地平经纬仪,一件是1744年建造的玑衡抚辰仪。

4. 王锡阐、梅文鼎与欧洲天文学

明清之际,中国天文学家(也只有到了此时,中国社会中才出现了真正意义上的天文学家)中,兼通中西而最负盛名者,即为王锡阐、梅文鼎二人。王氏以明朝遗民自居,明亡后绝意仕进,与顾炎武等遗民学者为伍,过着清贫的隐居生活。梅氏虽也不出任清朝的官职,他本人却是康熙帝的布衣朋友。康熙推崇他的历算之学,赐他"绩学参微"之匾,甚至将"御制"之书送给他请他"指正"。二人际遇虽如此不同,但其天文历算之学则都得到后世的高度评价。王、梅二人对第谷宇宙模型的研究及改进,可视为中国天文学家这类工作之代表作。

王锡阐在其著作《五星行度解》主张如下的宇宙模型:

> 五星本天皆在日天之内,但五星皆居本天之周,太阳独居本天之心,少偏其上,随本天运旋成日行规。

他不满意《崇祯历书》用作理论基础的第谷宇宙模型,故欲以上述模型取而代之。然而王氏此处所说的"本天",实际上已被抽换为另一概念——在《崇祯历书》及当时讨论西方天文学的各种著作中,"本天"为常用习语,皆意指天体在其上运行之圆周,即对应于托勒密体系中的"均轮"(deferent),而王氏的"本天"却是太阳居于偏心位置。而在进行具体天象推算时,这一太阳"本天"实际上并无任何作用,起作用的是"日行

规”——正好就是第谷模型中的太阳轨道。故王锡阐的宇宙模型事实上与第谷模型并无不同(如图5所示)。钱熙祚评论王氏模型,就指出它“虽示异于西人,实并行不悖也”。

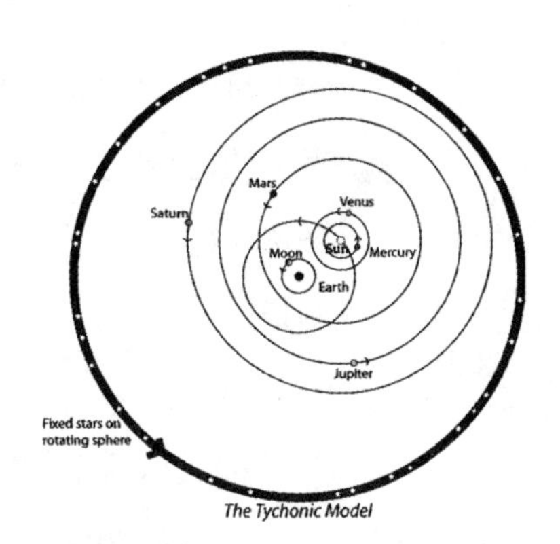

图5　第谷模型

王锡阐何以要刻意“示异于西人”,则另有其政治思想背景。王氏是明朝遗民,明亡后拒不仕清。他对于清朝之入主华夏、对于清政府颁用西方天文学并任用西洋传教士领导钦天监,有着双重的强烈不满。和中国传统天文学方法相比,当时传入的西方天文学在精确推算天象方面有着明显的优越性,但王氏从感情上无法接受这一事实。他坚信中国传统天文学方法之所以落入下风,是因为没有高手能将传统方法的潜力充分发挥出来。为此他撰写了中国历史上最后一部古典形式的历法《晓庵新法》,试图在保留中国传统历法结构形式的前提下,融入一些西方天文学的具体方法。但是他的这一尝试,远未能产生他所希望的效果,《晓庵新法》则成了特别难读之书。

梅文鼎心目中所接受的宇宙模式,则本质上与托勒密模型无异,只是在天体运行是否有物质性的轨道这一点上不完全赞成托勒密。梅氏不同意第谷模式中行星以太阳为中心运转这一最重要的原则,在《梅勿庵先生历算全书·五星纪要》中力陈“五星本天以地为心”。但是为了不悖于“钦定”的第谷模式,梅氏折中两家,提出所谓“绕日圆象”之说——以托勒密模型为宇宙之客观真实,而以第谷模型为前者所呈现于人目之“象”:

若以岁轮上星行之度连之,亦成圆象,而以太阳为心。西洋新说

> 谓五星皆以地为心,盖以此耳。然此围日圆象原是岁轮周行度所成,而岁轮之心又行于本天之周,本天原以地为心,三者相待而成,原非两法,故曰无不同也。……或者不察,遂谓五星之天真以日为心,失其指矣。

此处梅氏所说的"岁轮",相当于托勒密模型中的"本轮"(epicycle)。梅文鼎起初仅应用"围日圆象"之说于外行星,后来其门人刘允恭提出,对于内行星也可以用类似的理论处理,梅氏大为称赏。

如果仅就体系的自洽而言,梅氏的折中调和之说确有某种形式上的巧妙;他自己也相信其说是合于第谷本意的:"予尝……作图以推明地谷立法之根,原以地为本天之心,其说甚明。"稍后有江永,对梅氏备极推崇,江永在《数学》卷六中用几何方法证明:在梅氏模型中,置行星于"岁轮"或"围日圆象"上来计算其视黄经,结果完全相同,而且内、外行星皆如此。

但是江永并未证明梅氏模型与《崇祯历书》所用第谷模型的等价性,梅氏自己也未能提出观测数据来验证其模型(梅文鼎本人几乎不进行天文学观测)。事实上,梅氏的宇宙模型巧则巧矣,却并非第谷的本意;与客观事实的距离,则较第谷模型更远了。

5. 所谓"西学中源"说

耶稣会士传入西方天文、数学和其他科学技术,使得一部分中国上层人士如徐光启、李之藻、杨廷筠等人十分倾心。清朝入关后又将耶稣会士编撰的《崇祯历书》易名《西洋新法历书》颁行天下,并长期任用耶稣会传教士主持钦天监。康熙本人则以耶稣会士为师,躬自学习西方的天文学、数学等知识。

所有这些情况，都对中国士大夫传统的信念和思想产生了强烈冲击。曾在中国宫廷和知识界广泛流行的“西学中源”说，就是对上述冲击所作出的反应之一。“西学中源”说主要是就天文历法而言的。因数学与天文历法关系密切，也被涉及。后来在清朝末年，曾被推广到几乎一切知识领域。

“西学中源”说实发端于明之遗民。最先提出“西学中源”思想的可能是黄宗羲，另一先驱者为黄宗羲同时代人方以智。黄、方二氏虽提出了“西学中源”的思想，但尚未提供支持此说的具体证据。至王锡阐出而阐述“西学中源”，乃使此说大进一步。

入清之后，康熙帝一面醉心于耶稣会士们输入的西方科学技术，一面又以帝王之尊亲自提倡“西学中源”说。康熙有《御制三角形论》，其中提出“古人历法流传西土，彼土之人习而加精焉”，这是关于历法的。他关于数学方面的“西学中源”之说更受人注意，一条经常被引用的史料是康熙五十年(1711)与赵宏燮论数，《东华录》“康熙八九”上记载康熙之说云：

> 即西洋算法亦善，原系中国算法，彼称为阿尔巴朱尔——阿尔巴朱尔者，传自东方之谓也。

“阿尔巴朱尔”又作“阿而热八达”或“阿而热八拉”，一般认为是algebra(源于阿拉伯文 Al-jabr)的音译，意为“代数学”。但康熙凭什么能从中看出“东来法”之意，目前不得而知。

康熙的说法一出，梅文鼎立即热烈响应。梅氏决心用他自己“绩学参微”的功夫来补充、完善“西学中源”说。在《历学疑问补》卷一中，他主要从以下三个方面加以论述：

其一，论证“浑盖通宪”即古时周髀盖天之学。明末李之藻著有《浑盖通宪图说》，来华耶稣会士熊三拔著有《简平仪说》。前者讨论了球面坐标网在平面上的投影问题，并由此介绍星盘及其用法；后者讨论一个称为“简平仪”的天文仪器，其原理与星盘相仿。梅氏就抓住“浑盖通宪”这一点来展开其论证，他断言：

> 至若浑盖之器，……非容成、隶首诸圣人不能作也，而于周髀之所言一一相应，然则即断其为周髀盖天之器，亦无不可。

当然，梅氏这番论证的出发点就大错了。中国古代的浑天说与盖天说，完全不是如他所说的“塑像”与“绘像”的关系。精通天学如梅氏，不可能不明白这一点，但他却不惜穿凿附会大做文章，如果仅仅用封建士大夫逢迎帝王来解释，恐怕还不能完全令人满意。

其二，设想中法西传的途径和方式。“西学中源”必须补上这一环节才能自圆其说。梅氏先从《史记·历书》中“幽、厉之后，周室微，……故畴人子弟分散，或在诸夏，或在夷狄”的记载出发，认为“盖避乱逃咎，不惮远涉殊方，固有挟其书器而长征者矣”。不过梅文鼎设想的另一条途径更为完善：《尚书·尧典》上有帝尧“乃命羲和，钦若昊天”，以及命羲仲、羲叔、和仲、和叔四人“分宅四方”的故事，梅氏就根据这一传说，设想：东南有大海之阻，极北有严寒之畏，唯有和仲向西方没有阻碍，“可以西则更西”，于是就把所谓“周髀盖天之学”传到了西方。他更进而想象，和仲西去之时是“唐虞之声教四讫”，而和仲到达西方之后的盛况是：

> 远人慕德景从，或有得其一言之指授，或一事之留传，亦即有以

开其知觉之路。而彼中颖出之人从而拟议之,以成其变化。

当然,比起王锡阐之断言西法是"窃取"中法而成,梅文鼎的"指授"、"留传"之说听起来总算平和一些。

其三,论证西法与"回回历"即伊斯兰天文学之间的亲缘关系。梅氏能在当时看出西方天文学与伊斯兰天文学之间的亲缘关系,比我们今天做到这一点要困难得多,因为那时中国学者对外部世界的了解还非常少。不过梅文鼎把两者的先后关系弄颠倒了。当时的西法比回历"加精"倒是事实,但是追根寻源,回历还是源于西法的。在梅文鼎论证"西学中源"说的三方面中,唯有这第三方面中有一点科学成分。

经过康熙的提倡和梅文鼎的大力阐发,"西学中源"说显得更加完备,其影响当然也大为增加,又有从天文、数学向其他科学领域推广之势。例如清代阮元在《揅经室三集》卷三《自鸣钟说》一文中,将西洋自鸣钟的原理说成与中国古代刻漏并无二致,所以仍是源出中土,这是推广及于机械工艺;毛祥麟将西医施行外科手术说成是华佗之术的"一体",而且因未得真传,所以成功率不高(《墨余录》卷七),这是推广到医学;等等。这类言论多半为外行之臆说,并无学术价值可言。

清朝统治者的两难处境在于:一方面,他们确实需要西学,他们需要西方天文学来制定历法,需要耶稣会士帮助办理外交(例如签订《中俄尼布楚条约》),需要西方工艺技术来制造大炮和别的仪器,需要金鸡纳霜治疗"御疾",等等;另一方面,他们又需要以中国几千年传统文化的继承者自居,以"华夏正统"自居,以"天朝上国"自居。因此,在作为王权象征的历法这一神圣事物上"用夷变夏",日益成为令清朝君臣头痛的问题。

在这种情况下,康熙提倡"西学中源"说,不失为一个巧妙的解脱办法，既能继续采用西方科技成果，又在理论上避免了“用夷变夏”之嫌。西法虽优，但源出中国，不过青出于蓝而已；而采用西法则成为“礼失求野之意也”。

“西学中源”说在中国士大夫中间受到广泛欢迎，流传垂300年之久，还有一个原因，就是当年此说的提倡者曾希望以此来提高民族自尊心、增强民族自信心。千百年来习惯于以“天朝上国”自居，醉心于“声教远被”、“万国来朝”，现在忽然在许多事情上技不如人了，未免深感难堪。“西学中源”被当作一种能够挽回颜面的途径。

6. 终于未能如欧洲那样发展之原因——康熙的历史功过

近年一些史学论著中对康熙的评价越来越高。言雄才大略，则比之于法国“太阳王”路易十四；言赞助学术，则常将其描绘成文艺复兴时期佛罗伦萨的科斯莫·美第奇(Cosimo Medici)一流人物。当年供奉康熙宫廷的耶稣会士，在给欧洲的书信和报告中，也确实经常将“仁慈”、“公正”、“慷慨”、“英明”、“伟大”等颂词归于康熙。

康熙对西方科学技术感兴趣、他本人也热心学习西方的科技知识，这些都是事实。在中国传统的封建社会中，出现这样一位君主诚属不易。作为个人而言，他确实可以算那个时代在眼界和知识方面都非常超前的中国人。然而作为大国之君，就其历史功过而言，康熙就大成问题了。

先看康熙热心招请懂科学技术的耶稣会士供奉内廷一事。这常被许多论著引为康熙“热爱科学”或“热心科学”的重要证据。但是此事如果放到中国古代长期的历史背景中去看，则康熙与以前(及他之后的)许多中国帝王的行为并无不同。中国历代一直有各种方术之士供奉宫廷，最常见的是和尚或道士。他们通常以其方术——星占、预卜、医术、炼丹、书画、音乐，等等——侍奉帝王左右。一般来说他们的地位近似于“清客”，但深得帝王信任之后，参与军国大事也往往有之。耶稣会士之供奉康熙宫廷，其实丝毫未越出这一传统模式。耶稣会士们虽然不占星、不炼丹，但是同样以医术、绘画、音乐等技艺供奉御前，此外还有管理自鸣钟之类的西洋仪器、设计西洋风格的宫廷建筑等。具体技艺和事务虽有所不同，整体模式则与前代无异。宫廷中有来自远方的“奇人异士”供奉御前，向来是古代帝王引为荣耀之事，并不是非要“热爱科学”才会如此。

康熙更严重的过失其实前贤已经指出过了，那就是：康熙本人尽管对西方科技感兴趣，但他丝毫不打算将这种兴趣向官员和民众推广，就连选择一些八旗子弟跟随供奉内廷的耶稣会士学习科技知识这样轻而易举的事，康熙都未做过，更不用说建立公共学校让耶稣会士传授西方科技知识，或是利用耶稣会的关系派青年学者去欧洲留学这类举措了——而这些事无疑都是耶稣会士非常乐意并且非常容易办成的。

当此现代科学发轫之初，康熙遇到了一个送上门来的大好机遇，使中国有可能在科技上与欧洲近似于“同步起跑”。康熙以大帝国天子之尊，又在位60年之久，他完全有条件推行和促成此事。但是他的思想，就整体而言仍然完全停留在旧的模式之中。他的所谓“开眼界”，只是在非常浅表的层次上，多看了一些平常人看不到的稀罕物而已。

康熙完全没有看到新世界的曙光。

（张善涛）

冯立昇

筹算与珠算:中国传统数学中的算具

筹算与珠算：中国传统数学中的算具

中国传统数学一直与计算工具有着密不可分关系，算具在传统数学的发展中始终扮演着重要的角色。早在春秋战国之际（约前 500）已采用算筹记数和计算，到西汉时期（前 206～24）已建立了筹算算法体系，此后筹算算法不断得到发展，形成了中国独特的数学传统。唐宋时期（618～1126）筹算方法不断简化，同时算法歌诀十分盛行，产生了改革计算工具的需求，从而导致一种新型的高效算具——珠算盘的出现。宋元时期（960～1368）珠算开始与算筹并行，特别是在民间得到流传，到了明代（1368～1644）进而取代算筹成为主要的算具。直到 20 世纪，珠算仍被中国人广泛采用，至今具有强大的生命力。中国筹算和珠算方法先后传入朝鲜、日本和越南等汉字文化圈国家，对这些国家数学的发展产生了深远的影响。

一、算筹及其记数法的发明与早期应用

从有文字记载开始，中国的记数法就遵循十进制。在殷商时期（前 1000 年之前）甲骨文中已开始采用十进制数字和记数法，其中最大的数字为 30 000。西周时期生产技术的发展和社会财富的分配，需要较前更为复杂的计算技术，当时应当发明了实用的计算工具。中国古代长期使用的计算工具是算筹，殷商、西周之际已使用算筹计数是可能的，但甲骨文和钟鼎文中没有出现“算”、“筹”二字，算筹发明的确切年代目前还难以确定。

春秋战国时期是中国科学与技术发展的一个重要时期，需要处理大量比较复杂的数字计算问题。现有的文献和文物证明算筹不仅在春秋战国时期已经出现，而且使用已相当普遍。例如“算”和“筹”二字已出现在春秋战国时期的许多著作中，算筹在《仪礼》、《左传》、《孙子》、《老子》、《管子》、《墨经》、《荀子》等典籍中均有反映。

算筹也称为“算”、“筹”或“策”等，是由竹、木或其他材料制成的小棍，也有用象牙或骨制的，它是基于十进位值制的记数或计算工具。用算筹按一定的方式摆放可以很方便地表示任意的自然数，并用以进行四则运算和更为复杂的运算。筹算是指用算筹进行的计算和演算。根据文献记载，算筹表示 1 至 9 九个自然数有纵式和横式两种：

数字	1	2	3	4	5	6	7	8	9
纵式	𝍠	𝍡	𝍢	𝍣	𝍤	𝍥	𝍦	𝍧	𝍨
横式	𝍩	𝍪	𝍫	𝍬	𝍭	𝍮	𝍯	𝍰	𝍱

《仪礼·乡射礼》说：“一人执算以从之”。是指在乡射聚试中由一个人专门负责在旁边用算筹来记录习射者的得失、胜负。《左传》襄公三十年三月(前 543)记载的一则字谜说一个老人的年纪的旬日数为一个亥字。“史赵曰：亥有二首六身，下二如身，是其日数也。士文伯曰：然则二万六千六百有六旬也”。以算筹的摆放来解此字谜，亥字拆开来为𝍪𝍥𝍮𝍥，即 26 660 日。这一记载表明，筹算的位值制计数方法当时已经通行。《老子》称：“善计者不用筹策”①，也说明当时用筹计算非常流行。约公元前 4 世纪的《墨经》描述这种记数法时说：“一少于二而多于五。说在建位。”这就是说，一在个位少于二，在十位就多于五，每个数字的大小除由它本身所表示的数值决定外，还要看它在整个数中所处的位置。筹算记数法已使用十进位值制。

关于算筹形状和大小，记载最早见于《汉书·律历志》。根据记载，算筹是直径一分(合 0.23 厘米)、长六寸(合 13.69 厘米)的圆形竹棍，以 271 根为一“握”。

---

① 老子：《道德经》第二十七章。

算筹的实物已出土10多批。如1954年在湖南省长沙市左家公山战国木椁墓中出土了一批筹签。筹签"四十根,长短一致,每根长一二公分"。[①] 当时的发掘简报没有指出其为算具。严敦杰后来确定其为算筹[②]。20世纪50年代末湖南常德德山战国楚墓发掘出"竹筹"一束,计10余根,呈黑色,已大部腐朽,每根长13厘米,宽0.7厘米,厚0.3厘米[③]。也当为算筹[④]。1986年在甘肃放马滩战国墓都出土过竹制的圆棒状算筹21根,每根算筹长20厘米、直径0.3厘米[⑤]。在北京大学收藏的秦简牍中混杂着3组竹制算筹,被认为是主人生前用来计算的工具[⑥]。

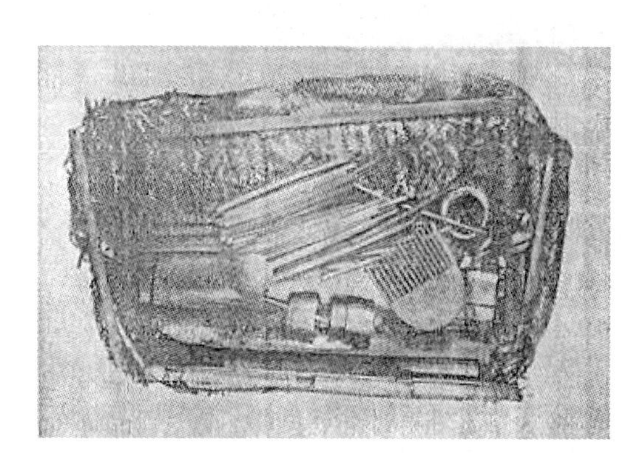

图1　长沙左家公山战国楚墓出土的竹笈中有40根算筹

更多的算筹是在汉墓中出的。如在陕西省千阳县发现了西汉宣帝

① 湖南省文物管理委员会:"长沙左家公山的战国木椁墓"。《文物参考资料》,1954年,第12期。

② 严敦杰:"中国古代数学的成就"。中华全国科学技术普及协会,1956年,第3页。

③ 湖南省博物馆:"湖南常德德山楚墓发掘报告"。《考古》,1963年9期,第461～473转479页。

④ 张沛:"出土算筹考略"。《文博》,1996年,第4期,第53～59页。

⑤ 甘肃省文物考古研究所:"甘肃省天水放马滩战国秦汉墓群的发掘"。《文物》,1989年,第2期。

⑥ 韩巍:"北大秦简中的数学文献"。《文物》,2012年,第6期。

时期(前 74～前 49)的兽骨制作的算筹 30 多根[①],大小长短和《汉书·律历志》的记载基本相同。在湖北江陵凤凰山汉墓出土了西汉文帝时期(179～157)的竹制算筹一束,其盛装在“竹笥”中,内还有笔、墨、牍、砚、削、天平、衡、杆、砝码和半两钱等物件。算筹的长度约为 13.5 厘米,直径约为 0.3 厘米[②]。其长度比千阳县发现的算筹稍大一点。1983 年 11 月陕西省旬阳县佑圣宫一号汉墓中出土的 28 根作工精细的象牙算筹(如图 2)。每根算筹直径 0.4厘米、长 13.5 厘米[③]。

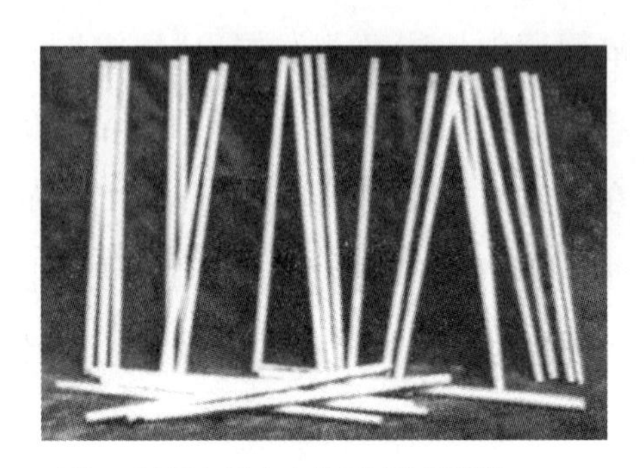

图 2　陕西旬阳出土的西汉象牙算筹

算筹在表示数目时,可摆成纵式和横式两种形式,任何数都是由纵排数字和横排数字组合起来表示,按个、百、万等用纵筹,十、千等用横筹来排列,零用空位表示。筹算一出现,就严格遵循十进位值制记数法。9 以上的数就进一位,同一个数字放在百位就是几百,放在万位就是几万。5 以下数用几根筹表示几,6、7、8、9 四个数目,用一根筹放在上边表示五,余下来每一根筹表示一。

表示一个多位数字时,各位值的数目从左到右排列,纵横相间,规则是:“纵十横,百立千僵,千、十相望,万、百相当”,并以空位表示零。数 4 368用算筹表示就是:

𝍣 𝍢 𝍮 𝍧

① 宝鸡市博物馆、千阳县文化馆、中国科学院自然科学院史研究所:“千阳县西汉墓中出土算筹”。《考古》,1976 年,第 2 期。

② 纪南城凤凰山一六八号墓发掘整理组:“湖北江陵凤凰山一六八号墓发掘简报”。《文物》,1975 年,第 9 期。

③ 张沛:“陕西旬阳汉墓出土的象牙算筹”。《中国文物报》,1988 年 5 月 6 日,第 3 版。

很显然，筹算记数法，除所用的数字和现今通用的印度—阿拉伯数字形式不同外，和现在的十进位值制置记数法实质是一样的。在当时，筹算记数法是世界上最先进的记数制，它对中国数学的以算法为中心的特点的形成起了奠基性的作用。

二、筹算的演算方法举例

筹算的运算程序在《九章算术》(前 100)、《数术记遗》(约 200)、《孙子算经》(约 300～400)、《夏侯阳算经》(约 400～500)和《张丘建算经》中(500～600)等著作都有介绍。负数出现后，算筹分成红黑两种，红筹表示正数，黑筹表示负数。算筹还可以表示各种代数式，进行各种代数运算，方法和现今的分离系数法相似。下面举例具体介绍筹算的演算程序和方法。

在古代文献缺乏有关筹算加、减法的描述。在《孙子算经》中有关于筹算的乘法和除法的具体运算方法的记述。《孙子算经》卷上乘法示例题为求81×81＝？下面我们给出该题及其运算程序的原本，并用现代对其加以说明和解释。

《孙子算经》卷上原文：

九九八十一自相乘得几何。

答曰：六千五百六十一。

术曰：重置其位。

求 81×81＝？

布算分上、中、下三位，将乘数放在上位，被乘数放在下位乘得的积放在中位，本例的布算如下式：

𝍰 𝍠	上位
	中位
𝍰 𝍠	下位

以上八呼下八，八八六十四，即下六千四百于中位，以上八呼下一，一八如八，即于中位下八十，退下位一等，收上位八十。

这意思是：先以上位的 80 乘下位的 81，即

80×81=80×80+80×1=6 480。

放在中位，因为 80×81 已乘毕，下面步骤是 1×81 故退下位一等，又将上位的 80 去掉，得下式：

丨　上位

⊥ |||| ╧　中位

╧ 丨　下位

以上位一呼下八，一八如八，即于中位下八十，以上一呼下一，一一如一，即于中位下一，上下位具收，中位即得六千五百六十一。

其次以上位的 1 乘下位的 81，即

1×81=80×1+1×1=81

放在中位，得中位是 6 561，乘毕，去掉上位的 1 和下位的 81，得下式：

⊥ |||| ⊥ 丨　中位。

《孙子算经》卷上除法示例题为求 6 561÷9=？下面给出的是《孙子算经》的原文及其现代解释。

《孙子算经》卷上原文：

六千五百六十一，九人分之，问人得几何。

答曰：七百二十九。

求 6 561÷9=？

答：729。

原文	说明
术曰：先置六千五百六十一于中位为实，下列九人为法。	古代以除数称法，被除数称实，列式如下：
上位置七百，以上七呼下九，七九六十三，即除中位六千三百，退下位一等。	上位 ⊥ ‖‖ ⊥ | 中位 𝍨 下位 以下位 9 除中位得初商 700，并在中位除去 6 300。 6 561－700×9＝261。 现在要 9 除 261，下位退一等，为下式：
即上位置二十，以上二呼下九，二九十八，即除中位一百八十，又更退下位一等。	⊤ 上位 ‖ ⊥ | 中位 𝍱 下位 次以下位 9 除中位得次商 20 261－20×9＝81 现在要 9 除 81 故下位又退一等为下式：
即上位更置九，即以上九呼下九，九九八十一，即除中位八十一，中位并尽，收下位，上位所得即人之所得。	⊤ ＝ 上位 𝍱 | 中位 𝍨 下位 次以下位 9 除中位得三商 9。 81－9×9＝0

	除尽，在上位得商： 𝍨 𝍡 𝍩 上位

在现存数学典籍中，《九章算术》最早给出了筹算的完整的开平方和开立方程序。下面以《九章算术》少广章中求解$\sqrt{55\ 225}$的问题说明其具体的算法程序。

《九章算术》原文如下： 今有积五万五千二百二十五步。问：为方几何？ 答曰：二百三十五步。 开方求方幂之一面也。 术曰： 1. “置积为实。借一算，步之，超一等。”	求$\sqrt{55\ 225}=$？ 相当于求解方程 $x^2=55\ 225$ 答：235。 按照开平方术术文，将此题演算过程表示如下： 将积数 55 225 作为被开平方数，称为实数，置于上层；将一算筹（称为借算）从个位起由低位向高位每超一位移动，至不可再超的万位而止。 商 实 𝍤 𝍫 𝍡 𝍡 𝍤 法 借算 𝍠
2. “议所得，以一乘所借一算为法，而以除。”	议得初商为 2，以初商与万位上借算一乘（乘一次），将得数置于法一行的万位上，作为法数。再用实减去初商与法数之积。

$(100x_1)^2=55\ 225$　估得 $x_1=2$

商　　　　||

实　|　≣　||　二　|||||

法　||

借算

3. “除已,倍法为定法。”

由实减去初商与法数乘积后,将法数乘以 2,所得称为定法。

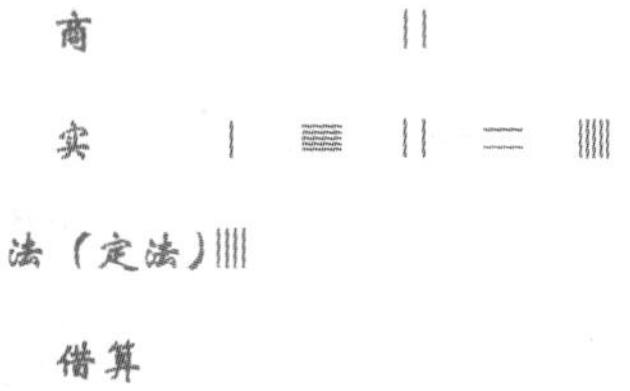

商　　　　||

实　|　≣　||　二　|||||

法(定法)||||

借算

为下一步求次商数字,将法数(即 3 中所说的定法)向低位移动一位。

4. “其复除,折法而下。”

商　　　　||

实　|　≣　||　二　|||||

法　　||||

借算

借算超一位向高位移动。(此为求十位上的次商。本例中只移动一次。)

5. “复置借算。步之如初,以复议一乘之,所得副,以加定法,以除。”

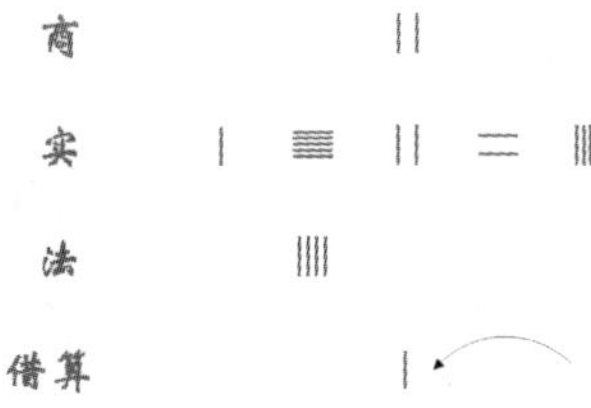

商　　　　||

实　|　≣　||　二　|||||

法　　||||

借算　　　|

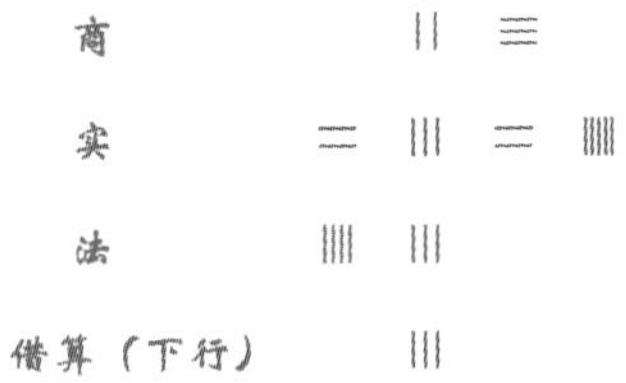

6.“以所得副从定法。复除。折下如前。”

议得次商为3。以次商乘借算一次。得数记入下行后,加入法行位置的数中。再用实减去次商与法数之积。

$(10x_2)^2 + 400 \cdot (10x_2) = 15\ 225$

其中$10x_2 = x - 200$略去平方项,以x_2的系数除常数项,求得$x_2 = 3$

商		‖	≡	
实	═	‖|	═	‖‖
法	‖‖	‖|		
借算(下行)		‖|		

以下行数并入定法之中。再求下一位之商,方法与求次商相仿。定法要向低位移一位,再重新布算。

商		‖	≡	
实	═	‖|	═	‖‖
法		‖‖	⊤	
借算					

议得第三位商为5,除之适尽。

$10x_3^2 + 460\ x_3 = 2\ 325$

其中$x_3 = x - 230$,略去平方项,以x_3的系数除常数项,求得$x_3 = 5$

《九章算术》方程章主要论述求解线性方程组的筹算演算方法，下面举其中的一个例题加以介绍：

"《九章算术》方程章及刘徽注"：

今有上禾三秉，中禾二秉，下禾一秉，实三十九斗；上禾二秉，中禾三秉，下禾一秉，实三十四斗；上禾一秉，中禾二秉，下禾三秉，实二十六斗。问上、中、下禾实一秉各几何？

答曰：上禾一秉九斗四分斗之一，中禾一秉四斗四分斗之一，下禾一秉二斗四分斗之三。

方程术曰：

置上禾三秉，中禾二秉，下禾一秉，实三十九斗于右方。中、左禾列如右方。

于是 $x = 230 + x_3 = 235$

由此求得实数 55 225 的平方根为 235。

商		‖	≡	|||||
实	=	|||	=	|||||
法		||||	⊤	|||||
借算				

设上、中、下禾一秉实依次是 x、y、z，求解线性方程组

$$\begin{cases} 3x+2y+z=39 \\ 2x+3y+z=34 \\ x+2y+3z=26 \end{cases}$$

按照方程术术文，将此题演算过程表示如下：

古代竖为行，横为列，与今天习惯相反。

𝍠	𝍡	𝍢
𝍡	𝍢	𝍡
𝍢	𝍠	𝍠
𝍪𝍥	𝍫𝍣	𝍫𝍨

以右行上禾遍乘中行，而以直除。

以右行上禾系数 3 乘整个中行。

𝍠	𝍥	𝍢
𝍡	𝍨	𝍡
𝍢	𝍢	𝍠
𝍪𝍥	𝍠 𝍡	𝍫𝍨

然后以右行对减中行，两度减，中行上禾系数变为 0。

𝍠		𝍢
𝍡	𝍤	𝍡
𝍢	𝍠	𝍠
𝍪𝍥	𝍪𝍣	𝍫𝍨

以右行上禾系数 3 乘整个左行。以右行对减左行，左行上禾系数变为 0。

		𝍢
𝍣	𝍤	𝍡
𝍧	𝍠	𝍠
𝍫𝍨	𝍪𝍣	𝍫𝍨

又乘其次，亦以直除。复去左行首。

以中行中禾系数 5 乘左行整行，以中行对减左行，四度减，则左行中禾系数亦化为 0，下禾系数为 36，实为 99。下禾系数与实有公因子 9，以其约简。下禾系数变为 4，作为法，实为 11，只是下禾的实。

		𝍢
	𝍤	𝍡
𝍣	𝍠	𝍠
𝍩𝍠	𝍪𝍣	𝍫𝍨

然以中行中禾不尽者遍乘左行，而以直除。左方下禾不尽者，上为法，下为实。实即下禾之实。

为了求中禾，以左行的法乘中行的下实，减去左行下禾的实，在此问中即 24×4－11×1。该运算的余数，除以中行中禾的乘数，就是中行的实，仍以左行之法为法。此问中即(24×4－11×1)÷5＝17，以 4 为法。

		𝍢
	𝍣	𝍡
𝍣		𝍠
𝍩𝍠	𝍩𝍦	𝍫𝍨

求中禾，以法乘中行下实，而除下禾之实。余，如中禾秉数而一，即中禾之实。

为了求上禾，以左行之法乘右行下实，减去左行下禾实乘右行下禾秉数，再减去中行中禾实乘右行中禾秉数。此间中即 39×4－11×1－17×2。该运算的余数，除以右行上禾秉数，就是上禾之实，仍以

正午时分

求上禾，亦以法乘右行下实，而除下禾、中禾之实。余，如上禾秉数而一，即为上禾之实。

左行之法为法。此问中就是(39×4－11×1－17×2)÷3＝27，仍以4为法。

||||

|||||

||||

一|　一TT　三TT

实除以法，得到上禾1秉之实为 x＝9 $\frac{1}{4}$ 斗，中禾1秉之实 y＝4 $\frac{1}{4}$ 斗，下禾1秉之实 z＝2 $\frac{3}{4}$ 斗。

实皆如法，各得一斗。

筹算除了数值计算的功能外，还具有算式推导的功能。宋元时期筹算算法发生飞跃，开方术从开平方、开立方发展到了可实现4次以上的开方演算。杨辉在《九章算法纂类》中载有贾宪“增乘开平方法”、“增乘开立方法”；在《详解九章算法》中载有贾宪的“开方作法本源”图、“增乘方法求廉草”和用增乘开方法开4次方的例子。根据这些记录可以确定贾宪已发现二项系数表，创造了增乘开方法。在此基础上秦九韶又建立了更为一般的高次方程数字解法——正负开方术。

宋元数学在演算形式上也发生转变。数学家为了描述和说明演算步骤，需要将筹算布算过程的筹式用笔记录在纸上，后来部分演算步骤也可通过书写实现，采用了筹码形式的符号，使演算在一定程度上实现符号化。为了解决列方程的问题，中国数学家元代数学家创利了天元术，即用天元（相当于现在的x）作为未知数符号，列出方程。这是需要引入部分符号，并用符号运算来解决建立高次方程的问题。现存最早的天元术著作是李冶的《测圆海镜》。李冶在一次项系数右旁记一"元"字(或在常数项右旁记一"太"字)。元以上的系数分别表示各正次幂，元以下的系数表示常数和各负次幂(在《益古演段》中又把这个次序倒转过来)。建立方程的具体方法是，根据问题的已知条件，列出两个相等的多项式，令二者相减，即得一个数字高次方程。从天元术推广到二元、三元和四元的高次联立方程组，是宋元数学家的又一项杰出的创造。祖颐在《四元玉鉴》后序中提到，平阳李德载《两仪群英集臻》有天、地二元，霍山刘大鉴《乾坤括囊》有天、地、人三元。燕山朱汉卿"按天、地、人、物立成四元"。前二书已失传，留传至今并对这一杰出创造进行系统论述的是朱世杰的《四元玉鉴》。朱世杰的四元高次联立方程组表示法无疑是在天元术的基础上发展起来的，他把常数放在中央。四元的各次幂放在上、下、左、右 4 个方向上，其他各项放在 4 个象限中。朱世杰的最大贡献是提出四元消元法。其方法是先择一元为未知数，其他元组成的多项式作为这未知数的系数，列成若干个一元高次方程式，然后应用互乘相消法逐步消去这一未知数。重复这一步骤便可消去其他未知数，得到一个一元高次方程。最后用增乘开方法求解。这是线性方法组解法的重大发展。

三、筹算的改革与珠算的诞生

算筹是中国古代的主要计算工具，它具有简单、形象、具体等优点，但也存在布筹占用面积大，运筹速度加快时容易摆弄不正而造成错误等缺点，因此很早就开始进行改革。现传本《数术记遗》(题东汉徐岳撰，北周甄鸾注)载有"积算"、"太乙"、"两仪"、"三才"、"五行"、"八卦"、"九宫”、“运筹”、“了知”、“成数”、“把头”、“龟算”、“珠算”、“计数”等 14 种算法，反映了这种改革的情况。《数术记遗》中的“珠算”，根据甄鸾的注释，它分 3 栏，上、下栏布置游珠，中栏布置结果。上面 1 颗珠与下面 4 颗珠用颜色来区别。上栏一珠当 5，下栏 4 珠，一珠当 1。显然，这是由算筹数字表示法演变而来的，在表数方式上与现今珠算有一致之处，但又有很大不同。由于没有口诀，当时的算珠也未必穿档，可能还不及筹算运算便捷，因此未能得到推广。

唐中期以后，商业日益繁荣，数字计算增多，迫切要求改革计算方法，从《新唐书》等文献留下来的算书书目，可以看出这次算法改革主要是简化乘、除算法。通过三行布算为一行布算，化乘除为加减，到宋元时代，创造了九归歌诀和归除、撞归歌诀。同时，人们还创造了化非十进的斤两为十进的“斤下留法”。南宋杨辉、元朱世杰著作中都包含大量口诀，且与现今珠算口诀已基本一致。筹算乘除捷算口诀的产生，使口念歌诀很快，而手摆弄算筹很慢，得心无法应手。乘除捷算法及其口诀已经发展到算筹与筹算无法容纳的地步，改革计算工具成为人们的迫切需要，珠算盘与珠算术便应运而生。

如果将《数术记遗》的珠算加以改进，将其三栏改为二栏，将游珠穿档，便可成为现今的珠算盘，再筹算口诀变成珠算口诀，便可建立珠算术。

中国古代计算技术改革的高潮也是出现在宋元时期。历史文献中载有大量这个时期的实用算术书目，其数量远比唐代为多。改革的主要内容仍是乘除法。朱世杰的《算学启蒙》、沈括的《梦溪笔谈》，杨辉在《乘除通变本末》(1274)、丁巨(著有《丁巨算法》，1355)、何平子(著有《详明算法》，1373)和贾亨(著有《算法全能集》)都具体的实例。新算法的出现，使乘除法不需任何变通便可在一个横列里进行，与现今珠算的方法完全一样。

穿珠算盘在北宋已可能出现，北宋张择端画的《清明上河图》中赵太丞药铺柜台上有2个长方盘子，许多珠算史研究者认为是一算盘(图3)。也有学者认为这不是算盘，而是钱板。不过河北巨鹿北宋城故址出土有1颗木珠，直径2.1厘米。形制、尺寸都与算盘珠相符。元代刘因(1248～1293)《静修先生文集》中有题为《算盘》的五言绝句。元王振鹏所绘《乾坤一担图》(元至大三年，1310)的货郎担上却有一把算盘，它的梁、档、珠都很清晰。元末陶宗仪《南村辍耕录》(1366)卷二十九“井珠”条中有“算盘珠”比喻，《元曲选》中“庞居士误放来生债”杂剧中有“去那算盘里拨了我的岁数”的戏词。由这些实例，可知元代已应用珠算。可见，如果把现代珠算看成是既有穿珠算盘，又有一套完善的算法和口诀，那么可以肯定它不晚于元代。

宋朝画家张择端于南宋建炎(1127年)绘《清明上河图》中“赵太丞”家(药铺)有一类似算盘用具，1981年北京新闻电影制片厂摄像放大，断定为一架15档算盘

图3 《清明上河图》中赵太丞药铺柜台的疑似算盘

图 4 巨鹿北宋城故址出土有一颗木珠

图 5 《乾坤一担图》中的算盘

四、珠算的普及与筹算在中国本土的失传

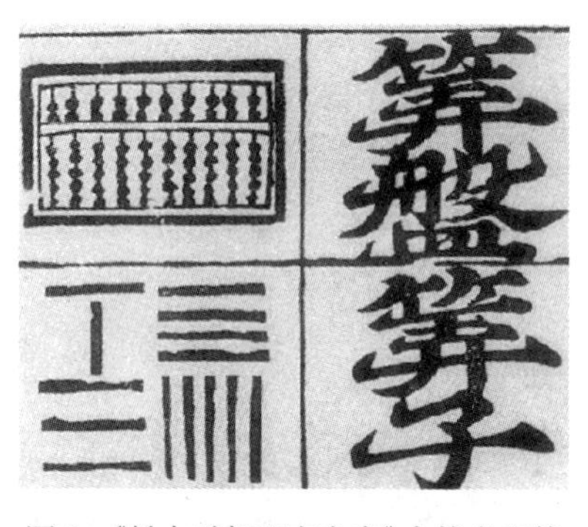

图 6 《魁本对相四言杂字》中算盘和算筹图

从明初到明中叶，商品经济有所发展，和这种商业发展相适应的是珠算的普及。明初《魁本对相四言杂字》(1371)和《鲁班木经》(16 世纪)有关算盘的记载，说明珠算已十分流行。前者是儿童看图识字的课本，后者把算盘作为家庭必需用品列入一般的木器家具手册中。在《魁本对相四言杂字》中有算盘和算筹的图像，算盘图十分清晰，框、梁、档、珠俱全，是上 2 珠下 5 珠的算盘。

上述史料表明，在 14 世纪初期到 15 世纪初期，算盘在中国社会流行已非常广泛。只有算盘在民间使用相当广泛的时候，它才能成为走街串巷的货郎所贩卖的商品。只有算盘已成为百姓生活中的普通算具时，无论下层百姓和文人都十分熟悉它，才可能杂剧中作为普通事物出现。

当算盘被作为看图识字的例子被列入儿童学习读物中时,珠算的普及无疑已达到极高的程度。

1987年在福建省漳浦县盘陀乡庙埔村的明墓中出土了1架木质算盘,它是上1珠、下5珠的算盘,算珠呈菱形(图7)。这与日本17世纪以来流行的且至今仍在使用的算盘具有完全相同的特征。这一明墓的墓主卢维祯(1543～1610)即为福建漳浦人。明万历年间,官至工部右侍郎,转户部左侍郎逝后赠赐户部尚书。卢维祯在工部、户部任职,负责土木工程、财政、赋税等方面的管理工作,这些工作都需大量的计算,在随葬品中出现有象征意义的算盘,说明此时中国朝野上下都是使用算盘进行计算。

图7　卢维祯(1543～1610)墓中出土的算盘

明代前期和中期的数学家大多仍用筹算的表示符号和写作习惯来完成自己的著作。但是他们无疑对珠算是非常熟悉的。有证据表明,数学家吴敬、王文素、唐顺之、顾应祥等对算盘均有应用或研究。唐顺之还是一位珠算能手,《元明事类钞》中记有一个他打算盘的事例:

> 唐顺之至庐州,适府有算粮事,唐子乃索善算者十余人,人各与一算,算讫,记其概只数字,凡三四易,自拨盘珠,每一数只记数字,不移时,一府钱粮数目清矣。老书算咸惊其神速。①

---

① 姚之骃:《元明事类钞》(卷十八)。

珠算盘产生以后，与算筹并行了相当长的一段时间。算盘先在民间流行，而宋元时期士大夫阶层及他们撰写的数学著作仍然使用算筹，宋元时期的数学著作都没有使用珠算。尽管元代珠算已经流行，但直到明初，数学著作讲述算法时仍然主要采用筹算作为计算工具。明代前期还是筹算与珠算并用的时代，16 世纪中叶以前的数学著作，或者是以筹算为主要计算工具，或者无法断定是用筹算还是珠算。早在《算学启蒙》中就有了除法的撞归算法，后来成为珠算中最重要的口诀之一。在元末明初的数学著作中《算法全能集》和《详明算法》等书都把九九乘法表口诀、归除口诀、撞归口诀等歌诀列入其中，并反复设例演算，这应当反映了珠算与筹算相互影响的情况。

15 世纪中叶以后，珠算著作逐渐增多。如吴敬《九章详注比类算法大全》(1450)、王文素《古今算学宝鉴》(1524)等著作讨论了珠算算法。16 世纪后期，珠算专门著作的大量出现，珠算全面普及。珠算与筹算的地位发生了逆转，珠算发展成了主流算具，筹算开始退出历史舞台。在专门的珠算著作中，《盘珠算法》和《数学通轨》较早，对珠算的普及起到了示范作用。《盘珠算法》对珠算的口诀、运算和操作方法均有较全面的介绍。书中对珠算口诀的介绍与说明，包括加法的上法诀、下五诀、进十诀，减法的下法诀、起五诀、退十诀，除法的归法诀、归除诀、撞归诀，乘法的下乘法诀、九九乘法诀，乘除法共用的“金蝉脱壳诀”、“二字奇诀”等。还包括给初学者准备的“初学累数算法”。其中的九九乘法表有一些特殊，没有一乘的口诀，但是增加了十乘的口诀，如“十二二十”、“十三三十”之类。第二，配有详细的算盘图式，全书共列出算盘图 54 幅，具体展示各种口诀在实际计算中的应用与操作过程。例如：

如有田九百一十四亩八分九厘，每亩收粮二升九合。问：该粮若干？答曰:二十六石五斗三升一合八勺一抄。

九九八十一,二九一十八,八退二进一十;八九七十二,二八一十六,六退四进一十;四九三十六,六上一去五进一十,二四如八,八上三去五进一十,一九如九,九退一进一十,三位上打;一二如二,二位上打子;九九八十一,一下五除四,九九八十一,八退二进一十。

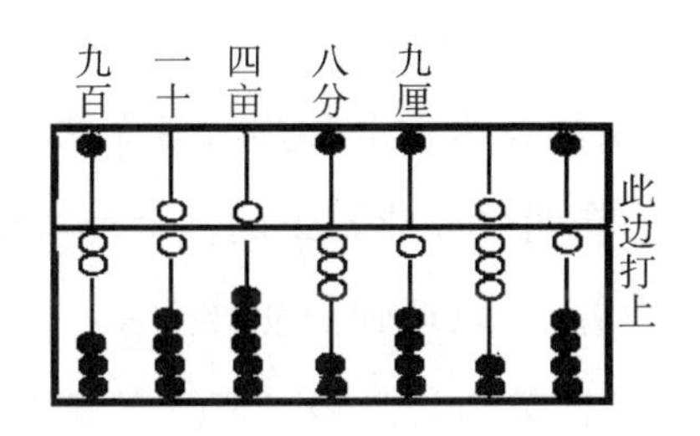

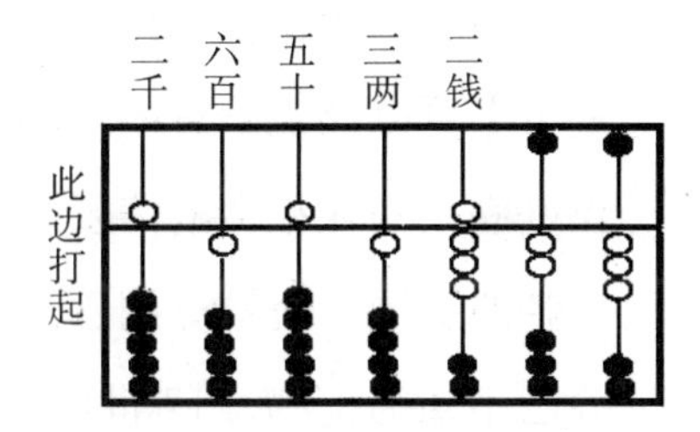

图 8 《盘珠算法》中的算盘图

如有银二千六百五十三两二钱,五百一十五人分之。问:每人该银若干？答曰:五两一钱五分一厘八毫二丝三忽。五二倍作四,逢五进一十,五除五,五五除二十五,二除十还八,五除十还五。逢五进一十,一除一,五除五,五除十还五。五二倍作四,逢五进一十,五除五,五五除二十五,二除十还八,五除十还五。逢五进一十,一除一,一上四去五,五除五,五除十还五。五四倍作八,八除八,八除十还二,五八除四十,四下一去五。

《数学通轨》中所涉及的珠算口诀与珠算技术同样非常全面,后来所用到的口诀书中几乎全部出现。明末珠算逐步走向定型,算法也逐步规范化和系统化,其主要标志是程大位的《算法统宗》出现。该书加减口诀最后完成,乘法以留头乘为主,除法以归除为主。五百年间,很少变化。原来零零散散的口诀,也被进一步系统化和改进完善,细化到打算盘的运指技法上来。比如此前的“一起四作五”变成了“一下五除四”,前者的拨珠顺序为

“先去四后下五”,而后者的拨珠顺序为“先下五后去四”,下五去四可一气呵成,比先前的先去梁下四珠,再拨下梁上一珠要合理得多。

珠算与筹算一脉相承,在计数方法上尤为一致。算盘的上珠与筹码上方的一筹完全对应。熟悉筹算的从珠算转换到筹算,在技术上没有多大困难。珠算与筹算的重要差别在于其对算法口诀的依赖性和适应性上。熟练的操作者呼出口诀的同时就可拨出得数。作为计算工具,珠算基本上可以涵盖筹算的功能,但在计算速度上却是后者无法相比的。这正好满足商业社会的需要。因而在明代商业繁荣的社会环境中,得到了蓬勃的发展。而筹算则逐渐销声匿迹,以至到清初数学家在朝鲜见到算筹已不知为何物。17 世纪,流行“四算”,即珠算、写算、笔算和纳贝尔筹算①,传统的筹算已逐渐不为人所知。1713 年,清朝著名历算家何国柱到朝鲜进行大地测量,见朝鲜数学家洪正夏(1684～?)用熟练使用算筹计算,能够进行开方运算和求解联立方程组,且胜过采用西算的中国数学家。他大为惊异,说“中国无如此算子,可得而夸中国乎?”向洪正夏要了 40 根算筹②。

筹算和珠算在东亚数学发展中扮演了重要角色。筹算都传到了朝鲜和日本,对对两国数学的发展产生了的影响。日本在中国唐朝开始引进中国数学。筹算同时传入了日本,成为日本人的主要计算工具。16 世纪中叶珠算传入日本,并很快得到普及,成为全民最主要的计算工具。其中珠算著作《盘珠算法》、《数学通轨》和《算法统宗》在中国刊行后不久便传入日本,对珠算在日本的普及和算的发展都起了巨大的促进作用。和算家嶋田贞继仿照《算法统宗》的体例和并参考有关内容,于承应元年

① 方中通的《数度衍》中对“四算”有较详细的介绍。

② 洪正夏:《九一集》。金容云编:《韩国科学技术史资料大系》(数学篇 2),骊江出版社,1985 年,第 493 页。

(1652)编成了《九数算法》一书，并于次年刊行。日本流行的《算法统宗》是刊行 1593 年的“三桂堂王振华梓”坊间刻本，该刻本在延宝三年(1675)由汤浅得之训点后在日本刊行。汤浅得之的训点本使《算法统宗》在日本广为流播，成为江户时代和算家学习数学的最重要参考书之一。

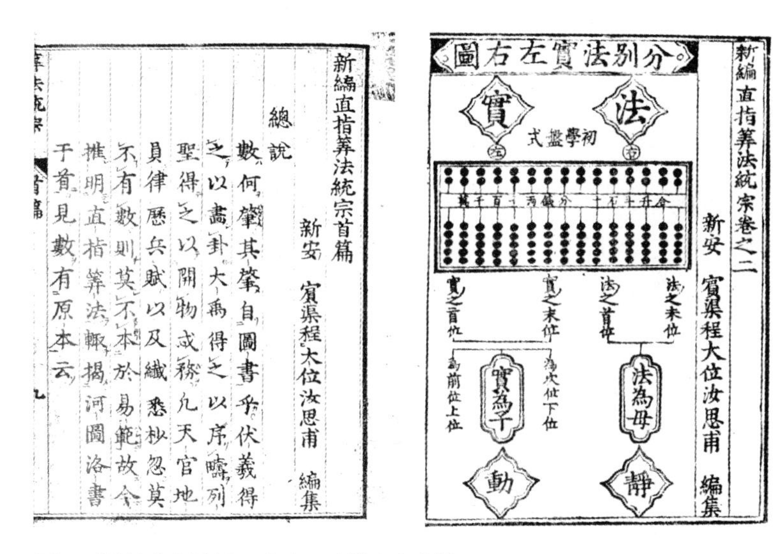
新編直指算法統宗首篇

新安 賓渠程大位汝思甫 編集

總說

數何肇其肇自圖書乎伏羲得之以畫卦大禹得之以序疇列聖得之以開物成務凡天官地員律歷兵賦以及纖悉秘忽莫不有數則莫不本於易範故今推明直指算法輒揭河圖洛書于首見數有原本云

新編直指算法統宗卷之二

新安 賓渠程大位汝思甫 編集

图 9 《算法统宗》延宝三年(1675)训点本书影

珠算传入日本后，很快也成为日本最重要的计算工具，但算筹和筹算也并未像其在中国那样被人遗忘，而是在数学家中仍在使用，作为开方和求解高次数字方程的辅助工具。

筹算都传到朝鲜后，使用了一千多年，直到 19 世纪仍是朝鲜最主要的计算工具。珠算尽管也在 15 世纪、16 世纪传入朝鲜，并在民间有所使用，但一直未能占据主导地位。数学家主要采用筹算和筹算。

关于筹算和珠算对东亚数学的重要性，借用计算数学和计算机科学中的概念来说明是合适的。如果说算筹和算盘是硬件(hardware)的话，各种相应的计算方法和口诀则是软件(software)，而口诀可以看作是最基本的程序语言(programming language)。可以说算筹和珠算提供了硬件和相应基本算法程序。算筹和珠算的普及使汉字文化圈国家人民的计算能力有了极大的提高。中算、东算与和算的程序化算法(programmed algorithm)特征与算筹和珠算的采用有着密不可分的关系。

(张善涛)

曾雄生

中国历代官私农书综览

正午时分

一、概述

农书系指以讲述广义的农业生产技术以及与农业生产直接有关的知识著作。即以生产谷物、蔬菜、油料、纤维、某些特种作物(如茶叶、油料、药材)、果树、蚕桑、畜牧兽医、林木、花卉等为主题的书和篇章。

中国古代农书有成百上千种之多。王毓瑚《中国农学书录》(1957年初版,1964年修订版)著录541种,其中包括佚书200多种。1959年北京图书馆主编的《中国古农书联合目录》著录现存和已佚的农书共计643种。1975年日本学者天野元之助撰著的《中国古农书考》共计评考了现存243种农书,所附索引开列的农书和有关书籍名目约有600种。近年有学者仅对明、清两代的农书进行较深入的调查后,认为明、清农书有830多种(其中大多为清代后期的),未被《中国农学书录》和《中国古农书考》收录的有500种以上,其中包括现存的约390种,存亡未卜的约100余种①。

依据农书的体例、内容以及作者的身份等,王毓瑚在《关于中国农书》中将古农书归纳分为9个系统:即综合性的农书、关于天时及耕作的专著、各种专谱、蚕桑专书、兽医专书、野菜专著、治蝗书、农家月令书、通书性质的农书。后来,他又受到胡道静的启发,加入了山居系统农书,共同10类。② 石声汉将古农书分为:整体性农书和专业性农书;官书和私人著作;全国性农书和地方性农书。他认为,早期的古农书,整体性的占绝对多数,专业性书最早的只在相马、医马、相六畜、养鱼等畜牧业方面;

① 王达:“试论明清农书及其特点与成就”。《农史研究》(八集),农业出版社,1989年。
② 王毓瑚:《中国农学书录》(附录)。

其次是花卉庭园这一方面的专书，唐代出现了第三类专业农书，讨论种茶、农器和养蚕。整体性农书又分类3个类型，一个是农家月令书，二是农业知识大全，三是“通书”一类。张芳、王思明在《中国农业古籍目录》将中国农业古籍分为17大类，分别是：综合性类、时令占候类、农田水利类、农具类、土壤耕作类、大田作物类、园艺作物类、竹木类、植物保护类、畜牧兽医类、蚕桑类、水产类、食品与加工类、农政农经类、救荒赈灾类、其他类。[①] 从内容来看，古农书基本上可以分为“综合性”和“专业性”两大系统。综合性农书内容涉及农业的很多方面。专业性农书的内容则只涉及某一个方面。二者下面又可分为若干类型。属于综合性农书的有：大型综合性农书、地方性农书和月令体裁农书、劝农文和耕织图。属于专业性的农书则包括：天时、耕作专著和各种谱录类专著，内容涉及、茶叶、花卉、果树、林木、蚕桑、农器、动物饲养、野菜、治蝗，等等。

二、先秦时期的农学知识及著作

自新石器时代以来，至夏商西周时期，中国人便已累积了丰富的农业经验和农学知识。这些知识和经验散见于自甲骨文、金文以来直到先秦以前的典籍之中。以象形、指事、会意为特征的甲骨文和金文非常直观地反观了当时人们对于事物(包括农牧业生产)的认识。借助这种文字，人们把对农业的认识积累起来，传承下去，才有农学的进一步发展。文字加速了农学知识的累积和传播。先秦时期已有专门的农学著作问世，同时这些知识也散见于现存经典著作之中，如《诗经》、《夏小正》、《禹

① 张芳、王思明：《中国农业古籍目录》，北京图书馆出版社，2002年。

贡》、《管子·地员篇》、《周礼》等，这些典籍虽非专门的农学著作，但相关内容不仅开启了春秋战国时期农学著作的源泉，也影响着后来中国农学的发展。

1. 先秦典籍中的农学知识

《诗经》是中国最早的一部诗歌总集。它上起西周初年，下至春秋中叶，约 500 年。在总共 305 首诗歌中，有 20 余首与农事有关。其中《豳风·七月》就是一首完整的农事诗。诗中叙述了每月所从事的农务、女工及采集、狩猎等事项。

《尚书》是中国上古历史文件和部分追述古代事迹作品的汇编。其中《虞书·尧典》所载"历象授时"为传统农学中有关农时的最早记载。《夏书·禹贡》则是最早的土壤地理学著作。书中将土壤划分为：白壤、黑坟、白坟、斥、赤埴坟、涂泥、壤、坟垆、青黎、黄壤等 10 种，还明确记载了这 10 种土壤的地理分布。

《夏小正》是最早的农业历书。按月记载每个月的气候、天象、物候和农事等内容，其中农事包括耕获、渔猎、采集、蚕桑、畜牧等，相关的植物有韭、芸①、黍、糵、桑、麦、杏、梅、兰、桃、荼、瓜、枣、卵蒜等，动物则有蚕、鸡、羔(羊)、驹、马等。将时令与农事关联成为后世月令体农书的基础。

《周礼》是根据周朝官制加工整理的设官分职的书。书中将官职分为天、地、春、夏、秋、冬六官。其基本思想就是通过从中央到地方各级各类的职官的设置，实现对土地和人民的有效管理。从中也可以了

① 芸苔菜，即油菜。见夏纬瑛：《〈夏小正〉经文校释》，农业出版社，1981 年。

解古人对于农业的认识。内容包括谷物种、园艺、林业、畜牧、蚕桑等。提出“土宜之法”和“土均之法”，强调因地制宜，发展农、林、牧各种产业。书中甚至还提到兽医及不同的分科。后世农书多将《周礼》当作引经据典的对象，用以作为立论的依据。

春秋、战国时期，中国农学发展产生了一次质的飞跃，其突出的表现之一是农家和农书的出现。据《汉书・艺文志》的记载，“农家者流，盖出自农稷之官。播百谷，劝耕桑，以足衣食，……此其所长也。及鄙者为之，以为无所事圣王，欲使君臣并耕，誖上下之序。”[1]该书记载的农家共9家，114篇，其中，《神农二十篇》可能为战国时的许行等人假托神农之作。《野老十七篇》则是战国时的某个隐士所为。原注云：六国时，在齐、楚间。东汉应劭说：“年老居田野，相民耕种，故号：野老。”此外，《宰氏十七篇》也可能是春秋时计然所作。计然是陶朱公范蠡的师父。

先秦农书都已失传。现存先秦农学文献主要包括：《吕氏春秋》“上农”等4篇及“十二纪”；《尚书》“禹贡篇”；《管子》“地员篇”和“度地篇”；《礼记》“月令”、《夏小正》等。这些文献是了解先秦时期农学内容的主要材料。其中“上农”等4篇最具代表。

2.《吕氏春秋》“上农”等4篇

《吕氏春秋》是战国末年秦相吕不韦及其门下宾客汇合先秦各派学说编著而成的“杂家”著作。清代人马国翰认为《吕氏春秋》“上农”等四篇可能就是吕不韦的门人宾客从《野老》等书中取材而来。“上农”篇议论农业的重要性。而“任地”、“辩土”、“审时”3篇则构成一个整体，具有

① 《汉书・艺文志》。

农业技术通论的性质。其核心问题可以归纳为两个方面,一是土地利用,二是农时掌握。"任地"篇先提出农业生产的十大问题。① 接着提出了土壤耕作的五大原则:"凡耕之大方:力者欲柔,柔者欲力。息者欲劳,劳者欲息。棘者欲肥,肥者欲棘。急者欲缓,缓者欲急。湿者欲燥,燥者欲湿。"又提出了"上田弃亩,下田弃甽"的具体要求。即在高田里,要将作物种在沟内,而在地势低洼的地方,将作物种在垄上。高田种沟不种垄,有利于抗旱保墒,低田种垄不种沟,有利于排水防涝。书中对垄的规格、配套农具的标准等都有具体的要求。"辩土"篇对种植的密度和覆土的厚度都提出了要求。提到播种量要适当,既不要太密,也不要太稀。肥地密些,瘠地稀些。同样,覆土既不要太厚,也不要太薄。出苗之后,再通过中耕(耨),进行适当地间苗。间苗时还需要掌握一个原则,即"长其兄而去其弟"。所有的这一切目的都在于使大田中的植株纵横成行,以保证田间通风透光,即便是大田中央也会有风的流动。"审时"篇专论农时。明确指出:"夫稼,为之者人也,生之者地也,养之者天也。"农时就是天时在农业上的运用,必须慎重对待,故称"审时"。篇中对 6 种主要粮食作物"得时"和"先时"、"后时"在产量(包括出米率)、品质(包括味道、耐饥程度,对食用者的益处)等方面作了细致的对比,从中得出的结论是"得时之稼兴,失时之稼约"。

《吕氏春秋》"上农"等 4 篇是中国传统农学的奠基作。篇中所记述的深耕、畎亩、慎种、易耨、审时等精耕细作农业技术,直接为后世所继承和发展。更加重要的是,它第一次对农业生产中天地人的关系作出科学

① 十大问题是:"子能以窐为突乎?子能藏其恶而揖之以阴乎?子能使吾士(土)靖而甽浴士(土)乎?子能使[吾土]保湿安地而处乎?子能使雚夷(荑)毋淫乎?子能使子之野尽为泠风乎?子能使藁(稾)数节而又茎坚乎?子能使穗大而坚均乎?子能使粟圜(圆)而糠薄乎?子能使米多沃而食之彊乎?"

的概括，并把这种精神贯彻到全部论述之中。这种精神和原则一直为后世农学所承传，成为中国传统农业精耕细作传统中最重要的指导思想。

三、秦汉魏晋南北朝时期的农书

1. 概说

《汉书·艺文志》所著录的农九家，114篇，除《神农》、《野老》、《宰氏》为春秋战国时的著作外，其他可能都是秦汉时期所出。他们是：《董安国十六篇》、《尹都尉十四篇》、《赵氏五篇》、《氾胜之十八篇》、《王氏六篇》、《蔡癸一篇》。《隋书·经籍志》列为农家的有五部，分别是：《氾胜之书》、《四人月令》、《禁苑实录》、《齐民要术》、《春秋济世六常拟议》。另载梁有《陶朱公养鱼法》、《卜式养羊法》、《养猪法》、《月政畜牧栽种法》各一卷，亡。“两志”作者基于自己对农家的理解，将许多与农业有关的著作排斥在农家之外。如属于农业气象的占候类著作，家畜外形的“形法类”著作，动植物专著的“谱系类”著作等。从隋志和汉志比较来看，汉志中所著录的农书，在隋志中只有《氾胜之书》还保留下来，其他都散佚了，而且在《齐民要术》中也难见踪影，相反有些农书虽然在史书中没有记载，但却在《齐民要术》中提到，包括“隋志”中注明失传的《陶朱公养鱼经》。

秦汉魏晋南北朝时期有代表的农书是《氾胜之书》、《四民月令》和《齐民要术》。

2.《氾胜之书》

氾胜之在西汉末年汉成帝时(前32～前7年在位)当过议郎,曾在京师长安(今陕西西安)附近的三辅(京兆尹、左冯翊、右扶风)地区教田种麦。《氾胜之书》的写作,很可能跟他在关中教田的经历有关密切的关系。

现存《氾胜之书》的内容主要包括3个部分:一是耕作栽培通论。提出耕作栽培的总原则,然后分别论述了土壤耕作和种子处理的方法。前者,着重阐述了土壤耕作的时机和方法,从正反两个方面反复说明正确掌握适宜的土壤耕作时机的重要性。后者包括作物种子的选择、保藏和处理;而着重介绍了一种特殊的种子处理方法——溲种法。此外还涉及播种日期的选择等。二是作物栽培分论。分别介绍了禾、黍、麦、稻、稗、大豆、小豆、枲、麻、瓜、瓠、芋、桑等13作物的栽培方法,内容涉及耕作、播种、中耕、施肥、灌溉、植物保护、收获等生产环节。三是区田法。

《氾胜之书》提出"凡耕之本,在于趣时,和土,务粪、泽,早锄,早获"的耕作栽培总原则,以此为指导,给出黍、谷、宿麦(冬小麦)、旋麦(春小麦)、水稻、小豆、大豆、苴麻、荏(油苏子)、枲麻、桑、瓜、瓠、芋等10余种作物的栽培方法,且多有发明。如,稻田水温调节,"大豆、小豆不可尽治也",瓠的靠接和瓜、薤、小豆之间间作套种等。对冬小麦栽培技术的论述尤详。还第一次记载了穗选法和溲种法,并详细地记载了区种法。穗选法是传统的选种方法。溲种法则是一种种子处理方法,或者说是一种种肥的使用方法。将兽骨骨汁、缲蛹汁、蚕粪、兽粪、附子、水或雪汁,按一定比例,和成稠粥状,用以淘洗种子,经过淘洗的种子看上去像麦饭粒,然后再播种。可以起到防虫、抗旱、施肥,保证丰收的作用。区种法是一种特殊的高产栽培法，其发明与抗旱有关，但同时也是一种土地利用方式。它特点是“以粪气为美，非必须良田也”。基本原理就是“深挖作区”，在区内集中使用人力物力，加强管理，合理密植，保证充分供应作物生长所必需的肥水条件，发挥作物最大的生产能力，提高单位面积产量。[①] 同时扩大耕地面积，把耕地扩展到不易开垦的山丘坡地。故“诸山陵，近邑高危、倾阪及丘城上，皆可为区田”。甚至可以“不先治地，便荒地为之”。区田法体现了精耕细作的精神，历来被作为御旱济贫的救世之方，是最能反映中国传统农学特点的技术之一，在历史上具有广泛而深远的影响。

《氾胜之书》是继《吕氏春秋》“上农”等 4 篇以后最重要的农学著作。它是在铁犁牛耕基本普及条件下对我国农业科学技术的新总结，是中国传统农学的经典之一。在当时就享有盛誉，并对后来农学的发展产生了深远的影响。甚至其写作体例也成了中国传统综合性农书的重要范本。

3.《四民月令》

《四民月令》的作者崔寔（103～170），东汉时涿郡安平（今河北境）人。出身士族，两次出任议郎，还先后担任五原（今内蒙古自治区境内）和辽东太守。以后又升为尚书。崔寔关注政治，作《政论》，一举成名。他也关注民生，《四民月令》是他的代表作，该书是他晚年居住洛阳时，根据多年从事士、农、工、商的亲身经历，写成的一本月令体经营手册。成

① 《氾胜之书》说：“区种，天旱常溉之，一亩常收百斛。”这一诱人的产量，几千年来吸引着不少人进行区田法的试验，但亩产百斛是不可信的。书中这样说，可能意在宣传区种的增产效果。

书时间可能在东汉顺帝末年至桓帝初年(143～147)或更前一些[①]。内容大致包括:①祭祀、家礼、教育以及维持改进家庭和社会上的新旧关系;②按照时令气候,安排耕、种、收获粮食、油料、蔬菜;③养蚕、纺绩、织染、漂练、裁制、浣洗、改制等女红;④食品加工及酿造;⑤修治住宅及农田水利工程;⑥收采野生植物,主要是药材,并配制法药;⑦保存收藏家中大小各项用具;⑧粜籴;⑨其他杂事,包括"保养卫生"等9个项目。与有关农业的内容,多源于《氾胜之书》,但也有不少是从实践中总结出来的新经验。如椓橛测地气之法,虽是源自《氾胜之书》,但崔寔要求随时、随地、随实际情况而灵活掌握。书中最早记载了"别稻"(水稻移栽)和树木压条繁殖技术。制造酒、酢、酱、曲、醢、脯、菹、齑、饧、饴、糒糗以至籴、粜、沽、市等许多事项的加入,则开启了《齐民要术》等农书中同类内容的先声。但最大贡献还在于它以"月令"的方式开创了农书的新写法,以后像《四时纂要》、《农桑衣食撮要》、《经世民事录》、《农圃便览》等都承袭了《四民月令》的体裁。

4.《齐民要术》

《齐民要术》的作者贾思勰是北魏齐郡人。[②] 生活在北魏末年,担任过高阳太守,也从事过农业经营,书成于6世纪的30年代至40年代之间。系作者在"采捃经传,爰及歌谣,询之老成,验之行事"(《齐民要术·序》)的基础上完成的。全书共10卷,92篇,内容"起自耕农,终于醯醢,

① 梁家勉:"我国最早见于著录的几部古代农业文献探索",《梁家勉农史文集》,中国农业出版社,2002年,第16页。

② 梁家勉:"《齐民要术》的撰者、注者和撰期——对祖国现存第一部古农书的一些考证",《梁家勉农史文集》,中国农业出版社,2002年,第19～26页。

资生之业，靡不毕书”。其中第一、二、三卷讲大田作物(包括粮食作物和经济作物)和蔬菜的种植。内容包括土壤耕作技术和种子选育和保藏技术，涉及的粮食作物有谷(粟)、黍穄、粱秫(粟之别种)、大豆、小豆、麻、麻子、大小麦、水稻、旱稻和胡麻，纤维作物有麻，瓜果蔬菜类作物有瓜、瓠、芋、葵、蔓菁、蒜、䪥、葱、韭、蜀芥、芸苔、芥子、胡荽、兰香、荏、蓼、姜、蘘荷、芹、藘；饲料作物苜蓿。卷三的末尾《杂说第三十》，杂引各种有关资料，其中前一部分以《四民月令》的材料为骨干，叙述了每个月生产和生活的安排作为按作物种类和生产项目论述的一种补充；后一部分收集了占验年成丰歉和谷价贵贱的资料。第四卷、第五卷讲果树和林木。卷四开首的《园篱第三十一》和《栽树第三十二》可视为这两卷(林果培育)的总论，以后分论果树和经济林木。果树有枣、桃柰、李、梅杏、梨、栗、柿、安石榴、木瓜、椒、茱萸；林木和染料植物有桑柘(附养蚕法)、榆、白杨、棠、谷楮、漆、槐、柳、楸、梓、梧、柞、竹、红蓝花、栀子、蓝、紫草，卷五的最后一篇是《伐木第五十五》，附种地黄法。第六卷是讲动物饲养的，包括饲养畜禽和人工养鱼。首篇为养牛、马、驴、骡，开头部分带有动物饲养总论的性质，而以大部分篇幅介绍相马牛的方法和医治牛马病的诸方。还首次记述马驴杂交培育出骡的方法。以后依次为饲养羊、猪、鸡、鹅、鸭等；以养羊篇内容较丰富，并附以制酥酪法，收驴马驹、羔、犊法等。最后是养鱼，主要引述了《陶朱公养鱼经》所载人工养殖鲤鱼的方法，并首次记载了莼、藕、莲、芡、芰等水生蔬菜的种植方法，作为该篇的附录。第七、八、九卷讲述酿造、食品加工、荤素菜谱和文化用品等，基本上属于副业的范畴。转述《史记》、《汉书》中关于农副产品商品性生产和贩销的资料，记载农产品贮藏、加工、酿制和烹调等技术，最后还有煮胶和笔墨两篇。卷十是“五谷果蓏菜茹非中国物产者”。这里的“中国”指中原，主要是指后魏的疆域。本卷只有 1 篇，即第 92 篇，全是引述前人的文献资料，主要是记述南方的热带亚热带植物资源。另外，现存《齐民要术》卷前有《杂说》1篇，所载内容和风格与贾氏本文明显有所不同，据考证，《杂说》很可能不是贾氏原作，而是出自唐人之手，甚至是唐中叶以前的著作。

《齐民要术》系统地总结了中国北方农业技术。将畜力耙（书中称为铁齿䥽楱）引入到整地之中，形成耕-耙-耢相结合的旱地整地技术体系，重视秋耕，并辅之以多耕多耢，以达到“地熟，旱亦保泽”的目的。并对整地的次数，耕地的时机，翻耕深度，犁条的大小都提出了具体的要求。书中对于作物的轮作大加肯定，认为轮作有助于提高产量、减轻杂草和病虫害的作用。书中记载了20多种作物轮作的方式，指出什么作物应该和什么作物轮作较好，同时还肯定了许多作物的前后茬关系。前茬或茬口称为“故墟”或“底”。并将茬口分为上、中、下3等。指出豆科作物是谷类作物、蔬菜作物的最好前茬。书中还记载了多种间、混作、套作方式，作为提高土地利用率、用养结合和农牧结合的措施。还将绿肥作物的栽培加入到轮作序列中，通过稀青，即掩埋青草，充当绿肥，来提高土壤肥力。这也是中国北方人工栽培绿肥的最早记载。

在种子技术方面，《齐民要术》在穗选法的基础上，提出了“别种”的主张，类似于后世的种子田，以防品种“芜杂之患”。选种时，除了考虑高产和优质以外，也考虑到早熟、耐旱、免虫、味美、耐风、免雀暴、易舂、耐水等因素。书中记录粟（谷子）类品种107个，水稻品种共37个，其他作物的品种也复不少，并根据当时粟品种的名称，对作物品种的命名规则进行了概括：“以人姓字为名目，亦有观形立名，亦有会义为称”，即分别以培育人的姓名，品种的形态特征和与品种特征相类似的事物抽象出来进行命名。书中还论及播种前的种子处理技术，包括清水选种、晒种和浸种催芽或溲种。对于像莲子这样果皮较厚的种子，则又提出了磨壳催芽法，以提高发芽的速度，还提出了快速测定种子发芽率的口含法和微煮法，以检测白麻子和韭子的发芽率。书中还记载了一些特殊的种子处理办法，如“炒谷”，以去除杂草。

《齐民要术》中提到“漫掷”、“漫散”或简称为“掷”；“耧下”或“耧种”，“耧耩漫掷”；“稀种”和“稿种”。漫掷和漫散，即撒播；稿种，是不耕而种，也即“免耕播种”。稀种，又分为“耧耩稀种”和“逐犁稀种”。耧耩稀种是在用耧开沟之后再进行点播；逐犁稀种则是在用犁将土壤整理过后再进行点播。播种期由月具体到旬，并有了“上时”、“中时”，“下时”之分。“上时”是播种最适宜的时间，“中时”次之，“下时”最次。具体作物的播种期则要根据物候、土壤肥力及墒情来灵活处理。同样需要灵活掌握的还包括播种量和播种密度与深度。有些作物播后还要拽挞镇压，使种土相亲，以利提墒保苗。对于一些顶土力较弱，影响幼苗出土的作物，如甜瓜，还要在四周同时种上大豆，让“大豆为之起土”，即谚语所说的“种瓜黄台头”。

《齐民要术》认识到中耕不但有除草保墒的作用，还能熟化土壤，提高作物的产量和质量，因此要求“锄早锄小”、“锄不厌数”，并结合间苗、补苗进行。还要根据不同作物、不同生长阶段和不同的气候条件确定锄法。

《齐民要术》中有多篇涉及病虫鸟兽草等害的防治方法，主要包括轮作、选用抗虫、抗鸟兽品种、火烧、水沤、蔺雪、曝晒、盐和、散灰，及使用蒿、艾、菀、麝香、木瓜、石灰等药物防治办法。还介绍了一种以牛羊骨带髓者诱杀瓜田蚁的方法。这是利用诱杀方法灭虫的较早记载之一。

《齐民要术》强调收获要急速进行，并根据谷子、黍穄、豆等不同作物的不同特性和成熟特点，提出了适时收获的标准。谷子、稻子和麻等要适时收获。穄、茭豆、小豆、胡麻等则需要适当早收。黍、粱秫、春大豆等则应适当晚收。

《齐民要术》对蔬菜栽培技术进行了较为系统的总结，主要包括：增加复种指数，提高土地利用率，精细整地，畦作，粪大水勤，适时中耕与收获，以及一些特殊的栽培方法。大体而言，书中所述蔬菜栽培与大田技术相似，只不过要求更高，更精细而已，唯有作畦一项在蔬菜栽培中比较突出。畦种是种蔬菜的基本方法。治畦往往是与下水、覆粪相联系的，而粪多水足也是当时蔬菜栽培不同于大田作物的特点之一。书中强调用"熟粪"，因为生粪肥效不高，而且容易滋生杂草。书中还提到了一些特殊的蔬菜栽培措施，如，甜瓜引蔓。

《齐民要术》中记载了播种、扦插、压条、分根和嫁接等多种有性和无性的果树繁殖方法，分别用于不同树木（或同种树木不同条件下）的繁殖。不同的繁殖方法与树木生长的快慢，结实的早晚有关，甚至也关系到果实的产量和品质。利用植物趋光特性和种间争光竞长的现象，书中提出麻槐混作，以长出条直挺拔的槐树。书中还详细地讲解了竹林，特别是大树的移栽方法。书中对梨树嫁接技术介绍尤为详细，特别是"木边向木，皮还近皮"一语，道出嫁接成功的关键。书中也提到了防止树木冻害的方法，主要包括裹缚、掩埋、熏烟等项措施。还最早记载了通过环剥的所谓"嫁树"，以及疏花等技术，帮助枣、林檎、李等果树结果的方法。

《齐民要术》记载了牛、马、猪、羊、驴、骡、鸡、鹅、鸭、鱼、蚕等家用动物的饲养技术，内容之丰富，在古代农书中几乎无出其右。这与《齐民要术》成书北魏王朝是由游牧民族所建立的政权不无关系。也因此养马极重视，从相马到役养，从驴马杂交配种到马病防治，都有论述。如在役养方面，提出了"五劳"、"三刍"和"三时"的概念。"五劳"是马过分使役，以及不合理的饲饮所产生的过劳现象，即筋劳、骨劳、皮劳、气劳、血劳。三刍即根据 3 种不同情况，喂给精粗不同的饲料。"一曰恶刍、一曰中刍、一曰下刍”。三时，指朝饮少之；昼饮则胸餍水（适当给足）；暮极饮之。饮食之后要做适当的运动。书中首次对驴马的杂交作了较详细的记载，指出公驴配母马所生的骡，杂种优势不太明显，而公马配母驴所生的駃騠则优势明显。在马病防治方面，涉及马落驹（流产）、疫气（传染病）、喉痹、黑汗、中热、汗凌、疥、中水、中谷、脚生附骨、被刺、炙疮、蹙蹄、大小便不通、马卒腹胀、眠卧欲死等 10 多种马病，使用的药方则多达 30 余种。这些都是以前文献中所没有的。《齐民要术》中用了专门的一篇谈养羊，从留种开始，到放牧或圈养，到羊群传染病的防治，无不周到细致。养猪也是如此，不过重点在于猪的快速育肥。从选种，猪圈的大小，阉割（称为“犍”），到饲料的选用，无不以肥育为考量。养殖用于肉食的鸡、鹅、鸭等家禽，也要求肥嫩。因此，在笼舍、饲料等方面和养猪有相同之处。以产蛋为的目饲养的鸡、鸭、鹅等，首先要选产蛋多的鸡、鹅、鸭为种禽。为了多生蛋，书中提出采用没有受精“谷产”法：“别取雌鸡，勿令与雄相杂，……唯多与谷，令竟冬肥盛，自然谷产矣。一鸡生百余卵，不雏，并食之无咎。”“纯取雌鸭，无令杂雄，足其粟豆，常令肥饱，一鸭便生百卵。”养蚕的内容不多。但对蚕的饲养管理和合理用桑，对蚕室的温度、湿度及采光，甚至蚕室建筑所用的建筑材料都有细致的交代。每项措施都是根据蚕在不同生长时期的不同生理特征提出来的。

《齐民要术》用大量的篇幅来论述农产品的贮藏与加工，这在传统农学著作中几乎空前绝后的。在黍、麦等谷物贮藏方面，提出“劁麦法”和“蒸穄法”，通过过火、蒸等物理手段去除贮藏过程中可能产生的病虫害，使谷物易舂，且米粒坚实。粮食主要用来加工成主食，除此之外，粮食也可以用来酿酒、制醋，并加工成酱、豉、糖等副食品。书中有较多的篇幅讨论酿酒、制醋、作酱等的工艺，为古代文献所仅见。在果蔬的贮藏方面，通过添加盐、漕、蜜、曲、米汤等材料，这些材料在延长果蔬储藏时间的同时，也在一定程度上改变了原来果蔬的食用品质。在杏、李加工中混和上麨（油炒面），改变原有的食用方法，扩大果品的用途，成为方便食品。书中也有果蔬保鲜储藏法，称之为“藏生”。经过保鲜贮藏的蔬果可以保障冬天也能够吃上新鲜的蔬果。畜禽鱼等动物类产品的加工方面，涉及肉类、乳制品、皮毛和禽蛋等。肉类通过酱、鲊、脯、腊、臛、蒸、炰、脏、腤、煎、消、菹绿、炙、脺、奥、糟、苞等多种方法，延长食用时间，改善食用品质。羊毛主要加工成毛毡。兽皮用于煮胶。乳制品加工以羊乳为主，包括作酪法、作干酪法、作漉酪法、作马酪酵法、抨酥法等。蛋的加工则有做咸鸭蛋的“作杬子法”，加工时除了要使用盐以外，还要加入一种南方植物杬子皮。

贾思勰著书的目的在于富民。他担心“舍本逐末”会导致“日富岁贫”，所以他反对脱离农业生产所进行的营利活动，但他并不反对在农业生产基础上的农副产品的交易活动。书中能够明确判断属于全部或部分为了出售赢利而生产的项目有蔬菜中的瓜、瓠、葵、蔓菁、菘、芦菔、薤、胡荽，果树、经济作物中的红蓝花、蓝、紫草，林木中的柘、榆、白杨、棠、楮、杨柳、箕柳、楸、柞，牲畜中的驴、马、牛、羊、鸡，以及养鱼等。甚至粮食生产也已一定程度的商品化。为此，“收种”篇强调粮食作物选种的重要性，原因之一就是“粜卖以杂糅见疵”，“所以特宜存意不可徒然”。书中以谷田的收入为比价，来计算其他生产的收益。显见其对粮食生产的重视，书中将粮食生产居首，所占篇幅最大，但并不把农业仅仅归结为粮食生产，对多种经营的发展同样给予高度的关注。非常注重通过农副产品加工和综合利用，提高农产品的附加值。也非常注意降低生产成本，扩大利润，以最小的投入，获得最大的回报。某些农业技术和作物品种的使用也是出于商业利润的考虑。

《齐民要术》是一本有世界影响的著作。这本书在唐朝的时候便已传到日本。在日本有广泛而持久的影响。《齐民要术》中的一些内容经辗转传到欧洲，对欧洲学术发展产生了影响。这在达尔文（Charles Robert Darwin，1809～1882）的著作中得到了很好的反映。1859 年达尔文出版了《物种起源》一书，提出有关生物进化的完整理论，以后又连续发表了《动物和植物在家养下的变异》（1868）和《人类的由来及性选择》（1871）两书。达尔文的这 3 部著作中所引用的中国资料，经统计不下百余处之多[①]。这些资料大多出自“一部古代中国的百科全书”。有学者推断，这本古代中国的百科全书当为《齐民要术》。[②]

四、隋唐宋元时期的农书

1. 概说

隋唐宋元时期，农书数量空前增加。仅《宋史·艺文志》中就记载了农书 107 部，423 卷篇。这还不包括收录在“五行志”和“医家类”中有关畜牧兽医方面的著作。《宋史》中著录的这些农书大多是在唐宋时期出现的。这种农书出现的势头在以后仍然得到保持。元代统治中国的时间不足百年，但农书出现却不少，光是大型的农书就有《农桑辑要》、《王祯农书》和《农桑衣食撮要》3 部。此外，宋元之交还有许多小型的农书，见于《农桑辑要》和《王祯农书》引用的就有《种莳直说》、《韩氏直说》、《农桑直说》、《农桑要旨》、《士农必用》、《务本新书》等书。

① 杜石然等：《中国科学技术史稿》，科学出版社，1982 年，第 272 页。
② 潘吉星：“达尔文与《齐民要术》”。《农业考古》，1990 年，第 2 期。

据对王毓瑚《中国农学书录》的著录，从春秋战国到唐代以前近1 400年里的农书总计为30多种，而隋唐宋元近800年的时期里，共有农书170余种。

隋唐宋元时期的农书出现了一些令人瞩目的方向，如，南方农学著作首次出场，专业性农书"谱录"涌现，官修农书、劝农文和《耕织图》的出版，山居隐士类农书的兴起，面向南北农业技术的交流与比较的农书的问世，还有图文并茂农书的流行。从农书的内容来看，也有新的气象：蚕桑、农具、药草、花木等成为农书中的主要角色。从农书的类型来看，这一时期几乎各个方面都有其代表性或开创性的重要著作出现。如，《陈旉农书》是现存最早的反映长江流域及其以南农业生产知识的地方性私人农书；《农桑辑要》则是现存最早的官修农书；《王祯农书》是第一本南北兼顾的农学著作；其他，如《茶经》、《耒耜经》、《蚕书》、《司牧安骥集》、《橘录》、《荔枝谱》、《洛阳牡丹记》、《菌谱》、《糖霜谱》等都是各专业领域内具有代表性和开创性的著作。

2. 私人农学著作

科举制度在隋唐建立后，一些读书人考场失利，而被迫躬耕自食，写农书以总结生产经验；也有厌倦官场的士人，转而留意农家之学，或醉心于花草虫鱼鸟兽，也有因宗教信仰，种药治圃以养生。他们把私人农学传统推到了一个新的阶段。一些退隐的士大夫或修道之士，在山林或田野躬自耕作，取得了一些种艺的经验之后而写作的一种农书。这些农书中，总结了直接与间接的农业技术经验，另外，也大谈颐养之道，所谓"可资山居之乐"，"有水竹山林之适"。因此，这类农书又被称为"山居系统农书"。与一般讲述农业技术的农书不同，山居系统的农书是种艺，养生和闲适的混合物[1]。实际上,“茶经”、“笋谱”和“竹谱”,乃至《陈旉农书》和陈翥的《桐谱》等,也可以看作是山居系统农书。这些书的内容体现了山区的特点,或以山区植物茶、桐、竹等为主要对象;且作者也多为山区隐居修道之士。山居农书见于记载的有:唐王旻《山居要术》、《山居杂要》、《山居种莳要术》、周绛《补山经》[2]、李德裕《平泉山居草木记》[3];宋沈括的《梦溪忘怀录》、《茶论》,林洪的《山家清供》、朱肱的《北山酒经》,元汪汝懋《山居四要》等。其中《山居要术》、《桐谱》和《山居四要》较有代表性。

《山居要术》,又名《山居录》,作者王旻,旻一作旼,号太和先生,唐道士。据元人编辑的《居家必用事类全集》所收《山居录》,该书内容主要包括:山居总论、作园篱法、种药、蔬菜、果木、花卉、竹木、竹器等部分。不过,全集本《山居录》中有掺杂后人著作的文字。《山居要术》中吸收了《齐民要术》等前代农书中的内容,但也有许多内容是先前农书所没有的,如薯蓣、苡米、蒟蒻、紫苏、橘、茶等。“种茶”和“收茶子”两条记载,是已知有关茶树栽培和管理方法最早最详细的记载,后世一些农书或茶书有关茶树栽培的记载都未超出本书的内容。书中提到“柑树为虫所食,取蚁窝于其上,则虫自去”。也是古代文献中关于生物防治较早的记载。《山居要术》是唐宋之际较有影响的农书。《四时纂要》中许多内容都可能来自《山居要录》。关于“药草”的部分,更为后来的《农桑辑要》、《本草纲目》所承袭和参考。

《桐谱》的作者陈翥(1009～1061),字子翔,自号咸聱子,又称桐竹君。安徽铜陵人,曾隐居西山之南(今铜陵市凤凰山),故又自称为“铜陵

① 胡道静:“沈括的农学著作《梦溪忘怀录》”。《农书·农史论集》,第30～31页。
②《宋史·艺文志·农家类》。
③ 平泉是李德裕的别墅所在地,在洛阳城外30里。书中记载了别墅中的奇花异草。

逸民”。40岁时，觉仕途无望，退为治生。遂在西山南面植桐种竹，并写就《桐谱》一书，以“补农家说”。该书系统而又全面地总结了北宋及其以前的有关桐树种植和利用的经验。其中“叙源”一篇，考证桐树名实，指出“桐”、“梧”、“梧桐”，“其实一也”，同时还对桐树的形态特征和生物学特性，桐树的材质，以及桐树的花、叶等的综合利用问题，作了论述和介绍。“类属”一篇，论述桐树的品种及其分类。把桐树分为7种(白花桐、紫花桐、油桐、刺桐、梧桐、贞桐、赪桐)3类，既注意到了它们之间不同的个体差异，同时也注意到它们之间的一些共性。“种植”一篇，介绍了桐树苗木繁育，造林技术，幼林抚育等方面的技术。“所宜”一篇，专论桐树所适宜的生长环境，包括地势、地力、光照、温度、水分等，并提出了一些相应的技术措施，如中耕、除草、施肥、疏叶等。“所出”一篇，记桐树产地分布，显示当时长江中下游地区，特别是其以南地区，桐树的自然分布和人工栽培均很普遍，其中又以蜀中最为有名。“采斫”一篇，记载桐树修剪疏枝和成材采伐的经验。“器用”一篇，总结桐木利用经验，表明古人对于桐树的材质有了很深的认识。“杂说”一篇选编有关桐树的逸闻轶事。“记志”一篇，包括《西山植桐记》和《西山桐竹志》两篇文章，记述了作者在西山之南种植桐竹的经历。“诗赋”篇，收录了作者有关桐的诗词歌赋，多为作者“借词以见志”之作。《桐谱》是中国，也是世界上最早专门论述桐树的著作。

汪汝懋，字以敬，浮梁人(今江西景德镇)人，元至正年间曾任国史馆编修，后弃官讲学。至正庚子年(1360)写成《山居四要》一书。所谓“四要”讲的是摄生、养生、卫生、治生之要。其中治生之要部分是讲农事的，体例仿照月令，每月标禳法，下子、扦插、栽种、移植、收藏以及杂事等目，但一般只是记载作物、花果的名称，绝少涉及操作方法。后面另附有种花果、蔬菜法等。此外卫生部分后面还附有治六畜病方若干。

3.《四时纂要》

《四时纂要》是影响较大的农书。作者是韩鄂，一题作韩谔，可能是唐时人，也可以是唐末至五代初人①。

《四时纂要》是在汇集前人的有关资料，如《氾胜之书》、《齐民要术》、《保生月录》等的基础之上写成的月令体农书。和《齐民要术》相比一个最重大的贡献就在于新增了一些《齐民要术》所没有记载过的内容，如，茶叶、薏苡、薯蓣、荞麦、种菌子、养蜂等，尽管这些内容现在看来，大多可能出自王旻的《山居要术》。另外，就是在《齐民要术》有所论述的方面，《四时纂要》也有所发展。比如，果树嫁接，提到"其实内子相类者"，即种子的形态结构相近似，亲缘关系较近的植物相互嫁接亲和力较强，容易成活，这是嫁接理论上的一个重要发展。另外，《四时纂要》给人以突出的印象便是有关占候的内容比较多。这也是中国农业重心由北方向南方转移的产物，因为南方气候比较多变，因此占候成为人们关注的重要内容之一。

历史上，《四时纂要》常与《齐民要术》及后来的《农桑辑要》等并提。虽然，明代以后《四时纂要》在中国失传，但在朝鲜却一直保留下来，并成为研究从《齐民要术》到《陈旉农书》600 余年农学史重要的参考资料。《四时纂要》出现在唐五代时期，正是中国经济重心由北向南的转移时期，在中国农学史上也出现了这个转折，而《四时纂要》则可以看作是转折点，书中虽然以北方的农业生产为主，但也加入了一些南方农业生产的内容。因此，本书对于研究转折时期的社会经济史和农业技术史有着

① 缪启愉：《四时纂要校释 · 前言》，农业出版社，1981 年，第 1 页。

重要的参考价值。

4.《陈旉农书》

《陈旉农书》的作者是陈旉(一作敷),约生于北宋熙宁九年(1076)。他是个隐居修道的读书人,自号“西山隐居全真子”,又号“如是庵全真子”。“平生读书,不求仕进,所至即种药治圃以自给。”他认为,《齐民要术》和《四时纂要》等农书“迂疏不适用”,希望自己写作的《农书》“有补于来世”。书成于南宋绍兴十九年(1149)。

全书共有1万余字,分上中下3卷,上卷总论土壤耕作和作物栽培;中卷牛说,讲述耕畜的饲养管理;下卷蚕桑,讨论有关种桑养蚕的技术。三卷合一,构成了一个有机的整体,其中上卷是全书的主体,占有全书三分之二的篇幅,中卷的牛说,因为牛是农耕的主要动力,在经营性质上仍是上卷的一部分,但《陈旉农书》却是现存古农书中第一次用专篇来来系统讨论耕牛的问题;下卷讲蚕桑,也是因为蚕桑是农耕的重要组成部分,尽管如此,把蚕桑作为农书中的一个重点问题来处理,也是这本书的首创。

上卷以十二“宜”和“祈报”和“善其根苗”两篇构成一个完整的有机体。“财力之宜”,强调生产的规模(特别是耕种土地的面积)要和财力、人力相称。认为“多虚不如少实,广种不如狭收。”“地势之宜篇”讨论土地利用。“耕耨之宜篇”继“地势之宜篇”之后,认为地势既影响到土地的利用,也影响到耕作的先后迟缓和翻耕的深浅,并引出“天时之宜”,强调从事农业生产时必须按节气变化来安排农事活动,也注意到反常气候对农业带来的困扰,把天、地和时紧密地联系在一起讨论,体现因地为时的思想。陈旉还将天时与作物联系起来,因有“六种之宜篇”,主要讨论几种旱地作物栽培的时序，也是对南方旱地作物栽培技术的首次总结。“居处之宜篇”首次讨论农田与居住的关系，提出“近家无瘠田”，因为在就近农田的地方居住便利于照顾农田。在接下来的“粪田之宜篇”中，土壤肥料成为焦点，提出“地力常新”等著名论断。《陈旉农书》卷上十二宜中还包括“节用”（勤俭节约）、“稽功”（奖勤罚懒）、“器用”（物质准备）、“念虑”（精神准备）、“祈报”（敬事鬼神）等篇，这些在作者看来都是影响农业生产的关键因素。

中卷系统地讨论耕牛的问题。在彰显耕牛之功的同时，把重点放在耕牛的牧养、役用和医治。牧养时必须做到“顺时调适”，牧养结合，牢栏清洁，以免“秽气蒸郁，以成疫疠”，同时，也可防止“浸渍蹄甲”而“生病”。料草要“洁净”、“细剉”，并要“和以麦麸、谷糠或豆，使之微湿”，盛放在槽内，让牛吃饱。春夏放牧时，“必先饮水，然后与草；则不腹胀”。冬季也要“日取新草于山”[1]，为耕牛提供新鲜饲料。役用时必须做到“勿竭其力”，“勿犯寒暑”、“勿使太劳”。使役要掌握在“五更初，乘日未出，天气凉时用之”，这样“力倍于常，半日可胜一日之功”，至“日高热喘”时，“便令休息，勿竭其力，以致困乏”。使役还要根据季节的寒暑不同，分别对待。“盛寒之时，宜待日出宴温乃可用，至晚天阴气寒，即早息之”，在“大热之时”，则要“夙馁令饱健，至临用不可极饱，饱即役力伤损也”。医治方面则要求辨证施治，对症下药，并针对疫病传染，提出隔离的措施。这在兽医学史上也是一个了不起的进步。

末尾一卷讨论蚕桑。内容包括种桑、收蚕种、育蚕、用火采桑、簇箔藏茧等5篇。种桑之法篇介绍了桑树的种子繁殖方法，还提到了压条和嫁接等无性繁殖方法。桑树栽种之后要多次修剪，以提高桑叶的产量和

---

① 《岭外代答·踏犁》(卷四)。

质量。收蚕种之法篇则介绍了蚕种的保存、浴蚕、蚕室和喂养小蚕的技术；提到在浴蚕前，要“待腊日或腊月大雪，即铺蚕种于雪中，令雪压一日，乃复摊之架上”①，这实际上已有利用低温来选择优良蚕卵，淘汰劣种的作用在内分。育蚕之法则强调自摘种，以保证出苗整齐；用火采桑之法，提出在给蚕喂叶时，利用火来控制蚕室湿度和温度的方法，还提到了叶室的作用。簇箔和藏茧之法，介绍了簇箔的制作和收茧藏茧的方法等。

《陈旉农书》是第一本系统讨论南方农业的农学著作。南方地形、地势较为复杂。“地势之宜篇”第一次系统地讨论土地利用。“地势”主要指的是土地“高下”，“高下之势既异，则寒燠肥瘠各不同。……故治之各有宜也。”高田通过修筑陂塘来解决水旱问题；下地则通过围圩来防止淹浸；欹斜坡陁种植蔬菜或旱地作物：麻麦粟豆等，亦可种桑养牛；深水薮泽，则有葑田。其中对于高田的规划利用最详，充分体现了因地制宜，合理规划利用的思想。南方农业主要由水稻、蚕桑、牛畜和一定数量的旱地作物组成。“十二宜”都多与水稻栽培有关，而“薅耘之宜篇”和“善其根苗篇”两篇专论水稻的田间管理和水稻育秧技术。陈旉认为，“种之以时，择地得宜，用粪得理”，再加上精心管理是育出好秧的关键，而耘田是水稻田间管理的重要环节，因为耘田可以消除草害，还可以提高土壤肥力，改善土壤结构，因此“不问草之有无，必遍以手排摝，务令稻根之傍，液液然而后已。”耘田之法，必须根据地势，上处蓄水，下处耘起。头遍耘过之后，还要进行烤田。然后重新蓄水，从下往上再耘一遍。

在关注土壤肥料的“粪田之宜篇”中，陈旉提出了 2 个杰出的关于土壤学说，一是“粪药说”，认为不同性质的土壤，只要治理得法适宜，都可

---

①《陈旉农书·收蚕种之法》。

以取得好的收成，而治理的关键在于用粪。当时人们把依据土壤的不同性质而用粪来加以治理称为“粪药”，意思就是“用粪犹用药”。二是对于常年耕种并出现地力衰减的土地，陈旉提出了“地力常新壮论”，指出：“若能时加新沃之土壤，以粪治之，则益精熟肥美，其力常新壮矣，抑何敝何衰之有?!”2 个学说的核心是粪(肥料)。书中不但用专篇谈论肥料，其他各篇中也颇有具体而细致的论述，对于肥料的积制和施用方法有不少创新和发展。元代王祯就继承和发扬了陈旉的土壤肥料学说，认为“为农者，必储粪朽以粪之，则地力常新壮，而收获不减。”在“粪药”的基础上提出“惜粪如惜金”、“粪田胜如买田”的看法，将肥料分为五种，除踏肥(即厩肥)以外，还有苗粪、草粪、火粪和泥粪，进一步拓展了肥料的来源，并提出“得其中则可”的施肥原则①，是对战国以来，“多粪肥田”的一种修正。

5. 官修农书

隋唐宋元时期，各级政府通过编撰、刊发农书来促进农业的发展，是有官修农书的出现。唐垂拱二年(686)四月七日，太后撰《月寮新诫》及《兆人本业记》，颁朝集使②。其中《兆人本业》为“农俗和四时种莳之法”，共 80 事，是已知最早的一部官修农书③。宋天禧四年(1020)宋真宗下诏刻《四时纂要》及《齐民要术》二书，“以赐劝农使者”。这可能是这两本农书的最早刻本。宋真宗还曾令朝臣编纂一部 12 卷的《授时要录》。这可能是一本月令体官修农书。在宋代类似性质的官农书还有《大农孝经》、

① 《王祯农书 · 粪壤篇》。
② 《唐会要》(卷三十六)。
③ 《困学纪闻》(卷五)。

《本书》等。宋真宗在引种占城稻时，曾以官方的名义，发布过一个种植方法，命转运使揭榜示民[①]。榜文详细地介绍了占城稻这一品种的浸种、催芽、下种、护秧、插秧，直到成熟的栽培方法，具有很强的可操作性，同时它还注意因地制宜，提出可以因各地不同的气候条件，"酌其节候下种"。大中祥符六年(1013)，曾"令群牧司选医牛古方，颁之天下"，这应是一本最早的官修兽医学著作。至元二十三年(1286)元政府向所属各州县颁行官修农书《农桑辑要》。

劝农文是地方政府所颁行的一种劝农文告。宋元时期，地方官员在每年的特定时间(一般是春耕开始时)下乡劝农，在此一过程中，往往要发布劝农文告。北宋时期，就有许多劝农诗和劝农文等劝农文告，然而，很多都是官样文章搞形式主义。南宋时这种作风稍有改变，劝农文中的技术内容增加。如，朱熹的《南康军劝农文》、高斯得的《宁国府劝农文》、真德秀的《泉州劝农文》和《福州劝农文》等，这些劝农文中有些是针对农业生产中所出现的技术问题而发的。不过《劝农文》的效果有限，虽然元明清时期，仍然不断有官员因循旧法，但《劝农文》的数量已远不如宋。

耕织图实际上是一种以图阐文的劝农文，它把农业生产中一些关键性的环节用图象的形式，并配以诗词歌谣，完整地表达出来，目的也在于重农劝农。用美术的形式来表达农桑的内容在五代时期即已出现，如后周世宗留心稼穑，思广劝课之道。命国工刻木为耕夫、织妇、蚕女之状，置于禁中，召近臣观之[②]。耕织图，在宋仁宗宝元年间(1038～1040)已在宫廷中出现，当时已将农家的耕织情况绘于延春阁壁上。[③] 这些美术作品在供帝王欣赏时，同时提醒帝王不要忘了稼穑之艰难。宋高宗也曾经

① 《宋会要辑稿・食货》(一之一七)。
② 《旧五代史・后周世宗本纪》。
③ 王应麟:《困学纪闻》(卷十五)。

说及此事："朕见令禁中养蚕，庶使知稼穑艰难。祖宗时，于延春阁两壁，画农家养蚕织绢甚详。"①南宋高宗时期于潜县令楼璹在访问农夫蚕妇的基础上编绘了一套《耕织图》，其中耕图包括浸种、耕、耙耨、耖、碌碡、布秧、淤荫、拔秧、插秧、一耘、二耘、三耘、灌溉、收刈、登场、持穗、簸扬、砻、舂碓、筛、入仓等21幅；织图包括浴蚕、下蚕、喂蚕，一眠、二眠、三眠、分箔、采桑、大起、捉绩、上簇、炙箔、下簇、择茧、窖茧、缫丝、蚕蛾、祀谢、络丝、经、纬、织、攀花、剪帛等24幅，每图皆配以五言八句。楼钥称它是"农桑之务，曲尽情状"。②

楼璹《耕织图诗》是一部很有影响的作品。元代程棨的《耕织图》或是摹自该图。王祯在"农器图谱"中也多处引用了"图诗"及《耕织图》。蚕桑纺织等内容的加入便可能是受到《耕织图》的影响，因为这部分内容在南宋曾之谨《农器谱》没有。清朝《耕织图》发展到一个鼎盛时期，康熙、雍正、乾隆、嘉庆、光绪都有御制《耕织图》的问世。康熙的《耕织图》于康熙三十五年(1696)，由宫廷画师焦秉贞绘制。系由楼璹《耕织图》(或摹本)增减而成，其中耕的部分增加了"初秧"、"祭神"2幅；织的部分删去了"下秧"、"喂蚕"、"一眠"3幅，增加了"染色"、"成衣"2幅，合计耕23幅，织23幅，合计46幅。画目次序也有所不同。焦图每幅除保留楼璹五言诗外，还附有康熙帝亲题七言诗一首。图前有康熙亲自写的序文。从绘图上来说，最大的特色还在于焦图采用了"近大远小"的西洋画法，即透视法。所以，画中的村落风景、田家作苦，能够曲尽其致，在艺术上也是一部优秀的作品。雍正《耕织图》的画面、画目与康熙《耕织图》基本相同，耕、织各23幅，合计46幅，但排列顺序则稍有改动，并且删去了

① 《建炎以来系年要录》(卷八十七)。

② 《攻媿集》(卷七十六)。

楼璹的五言诗，换上了雍正御题五言诗。乾隆石刻《耕织图》(1769)系乾隆皇帝命画院据元代程棨摹本所作刻石，分耕21图、织24图，共45幅。每幅图长53厘米，纵高34厘米，阴刻。其画幅与画目与程棨的《耕织图》完全一致，画面内容及所题诗款也基本相同。乾隆石刻《耕织图》在1860年第二次鸦片战争，英法联军入侵北京时，部分被毁。光绪石刻《耕织图》发现于河南省博爱县一农家门楼的墙壁上，计耕、织各10幅，共20幅。分别刻在4块长200厘米，宽30厘米的青石上，画面上有“光绪八年”、“孟秋月置”的字样。内容与传统耕织图有很大不同时，10幅耕图是描绘水稻从种到收的过程；10幅织图是描绘棉花从种到加工成布的过程。在耕图中，整地中的耖不见了，脱粒也由连枷变为牛拉碌碡。另外，原来的蚕织图也为棉花种植、去籽和纺织所取代。《耕织图》在清朝的时候大量地以外销画的方式，引进到欧洲，成为人们收藏和展示的对象。①

6. 元代的三大农书

元代统治不到100年，但是却在中国农学史上留下了3部了不起的农书，这3部农书分别是《农桑辑要》、《王祯农书》和《农桑衣食撮要》。

(1)《农桑辑要》

《农桑辑要》是元代专管农桑，水利的中央机构“大司农”主持编写的。具体的编写人是孟祺、张文谦、畅师文、苗好谦等人。书成于至元十年(1273)之前。所载农业技术内容曾在元大都的厚载门(今地安门)试

---

① 渡部武：“欧洲的中国热与《耕织图》”，中国科学院自然科学史研究所讲演，2006年9月5日。

用，效果令人满意。[①] 成书后，曾经颁发给各级劝农官员，作为指导农业生产之用。是现存最早的官修农书。

《农桑辑要》基本上继承了《齐民要术》的内容，但也新添了一些资料。如苎麻、木棉、西瓜、胡萝卜、茼蒿、人苋、莙荙、甘蔗、养蜂等。这些内容是总结当时的经验写出的第一手材料。如对中国的棉花、苎麻栽培技术的总结就是对这两种重要经济作物的最早总结。为了向北方推广苎麻和棉花种植，书中还新添"论九谷风土及种莳时月"和"论苎麻、木棉"，对风土问题展开论述，认为"风土各有所宜"，不同的风土适应不同的作物；《禹贡》九州风土之宜只是个大概，"触类而求之"，九州之间可以互相引种；根据古来引种作物成功的例子，认定木棉、苎麻的引种也是可以成功的。重要的是要小心种植，方法得当。把人的因素引进了旧有的风土观念之中，强调发挥人的主观能动性和人的聪明才智。成为农学思想史上的一个里程碑。

《农桑辑要》将蚕桑生产放在与农业同等重要的地位，体现了宋元时期农书的特点。从篇幅来看，虽然栽桑养蚕，各占其中的一卷，但这两卷的篇幅却将近占全书的三分之一。这在《齐民要术》中是没有的。书中还辑录了《士农必用》、《务本新书》、《四时类要》、《博闻录》、《韩氏直说》、《农桑要旨》和《种莳直说》等农书，由于这些农书的大多数现已失传，本书在客观上取到了保留和传播古代农业科学技术的作用。

从新添和辑录的内容中可以看到自《齐民要术》以来农业技术的进步。比如，在大田作物生产技术方面，重视秋耕，提出"秋耕宜早，春耕宜迟"；突出耙的作用，提到"犁一耙六"；提到改进芸苗之法，采用畜力中耕农具"耧锄"，这一农具在辗转进入欧洲以后，经英国人塔尔（Jethro

① 熊梦祥：《析津志辑佚》，北京古籍出版社，1983年，第2、114页。

Tull，1674～1741）的改进成为近代农业的发端。以及抢收麦子，提出“收麦如救火”等；在种桑养蚕技术方面，书中引《士农必用》、《务本新书》等对桑树嫁接、压条、修剪（科斫）、病虫害防治及桑树与其他作物的间作等进行了详细的记载。对于种茧的选择、浴卵、添食、蚕病的预防等方面多有论述，并将养蚕技术总结为“十体、三光、八宜、三稀、五广”十个字，是对中国古代养蚕技术的高度概括。

（2）《王祯农书》

王祯，字伯善，山东东平（今东平县）人，生活于 13 世纪、14 世纪之间。元成宗元贞元年（1295）出任宣州旌德（今属安徽）县令，后又调任信州永丰（今江西广丰）县令。《农书》就是在这两地任职期间写作的，成书年代当在 1300 年左右。

全书由 3 部分（这 3 部分本是各自独立的，后来合成一书）组成的，第一部“农桑通诀”，论述了农业，牛耕和桑业的起源；农业与天时、地利及人力三者之间的关系，接着按照农业生产春耕、夏耘、秋收、冬藏的基本顺序记载了大田作物生产过程中，每个环节所应该采取的一些共同的基本措施；最后是“种植”、“畜养”和“蚕缫”3 篇，记载有关林木种植，包括桑树，禽畜饲养以及蚕茧加工等方面的技术。这一部分中，还穿插了一些与农业生产技术关系不大的内容，如，“祈报”、“劝助”等篇。第二部分“百谷谱”，叙述了 80 多种植物的栽培技术与方法，后面还附有一段“备荒论”，开启了后来徐光启等论述“荒政”的先河；第三部分“农器图谱”以图文方式对农器进行介绍，其中也有一些并非属于农具的范畴，如，田制、籍田、太社、鑮鼓、梧桐角之类。

《王祯农书》的特点主要有 2 个方面，一是它第一次将南北农业技术写进在同一本农书之中。王祯写农书时，他已是“东鲁名儒，年高学博，南北游宦，涉历有年。”[①]这使他在写作农书时，有条件也很自然地进行南北方的对比，目的在于“使南北通知，随宜而用，使无偏废，然后治田之法，可得论其全功也”。例如，针对北方平原旱地田面一般较大，平整起来有一定的困难，《王祯农书》中提出了“分缴内外套耕法”，“所耕地内，先并耕两犁，垅皆内向，合为一垄，谓之‘浮疄’，自浮疄为始，向外缴耕，终此一段，谓之‘一缴’。一缴之外，又间作一缴，耕毕，于三缴之间，歇下一缴，却自外缴耕至中心，劐作一墒，盖三缴中成一墒也。其余欲耕平原，率皆仿此。”前代农书对南方水田耕作很少涉及。《王祯农书》将南方水田划分为三种类型：一是高田早熟；二是下田晚熟；三是“泥淖极深”的水浆田。前二种类型在《陈旉农书》中已有涉及，而水浆田的耕法却是陈旉所没有的。

《王祯农书》的第二个特点就是“农器图谱”的写作，将农器划分为20门，每门下面又分作若干项，每一项都附有图，一共有300多件图，并加以文字说明，记述其结构，来源和用法等，大多数图文后面还附有韵文和诗歌对该种农器加以总结。这一创举成为后世农书和类书记载农具的范本。从所载农器来看，当时的农具已具备高效、省力、专用、完善、配套等特点。它的贡献不只在于一般理解上的农具，还包括土地利用。“田制门”对土地利用又有进一步的论述。首次给出了梯田的概念和修造方法。在围（圩）田的基础上，王祯又提出了柜田的概念。还明确指出，架田亦名葑田。对《陈旉农书》中所没有涉及的涂田和沙田也有所论述。根据天象、节气、候气及其与农事的关系所绘制的“授时指掌活法之图”，更便于务农之家直观地掌握农时。所附“造活字印书法”也是对印刷术的一大贡献。

---

① “元帝刻行《王祯农书》诏书抄白的”。王毓瑚校：《王祯农书》，农业出版社，1981年，第446页。

(3)《农桑衣食撮要》

在《王祯农书》出版后不久,即元代仁宗延祐元年(1314),《农桑衣食撮要》问世。作者鲁明善,是维吾尔族人。他跟随父亲长期在内地居住,深受汉文化的影响。曾在朝廷里为皇帝支持文史工作。后来在江西、安徽等地任职。《农桑衣食撮要》一书就是他在安丰路任职期间撰写并刊刻,以后又在至顺元年(1330)再刊于学宫。

《农桑衣食撮要》又称为《农桑撮要》,从书名和内容来说,都与司农司撰写的《农桑辑要》有相同之处,但也有自己的一些特色。首先,在体裁上,采用了古已有之的"月令"体,书中"考种艺敛藏之节,集岁时伏腊之需,以事系月,编类成帙"[①]。这种体裁"简明易晓,使种艺敛藏之节,开卷了然",是对《农桑辑要》的发展。其次,在内容上也较《农桑辑要》有所增加,一些南方物产,如鸡头(即芡实)、菱、藕、茭笋(白)、茈菰(慈姑)、竹笋、鳜鱼等,均在书中有所介绍。书中讲到种稻的地方共有 6 处之多,其中包括犁秧田、浸稻种、插稻秧、壅田、耘稻、收五谷种等条。值得注意的是作为维吾尔族的农学家,鲁明善在书中还介绍了一些少数民族的生产技术和经验,如收羊种,防治羊的疥疮、口鼻疮、茧蹄等病症,种葡萄技术,制造酪、酥油、干酪的方法等。

《农桑衣食撮要》是继《四时纂要》之后,保存至今比较完备的一部月令体农书。

7. 谱录类农书

"谱录"原是古代图书分类中的一个类目,首创于南宋尤袤,他在《遂

---

① 张栗:《农桑衣食撮要》(序)。

初堂书目》中立“谱录”类，“以收《香谱》、《石谱》、《蟹录》之无类可附者”。在众多谱录类著作中就有许多与农学有关的著述。内容涉及农器、大田作物、园艺作物、动物饲养乃至气象、灾害等，其中又以园艺谱录著作最为突出，农学成就也最高。

(1) 农器及大田作物类

大田作物及农器谱录以唐陆龟蒙的《耒耜经》为代表。该文包括序文在内，总共才600余字，但却详细地记载了当时江东地区所普遍采用的一种水田耕作农具“曲辕犁”，还提到了爬(耙)、碌碡和礰礋等三种农具。江东犁由11个零件组成的农具，所谓“木与金凡十有一事”，11个零件包括：犁镵、犁壁、犁底、压镵、策额、犁辕、犁箭、犁评、犁建、犁梢、犁盘。除犁镵和犁壁是由金属铸造而的以外，其余皆由木制而成。文中对制造犁所用的原材料、各部件的名称、形状、大小、尺寸有详细记述，便于仿制流传。文中还提到“耕而后有爬，渠疏之义也，散墢去芟者焉；爬而后有礰礋焉，有磟碡焉，自爬至礰礋皆有齿，磟碡觚棱而已，咸以木为之，坚而重者良。”爬，即耙，它和礰礋、磟碡一样，主要是用于整地的。可以起到破碎土块，清除杂草的作用。江东犁的出现标志着传统中国犁已趋于定型，耕与耙以及和礰礋、磟碡的配套使用，又标志着南方水田稻作技术体系趋于形成，而记载江东犁等的《耒耜经》，尽管其篇幅很短，也被视为中国农学史上最早的农具著作。

继《耒耜经》之后出现的农具著作有南宋曾之谨的《农器谱》，而《农器谱》的写作又与北宋曾安止的《禾谱》分不开。曾安止，字移忠(一作中)，号屠龙翁。江西泰和人。病退后，在“周爰咨访，不自倦逸”和“善究其本”的基础上写作《禾谱》一书，是为中国历史上第一关于水稻栽培的专著。全书包括稻名篇、稻品篇、种植篇、耘稻篇、粪壤篇、祈报篇等内容。与其他谱录类著作一样，《禾谱》也十分注重对于所谱对象的品种分类。一是根据播种和收获期的不同来划分，有早、中、晚之分。二是根据稻米的质地和用途，无论是早稻还晚稻都有粳、糯之分，所以有“早禾粳品”、“早禾糯品”;“晚禾粳品”、“晚禾糯品”。三是根据性状、生育期及土壤适应性等综合起来加以划分。为了准确记载泰和水稻品种，曾安止就品名问题作了一些有意义的探讨。一为“总名”之辨，将水稻与其他粮食作物加以区别，指出古籍中的“谷”既包括粟、稷等作物，亦包括稻。稻是稻谷的总名，在总名之下，稻又分为早稻和晚稻、秔稻和糯稻。早稻和晚稻是根据播种收获期来确定的。根据播种期的早晚又称为“稙禾”和“稚禾”。二是“复名”之辨。稻又称为稌。三是“散名”之辨。曾安止列举古籍中关于品种名称的记载，提到异名同物，“名同而实非”的现象。

当时的文坛领袖苏轼称《禾谱》“文既温雅，事亦详实”、但“惜其有所缺，不谱农器也”。曾安止虚心接受，但因双目失明，不能补写。过了100多年，曾安止的侄孙、耒阳县令曾之谨才替他弥补了这一缺憾。曾之谨的同乡周必大在为《农器谱》所题序中提到，谱中所记农器分为耒耜、耨镈、车戽、蓑笠、至刈、条篑、杵臼、斗斛、釜甑、仓庾等10项，还附有“杂记”。从书名到书中所列项目的名称不难看出，曾之谨的《农器谱》和王祯的《农器图谱》，有许多相同或相似的地方。有相当多的理由相信，元代王祯的写作是在曾之谨的基础上完成的。①

(2) 园艺类

谱录类著作以园艺类最多，其中又可以分为茶叶类、花卉类、果树类、林木类、蔬菜类、嗜好类等。

茶叶类著作中以陆羽的《茶经》为最早。陆羽(733～804)唐复州竟陵(今湖北天门)人。原为寺僧，后隐居苕溪(今浙江湖州)，在顾渚山种

① 曾雄生:“《农器图谱》和《农器谱》关系试探”。《农业考古》,2003年,第1期。

茶、饮茶、论茶。《茶经》分三卷10门，即一之源、二之具、三之造、四之器、五之煮、六之饮、七之事、八之出、九之略、十之图。其中“一之源”记茶的生产和特性；“二之具”记采茶所用的器物；“三之造”记茶叶的加工，这两节的中心是叙述饼茶的制法，即用甑蒸茶叶，用杵臼捣茶，放入铁模中，拍以为饼，用锥刀开孔，用竹贯茶放入焙炉中焙之，最后剖竹或纫谷树皮串茶，每串有一定的重量，名之曰穿；“四之器”记茶叶加工时所用的器物；“五之煮”记述茶叶的饮用方法，把茶饼以缓火炙过，用木质药研碾为粉末，用罗筛为茶末，煮时用鍑沸汤，一沸之时调以盐少许，二沸之时一边搅动一边放入茶末。饮茶之时，因为茶色以淡黄为贵，所以要酌入越州出产的青瓷茶具中，乘热啜饮浮其上的精英部分；“六之饮”，介绍了饮茶方法，列举了觕（粗）茶、散茶（煎茶）、末茶（粉茶）、饼茶（砖茶）；“七之事”中掇拾古书中有关茶的文字，叙述了茶的历史。这部分所占的篇幅较长；“八之出”，叙述茶的产地，并按上、次、下3个等级评价各地茶叶的优劣；“九之略”，讲述野外茶叶加工的有关事宜；“十之图”，即将上述九个方面的内容用图画的形式表现出来，置诸座隅，以备便览，实际内容还是9个方面。全书系统总结了唐以前种茶经验和自己的体会，包括茶的起源、种类、特性、制法、烹煎、茶具、水的品第、饮茶风俗、名茶产地以及有关茶叶的典故和药用价值等，是世界第一部关于茶叶的专著。

《茶经》系统地记载了中国古代有关茶事活动的历史，探讨了饮茶的功效，并将饮茶的作用归结为解热渴、驱凝闷、缓脑疼、明眼目、息烦劳、舒关节、荡昏寐等方面，并总结了迄唐代中期的造茶工艺，把造茶法归结为采、蒸、捣、拍、焙、穿、封7道工序，并提出了制茶质量的鉴别方法“别”，还记载了一整套茶的煮饮法，即“煎茶法”。这一切都增进了世人对饮茶的了解，陆羽也因此被祀为“茶神”。随着饮茶风气的兴起，内地和周边民族及世界各国之间的茶马互市也由此开始。[1]

《茶经》之后，各种与茶有关的著相继出现，据《宋史·艺文志》的记载，就有12种之多。在众多茶叶类著作中，又以建安茶的著作最多。建安今属福建，北苑是建安属下的一个茶叶产地，其所产之茶，又名"建茶"。第一本建茶著作是丁谓的《北苑茶录》(又名《建安茶录》)，该书采用了绘图的形式，所以有人称丁谓的著作为"茶图"。第二本建茶著作是蔡襄《茶录》。蔡襄认为陆羽的《茶经》，不载闽茶；丁谓的"茶图"虽载闽产，但仅仅是论采造，而不及烹试，于是作者便在皇祐中撰写了《茶录》2卷，并于治平元年(1064)自书刻石。上篇论茶，下篇论茶器。蔡襄《茶录》之后，宋子安又作《东溪试茶录》1卷。东溪，是建安的地名。宋子安作此书，目的是补丁谓"茶图"和蔡襄《茶录》之遗。书分八目，其基本观点是品茶要辨所产之地，有的产地相距很近，而好坏差别很大。因此书中对于诸焙道里远近，言之最详。此后讲建茶的又有黄儒的《品茶要录》2卷。黄儒是建安人。这本书专门论述建茶的采制和加工，对假冒伪劣现象进行暴光，以表建茶之真。黄儒之后，熊蕃撰《宣和北苑贡茶录》一卷。北苑位于建安东部的凤凰山麓，以盛产贡茶闻名。撰者熊蕃(建阳人)亲自观察了产茶的情况，并作了记录。所论皆建安焙造贡茶的法式，包括建安茶的沿革、贡茶的变迁、茶芽的等级，还列举了贡茶40余种的名称及其制造年份。书中附有38幅图，是熊蕃之子熊克所补，把贡茶的形态和尺寸一一图示，以"写其形制"。其后熊蕃的门生赵汝砺又作《北苑别录》1卷，补"贡茶录"所遗。熊氏书中辑入贡品，此书均有著录，其内容详于采茶、制茶的方法。

园艺类谱录著作以花卉类著作最多。花谱类著作，以赏花为宗旨，

---

① 《新唐书·陆羽传》。

所以花的品种和品第成为这类著作的主要内容，各书都记载了几十、上百个品种，如史铸的《百菊集谱》中就记载了菊花品种160多种，周师厚的《洛阳花木记》中就记载了洛阳的各种花木名色，计牡丹109种、芍药41种、杂花82种、各种果子花147种、刺花37种、草花89种、水花19种、蔓花6种。从中不难看出当日花卉栽培之盛况。各书在记花品的同时，也叙述了花卉的栽培方法。如《洛阳花木记》中就记载了：四时变接法、接花法、栽花法、种祖子法、打削花法、分芍药法等。有时花卉栽培方法也被作为一种风俗记录下来。

现存牡丹谱以宋欧阳修的《洛阳牡丹记》为最早。洛阳以栽培牡丹著称，当地人称其他花均有名称，唯独牡丹称花。欧阳修曾在洛阳居住过4年。所记洛阳牡丹分为3部分："花品叙第一"记述"姚黄"、"魏花"等24种牡丹精品的名称、特征。"花释名第二"讲述这些花名的来历，包括产地、花色，及栽培者的姓氏。"风俗记第三"着重记述洛阳人的爱花嗜好，又介绍了嫁接牡丹优良品种的方法以及种牡丹的要点。种花要先选好地，除去旧土，用药物"白敛"末一斤和新土种之。这是因为白敛能杀虫，而牡丹花根常被虫吃的缘故。浇花也有一定的规则，必须是在日出之前，或日落之后，并根据季节变化掌握水量。当牡丹花枝上出现花蕾时，应剪去小的，只留一两朵大的。如果出现虫害，一定要寻找虫穴，用硫黄杀灭，这样花才能长得好。

欧阳修之后，一系列关于牡丹的著作相继出现。其中有张邦基的《陈州牡丹记》、陆游的《天彭牡丹谱》。陈州和天彭(属成都)都以牡丹出名。陆游在蜀作官期间亲往天彭赏花，写成《牡丹谱》1卷。书仿欧阳修《洛阳牡丹记》体例，分为3篇。第一篇是"花品序"，按花的颜色分别品评甲乙。第二篇是"花释名"，记录各花的名称，凡是已见于欧阳修谱中的都没有载入，只记下了在天彭当地出名的那些，并对各花的形态都作了描述。第三篇是“风俗记”，杂记蜀中人赏花的故事。

如同洛阳人爱好牡丹花一样，扬州人爱好芍药。扬州芍药有甲天下的美誉。最早的芍药谱为刘攽撰。刘攽，江西清江（今樟树市）人。宋熙宁六年（1073），来到广陵扬州，正当四月花开的季节，邀集友人观赏，因作此谱，并请画工将各等芍药描画下来。谱中记扬州芍药31种，评为七等。刘攽作《芍药谱》第三年，熙宁八年（1075），如皋人王观在扬州知府江都县事时，在刘谱的基础上又撰写了《扬州芍药谱》一书，记述了39种芍药花，其中31种原为刘谱所载，新增的有8种，未加列等。王谱开卷先讲栽培方法，最后有一后论。与刘攽、王观同时的作者中还有孔武仲，他也著有《芍药谱》1卷，全文收在宋吴曾《能改斋漫录》中，所记芍药33种，都是按花的形状命名。

菊谱以刘蒙所撰最早。刘蒙是彭城（今江苏徐州市）人。崇宁甲申（1104）九月，他到龙门游玩，在伊水之滨访问了种菊吟诗的隐士刘元孙，便和他一起切磋菊花的品种与栽培技术。刘蒙根据菊花的颜色分类，着重描述各自的花形叶貌，编成了这本《菊谱》。“首谱叙，次说疑，次定品，次列菊名三十五条，各叙其种类、形色。而评次之。以龙脑为第一。而以杂记三篇终焉。”“大抵皆中州物产而萃聚于洛阳园圃中者。”[①]刘蒙之后，作菊谱的还有史正志、范成大、沈竞、胡融、马楫等。但以上诸家所志，皆宋廷南渡之后，“拘于疆域，偏志一隅”[②]。如范成大的《范村菊谱》，又名《石湖菊谱》，虽然也记载了30余个品种，但都是自己花园里种的。集菊谱大成的著作却是史铸的《百菊集谱》6卷。谱中列举菊的各种品种100多个，在创作新谱的同时，还汇集了上述各家的专谱，还包括周师

① 《四库全书总目提要》（卷一百十五）。
② 《四库全书总目提要》（卷一百十五）。

厚《洛阳花木记》中所载的菊名。以及有关种艺、故事、杂说、方术、辨疑、诗话、辞章歌赋等。宋人的一些菊谱，如沈竞的《菊名篇》、胡融的《图形菊谱》等，也正是由于有了《百菊集谱》才得以保留至今。

兰花著作以赵时庚的《金漳兰谱》为最早。作者自序题于绍定癸巳(1233)，书也大约就是那年写成的。书有3卷，分为5篇，计有“叙兰容质第一”、“品兰高下第二”、“天下爱养第三”、“坚性耐植第四”、“灌溉得宜第五”。所记栽培方法，因品种而不同，很是细致。赵氏兰谱虽然最早，但最早并不等于最好。明代王世贞评价兰谱时说：“兰谱惟宋王进叔本为最善”。王进叔，即王贵学，临江(今江西樟树市)人。王氏兰谱一共6条，一品第之等；二灌溉之候；三分析之法；四沙泥之宜；五爱养之地；六兰品之产。书前有作者的自序，作于淳祐丁未(1247)，较赵氏兰谱晚出10余年。

牡丹称盛于唐代，至宋代梅花则有取代之势。范成大在《菊谱》之外又写了另一部花卉专著——《范村梅谱》。书中记的是范氏私园中所种的梅花，共12种。梅之有谱，也以本书为第一部。梅的价值在于食用和观赏。色、香、味、姿成为梅花的审美标准。

《全芳备祖》是宋代花谱类著作集大成性质的著作。作者陈泳，字景沂，号肥遁，又号愚一子，天台(今浙江省天台县)人。《全芳备祖》是作者约30岁左右完成，故自称是“少年之书”。其付刻期约在宝祐癸丑年至丙辰年间(1253～1256)。此书专辑植物(特别是栽培植物)资料，故称“芳”。据自序：“独于花、果、草、木，尤全且备”，“所辑凡四百余门”，故称“全芳”；涉及有关每一植物的“事实、赋咏、乐赋，必稽其始”，故称“备祖”。从中可知全书内容轮廓和命名大意。

果树类谱录以热带和亚热带所产果树荔枝和柑橘为主。通常所说的《荔枝谱》是指蔡襄所作的《荔枝谱》，实际上，唐宋时期出现了好几种有关荔枝的专著,如《广中荔枝谱》、《增城荔枝谱》和《莆田荔枝谱》等。但这几部"荔枝谱"现都已失传。蔡襄,字君谟,兴化仙游(今福建省仙游县)人。《荔枝谱》一书是他在宋嘉祐四年(1059)担任泉州知州时所作。书分为7篇:"原本始"主要讲荔枝的历史、分布,以及"性畏高寒,不堪移殖"等生物学特性。"标尤异"重点介绍了荔枝名品"陈紫"的特点,并以陈紫为标准,把各种荔枝按品质分为上、中、下3等。"志贾鬻"叙述福建荔枝产销情况。当时通过海路已有出口外销,远至日本、阿拉伯等地,并出现了产销两旺的局面。"明服食"从荔枝自身的生理特性,讲到服食荔枝的作用。"慎护养"讲述荔枝的栽培管理。提到覆盖防寒和隔年结果的"歇枝"现象,即所谓的大小年。"时法制"论述荔枝的加工方法。针对荔枝鲜果下树后,容易变质腐烂的特点,提出了红盐、白晒和蜜煎等3种加工方法。"别种类"记载了32个荔枝品种。蔡襄的《荔枝谱》是中国现存最早的荔枝专著,也是现存最早的果树栽培学专著。

南宋韩彦直的《永嘉橘录》则是现存最早的柑橘专著。在此之前约100年,北宋陈舜俞作有《山中咏橘长咏》诗,并以诗句加注的方式,详细地介绍他的家乡太湖洞庭山一带的柑橘产销情况,内容涉及地理环境、产量品质、采收日期、种接技术、种苗来源、品种分类、橘园开辟、病虫防治、修剪培植、灌溉施肥、民俗民风、收贮加工、运销馈送等诸多方面。有些内容和晚出百年的韩彦直《橘录》相比有过之而无不及。但在历史上的影响,《山中咏橘长咏》的影响远不及《橘录》。

《橘录》分上、中、下3卷,并有作者"自序"1篇。上、中两卷,主要记载了当时温州一带的柑橘品种(包括一部分种),共有27个品种或种。其中柑有8种,橘分14种,还有橙(一作"枨")属5种;并且还指出了每个品种命名的依据,以及品种的适应地区。下卷分为:种治、始栽、培植、去病、浇灌、采摘、收藏、制治、入药9节。十分详尽地总结了当地橘农的种收经验。《橘录》是中国最早的一部柑橘专著，也是世界上第一部完整的柑橘栽培学著作，在国际上有较大的影响。

蔬菜类谱录主要有《笋谱》和《菌谱》。晋人戴凯之著《竹谱》，提到了竹的各种用途。宋初僧赞宁则有《笋谱》，书仿《茶经》体，由一之名（10 名）、二之出（98 种）、三之食（13 种）、四之事（60 事）、五之杂说（8 则）构成。其中一之名除了列举了笋的别名之外，还记载了栽培的方法。

《菌谱》的作者是南宋台州仙居人陈仁玉，当地生产的食用菌"为食单所重"[①]。《菌谱》记载了当地特产的 11 种菌，目的在于"尽其性而究其用"，书中叙述了菌种的产地、采集期、形状和色味，如合蕈"其质外褐色"、稠膏蕈"生绝顶树杪，初如蕊珠，圆莹类轻酥滴乳。浅黄白色，味尤甘。已乃张伞大若掌"；有些描述非常清楚，如鹅膏蕈"生高山中，状类鹅子，久而伞开。味殊甘滑，不减稠膏。然与杜蕈相乱。杜蕈者生土中，俗言毒螫气所成，食之杀人"。书中还附有解毒之法，指出凡食用杜蕈中毒者，"解之宜以苦茗杂白矾，勺新水并咽之，无不立愈"。

嗜好类谱录则有《糖霜谱》。"糖霜"，一名"糖冰"，系由甘蔗加工而成的食糖。宋代"甘蔗所在皆植，独福唐、四明、番禺、广汉、遂宁有糖冰，而遂宁为冠。"[②]记载甘蔗种植和糖霜生产的《糖霜谱》，其作者便是遂宁人王灼。书成于绍兴二十四年（1154）前后。书中"原委第一"讲述糖霜的由来；"第二"叙述有关甘蔗食用历史及名人典故。"第三"关于甘蔗种植，包括品种、藏种、整地、播种、施肥、除草、中耕、培土及收获，蔗田种植制度，糖霜加工区的分布等。"第四"为制糖的器具及甘蔗加工的基本过

① 《四库全书总目提要》（卷一百十五）。
② 洪迈：《容斋五笔》（六卷）。

程。“第五”重点介绍糖水入甕后的处理及收藏方法。“第六”述糖霜制造所引发的经济上的连锁反应。“第七”讲糖霜成品的功用及可能的副作用。《糖霜谱》是现存最早的关于种植甘蔗和制糖的专著。

隋唐宋元时期所出现的专业性农书中，保存至今，且与动物有关的主要有两种：这便是《司牧安骥集》和《蚕书》。

《宋史·艺文志·医书类》著录有“李石司牧安骥集三卷，又司牧安骥方一卷”。一般认为，李石是唐朝人。但现存《司牧安骥集》在成书以后的一再刊印过程中，又续有增补。书的篇幅和内容很不一样。八卷本的卷一收有相良马图、相良马论、相良马宝金篇、良马旋毛之图、口齿图、旋毛论、口齿论、骨名图、穴名图、伯乐针经、王良百一歌、续添伯乐画烙之图、伯乐画烙图歌诀、六阳六阴之图等文献。卷二有马师皇五脏论、马师皇八邪论、王良先师天地五脏论、胡先生清浊五脏论、碎金五脏论、起卧入手论、造父八十一难经和看马五脏变动形相七十二大病等篇。卷三收天主置三十六黄病源歌、治二十四黄歌、岐伯疮肿病源论、取槽结法、放血法等。卷四收录三十六起卧病源图歌。卷五收录黄帝八十一问并序。卷六为新添马七十二恶汗病源歌、治一十六般蹄头痛、杂论十八大病。卷七选录了治骡马通用篇。卷八收录蕃牧纂验方[①]。总体而言，《司牧安骥集》的内容虽然以兽医方剂为主，但其第一卷辑录的丰富的相马经验，也部分反映了这一时期家畜外形学的进步。《司牧安骥集》是中国现存最古老的一部综合性兽医学著作。自唐代至明代它一直是学习兽医人员必读的典籍，明代兽医喻本元、喻本亨编著的《元亨疗马集》，也是在参考吸收《司牧安骥集》等古籍基础上撰写成的。

《蚕书》的作者秦观(一说系秦观之子秦湛)。书写成于宋元丰七年

① 邹介正、和文龙校注:《司牧安骥集校注》，中国农业出版社，2001年。

(1084)或之前。[1] 作者曾到山东兖州一带游历,发现那里的蚕桑技术与吴中有所不同,于是做了记录。全书共1 000余字,从浴卵到缫丝各个阶段,都有简明切实的记载。其主要成就包括对蚕体生理的定量描述;对多回薄饲养蚕技术的系统记载和对缫车的改进[2]。秦观《蚕书》则是保留到现在的最早的一部蚕业专书。

中国传统农业以解决温饱为己任,因此,备荒、救荒乃至农业占候也就成为中国传统农学的内容之一。先前的《氾胜之书》、《齐民要术》等都已有相关的内容出现。但作为一本专著来讨论备荒、救荒问题则始于南宋董煟的《救荒活民书》。董煟,字季兴,鄱阳(今江西省鄱阳县)人。南宋绍熙五年(1196)进士,曾任浙江瑞安知县。该书分为3卷,上卷是"考古以证今",选录上古到南宋淳熙九年(1182)历代有关荒政和救荒的文献资料,并以"煟曰"的形式,对前人的议论和作法进行讨论,提出了自己的见解和主张。如卷上有"煟曰":"蓄积藏于民为上,藏于官次之,积而不发者又其最次。"以隋炀帝为例,指出了只知聚敛,不知散发的后果。中卷是"条陈今日救荒之策",即提出救荒的具体办法,包括常平、义仓、劝分、不抑价、禁遏籴等五法。此外,还有一些辅助的办法,如检旱、减租、贷种、遣使、弛禁、鬻爵、度僧、优农、治盗、捕蝗、和籴、存恤流民、劝种二麦、通融有无、借贷内库之类,对此董煟都一一做了详细的论述。下卷是"备述本朝名臣贤士之所议论,施行可为法戒者",辑录宋朝各家对荒政的言行。还有《拾遗》1卷,这部分写法上接近卷一、卷二,即在引述文献的同时,加上"煟曰"的按语,收录了"淳熙敕"等历史上一些重要的文献。

---

① 黄世瑞:"秦观《蚕书》小考"。《农史研究》(五辑),农业出版社,1985年,第251～252页。

② 魏东:"论秦观《蚕书》"。《中国农史》,1987年,第1期。

《田家五行》是元末明初出版的一部汇集民间有关农业气象和占候方面经验的著作。在正式成书之前，相关的知识其实早已在江南民间广为流行。全书分上、中、下3卷，每卷分为若干类。上卷自"正月类"至"十二月类"，每月都按日序记载占候；中卷是天文、地理、草木、鸟兽、鳞鱼等类，大部属于物候性质；下卷是三旬、六甲、气候、涓吉、祥符等类。书中记载用天象、物候来预测天气的农谚有140余条，关于中长期预报的农谚100余条，农业气象方面的农谚近40条。这些农谚从不同侧面揭示了天气、气候变化的一些规律，并经过时间和实践的检验，在民间广泛流传。与《田家五行》相类似的著作还有：《田家历》12卷，载于《隋书·经籍志》五行类，惜已失传。《说郛》中收有《相雨书》1卷，题唐黄子发撰，全书只有11条，讲的都是降水前的云气的情状，也属农家经验之谈。

五、明清时期农书

1. 概说

明清时期，是中国农书出版最多的一个时期。王毓瑚著《中国农学书录》载历代农书共541种，其中明清农书约329种(明清两朝分别为128种与201种)，约占总数的60%。明清两代500多年里撰刊的农书，竟多于以前2 000多年的总和。另据王达的整理统计，见于全国各地公私藏书单位书目以及实地调查所得，明清时期的农书计830余种，即未被《中国农学书录》收入的还有500多种。其中属蚕桑类的农书就有204

种[①]。另《中国农业百科全书·农业历史卷》所附《中国古农书存目》收书698种，其中属于明清时期的为601种，即占现存农书总数的86%。在众多的农书中，既有全国性、整体性或综合性农书，也有地方性、专业性农书；既有官方之作，又有私人著述。

综合性或整体性农书中，既有如丁宜曾的《农圃便览》、戴羲的《养余月令》等月令体农书；又有如《农政全书》、《授时通考》等农业知识大全之类的农书，还有《便民图纂》等通书类农书。

最引人注目的是各种地方性农书，如，反映嘉湖地区农业生产的有明末清初涟川沈氏和桐乡张履祥的《沈氏农书》(约略成书于1640年或稍前)和《补农书》(1658)；反映关中地区农业的有杨屾的《豳风广义》、《知本提纲·农则》(1747)，杨秀元(一臣)的《农言著实》(1856)；反映山东地区农业的有丁宜曾的《农圃便览》(1755)、蒲松龄的《农桑经》；记叙四川农事的有张宗法撰编的《三农纪》(1760)，关于山西地区农业的有祁寯藻《马首农言》(1836)，关于江西地区农业的有刘应棠的《梭山农谱》(1674)、何刚德的《抚郡农产考略》(1903)，关于上海地区农业的有姜皋的《浦泖农咨》(1834)等。

数量最大的还是专业性农书。唐宋时期所形成的"谱录"著作风气在明清继续发扬光大。明朝仅吴县(今苏州)人黄省曾就著有《稻品》(又称《理生玉镜稻品》)1卷、《蚕经》(又称《养蚕经》)1卷、《种鱼经》(又称《养鱼经》、《鱼经》)1卷、《艺菊书》(又称《艺菊谱》)1卷，此四书被合称为"农圃四书"，此外还有《芋经》(又称《种芋法》)1卷、《兽经》1卷。这些都具有谱录性质。《中国农学书录》载明清时期有菊花谱36部，兰草谱15部，牡丹谱10部，果树类专著有12部，其中9部为荔枝谱。茶书更多，

① 王达:"明清蚕桑书目汇介"。《中国农史》,1986年,4期;1989年,2期订本。

据统计由唐及清，现在初步确认的茶书为188种，其中完整的茶书为96种，辑佚28种，佚书书目64种。以朝代分，唐和五代为16种，宋元47种，明代79种，清代42种，另有明清年间未定朝代4种。[①] 大田作物方面有黄省曾的《理生玉镜稻品》（又称《稻品》）和李彦章的《江南催耕课稻编》（1834）。明清时期，一些栽培作物和农业生物首次进入谱录类农书的写作对象。如观赏植物中的月季、荷花，果树中的水蜜桃、檇李、龙眼，大田作物中的甘薯和棉花，蔬菜中的芜菁、芋等有关的谱录都是首见于此一时期。明清时期，新增为谱录对象的还有各种野菜。

属于专业性农书的还有治蝗一类的农书。蝗虫是中国农业最主要的害虫之一。有关蝗虫为害和治蝗的记载，自《春秋》鲁桓公五年（前707）之后，史不绝书。但将蝗虫作为专门问题提出来讨论的最早见于徐光启《农政全书》所收的《治蝗疏》。而有关捕蝗的专著则几乎都是在清代撰刻出版的，此类著作主要有：陈芳生的《捕蝗考》（约1684）、陈仅的《捕蝗汇编》（约1837～1845）、顾彦的《治蝗全法》（1857）、彭寿山的《留云阁捕蝗记》（1836）、撰者不详的《捕蝗要说》（又称《捕蝗要诀》）（1856）、李惺甫的《除蝻八要》（1850）、陈崇砥的《治蝗书》（1874）等。

最具特色的专业农书当属这一时期出现的有关区种（田）的农书。不过，明清时期的专业性农书还是以蚕桑类农书最多。明清蚕桑著作有九成左右出现在晚清。这类农书编撰刊行的目的是向各地农民传授植桑养蚕的方法，内容则多是参据浙西地区的先进经验，再依各地实况酌加增删而成。主要有：韩梦周的《养蚕成法》（1766）、沈练的《蚕桑说》（1840）、沈秉成的《蚕桑辑要》（1871）、汪日祯的《湖蚕述》（1874）、陈开沚的《裨农最要》（1897）、卫杰的《蚕桑萃编》（1892）等。

---

① 章传政、朱自振、黎星辉："明清的茶书及其历史价值"。《古今农业》，2006年，第3期。

作为专业性农书的畜牧兽医著作则有由喻仁、喻杰兄弟合著的《元亨疗马集》(1608),这是一部总结性的中兽医经典之作。还有《养耕集》、《抱犊集》、《相牛心经要览》、《猪经大全》等著作。清代还出现了中国历史上仅有的养蜂专著,这便是郝懿行的《蜂衙小记》。

明清时期还有不少本草学著作,影响较大的有《救荒本草》、《本草纲目》、《群芳谱》和《广群芳谱》、《花镜》等,而清末撰刊的《植物名实图考》则是传统植物学典籍中水平最高的最后一部。这些著作以植物学为主,也多与农事有关。

清乾嘉时期考证之风大盛,以理学为依据对"农道"的探讨,和用训诂的方法来辨析与农事有关名实的著作,也相继出现。程瑶田(1725～1814)的《九谷考》(1803)对粱、黍、稷、稻、麦、大豆、小豆、麻等9种粮食作物加以考证,后附与辨析谷物名实的论文四篇,与友人讨论农作物的书信二通。郝懿行(1755～1823)的《宝训》(1790年成书),以农语为经,诸书为传,收集民谣谚语,并节录古籍而编就。全书8卷,依次为杂说、禾稼、蚕桑、蔬菜、果实、木材、药草、孳畜等。又《郝氏遗书》中的《记海错》(1867)1卷,所记海产49种;《蜂衙小记》1卷,记述了蜜蜂的形态、生态、习性和采蜜法,是古代唯一一部养蜂专著。刘宝楠(1791～1855)的《释谷》(1840),是在程瑶田《九谷考》的基础上又作了进一步研究。全书4卷,对麦、豆、麻的辨析尤为精详。吴其濬(1789～1847)的《植物名实图考》(1848),全书38卷,分为谷、蔬、山草、阳草、石草、水草、蔓草、芳草、毒草、群芳、果木12大类,所收植物达1 714种,图1 800余幅,字数约70万,被誉为中国植物学著作中的巨擘。在农学上也多有建树,如谷类编入食用植物53种,蔬菜176种,果树156种,并较历代本草新增100多种药用植物。所载植物对形态特征、产地环境和各种用途都有精详的记载,特别是在同名异物和同物异名的考证上尤见功力,在分类上体现了“尽物之性，即以足财之源”的实用性特点。

2. 官修农书

官方农学传统在唐宋时期形成之后，在明清时期又得到了发展，特别是到了清代，有官方背景的农书很多。一是承袭自宋代以来《耕织图》传统的耕织图、棉花图和蚕桑图；二是由朝廷组织编纂的大型农业百科全书《授时通考》；三是由地方官员出于劝农需要而撰写的农书。

《耕织图》以南方种稻、种桑养蚕等为主要内容。显然不符合宋元以后，棉花已成南北大众衣料的现实。而且《耕织图》自身也有专业化的趋势。于是清乾隆三十年(1765)直隶总督方观承主持绘制一套《棉花图》。全图包括从种棉到染织成布生产全过程的图录，共16幅，分别题为：布种、灌溉、耘畦、摘尖、采棉、拣晒、收贩、轧核、弹花、拘节、上机、织布、炼染。每幅画面都配有文字说明。完成后方观承将图谱献给朝廷，乾隆皇帝非常喜欢，特意在每幅图上题诗一首，连同康熙皇帝的《木棉赋》一起制成了《御制棉花图》。后来方观承将《御制棉花图》用石头雕刻，其拓片流传甚广；嘉庆十三年(1808)，内府还发行了木刻雕版印刷的《棉花图》，并更名为《授衣广训》。内容主要取自方观承所编制的《棉花图》，此外还收有康熙帝的《木棉赋》和乾隆、嘉庆的题诗，实际上只是《棉花图》的别版而非新作。

光绪十五年(1889)木刻《桑织图》画册在三原县蚕桑局出版，原图共24幅。从跋语中可以得知，是图“取《豳风广义》诸图仿之，无者补之，绘图作画，刻印广布，俾乡民一目了然，以代家喻户晓，庶人皆知。”主要包括栽桑、育蚕和织造3部分。

光绪十六年，钱塘人宗承烈据同治年间湖北蒲圻县知县宗景藩所著

《蚕桑说略》,请当时名画家吴嘉猷配图,名曰《蚕桑图说》。其中有桑图5幅,蚕图10幅。每图上方均有较详细的文字说明,向楚人介绍浙人种桑养蚕经验。

《授时通考》是清乾隆二年(1737),由总裁鄂尔泰、张廷玉奉旨率词臣40余人,收集、辑录前人有关农事的文献记载,历时5年,于乾隆七年(1742)编成的一部大型农书。全书共78卷,计98万字,篇幅超过元《农桑辑要》的15倍。内容以大田生产为中心,兼及林牧副渔各业,分天时、土宜、谷种、功作、劝课、蓄聚、农余和蚕桑8门。每一门的开端有"汇考",即汇总考证历代的有关文献;然后分目,征引前人文献中有关的生产经验和诏令、政策等。天时门分总论及春、夏、秋、冬等6卷,分述农家一年四季的农事活动。土宜门包括辨方、物土、田制、田制图说、水利等内容,共12卷。谷种门包括粮食作物(稻、稷、黍、粟、麦类、豆类及麻类)的种名考源、品种名称等,其中以汇集各地水稻品种资源最为详细,但不叙及栽培技术。全书技术性最强的部分是功作门,系将农作物的栽培过程分为耕垦、耙耢、播种、淤荫(即施肥)、耘耔、灌溉、收获、攻治(即贮藏、加工)等8个环节共8卷进行叙述。在灌溉卷后附泰西水法1卷,介绍当时传入的西洋灌溉工具。最后还附牧事1卷,叙述耕畜的饲养。劝课门收诏令、章奏、官司、祈报、敕谕、祈谷以及御制诗文(2卷)、耕织图(2卷)等共12卷,以耕织图较有价值。蓄聚门4卷,专载常平仓、社仓、义仓及有关的图式,记述积谷备荒的制度和政令。农余门则是篇幅最大的一门,共14卷,其内容庞杂,包括蔬类4卷、果类4卷、木类2卷、杂植1卷,另有畜牧2卷等。蚕桑门共有7卷,前5卷讲蚕的饲养、分箔、入蔟、择茧、缫丝、织染及桑政;后2卷桑余,叙述棉花种植及其他纤维作物等。

《授时通考》是古代中国最后一部大型整体性农书,由于编纂者是一帮不懂农业生产的"内廷词臣",他们对于农业的理解远不及元《农桑辑要》的那班作者。因此，本书除篇幅过人之外，内容并无创新，但其汇集的文献资料却极详备，是文献搜集最多的一部，它征引的文献多达 3 575 条，来自 553 种典籍[①]。书中还有 521 幅插图。是以作为汇集农学文献的最后一部大型农书，其在文献学上的地位是不可否认的。更为重要的是该书对于农学内容的编排，自有其较为严密的体系，和以前几部大型农书比较，可以看出清代官方对于农业的一种认识。

《授时通考》的内容丰富，取材广泛，但其核心仍不出“农桑”二字，“谷种门”和“功作门”主要指的是粮食作物及其栽培技术。其中以汇集各地水稻品种资源最为详细，经清点累计多达 3 429 个(包括重复)，这些品种来自 16 个省 233 个府、州、县的明清方志。相比之下，蔬菜、果树、材木和畜牧，相对地压缩了。而食品加工和烹调，以及屯贱卖贵的商业行为，全部删除。对在《农政全书》中最有特色的水利、屯垦和荒政部分进行了重大的调整，将水利附在“土宜门”田制项，作为附属；《泰西水法》作为“功作门”灌溉项的附属；屯垦和备荒，根本排除。救荒植物相关的内容“亦从删省”。

《授时通考》是继元代《农桑辑要》之后又一部大型的官修农书。也是继《农政全书》之后的又一部重要的农书。虽然后人对《授时通考》的评价不及《农桑辑要》和《农政全书》，但它的影响却有后来居上的趋势。由于是皇帝敕撰的官书，有诏旨叫各省复刻，流传极广。早年，西方学者容易接触到它，所以国际间也颇有声名。[②] 法国的儒莲(Stanislas Julien，1797～1873)在 1837 年将《授时通考》卷七十二至卷七十六的《蚕事门》摘译成法文，并将《天工开物·乃服》论蚕桑部分收录在内，题名为《论植

① 一说 427 种。石声汉:《中国古农书评介》，农业出版社，1980 年，第 77 页。
② 石声汉:《中国古代农书评价》，农业出版社，1980 年，第 75 页。

桑养蚕的主要中国著作提要》，共 224 页，另有导言 24 页，并在扉页冠以汉文书名《蚕桑辑要》，该译本随即又被译成意大利文（1837）、德文（1838）、英文（1838）及俄文（1840）等多种欧洲文字，迅速传播开来。

明清时期，也有地方官所撰写的农书，其性质类似于宋代的劝农文，不过已不是单篇的文告，而是实实在在的书了。其中著名的当属《便民图纂》、《宝坻劝农书》、《江南催耕课稻篇》和《营田辑要》等。

《便民图纂》系河北任丘人邝璠（1465～1505）在江苏吴县任内所刻。书中辑录了过去农书的部分资料，也搜集汇编了太湖地区的一些群众经验。全书 16 卷，卷一为《农务之图》描绘水稻至收全过程 15 幅，卷二为《女红之图》描绘下蚕、纺织、制衣 16 幅。这两卷图系以南宋楼璹《耕织图》为蓝本重刻。书中将原配古体诗换成江、浙民间通俗易懂的吴歌。从卷三起至卷十六，共 14 卷，为文字部分。卷三“耕获类”介绍以水稻为主的粮食、油料、纤维作物的栽培、加工和收藏技术。卷四“桑蚕类”介绍栽桑和养蚕的技术。卷五、卷六为“树艺类”记载有关果树、花卉、蔬菜的实践经验。卷七“杂占类”多属气象预测的农谚，主要录自《田家五行》。卷十四“牧养类”叙述家畜家禽的鉴别、饲养和疾病防治。卷十五、卷十六为“制造类”，录自《多能鄙事》。至于卷十二、卷十三，讲医药卫生，所载药方大部摘自宋、元、明的医书；还有卷八“月占类”、卷九“祈禳类”和卷十“涓吉类”等项内容。《便民图纂》对农学的最大贡献莫过于对吴地稻作农业技术的总结。

《便民图纂》是北方人在南方为官时所作，而《宝坻劝农书》则是南方人在北方为官所作。作者袁黄，字坤仪，又字了凡，江苏吴江人，明万历丙辰（1585）进士。万历十九年（1591），在他担任宝坻县知县期间，作《劝农书》，以训课农桑。全书 1 万多字，包括天时、地利、田制、播种、耕治、灌溉、粪壤、占验等 8 篇，各篇内容虽也是录自前人旧著，但能处处结合宝坻的实际情况。袁黄希望能够将他家乡南方的种稻经验输送到北方，因此，书中许多内容来江南。但袁黄也力求结合北方实际，提出一些改进的办法，如，“北方猪羊皆散放，弃粪不收，殊为可惜”。试图将南方的肥料技术推广到北方。

《江南催耕课稻编》是清代福建侯官人李彦章，他在担任“常镇通海道”时，希望苏州地区也能“如闽中法，或江右、荆湘”一样，实现“两熟稻”，因而极力推广早稻。全书内容分为："国朝劝早稻之令"、“春耕以顺天时”、“早种以因地利”、“早稻原始”、“早稻之时”、“早稻之法”、“各省早稻之种”、“江南早稻之种”、“再熟之稻”、“江南再熟之稻”，共 10 目，主要是辑录各种农书、志书，以及其他有关记载，但每节后面都有作者的详细按语。

《营田辑要》是黄辅辰(1798～1866)应陕西巡抚刘蓉之请，于清同治三年(1864)撰成的一本专论历代屯田的著作。全书 4 篇，4 万余字。卷首“总论”，说明营田与屯田的不同，一为民，一为兵，但均有利于守疆裕国；一、二两篇为“成法”，讲述历代营田及水利经验；三篇为“积弊”，记叙历代营田中所积弊端；四篇为“附考”，主要讲与耕垦有关的农业技术，细分为尺度、辟荒、制田、堤堰、沟洫、凿池、穿井、粪田、播种、种法、种蔬及杂植等 12 目。作为垦殖专著，书中内容政策与技术并重，又敢于揭露弊端，虽基本上是辑录前人旧说，但仍能体现出其主见与新意。他主张屯田用民不用兵；科(收租)则欲轻，起科欲缓；为民兴利，而不与民争利。书中所辑录的种植植物种类也远远超出一般农书。

3. 地方性农书

地方性农书首先是关于某一特定地区农业的农书。书名中多带有该地方的名字。这是宋代劝农文以后所形成的传统。宋代某一地方官在某地发布劝农文,就称为某地劝农文,如《鄂州劝农文》、《隆兴府劝农文》、《福州劝农文》等。明清时期的地方性农书则有:《宝坻劝农书》、《常熟县水利全书》、《梭山农谱》、《抚郡农产考略》等。与全国性农书不同,地方性农书更多的是从当地农业生产的实际需要出发,因地制宜,强调实用性和可行性。

(1) 江南农书

江南水乡,自古以种植水稻为主,其次是蚕桑和一定量的动物养殖,因此,水稻和蚕桑等也就成为江南地方农书所关注的主要内容。明末湖州沈氏所著《农书》便是围绕着"运田地法"来展开。田指的是水田;地则是桑园旱地等。水田要求深耕,并有相应的措施。水稻追肥要"看苗施肥",即在水稻幼穗分化期,发现"苗色正黄"则表示急需追肥,如叶色仍乌黑未黄,则无须追肥,否则只能引发徒长,"致有好苗而无好稻"。使用的肥料除了要依靠养猪、养羊积肥外,也可利用市场机制来解决肥源问题。书中还将烤田技术用于秧苗的管理,以提高移栽后秧苗的成活率。对于稻麦二熟田,沈氏提出"惟干田最好,如烂田,须垦过几日,待棱背干燥,方可沈种。……切不可带湿踏实"。为解决晚稻迟熟,麦要早种的矛盾,延长麦子的生育期,《沈氏农书》还提到了小麦育苗移栽技术。

《补农书》是清初浙江桐乡的理学家张履祥对《沈氏农书》所作的补充。他抄录沈氏《农书》,正是因为涟川与桐乡"土宜不远",可资借鉴,他补《农书》正是考虑到沈氏所著与桐乡"或未尽合"。他说:"土壤不同,事力各异",又说"农事随乡"。张履祥对稻麦二熟田的整地作了补充,提出"地(即塍)燥、土疏、沟深",关键在于"早"的要求,把宋元以后的"开塍作沟"技术发展到非常完备的程度。

张履祥和沈氏在农业管理方面有个共同点,就是讲究经济效益。依据对投入产出的计算，张履祥提出，“多畜鸡，不如多畜鹅”，“雌鸡之利稍厚于雄鸡”。“蚕桑利厚”，“多种田不如多治地”的结论。在因地制宜的思想指导下，张履祥主张多种经营。他自己的10余亩田和几亩地除了种稻栽桑以外，还种了蔬菜、药材，养了鸡、鹅、羊、猪等。他为好友邬行素故后一家老小所做的生计规划也体现了这样的特点。对人力资源的管理也是张履祥农业经营思想的一个方面。张履祥非常讲求用人之道，唯才是用，把劳动的忙闲、勤情、难易区别开来，给予不同的工钱和伙食，奖勤罚懒，以调动人的劳动积极性。

与《沈氏农书》相比，《补农书》中的蚕桑技术较为突出。张履祥发明了松棚式木架养蚕法。这种方法既省人工，又可预防蚕病，对于提高茧丝的质量和产量都很有意义。他还总结了桑树压条的繁殖方法，他说治地必宜压桑秧。

江南是明清时期农学最发达的地方，除《沈氏农书》和《补农书》之外，明清时期，江南还有其他一些农书，当中有代表性的便是姜皋的《浦泖农咨》。浦是黄浦江，泖则是泖湖，地处上海松江府境内。姜皋，字小枚，浦泖人。书作于清道光十四年(1834)。全书仅1卷，约7 000多字，共40则。该书以农民的口吻来述说当地农事情况。内容包括了水利、天时、播种、秧田、耘耥、刈获、肥田、耕牛、农具以及农民的赋税负担和经济生活，并对松、沪稻作，特别是稻米产区的土地制度，耕作方法及江南稻作的技术经验总结得非常细致。

明清江南地区还出现了一些“水利书”。如耿桔的《常熟县水利全书》和张国维的《吴中水利书》、陈瑚的《筑围说》、孙峻的《筑圩图说》等。《常熟县水利全书》是结合常熟地方实际，系统总结圩田水利治理的专著。撰者耿桔曾在常熟任知县3年。本书是根据他治水实施方案及施工总结而撰就。徐光启对他的评价“水利荒政，俱为卓绝”当非出于偶然。《吴中水利书》是明末张国维(1595～1646)任江南巡抚,工部右侍郎等职时,根据自己经验结合文献写成的。全书28卷,先列东南七府水利总图52幅,次叙水源、水脉、水名等项,又辑诏敕章奏,下逮论议序记歌谣,分类加以汇编。

(2) 山东农书

山东的农学向来发达,西汉的氾胜之,《齐民要术》的作者贾思勰,元代的王祯都是山东人,且都是最了不起的农学家。明清山东出现的地方性农书当以《国脉民天》为最早,其他较有名的还有《农桑经》、《农圃便览》等。

《农桑经》是明清时期山东地区的一本农书。作者蒲松龄(1640～1715),字留仙,山东淄川人。文言小说集《聊斋志异》的作者。《农桑经》是一部未刊印的稿本,约于清康熙乙酉(1705)时成书。书分"农经"和"蚕经"两部分。蚕桑的地位在山东地方性农书中明显提高。有关种棉花和高粱的内容,也为山东地方性农书首见。书中提到了冬麦与高粱轮作整地,大豆害虫的防治,避虫作物的选用,以及水土保持等,提供了新的内容。

《农桑经》之后,约半个世纪,山东半岛的另一本农书《农圃便览》问世。作者丁宜曾是山东日照人。该书是作者30岁之后,因科举失意返归故里经营田地多年的心得。书为月令体。内容涉及大田、园艺、气候占候、农产品加工妇幼保健,医药卫生,乃至诗词、春联等。作者曾住于西石梁村,书中内容紧扣当地实际,"以事皆身历,非西石梁所宜,及未经验者,概不录也"。如,"耕地"措施便是依据"照邑下田停水处,燥则坚垎,湿则污泥,难治而易荒,硗埆而杀种,春耕者成块难耙,杀种尤甚"提出来的。即便是引述前人的农书,也力争与当地的实际情况结合起来。也因为突出地方特色,《农圃便览》及时地反映了清代山东在农学方面的一些新进展。如,有关大白菜和烟草的内容就是例子。因为这两种作物都是在清代以后才开始在山东崭露头角的。书中还介绍了白虾、比目鱼、银鱼、刀鱼、马鲛、鲳鱼、鰳鱼、乌贼、海蜇、海参、鲍鱼等海产品。这些内容与日照临海的特殊地理位置有着密切的关系。

(3) 河北农书

河北以旱地农业为主,但在一些地势低洼的地区也有水田的分布。明清时期,一些有识之士一直在致力于河北地区发展水稻种植。这在河北地区性农书中也得到反映。其中主要有《宝坻劝农书》和《泽农要录》。《泽农要录》的作者吴邦庆(1766～1848)是河北霸州人。霸州一带地势低洼,宋时何承矩等曾在此兴水种稻,以巩固国防。明清时期,霸州成畿辅重地。吴邦庆致力在畿辅地区发展水田农业,他曾将历代文献及他本人论著汇辑成《畿辅河道水利丛书》(1824 年编成),《泽农要录》为其中 8 种之一,书中辑录了古代农书中有关水田农业的论述。全书 6 卷,分为授时、田制、辨种、耕垦、树艺、耘耔、培壅、灌溉、用水、收获等 10 门,每门的前面都有作者写的一段引言,讲作者结合实际的心得。针对北方人缺少种稻经验,侧重传授垦田灌溉和种稻的方法。

(4) 江西农书

江西是个农业较为发达的省份,同时也具有农学写作的传统。这一传统至少在宋代就已出现。宋代的曾安止和他的侄孙曾之谨就分别写有《禾谱》和《农器谱》2 部农书。在宋代江西还有一个名胜私的作者写有《农书》3 卷[1]。如果将朱熹在江西时所作的《劝农文》也算在内,则宋代江西在农学上的贡献已相当可观。明清时期,江西的这种农学传统还

① 朱熹:《戏赠胜私老友》:“槐花黄尽不关渠,老向功名意自疏,乞得山田三百亩,青灯彻夜课农书。”自注云:“胜私先侍讲,尝着农书三卷。”(《晦庵集》卷七)

在延续，其中特别值得注意的是 3 个奉新人：宋应星、刘应棠和帅念祖。他们分别写作了《天工开物》、《梭山农谱》和《区田编》。最有江西地方特色的农书要数《梭山农谱》和《抚郡农产考略》。

《天工开物》是明代江西人宋应星写作的一部图文并茂的农业和手工业技术的百科全书。刊刻于明崇祯十年(1637)。其中与农事有关的除《乃粒》、《乃服》等，还有涉及加工的《粹精》(谷物)、《甘嗜》(制糖)及《膏液》(榨油)等。约占总篇幅的 1/3。书中有关农学的内容大多取材于江西的农业实践。如，"一举而三用(磨面、碓米、灌田)"的江南信郡(今江西上饶)水碓之法。将大豆点种于稻藁茬中以进行稻豆轮作的"江西吉郡种法"。针对冷浆田使用的骨灰蘸秧根的施肥技术，也是来自江西。徐光启也提到："江西人壅田，或用石灰，或用牛、猪骨灰，皆以篮盛灰，插秧用秧根蘸讫插之。"[①]江西水稻耘田使用的足耘方式，又名"耔"，或挞禾，也与《陈旉农书》所记载的主要流行于江浙的手耘方式不同。其他关于秧田本田比，"撒藏高亩"的"寄秧"，还有再生秧，早晚稻的需水量，稻田复种制，包括双季连，及稻豆、稻麦等水旱轮作等都可能来自江西的农业实践。

《梭山农谱》(1674)是作刘应棠"耕梭山时所著也。"梭山在江西省奉新县境内。全书分 3 卷即耕、耘、获 3 谱，每谱各有小序，分事、器两目，之下又分若干小目，共 2 万多字。本书记叙了从种到收的水稻生产全部过程，其特点在于把耘、获与耕提到同等地位。强调农业生产的每个环节都不容忽视。农事之外，对水田生产所用农具有相当精确的描述，尤可宝贵。书中没有征引前代农书，所记内容多是作者家乡农民实践经验，极富地方特色。比如，耕具中的塍铲和塍刀，它们是南方丘陵地区水

---

① 《徐光启手迹，农政全书手札》，中华书局，1962 年。

田作业的两种农具，专门用以整治田埂。《梭山农谱》还首次记载了用于稻田除虫的工具——虫梳。书中还提到梭山当地的两大农业灾害，一是稻谷扬花吐穗时，忽暴寒连夕引发的“青风”（寒露风）；二是值中伏酷热薰蒸时出现的虫害，两灾俱自天降，危害甚于水旱，青风尤甚。

《抚郡农产考略》是清末何刚德撰写的一部有关江西抚州地方农业的农学著作。清光绪二十七年（1901），何氏奉调任抚州知府，“劝办农务”。他在公务之暇，访问乡绅，请教老农，调查农产，从事著述，目的是使“业农者有所遵循，以深悉其衰旺之故”。历时一年，终于在光绪二十九年（1903）完成，由抚郡学堂印行。光绪三十三年（1907），再由苏省刷印局重印。书中所记内容多为“乡农所口陈，文人所身验”（黄申甫序）。全书两卷，共记载了谷、草、木等143种当地农村常见的栽培植物，各条目一般都先对农产的生物学特性进行描述，以及各种不同的品种。书中对所记的物产均以传统的天时、地利、人事、物用四个方面分别进行叙述。同时也加入了一些新的内容，特别是从西方传入的近代农业化学一类的内容。比如，在讲到土壤肥料时，用到了“淡气”（氮气）的概念。书中水稻占据了全书三分之一的篇幅，介绍了56个水稻品种的栽培技术和经验。这些内容与《天工开物》等前代江西农书比较起来，既有继承，又有发展。书中所附抚州管下临川知县江召棠的《种田杂说》一文，介绍了临川的种田、施肥及治虫的经验。①

（5）湖南农书

《稼圃初学记》是清初湖南临武人李晋兴所作。临武县地处湖南省最南部，南岭山脉东段北麓。山区易旱，作者在请人耕作的同时，不得已自己下决心冒着酷暑，往探田水，并向老农讨教力田之法。《稼圃初学

① 许欣：“江召棠的《种田杂说》”。《农业考古》，1987年，第2期，第69页。

记》所记录的就是向老农请教的结果。书成于清康熙五十年(1711)。《稼圃初学记》全文只有1 600余字,内容一是讲稼——种田,二是讲讲圃——种菜。但以稼为主,书中详细地记载了临武地区水稻生产技术。主要包括:水稻品种,秧田和本田的整地、施肥、插莳、薅田、灌溉等。有些内容是其他农书所没有的。如用肥鱼塘作秧,并根据秧田的肥沃程度来确定播种的疏密,秧苗的长势,秧茎(管)的大小,分为扇骨秧和丝毛秧。在整地方面,强调冬耕。春耕时提到修整田塍,一以点豆,一以稳田水。田塍点豆是农书中有关田塍利用的最早记载。《稼圃初学记》中还提到"可放鱼之田,量放鱼",这也是农书中有关真正现代意义上的稻田养鱼的最早文献记载。

(6) 四川农书

清代四川地方农书以《三农纪》为代表。《三农纪》(1760年成书)撰者张宗法(1714～1803),字师古,四川什邡县人。他借托耕父、农老、牧童三者相互敦促规劝之言写作成书。书中除常征引老农的议论并间出己见,所引文献近220种,内容广泛,涉及生产和生活的许多方面。仅农事方面就包括大田谷物、经济林木、蔬果、牧养及家庭副业等诸多方面,缺少加工与经营部分,而本书开头的5卷又论述了与气候、土壤及环境等与农业生产相关的条件、全书所记叙的栽培植物有185种,畜养动物18种,是相当全面的,在地方性农书也是仅见的。作为地方性农书,《三农纪》对于当地及邻近地区的特有农产,如犏牛,一些新引进到的当地农作物,如玉米,有细致的描述。对于高粱、大豆、菠菜等的栽培技术,以及养牛、喂猪技术也有不少创见。

(7) 关中农书

陕西的关中地区,历来就以农业著名。这里的农业人才辈出。传说中中国农业的始祖之一后稷就诞生于此地。清代,这里出现了3部农书,2 部是兴平杨屾所著《豳风广义》和《知本提纲》。第三部则是杨秀元所著《农言著实》。

《豳风广义》成书于清乾隆五年(1740),乾隆七年(1742)刻成。全书分上、中、下 3 卷。卷上着重论述桑树的地宜、栽桑、种桑和盘桑条法、压条、分桑法、栽地桑法、修抖树法、接桑法等;卷中记述养蚕器具等的准备和各种蚕具,以及择种、浴种、初蚕下蚁、饲养、上簇、摘茧、蒸茧,直至缫丝;卷下第一部分谈蚕丝的织维和机械,此外,还附有养槲蚕法。本书原意是要复兴蚕桑,书前杨屾写给当地政府的陈条,列举北方可以种桑养蚕的道理 4 条,字里行间洋溢着他对开拓当地民间生产领域的热情。但书成之后,又从孟子所说的"衣帛"而联想到"食肉",所以卷下第二部分为畜牧,主要是家畜、家禽的饲养和疾病治疗的方法;还有一些关于园艺方面的论述。

本书的特点是处处从陕西关中地区的条件和实用出发,例如特别介绍了杨屾在当地发现的一个桑树优良品种,比优良的南桑还好。书中还把中国古今南北的情况进行了分析比较,总结出陕西地方养蚕的适宜时间在谷雨前三至四天。为便于广泛宣传,书中附图很多,文字浅明易懂。

《农言著实》1 卷,是作者陕西三原人杨秀元对家人所经营田业的训示。全书分"示训"及"杂记"两部分。示训仿月令体裁记叙各该月份应行农事;杂记共 10 条,强调应特别关注之事。杨家经营的田庄在旱塬地上唐高祖的献陵附近,到处瓦砾成堆,因此"正月无事,到麦地拾瓦片砖头"也就成了农事之一。又"六月原上地多黄鼠。麦田还罢了,惟有种下秋,受害不小。嗣后每于种谷之地,如有黄鼠窝,用竹钓竿数十根,钓上几天,也必须亲身至地看去"。这里提到了一般农书很少提到,但在农业实践中却普遍存在的鼠害及其防治的问题。杨秀元依据当地的风土和种莳时月,详细地介绍了旱塬地上冬小麦、谷子、豌豆和苜蓿等作物的栽培技术。从踏粪(厩肥)到整地、播种,再到中耕、收获都有自己一套较为独特的办法。如中耕,书中提到一种中耕除草工具——漏(露)锄。漏锄是一种中间具有方形空隙的小锄。其特点是锄地不翻土,锄过后,土地平整,有利保墒,而且使用轻便,这也是其与笨锄相对而称的原因。再如他对于庭院经济的重视,在门口、庄子前后左右,或墙根下种植萝菔、白菜等作物,扩大食物来源,也是其他农书中所少见的。

(8) 山西农书

《马首农言》是山西农书的代表。作者祁寯藻,山西寿阳人,历任朝廷要职。本书是清道光年间作者回家居丧时有感而作。书中记载了道光十四年当地谷子不同品种的穗粒数。当年的收成只有九分,每穗的粒数在 7 892 粒到 9 835 粒不等,据此,他认为,“若准以大有年所获,一穗万粒,有过之无不及也”。显见他用功之细。他说:“余初得邑人张氏耀垣种植诸说,复与同研友冀君干详细参考,质之老农,皆以为然,遂记之。”书成于道光十六年(1836)。马首是寿阳的古名,书中记叙的是当地农业情况,是以题为《马首农言》。全书包括地势气候、种植、农器、农谚、占验、方言、五谷病、粮价物价、水利、畜牧、备荒、祠祀、织事、杂说等 14 篇。在讲述具体的技术时,考虑当地气候、土壤、地势、作物的特点,有针对性地提出了许多耕作栽培措施。书中还搜集了不少最具地方特色的农谚,还专立“方言”一节,记载当地与农业生产和农村生活相关的方言土语。如:“犁沟谓之墒,两犁之间谓之陇。”在“方言”之后,专门提到了“五谷病”,即各种作物病害的方言,计有 23 种之多,这在以前的农书中是没有的。只是书中没有提到“五谷病”的防治方法。书中专辟“粮价物价”一篇,也体现了山西人善于经商的特点。

(9) 江淮农书

清道光二十四年(1844),包世臣将其平生主要著作汇编为《安吴四种》，其中有《齐民四术》(12卷)，《农政篇》又别题为《郡县农政》，为四术之一。它是以总结记述清代江淮地区农业生产技术为主的农书。《郡县农政》借用了前人农书中的一些概念，如“任土”、“劳”之类，同时也结合江淮地区的生产实际进行论述，比如对水稻冬闲田的耕作要点及水稻土的特征所作的解释，就既有别于《齐民要术》，也不同于《陈旉农书》。书中提到在江淮地区通行的多种耕作制度，如双季稻、稻麦复种、稻豆复种、麦棉套种等。

4. 专业性农书

明清时期，专业性农书又有所发展，数量的增加，且写作的对象也增加，一些农学的内容，首次作为一项专门的内容进入写作的对象。如月季、荷花等观赏性植物；水蜜桃、槜李、龙眼等果树；甘薯和棉花等大田作物；芜菁、芋等蔬菜作物。畜牧兽医方面，除了原有的马、牛等之外，还有猪、鸡、蜂；明清时期，新增为专业写作对象的还有各种野菜，以及治蝗、区田等项内容。即便是以前所涉及的专业领域，这个时期的内容也有所增加。如《荔枝谱》所载的品种荔枝产区都超越前代。不过，明清时期的专业性农书还是以蚕桑类农书最多，此前流传下来的蚕书只有秦观的1部，这一时期可以统计到的蚕桑书就有204种，其中属于明代的仅1种，余下的统为清代所撰刻，其中9成左右出现在晚清。

(1) 区种类

区种著作是明清时期最有专业特色的农书之一。清道光二十二年(1842)赵梦龄将宋葆淳辑佚的《汉氾胜之书》、孙宅揆的《教稼书》、帅念祖的《区田编》、拙政老人的《加庶编》、潘曾沂的《丰豫庄本书》，集成《区种五种》。其弟子范梁为之刊行，又收入耿荫楼的《国脉民天》，作为附录，实系6种。20世纪50年代王毓瑚又另辑得5种，合为《区种十种》[①]，即《国脉民天》、《论区田》、《教稼书》(区田图说)、《区田法》、《区田编》、《修齐直指》、《增订教稼书》、《加庶编》、《区种法》、《多稼集》。这十种都是明清时期的学者所著。

《国脉民天》为明耿荫楼(？～1638)撰。全书1卷仅3 000余字，内容分为区田、亲田、养种、晒种、蓄粪、治旱、备荒等7目。其中以“亲田法”最有特色，在原理上与区田法“不耕旁地”的作法是一致的。

《论区田》为明末清初陆世仪(1611～1672)撰。原为其所著《思辨录》的一部分。特点是将区田法用于水稻田。书中颇有对于农事的切实记述，也往往提出他自己的意见，如以“铺”数定丰歉的方法。

《教稼书》为清孙宅揆撰(1721)。先是朱龙耀于清康熙五十三年(1714)在山西平定县试种区田有效，编刊《区田说》。孙氏得之，增广为《教稼书》，所增有甽亩说、粪种法、制粪法、蒸粪法、造粪法、制宜说诸条。显示出对肥料的重视。

《区田法》为清王心敬(1656～1738)撰。主张以通甽代替小方区。

《区田编》(1742)为清帅念祖撰，许汝济注。全文12段，开头是区田图，以下分条讲说种植、用粪、浇灌、积水的方法。本书在流传的过程中，又有几种“加注”本出现，加注本除许氏的注文外，传刻者又各有所补记、补注，更将“冬月种谷方”、“防涝围田法”、“穿井法”、“粪田法”、“变能区田省工法”等作为附录。其中冬月种谷法是北方地区针对秋季因某些原因而错过种麦时期所采取的一种补救方法。

《修齐直指》(1776)，杨屾撰，门人临潼齐倬注解。在阐述耕种、养畜、育蚕等原则的同时，结合关中地区的实际，进一步申论耕、桑、树、畜

① 王毓瑚:《区种十种》，财政经济出版社，1955年。

的具体技术。

《增订教稼书》为清盛百二撰。成书于清乾隆四十三年(1778)。系在孙氏《教稼书》的基础上,“取其近而有征及南北可通行者”,续订数条而。原书为上卷,所补作下卷。其中架谷法很特别。

《加庶编》为清许嘉猷撰,自题“拙政老人”。书中专谈区田的画区方法,主要是引数学家梅文鼎(1633~1721)的《区田图勘误》,再加评语而成。

《区种法》为清潘曾沂(1792~1852)撰。作者久居家乡江苏吴县,热心提倡区种法,并用于水稻生产。清道光八年(1828)在其义庄地上试行区种法,写成《课农区种法直讲三十二条》,详细讲解区制、播种、耕耘、用粪之法,主张深耕早播,稀种多收,一年一熟,不种春花(小麦)。试验进行了两年,都获得丰收。道光十四年(1834)又刻了《丰豫庄诱种粮歌》和《课农区种法图》,期间还刻过《便农药方》,包括医治家畜各病的单方在内。后来作者的侄子祖荫把这些文字连同给苏州府衙上的呈文和官府的批示,以及一些杂文,包括耿荫楼的《国脉民天》一书的节录(题名为《种田说》)合编,于清光绪三年付刻,书名《丰豫庄本书》。

《多稼集》,又名《耕心农话》,著者奚诚,字子明,别号田道人,江苏吴县人。书分上下 2 卷,上卷“种田新法”介绍简易新法 13 则,是参据区田和代田的基本方法,并结合农民实践而设计的。强调要高低相间,隔垅间种,年年易地,周土壅根,以便蓄积地力,田无弃土。下卷是“农政发明”共 6 项,着重讲区田种法。书中提到一种称为“窖粪”的积粪方法,对自宋代以来所实行的灌水冬耕的作用又有进一步的认识,并将原用于江南地区稻麦二熟的“开沟作疄”的整地技术运用于植棉。主张以早稻取代晚稻,以双季稻取代稻麦二熟。

除收录在《区种十种》之外,还有几种讲区田法的专著较有影响。

《区种足食约言》,清守拙居士编。此书也像《区田编》那样分为 12

则，另附粪壤说。

《论区田书》，清陈溥撰，稿本，完全是他写给他的朋友“六兄”的书信。因此可以肯定这些信是写约成书在1857年前后。

《区田法》系清光绪年间邓琛任山西蒲县令编刊(1877)。书中摘录《农桑辑要》、孙宅揆《区田说》(即《教稼书》)、陆世仪《论区田》的一部分及潘曾沂《区田法》的全文汇编而成的。

《区田图说》，清杨葆彝编刊于光绪十年(1884)的杭州，收编在他编印的《大亭山馆丛书》中。此书很简短，全是摘抄各书而成的。

《区田试种实验图说》，清冯绣(1860～1909)撰(1908)。书分论开田、积粪、种子、土宜、乘时、留秧、培壅、浇灌、去草、杂植、工本利息、历年情形等12章；后附因时治事说、预防害虫说、预防霉病(指植物病害)传染说、杂记数则、赁种区田预算支消清册等5节；最后附区田图、种子盘式、变通区田种谷子图、变通区田种高粱图、变通区田种靛图等5幅。所说区田法很切实仔细，而且创造播种用的种子盘和变通区田法。其中因时治事说一大节，按照节气次序，详叙各时节应做的工作和应注意的事项，不但说明农业技术，并且讨论经营管理的得失，末附赁种区田预算支消清册，是历来试行区种方法中最为详尽者。

(2) 大田作物类

明清时期，与大田作物相关的专业农书主要涉及水稻、芋、甘薯、烟草、棉花等数种。

黄省曾的《稻品》(又名《理生玉镜稻品》是一部水稻品种志。书中先对稻(稌、稬)、糯(秫)、秔(粳)、籼等概念作了解释，然后列举了34个水稻品种的性状、播种期、成熟期、经济价值以及别名，等等。《稻品》中所载以苏州地方的水稻品种为主，也包括周围其他地方一些品种，这些品种多数在苏州一带也有种植，只不过在不同的地区有不同的名称而已。

《稻品》记载水稻品种性状时注意到籽粒、质地、外形、稃芒、株杆、抗逆性、产量、品质等因子。还记载了每个品种的播种和成熟月份。《稻品》是现存最早的完整的水稻品种专志。

黄省曾的《芋经》是一本关于种芋的专著。全书 4 章。"名"一章引用《说文》、《广雅》、《广志》、《唐本草》等书中有关芋名及其种类的记载。"食忌"一章关于食芋的注意事项，以及防止野芋中毒。"事"一章引述食芋充饥的一些历史掌故。"艺法"一章汇录了《氾胜之书》、《齐民要术》、《崔寔(四民月令)》、《家政法》、《务本新书》和《物类相感志》等书及当时的种芋方法，主要包括选种、整地育苗、栽种塘土等。这些方法多有发明，如为了防止芋种冻害，提出了窖藏越冬法；又如塘土，即在芋棵行间挖土壅在芋根上，使根上土壤保持疏松，以结出大而圆的芋头。《芋经》是历史上唯一的一本关于种芋的专著。

甘薯自明朝引进之后，有关甘薯的著作随着它的推广而不断出现。先是徐光启著《甘薯疏》，王象晋在《二如亭群芳谱》(1621)中曾加以摘录，并收载其序文。该书传入朝鲜后，经徐有榘加上按语全文征引，并附以从朝鲜金、姜二氏的《甘薯谱》中所辑摘录，于 1834 年编成《种薯谱》一书。最早引种甘薯之一的福建人陈振龙及其子孙也积极致力于番薯推广。陈振龙的第六世孙陈世元将其先人宣传推广甘薯文献(包括各类书中的记载和各地有关档案)加以汇编，名为《金薯传习录》。书成于乾隆三十三年(1768)，乾隆丙申(1776)又进行过删补。删补本系将原《金薯传习录》与本来就附于书末的《治蝗传习录》删补而成。现存《金薯传习录》的全本包括上下 2 卷，而乾隆丙申删补本应为 3 卷。卷三为《治蝗传习录》。[①]《治蝗传习录》中收录明万历二十五年(1597)陈经纶所写《治蝗

① 曾雄生："《金薯传习录》札记"。《古今农业》，1992 年，第 4 期，第 39～40 页。

笔记》，其中有最早的有关养鸭除蝗的记载。书中还记载了人工孵化的桶孵法。现存《金薯传习录》分上下 2 卷，上卷介绍栽种、食用、保藏、加工的方法，并附作者之子陈云所著《金薯论》；下卷是有关甘薯的歌咏诗词。在《金薯传习录》于乾隆丙申（1776）进行删补的当年，陆耀撰辑有《甘薯录》（1776）一书，该书是作者在山东做官时为教导农民种植甘薯而作，其内容全是辑录前人有关论述，书分辨类、劝功、取种、藏实、制用、卫生等 6 目，内容较为切实，推广甘薯过程中理应有所助益。陆燿还有《烟谱》一卷，是最早的一部烟草著作。包括“生产”（烟草的传入及分布），“制造”（烟草加工）、“器具”（烟具）；“好尚”（社会时尚）、“宜忌”（吸烟的宜与忌）等 5 部分。书后附有“烟草歌”、“后烟草歌”等。

棉花栽培技术最早见于韩鄂《四时纂要》，其次便是元《农桑辑要》。棉花专著始于明。徐光启著有《吉贝疏》（其异名可能是《种棉花法》），他在《农政全书》卷三十五蚕桑广类门曾说：“余为《吉贝疏》，说棉颇详。”《农政全书》有关棉花部分其渊源应本于此。清代褚华撰著有《木棉谱》，该书除引前人的记述、考证，主要是总结记述当地棉花的种植和加工方法和所用工具等。清任树森在贵州做官时，为宣传解说种棉方法遂又重刊褚华《木棉谱》，有感褚著深奥旁衍于是写成通俗易懂的《种棉法》，简洁扼要的将其本乡植棉方法结合贵州风土加以介绍，内容较为切实中肯。属于棉花专著的还有清乾隆三十年（1765）直隶总督方观承主持绘制的《棉花图》。

（3）园艺作物类

明朝最早出现了以“圃”为书名的农书。第一本以“圃”为名的园艺学著作是《老圃书》，原书有明正德十五年（1520）古城山人序。其后有《学圃杂疏》、《治圃须知》、《老圃一得》、《汝南圃史》、《老圃良言》、《老圃志》、《老圃杂说》、《栽培圃史》等，与之相关的还有《灌园史》、《灌园草木识》等。这些多是园艺通论性的著作，此外更多的是涉及观赏、果林及蔬菜等的专业性农书。

《种树书》(1379)，撰著人可能是俞宗本(？～1401)，作者在书前的《种树书引》就题目及内容，曾简要解释说“种，植也，树，亦种也”，“且畦圃之间，豆、麦、桑、麻，皆宜所种。至若蔬果之可充笾豆，以供祭祀宾客而不可缺；花卉之可留光景，以娱情寓目，而有自家意思”。可见它是一本以种植业为主的农书，重点则在园艺，其有关畦圃和园池等农事所占比重较大，全书1万字左右，分为8项，依次是12个月的种植事宜、豆麦、桑、竹、木、花、果及蔬菜。反映了元末明初时农业生产实践的水平和成就，以后的农书如《便民图纂》、《农政全书》及《授时通考》等，都引用了其中不少资料。

《学圃杂疏》(1587)，王世懋撰。全书分3卷，卷一花疏是全书重点所在，所记花卉达30余种，卷二是果、蔬、瓜、豆、竹等五蔬，卷三为拾遗，并附转录自他书的栽培牡丹法等若干条。

《汝南圃史》(1620)，明末周文华撰，书分月令栽种、花果、木果、水果、木本花、条刺花、草本花、竹、木、草、蔬菜及瓜豆等共12门，月令介绍每月宜行的园艺活动，并涉及天气预测；栽种则记叙从下种、分栽至摘实，收种的12项操作，以下则分别讲述了果32种、花91种、竹木22种及菜蔬40种的栽培技术，大多基于作者本人的经验。

《群芳谱》(1621)，原名《二如亭群芳谱》，纂辑者王象晋。全书28卷(一作30卷)，分元、亨、利、贞4部，4部下又分为天、岁、谷、蔬、果、茶、竹、桑麻葛、棉、药、木、花、卉、鹤鱼等14谱。书的体例虽仍沿袭《全芳备祖》，但收载植物之多，内容之详备等都已超过。书中除首尾两端的3谱，余下的都属植物范围，所载植物近400种。内容“略于种植，而详于治疗之法与典故艺文”。

《广群芳谱》(1708)清康熙皇帝命汪灏等就王象晋《群芳谱》加以增删改编而成，全书100卷，分为天时、谷、桑麻、蔬、茶、花、果、木、竹、卉、药等11个谱。整理后删去一些与农事无关的内容，补正原文错漏之处，内容较前充实，体例也趋于更为完整，提高了实用价值和学术水平。

陈淏子的《花镜》(1688)，以内容的渊博、详备、系统、精深见称。全书6卷共11万多字，卷一为花历新裁，实即种花月令，包括分栽、移植、扦插、接换、压条、下种、收种、浇灌、培壅及整顿等10目；卷二是课花十八法，相当于栽培总论，畅论艺花技艺，颇多创见，是全书精华所在；卷三至卷五分别为花木类考、藤蔓类考及花草类考，各附栽培技术，共352种，实际上是栽培各论；卷六附记调养禽兽、鳞介、昆虫的方法，略述45种观赏动物饲养管理之法。书中有关观赏植物分类法、嫁接机理及植物变异性的论述，都有基于观赏实践所得的创见，确是可贵，而概括园林布局规划的方案，以其构思的高雅，搭配的精巧，显示出其超众的才思。本书撰刊后曾多次翻刻重印。

观赏植物谱录在明清时期仍然是以兰、菊、牡丹、芍药等有限的几种花卉为主题，其中菊花为36部，兰草为15部，牡丹是10部，这三者占绝对多数，余下的是芍药、茶花及海棠等，而写月季、荷花、凤仙等有关的专书则是首见于清代。

明清时期的兰谱著作有:《兰谱奥法》，作者明周履靖(一作宋赵时庚)，内容包括:分种、栽花、安顿、浇灌、灌花、种花肥泥，去除蛾虱、杂发法等7项，讲述种兰方法，文字简短，但不失为佳作。《兰谱》，撰著人高濂，明万历时著名文士，该书内容大都抄自《金漳兰谱》，后附《种兰奥诀》，书中提出了“春不出，夏不日，秋不干，冬不湿”的兰艺要诀。清代朱克柔撰著的《第一香笔记》(1796)，原名《祖香小谱》，除辑录前人有关文献，并据其亲见身历加以记叙。书分花品、本性、外相、培养、防护、杂记、引证等篇，对兰花的生物学特性论述的相当精详，其首创的一些术语也沿用至今，其有关兰花交易市场及兰花生产基地的叙说，也是有参考价值的罕见史料。清末袁世俊撰辑的《兰言略述》(1876)所记兰蕙品种已多达 97 个，对其形状、习性及区第分别加以评叙。

明代的菊谱大多是纪录太湖地区栽培菊花的优异成就，黄省曾的《艺菊书》就是其中最早的一部。和宋代以侧重描述花品者不同，而以栽培技术的论述为主，故称为"艺菊书"，具有一定的实用性。全书分为 6 目，包括贮土、留种、分秧、登盆、理缉、护养等。周履靖的《菊谱》，也非常注重栽培方法，其上卷，以"艺菊法"为题，分述了培根、分苗、择本、摘头、掐眼、剔蕊、扦头、惜花、护叶、灌溉、去蠹、抑扬、拾遗、品第、名目等 15 目。虽然保留了品名等内容，但已不占主要地位。下卷则收录了黄氏的《艺菊书》。清朝署秋明主人撰著的《菊谱》(1746)，记载了从南方购得的成百品种，经多方研究克服气候和水土等条件不合，而终于繁茂成长经验。

牡丹产地由宋代的洛阳、陈州、彭州等地，在明清时期则扩展到了亳州、曹州等地。是有《亳州牡丹史》、《曹州牡丹谱》等牡丹著作的出现。《亳州牡丹史》(1617)，明薛凤翔编撰，薛亳州人，性喜牡丹，自家园中种有多株。他总结栽培管理技术，记叙有关逸闻掌故，汇集唐宋吟咏的名篇，编撰成是书，书中提到当时亳州已有牡丹品种多达 160 个。与亳州牡丹相关的著作还有明代人的《亳州牡丹志》、清代人钮琇的《亳州牡丹述》等。《曹州牡丹谱》(1792)，清余鹏年撰，记载曹州(今山东菏泽)牡丹 56 种，及通行于当地的栽培技术 7 条。与曹州牡丹有关的著述还有清苏毓眉的《曹南牡丹谱》、郭如仪的《种牡丹谱》等。《牡丹谱》(1809)，清计楠撰著，书中共收 103 个品种，其中亳州种 24，曹州种 19，松江种 47，洞庭山种 8 及平望程式种 5 个。花名下都有简短解说，对栽种方法叙述颇详。

署名“评花馆主”的《月季花谱》1卷，收录在《农学丛书》中，内容分为浇灌、培壅、养胎、修剪、避寒、扦插、下子、去虫、品类等9目。

杨钟宝的《瓨荷谱》所记荷品种共33个，包括单瓣10大种，重台1种，千叶9大种，单瓣7小种，千叶6小种，每种都有叙说。下面有“艺法六条”，分别题为“出秧”、“莳藕”、“位置”、“培养”、“喜忌”、“藏秧”。

清赵学敏(1719～1805)撰《凤仙谱》(1790)，全书2卷。卷首为“谱例”，申明编写主旨在于“品类必详，莳溉必备，旁及医法以全调护之爱，药饵以普利用之仁”。卷上为名义、品类2门，博引历代文献，考述凤仙花的命名；详分为大红、桃红、淡红、紫、青莲、藕合、白、绿黄、杂色、五色凡11类，列述青梗大红、碧桃球、霞红、大紫、青莲球、翠罗球、大白、倒挂么凤、黄玉球、桂红、七合等约180种凤仙花的形色性状。卷下为种艺、灌溉、收采、医花、除虫、备药、总论、杂说8门。全书共3万余言。应该是有关凤仙花最早也是唯一的著作。

果树类专著自蔡襄的《荔枝谱》(1059)之后，一直成为写作的热点。明清时期的果树类专著，据《中国农学书录》所载就有12部，其中9部则是专讲荔枝的，而书的作者籍贯和所记叙的主产地，从宋代蔡襄到明末成书的几部又大多以福建一地为主，如明末屠本畯编撰的《闽中荔枝谱》(1597)就是他在福建做官任上撰写，迨及清乾隆时才有由吴应逵撰辑的《岭南荔枝谱》。清朝由褚华所撰写的《水蜜桃谱》(1813)和王逢辰撰著的《檇李谱》(1857)，其所记叙的桃、李产地分别为上海及嘉兴，两书都较详尽的记叙了有关栽种、换接、除虫及摘收的方法。由于两书的作者都是当地人，内容翔实可信。清人赵古农着的《龙眼谱》1卷则是最早的龙眼著作。

(4) 野菜、药草类

野菜类著作的大量出现是明清时期农学著作的一大特色。其中则明宗室朱橚编撰的《救荒本草》(1406)影响最大。朱橚好学能词赋,曾于其园圃将所搜集的400多种草木种苗加以栽培,亲自观察记录,鉴别性味,凡可食充饥者,召令画工按实况绘出图谱。全书共收载植物414种,其中已见于历代本草中的138种,新增入的276种,恰好是全书的2/3,分为草类245种,木类80种,米谷类20种,果类23种,菜类46种。较为准确的记载了植物名称、别名、产地、性状等。本书在描述的精确,术语的丰富,以及绘图的精细等方面,都明显地超过了历代的本草书。徐光启在《农政全书》的荒政部分全文征引。明人王磐撰《野菜谱》也是一部有影响的著作。书仅1卷,收有野菜60余种,每种配图附诗。徐光启曾将之收入《农政全书》,后由明滑浩删去绘图,依次题诗,排列次序有所改动,仍用原书名《野菜谱》印行。

明鲍山撰《野菜博录》(1622),记野菜共435种,分为草、木2部,再各依其可食部分细分成组,每种都配图,简记其性状和食法。

明姚可成辑《救荒野谱》(1642),系从名医李东垣的《食物本草》(1620)中辑录可食草类60种,又补遗草类45种,木类15种,除配图还附歌诀,并详注食法,使人易识易记。

明末周履靖撰著《茹草编》,书分4卷,前2卷记录野菜105种,并附有图;后2卷则是辑录有关的掌故和古谚,调理之法已极精细。

高濂撰《野蔌品》(1591)则系将原《遵生八笺》中第十二卷饮撰服食笺中的一部分,经摘出单行而成的,所记载的野蔬近百种,"皆人所知可食者"。

明屠本畯撰《野菜笺》,收野蔬是产自四明山区的仅22种。

颜景星撰著的《野菜赞》(1652)记录其食用过的野菜44种,并注明性状和食法,每种之后都加赞,以颂其活命之功。

由唐及清,现在初步确认的茶书为188种,其中完整的茶书为96

种，辑佚 28 种，佚书书目 64 种。以朝代分，唐和五代为 16 种，宋元 47 种，明 79 种，清 42 种，另有明清间未定朝代 4 种。明清茶书，占整个古代茶书的比例达到 72%以上。明代是我国古代撰刊茶书最多的一个朝代。[①] 在这众多的茶书中其水平突出较为详实的有以下几种，罗廪的《茶解》(1609 年成书)是较具体而又系统的一部，在有关茶的采种、栽培、加工及茶园的选址和管理，都逐一详加叙论，不乏超出前代水平之处，如其总结的炒青制作技术要点，至今仍是加工制造高档绿茶所遵循的工艺原则。明万历时屠隆和闻龙各自撰著同名的《茶笺》并分别刊刻，前书记载各地产出的名品，有采茶、日晒茶、焙茶及藏茶等目；后者以讲述焙制为主，强调“诸名茶法多用炒”，反映出明代社会上饮用和生产加工的情况，在清朝的 11 种茶书中，属于清前期的有 7 种，清末的 1 种，余下的 3 种年代无从考证。清陆廷灿撰有《续茶经》，在福建崇安知县任上写定，除辑录前人著作，并添加本人见闻，作为唐代陆羽《茶经》的补充，编次循例分为 10 目，另有附录 1 卷，记叙历代茶法。

隋唐宋元时期，药草已成为农书中的一项重要内容，但专门为某种药物写作专谱，则始自清代。清人王渔洋曾有志于《人参谱》的写作，没有完成。乾隆三十一年(1766)，陆烜因病自医，作《人参谱》，辑录了历代文献数百种，卷首有人参全图 1 幅，正文分为释名、原产、性味、方疗、故实、诗文 6 门。《人参谱》可能是目前所见中国出版最早的人参专著。

(5) 蚕桑类

清代中期以后，丝织品出口增加，促使珠江三角洲和长江三角洲蚕桑业的发展，并在全国一度形成引种桑树试行养蚕的热潮。一些官员还设法撰刻散发蚕书，来普及有关蚕桑的知识。《中国农学书录》所收的清

---

① 章传政、朱自振、黎星辉：“明清的茶书及其历史价值”。《古今农业》，2006 年，第 3 期。

代蚕桑类农书有30种，而据王达统计，《中国农学书录》未收录的明清蚕桑类农书还有204种，内清代占197种①。

现存明代的蚕桑著作只有黄省曾的《蚕经》1种。《蚕经》是一本关于江南地区栽桑养蚕的专书。黄省曾在书中对苏杭一带种桑养蚕的经验做了总结。书中分为艺桑、宫宇、器具、种连、育饲、登蔟、择茧、缫拍、戒宜等9个部分。除"艺桑"外，其余8部分多是关于养蚕的内容，故此书名为《蚕经》。

清朝前期的蚕书有5种。《豳风广义》(1740)是杨屾撰写旨在陕西推广植桑养蚕的著作。书分3卷，依次讲述并分析了种桑、养蚕、缫丝各个环节的操作要点，附图50余幅。书成之后又经改写，尽量使用乡言俗语，使之更为浅显易懂，成《蚕政摘要》(1756)一书。依照操作规程次序，先讲种桑，次谈器具，最后是蚕缫。

《蚕桑说》有2部，一为载入四川《罗江县志》由当时任该县县令沈潜所撰，另一是收录在《皇朝经世文编》由在福建做官的李拔所作。

《养蚕成法》(1766)是安徽来安知县韩梦周为在当地推广柞蚕，在乾隆初年山东巡抚衙门奉命编印的《养山蚕成法》(1743)基础上稍加改动而成的，记述山东柞蚕放养方法，流传颇广。又《养山蚕说》(1771)已佚，是时任陕西汉阴县令郝敬修为提倡在当地放养柞蚕而刊印。

清代中叶的蚕书数量仍不多，但其水平已显然有所提高。

《吴兴蚕书》，浙江归安人高铨撰著，书中详细记叙浙西地区植桑养蚕方法，也摘录了《沈氏农书》等著作中有关资料，清光绪十六年(1890)沈锡周为之雕版付印。由于作者是当地人，"盖以其地之人，言其地之事，故宜其精确乃耳"。

① 王达："明清蚕桑书目汇介"。《中国农史》，1986年，第4期；1989年，第2期订本。

《蚕桑说》(1840),江苏溧阳沈练编写,他在安徽绩溪县任训导时,为提倡植桑养蚕,教导当地民众而撰刻本书,书中讲的是其家乡溧阳的蚕桑方法,沈练晚年定居休宁又参据当时新出的《蚕桑辑要》,将原书加以增补改名为《广蚕桑说》(1855),光绪初年浙江严州知府宗源瀚设立蚕局,推广植桑养蚕,请淳安县的学博仲学辂再加疏通增补,题名《广蚕桑说辑补》(1875)重新付刻。书分上下2卷,其中培养桑树法19条,饲蚕法66条,后附杂说及新增蚕桑总论等16条,说理透彻,条理分明,加以文字浅近,各地转相翻刻,为时人所重。

晚清蚕书的撰刊集中于19世纪80年代以后,总数多达百余种,主要有:

《蚕桑辑要》(1871)作者沈秉成浙江归安人,咸丰丙辰(1856)进士。在任江苏常镇通海道道台时,为倡导推进蚕桑,采录各家著述撰成本书。书分告示规条、杂说、图说及乐府4项,其中杂说是采录了道光时何石安的《蚕桑浅说》,系统而又简要的分条叙述养蚕栽桑,图说描绘了蚕桑工具36幅,各有说明便于彷制。常为后出各蚕书所采用,流传较广并经多次翻刻。

《湖蚕述》(1874),汪日祯撰辑,汪是浙江乌程人,曾参与重修《湖州府志》,专任蚕桑一门,后来又以此为基础,略加增删单独刊行,所引著作是时代较近的湖州一带文献所记蚕桑资料,目的只在切于实用。全书4卷,依次讲述蚕具及栽桑,养蚕技术,上山与缫丝,卖丝和织绸等,是清代一本湖州地区蚕桑技术综述性的蚕书。

《蚕事要略》,撰著者张行孚,浙江安吉人,有鉴于当时以湖州为代表蚕桑技术和古书所讲的多有不合,是以主张应通过比较辨明其优劣,以期择善而从。由于书中所引的古法及辩证,大都是以《农桑辑要》为本,所以除了原刻,后来的渐西村舍和四部备要本的《农桑辑要》,都将本书收录附后以便参比。

《裨农最要》(1897)，撰者陈开沚，四川三台人，该书内容虽基本上引自前人成说，但也添加了许多其经验之谈，是一本突出地方特点而又较为系统翔实的专著。

《蚕桑萃编》(1892)，卫杰撰。李鸿章(1823～1901)任直隶总督兼北洋通商大臣时，为兴办实业而创设蚕局，召四川人卫杰授以道台官衔令主其事，编成此书。全书15卷，分纶音、桑政、蚕政、缫政、织政、图谱及外记等7部分，起自历代诏制，终及泰西与东洋蚕事，有关桑、蚕、缫、纺、染、织等事统加收录，是古蚕书中篇幅最大的一部。

(6) 畜牧兽医类

明代的畜牧兽医著作仍然主要集中于在养马上。先后出现了《类方马经》、《马书》、《元亨疗马集》等众多兽医学著作，《元亨疗马集》所引用的30多种兽医专著中，除《司牧安骥集》、《痊骥通玄论》明确为前代著作外，其余超过30种，大部分为明代作品。

《类方马经》是明宪宗成化年间(1465～1485)编写的一种官刻的马医书，原刻6卷，该书“究脉络针穴之源委，校经方药石之君臣，极歌诀之周，尽方术之备”。是一部篇幅较大兽医专书。

《马书》(1594年成书)由主管有关牧养战马等政令的南太仆寺卿杨时乔(？～1609)主持编纂。内容涉及养马、相马和疗马的专著，但以诊断医治为主，全书共14卷，近4/5的篇幅都在集中讲述诊治和病征。《马书》给出了马的配种季节、配种年龄，种马的饲养，以及判断母马是否受孕等方面的情况。《马书》中马的配种季节也选择在春季，“每年正月、二月、三月趁时群盖定驹”。不过也提到了夏天配种的情况，只是要求在清晨和傍晚，“天气晴朗清晨，晚天凉候群盖”。种马的年龄须三岁。作为种马的公马，在春间放牧时，“务要加料喂养膘壮。”母马则“先须吃草，后方可饮水，不许喂养荞麦秸、黍稂、杂粮及淘米泔，并一应污水喂饮，落驹不便”。《马书》中还记载了用公马试情，以判断母马是否怀孕的办法，如果发现母马“打踢”，不再与公马交配，则说明已经受孕。《马书》继承了《齐民要术》中的“食有三刍，饮有三时”的经验，总结出“三饮三喂”的饮饲方法。一是“少饮半刍”，饥渴、尫羸和妊娠时宜少饮；饥肠、出门和远来者，不要饱喂。二是“忌饮净刍”，忌饮浊水、恶水和沫水，饲料一定要干净清洁。三是“戒饮禁刍”，骑乘、料后和有汗时不得饮，膘大、骑少和炎暑时休加料。《马书》中收录了《师皇问对脉色论》、《八要图论》、“七十二大症”等文献，对中兽医的诊断理论和辨证施治有了初步的总结，开启了《元亨疗马集》相关论述的先声。

《元亨疗马集》是由明代兽医家喻仁、喻杰所编的。始刻于明万历三十六年(1608)，后屡经传刻增删。主要内容包括疗马集、疗牛集和驼经三部分，疗马集是全书的精华，分为春、夏、秋、冬四卷。全书有图 113 幅，赋 3 首，歌 150 首及方 300 多个。书中所述兽病大都有“论”来说明病因，有“因”表示症状，有“方”表示治法，复以“歌”或“颂”的形式表述，易诵易记。作为一部总结性的兽医经典，《元亨疗马集》的主要成就包括以下几个方面：一是对色脉诊断理论的发展。察病而有巧者，先以色脉为主。《元亨疗马牛驼经全集》中收录了《师皇问对脉色论》、《论马口色者何也?》、《察色赋》、《论马十二脏腑有十二经脉者何也?》、《论马有疾似无疾、无疾如有疾者何也?》等几篇有关“脉色论”的代表性文献，使色脉诊断的理论得到发展和提高，并使之成为中兽医诊断疾病的重要手段。二是“八证论”的系统总结。八证是中兽医辨证的纲要，施治的依据，指的是“正邪”、“寒热”、“虚实”及“表里”八种证型(综合征)，是由人医中的“八要”发展而来。“八证论”的提出，使兽医治病有了明确的标准，并对辨证论治的进一步发展起了推动作用。三是“七十二大症”的总结。“七十二大症”是马病治疗中常见的难治的病症。书中对每一症都指明其病因和病机，对其症候群的特点均有详尽的描述，特别是在症状相同时，能指出其相互区别的要点。把这些症状相同而病因、病机不同，采用治法不同才有疗效的经验总结出来，是“七十二大症”的重大成就。

清初，内地农区限制汉人养马，马医荒落，代之而起的是与牛和猪有关的畜牧兽医学的发展，出现了《牛经大全》、《养耕集》、《抱犊集》、《相牛心经要览》、《猪经大全》、《串雅兽医方》、《活兽慈舟》等著作。

《牛经大全》，又名《水黄牛经合并大全》，作者不详，书分两卷，后来被收入重刻的《元亨疗马集》中。《养耕集》(1800)由兽医傅述凤口述，其子傅善苌整理成书。书分上下两集，上集讲针法，在此之前仅有1幅《牛体穴法名图》行世，缺乏文字叙述，而本书分述了40多个穴位的正确位置及入针深浅和手法，并列叙了20余种对应的特殊针灸方法，从而使牛体针灸形成完整体系。下集为各种方药，其中的附方以治消化系统疾病为主，突出的反映针药兼施相得益彰这一治疗原则。《抱犊集》是成书于清朝后期的一本牛医著作。其内容主要包括：看病入门、针法、牛病症候及药性配方等。其入门篇较为系统地论述了基础理论，并强调切忌不究其情，不识其症，而妄施针药。《相牛心经要览》(1822)，作者不详，全书共分31节，就牛的全身各部位分别讲述鉴定标准，主要从役使和情性两方面来考虑。极为详尽。其对象是以水牛为主，另有“黄牛总论”一节。《猪经大全》(1891)是清末流行于四川、贵州等西南地区的猪病专书，前有短序，作者不详。内容分述50种常见病症，多症均绘有病像图，并均列有治法。处方采用单方、简易效方和经典效方。《活兽慈舟》(1873)，清代李南晖撰。内分黄牛、水牛、马、豕、羊、犬、猫7部分，全书20余万字，黄牛、水牛各占一半，书中对每一种家畜，均先论其饲养管理，外形鉴定，然后按五脏五经进行辨证论治。全书收有240症，药方700余个，一症常并列二方，一为中药方，一为草药方。以方药结合的方式体现兽医用本草应有特征。《串雅兽医方》是从《串雅外篇》中辑出的兽医验方专著。《串雅外篇》是《本草纲目拾遗》(1875)的作者赵学敏(约1719～1805)和走方医宗伯云合作编成的。篇中有些方药是过去兽医古籍没有记述过的。

(7) 禽鱼类

明清时期，还出现了有关养鱼和养鸡的专著。《哺记》系清代著名学者黄宗羲之子黄百家所著。黄百家客居匡山时，调查当地哺坊，写成千余字《哺记》，内容包括禽蛋的雌雄鉴别，缸孵技术和照蛋识胚的经验。《鸡谱》是一部关于饲养斗鸡的著作。书成于清乾隆年间。全书51篇，14 000余字。主要内容有：斗鸡外貌的描述和鉴定，斗鸡的良种选配繁育，种卵的孵化和雏鸡的饲育、饲养管理，各种疾病及其防治措施，对阵斗鸡的选择和对阵后的处理。是现存所发现的唯一的古代养鸡学专著。清康熙年间由程石麟撰写的《鹌鹑谱》，是有关斗鹌鹑的饲养调教的专著。书中分门别类介绍斗鹌鹑的"相法"、"养法"、"洗法"、"养饲各法"、"饲法"、"把法"、"斗法"、"笼法"、"杂法"、"养斗宜忌"，等等，对养鹌鹑的经验进行了总结。

黄省曾写的《鱼经》是一部关于养鱼和渔业资源的专书。全书共分3个部分，"一之种"介绍了几种鱼类的繁殖方法，包括鲤鱼、鳟鱼、鱼、草鱼(鲩鱼)、白鲢、鲻鱼等。繁殖方法可以归结为两种：产卵孵化和取苗(秧)池养。使用的饲料有鸡、鸭蛋黄，或大麦之麸，或炒大豆之末。"二之法"介绍了养鱼的方法，着重于在凿池和喂食两个方面。"三之江海诸品"介绍了江河湖海中19种主要的鱼类，这些鱼类多属鱼中珍品，有鲟、鳇、鲈(松江四鳃)、鳓、鲳、石首、白鱼、鳊(鲂鱼)、银鱼、鲥鱼、鲙、鮆(刀鱼)、鲒子、鲫、虾虎、土附之鱼，鳍鱼、针口之鱼、河豚(斑鱼)。

明代张丑(字谦德)的《朱砂鱼谱》(1596),分上下两篇。上篇从10个方面叙述金鱼的形态品种,遗传变异和人工选择;下篇,也从10个方面记载了金鱼的生态习性,繁殖及饲养方法。书中正确指出金鱼的尾、颜色、花纹、躯干、各部形色都不同于普通的鱼,特别是其具有躯干粗短肥壮的特点,并首次记述应用混合选择法培育金鱼新品种,是中国古代较早一部阐述观赏金鱼的专著。

《闽中海错疏》(1596)系《野菜笺》的作者屠本畯在万历年间任福建盐运司同知时所作。全书正文分上、中、下3卷,包括鳞部2卷,介部1卷。此外还有"自序"和"附录"各1篇。主要记载了福建沿海一带的水产动物,共有动物200多种,其中海产动物占全书的四分之三(包括少数淡水种类)。书中所记不少水产动物也的确具有比较高的经济价值,如大黄鱼、小黄鱼、带鱼和乌贼四大海产,还有马鲛、鲱鱼、沙丁鱼、鳓鱼、鲳鱼等,以及对虾等。后来作者还写了《海味索引》1卷。

(8) 治蝗类

明清两代,治蝗继续成为人们所关注的一个问题,并促成了治蝗专书的出现。这类专书的编撰者大多是地方行政官员,由于较切实用,所以各地官府就常常翻印,流传很广。保存至今的还有20多种。较为重要的有:

《捕蝗考》(约1684),清陈芳生撰,这是现在能见到的最早一部捕蝗专著,书的前一部分是备蝗事宜,共10条;后一部分是前代捕蝗法。"大旨在先事则预为消弭,临时则竭力翦除,而责成于地方有司之实心经理。条分缕析,颇为详备,虽卷帙寥寥,然颇有裨于实用也。"①

《护田》等6篇见于清乾隆二十九年(1764)河北《行唐县新志》卷之

① 《四库全书总目》(卷八十二),史部政书类。

五《惠政志》。“护田篇”介绍乾隆二十五年(1760)奏准设立的“护田夫”,是为治蝗而设的一种基层组织,“专司搜查蝻子”。“辨类篇”对蝗虫(包括蚜蛎、黏虫)的生活史、种类、形态及生态等作了详细的描述。“捕法篇”详解捕杀蝗虫的方法。“搜种篇”细说搜查蝻子的方法,以根除蝗灾。“祈祷篇”介绍了民间流行的一些采用祈祷来除蝗的办法。“劝谕篇”提到奖励捕蝗,以及变害为利的办法。

《治蝗传习录》是清乾隆丙申年(1776)由陈世元辑录出版的一部治蝗资料汇编,由《部颁通伤各省扑捕蝗蝻法则》、《述祖传治蝗遗法始末根由》等 8 篇文章和有关养鸭治蝗的诗歌组成。收录明万历二十五年(1597)陈经纶所写《治蝗笔记》,其中有最早的有关养鸭除蝗的记载。

《捕蝗汇编》是清道光十六年(1836)陈仅在任陕西紫阳县知县时所撰。[①] 全书 4 卷,书前载有康熙皇帝的“捕蝗说”,以下 4 卷依次是捕蝗八论、捕蝗十宜、捕蝗十法、史事四证和成法四证,全书内容基本上辑自前人著作,其所征引的 4 种成法是马源《捕蝗记》、陆世仪《除蝗记》、李钟份《捕蝗法》和任宏业《布墙捕蝻法》。书中也间杂有撰者的按语。

《治蝗全法》是清咸丰七年(1857)无锡人顾彦撰。此前一年,无锡一带发生蝗灾,顾彦编辑《简明捕蝗法》印发给农民,翌年增扩为 4 卷,加添官司治蝗法,前人成说和救荒各事,定名为《治蝗全法》。书中对蝗虫的滋生和蔓延地区,蝗虫的生活史和习性,以及动员民众捕杀方法等都有较详尽的说明。

《留云阁捕蝗记》(1836)系彭寿山在江西乐平知县任上时,辑录有关应付蝗灾的各种公文和民众捕蝗经验而成。书中对蝗的卵和幼虫蝻的习性记叙的较精详,作为天敌的蛙类可用来捉食蝗虫减轻危害也加以

① 倪根金:“《捕蝗汇编》撰者陈仅生平、著述考”。《古今农业》,2005 年,第 3 期。

讲说。

《捕蝗要说》(1856)又称《捕蝗要诀》,撰者不详,书前有直隶布政使钱炘和的序,可能是以前地方官员根据民间经验编写的。对蝗畏湿喜火的习性,和蝗虫一般的世代数通常一年一次,个别年份可发生二代,"如久旱竟至三次"等都有明确的记载。

《除蝻八要》(1850),由时任陕西长安知县的李惺甫撰写,书中对蝻的群居性和趋光性,和开沟陷杀时宜相地势并酌情掘成各种形状等记叙较详晰。本书连同李惺甫撰写另外有关的两种除蝗书,《治飞蝗捷法》和《搜挖蝗子章程》,由西安知府沈寿嵩合编付刻,题名为《现行捕除蝗蝻要法》。

《治蝗书》(1874),是福建侯官人陈崇砥在河北为官时所撰。书中详述治蝗之法,且附有图。"设厂"指挥治蝗一说,尤为新颖。书中还介绍了一种专治黏虫的滑车。

(9)理论类

明清时期的发展则是把传统哲学中阴阳、五行、气的概念运用于解释土壤肥力,以及与农业生产相关的问题。这其中以马一龙和杨屾的贡献最大。

马一龙所作《农说》继承了传统的重农思想和三才理论。他在强调人力(体力)的同时,非常重视知识(也即智力)的作用,他说:"知不逾力者,虽劳无功"。好的农夫必须智力和体力兼备。智,主要表现在"深于农理",即深知农业道理。力,即"勤于农事"。智力的作用主要表现在知时(即天时)、知土(即土性)和知其所宜(即农作物)3个方面,他说:"合天时、地脉、物性之宜。而无所差失,则事半而功倍矣。知其不可先乎?"马一龙说:"知时为上,知土次之。知其所宜,用其不可弃。知其所宜,避其不可为。"他用阴阳、气的学说详细地阐述了天时、地脉与农业生产三者之间的关系。根据“阳主发生，阴主敛息”的原理，提出“畜阳”之说，认为“繁殖之道，惟欲阳合土中”。为了畜阳，他提出“冬耕宜早，春耕宜迟。”“启原（地势高的田）宜深，启隰（地势低的田）宜浅”。要“翻抄数过”，防止“缩科”，要“细熟平整”，“旋抄旋耙，旋耙旋莳”。根据阴阳辩证原理，马一龙还提出了防止作物“肥（月曷）”（“疯长”）的办法，通过“断其浮根，剪其附叶，去田中积污以燥裂其肤理”等办法，抑制根系和叶片增长，防止作物徒长。但更重要的办法在于“滋源”、“固本”。滋源即强调使用基肥。“固本者，要令其根深入土中”。方法就是中耕和培土。《农说》中提出灌水、长牵、疏齿披拂及石灰桐油布叶等多种农作物病虫害的防治方法。为了从根本上防治病害，他提出从选种开始，认为必须充分成熟的谷子才能够作为种子。他提出了两种育秧方法，一是在冬至以后，于地势高的地方选择一块苗圃，治熟，布上种子，盖上疏草，防止鸟雀，培上草木灰，浇上水，至清明，又浇上肥水，促使发芽，然后除草施肥，促进生长。二是用草包裹种子，悬挂在有风的屋檐下，春季后放在深水汪中，不要使它接近泥土，半个月后布种生芽。马一龙用阴阳理论解释水稻移栽的意义，认为移栽使秧田和本田“二土之气，交并于一苗，生气积盛矣。”移栽时要求纵横成列，以便于耘荡。密度应根据土壤的肥瘠来确定，肥田密植要合理，瘠田不可以密植。耘荡要早，以防患于未然，但必须“黄色转青，乃用耘荡”。他认为，耘荡“虽以去草，实以固苗”。通过耘荡，抑制横根生长，促进顶根入土，以吸收更多的养分，提高每株的穗数和粒数。

杨屾与其弟子郑世铎撰写的《知本提纲》（1738）一书之中的《修业章·农则》依据阴阳五行学说，通过耕作栽培并推及蚕桑、畜牧等技术探索“耕道”和“农道”，把古人说的“金、木、水、火、土”改为“天、地、水、火、气”。天、火属阳，地、水属阴，阴阳各半，借气的作用，交互相会，和谐流通，生化万物，并以此作为论述作物的生长发育和农业技术的基本原理。书中以"因地"，"乘天"二端，对耕作的意义、深浅及早晚等传统农学中所经常要涉及的问题加以解释。乘天还要求秋耕宜早，春耕宜迟。只有这样才能够"避霜敛阳"，"掩草生和"。因地则可求"山原土燥而阴少，加重犁以接其地阴，阴泽水盛而阳亏，轻锄耨以就其天阳"。也就是马一龙说的，"启原宜深，启隰宜浅"。书中摒弃一味强调深耕的传统作法，指出"初耕宜浅，破皮掩草；次耕渐深，见泥除根"。提出通过转耕及套耕等逐次加深的耕法。在保留区田法的"掘区之功"的同时，提出"短墙之耕"，用以解决人多地少的问题，方法是"夏月筑短墙数行于田间，秋后复平为田，其土自肥，禾根亦深入，则一亩即收数亩之利"。书中首次提到了小麦、粟等的移栽密度，"麦苗十数成丛，相去必四寸。粟苗二三成丛，相去三寸"。首次采用五行之气的理论对《吕氏春秋·审时》提出的"得时"与"失时"与作物产量、品质及其与人体健康乃至智力之间的关系问题进行解释。在粪壤方面，指出地力常新之道"必使余气相培"。"余气"是指食物中未被吸收的残余营养物质；"相培"是说它经化粪而出之后回到田间，能再用来滋培作物供其生育所需。这一思想实际上已接近于近代科学的营养元素概念。[①] 书中提到把粮食作物与经济作物和蔬菜结合起来的间复套种方式，以实现一年三收或二年十三收之多，并将施肥看做实现多收的关键，在前人"惜粪如惜金""粪田胜如买田"之上，提出"垦田莫若粪田"，"积粪胜如积金"的主张，并对传统的肥料积制方法进行了总结，提出"酿造有十法之详"，包括人粪、牲畜粪、草粪、火粪、泥粪、骨蛤灰粪、苗粪、渣粪、黑豆粪、皮毛粪等。为了提高肥料的使用效果，又提出了"生熟有三宜之用"。"生者乃未之粪，栽植木果之外，俱不可用，菜瓜尤

① 游修龄："清代农学的成就和问题"。《农业考古》，1990 年，第 1 期。

所最忌。惟熟粪无不可施，而实有时宜、土宜、物宜之分。”即根据气候、土壤和作物等施用不同的肥料，还将相同原理用于动物生产和农田灌溉。

5.《农学报》和《农学丛书》

1894年，中国在中日甲午战争中战败。1895年康有为等人的“公车上书”，提出振兴农业，翻译外国农书，效法外国，在各地组织农学会。1896年罗振玉等人在上海成立了“务农会”(又称为农学会)。1897年5月，《农学报》创办，办报的宗旨是“以明农为主，兼及蚕桑畜牧，不及他事”，“详载各省农政，附本会办事情形，并译东西农书农报，以资讲求”(《农学报略例》)。初为半月刊，1898年起改为旬刊。半月刊时，每期8 000字左右，改成旬刊后则减至4 000～5 000字。至清光绪三十二年十二月(1907年1月)停刊，出版的时间长达10年，前后出版315期。

《农学报》上发表了大量农学文章。内容可以分为：专著、先进经验和新技术、信息情报、试验研究报告和调查研究报告、人物传记(《穑者传》)、科学小品等。涉及的领域又可以分为：通论类、作物类、园艺类、植物保护类、土壤肥料类、畜牧兽医类、蚕蜂茶药类、气象类、农具类、制造类、林业类、水产类，还有各地物产，农业贸易之类。这些内容大都是从国外翻译过来的。也有中国人自己撰写的农学文献，如《尹都尉书》、《氾胜之书》、《橘录》等古农书，也包括晚清时期撰刊的部分农书，如《瓨荷谱》、《木棉谱》、《水蜜桃谱》、《樗茧谱》、《檇李谱》、《艺菊法》以及《月季花谱》等；以及新撰的《种烟叶法》、《蒲葵栽培法》、《养蚕成法》、《新编集成牛医方》等。罗振玉本人在《农学报》也发表不少有关农事的文章，如《垦荒私议》、《论农业移殖及改良》、《日本农政维新记》、《僻地肥田说》、《振兴林业策》等[1],之后大多辑录收于《农事私议》一书。对刊登的文章,有时酌加编者按语,予以说明,这些也大多出自罗的笔下。

《农学丛书》主要是从《农学报》所刊登的文章中,经重新选编而成。但在汇编时亦收入新的译作与专著。从 1899 年至 1906 年共出 7 集,82 册(第一集 20 册、第四集 12 册,其余各集均为 10 册),235 种。译著占大部分,绝大多数译自日本农书,也有一些是欧美农书的日译本。此外,中国古农书在《农学丛书》中亦占一定比重。其目的在于"用中国之成法,参东西洋之新理,互相考证,以擅众长"。[2]

(张善涛)

① 朱先立:"我国第一种专业性科技期刊——《农学报》"及"《农学报》主要篇目索引"。两文并载《中国科技史料》,1986 年,第 2 期。

② 林迪臣:《手订浙江蚕学馆试办章程》。《农学报》(第十册)。

廖育群

医学流派与理论学说

一、家学时代

二、最重要的医学流派——金元四大家

三、早出而晚成的医学流派——“伤寒”与“温病”

以默顿《十七世纪英国的科学、技术与社会》(1938)为代表的科学社会学,在20世纪70年代后出现了一个重要的变化。这就是伴随着西欧建构主义的兴起,科学社会学的研究重点发生了转向——不再围绕在"科学"周围,而是直指"科学知识"本身。认为:科学知识是由人们社会性地构造出来的;在这一构造过程中,自然界并不起什么作用。建构主义科学社会学的观点无疑存在着极端化的偏激倾向,但却可以借鉴其观点来观察与分析传统医学,因为古代的"科学知识"无疑要比现代科学更少一些"实证"的味道,更多具有"建构"的性质。但同时又必须看到,中医正是在这种"建构"的理论指导下从事医疗活动,如何评价这些理论的价值,绝非易事。

一、家学时代

"school"这个英语单词在作为名词使用时有两个意思,其一是大家所熟知的"学校";其二则是"学派"。据研究者介绍:"这个词语在古希腊的哲人时代便已开始使用,其希腊文词源为σχολη(skholê),含义比较宽泛,主要用来指对闲暇时光的利用,蕴含着学习和其他探求知识活动的意思,后来逐渐转义为表示学习的场所,与现代语言中的'学校'同义。直到1612年,school一词才具有我们所说的现代'学派'的含义,表示因为遵守相似的原理和方法而聚在一起的人们(people united by a general similarity of principles and methods)。"①

① 罗兴波、刘巍:"科学学派与科学进步"。中国科协学会学术部编:《学科发展与科技创新:第五届学术交流理论研讨会论文集》,清华大学出版社,2010年,第11页。

1. 西方"学园",中国"家"和"流"

说起西方科学的源头或早期的睿智哲人,大概都会首先想到古希腊的柏拉图(Plato,前 427～前 347)和亚里士多德(Aristotle,前 384～前 322),以及他们的"学园"。

亚里士多德 17 岁时远游雅典,入柏拉图学园学习,一直到柏拉图去世才离开。在这期间,他一方面从师学习哲学,一方面对柏拉图所轻视的自然科学产生浓厚的兴趣并坚持独立研究。此后他云游各地,直到公元前 334 年前后才重返雅典,并开设了自己的学园。因其一面散步、一面讲授的独有授课方式而享"逍遥派"之雅称。古希腊晚期的学术中心,是亚历山大大王在公元前 332 年建立的"亚历山大里亚"。作为当时希腊最大的城市与首都,其中同样有许多学园,最大的称为"Museum"(现译为"博物馆"),学者聚集于此①。

类似的情况还有很多,不必过多枚举。总之,在那个时代,能够创立"学园"并冠以本人之名者,必是赫赫有名的"先觉";所讲授的自然是该人自己创立的学说体系;慕其"名"与"学"而拜师入园的弟子多了,便使得这片园地具有了"学校"的性质。从另一方面讲,能够创立某种学说体系者,自然堪称精神与学术领袖;其所创立的学说体系,必然有其独具的特点;世人慕其"名"与"学",可入园为弟子并可与为师者交流讨论;习其说后,赞成者传其学,反对或有所创新发展者则另开山门、自我为师——凡此种种,无不与现今我们所言"学派"基本相同。因而只要遥想当年"学园"风貌,便不难理解"school"一词何以会通译为"学校",并逐渐又有

---

① 惠特菲尔德著、繁奕祖译:《彩图世界科技史》,科学普及出版社,2006 年,第 46 页。

了“学派”之引申义。

一般认为中国古代社会早期的知识传承形式是“官学”——学在官府[①]。随着周室皇权衰微、礼仪崩坏，逐渐出现了民间的“私学”授受。私学一开，势必导致不同学说纷呈并立之学术繁荣状况的产生。因而在考察中国历史上学术流派形成的渊源时，对此断然不可忽视。一人之教，便是“一家之学”；而立场、主张相同或相似者，也会被称为“某家之学”。然而无论是二者间的任何一种情况，实际上都程度不等地含有“流”、“派”或“学派”的意思。

最早对不同之学说体系给出综合概括与评价的，可谓司马迁《史记》中所引其父司马谈的《论六家要指》，所谓“六家”即阴阳、儒、墨、名、法、道。至西汉末年，刘向、刘歆父子奉敕编撰了中国第一部书志学著作《七略》，其中基本上是以一人之一书为“一家”，在这一点上虽与司马谈的“家”概念有所不同，但由于各家之说必然自有主张，所以实际上还是兼有“家学”与“流派”的双重含义。更何况向、歆父子与《汉书·艺文志》的作者班固并没有舍弃司马谈之论，只不过是将其置于最受尊崇的“六艺”之后的“诸子略”中，而且除阴阳、儒、墨、名、法、道之“六家”外，还增加了纵横、杂、农、小说等4家。在这“十家”的书目后，皆有以“某某家者流”起始的一段评论，以述其各自的主旨。

就知识的传承而言，最常见的表述方式是“亲炙”与“私淑”。前者指得到为师者耳提面命的“入室弟子”，西方的“学园”与中国的“家学”基本都属于此种形式。从积极的一面讲，此类弟子有较多机会得到为师者的“真传”；同时，弟子在与良师的朝夕相处中，还能得益其精神修养、道德

① 从“官学”到“私学”的转变，不是本文需要涉及的话题。有兴趣者可参阅罗根泽的名作：“战国前无私人著书说”。文载顾颉刚主编：《古史辨》(第4卷)，上海古籍出版社，1982年，第8页。

情操的熏染；当然还包括能够得到学术与仕进两方面的种种提携。反之，从消极的一面讲，为师者无论多么高明，毕竟是一人之见，甚至恃才自傲、心胸狭隘，以致不许弟子接触其他学说；或是弟子恪守“师道尊严”，尊师为“偶像”、奉师说至“迷信”，不闻师过、不言师过；或是于利益冲突时相互帮衬、党同伐异。如此一来，师徒纽带也好，科研团队也罢，便常常演变成并非“学派”之同义语的“门派”。

再说随知识传承或传播方式“质”的变化而出现的“私淑”。当文化人通过文字记录获取到某种知识，如果表示出“服膺其说”的赞成态度，甚至是尊其为师，便被称为“私淑弟子”。这样，一方面是秉承某一学说之“学派”的人数、范围、传承时间皆可大大增长；另一方面，所谓“学派”的属性也就随之更加偏向于“拥有共同的学术观点、主张、方法”等，而“直接的师承关系”则随之弱化了。同时，这一知识传承与传播方式带来的另一改变是：可以造成持反对态度的对立面。而当反对者为多数时，便会形成或催生出一个乃至多个对立的“学派”。只要反对者持有相同的反对理由，那么不管他们分别生活在什么时代，尽管他们彼此之间没有任何联系，甚至彼此之间毫不相知，历史学家与学派问题的研究者也仍旧会将他们归属到一个学派的名下。这可以说是知识传承与传播方式改变，对于促进学派发展的另一种表现形式。当然，我们也要看到知识传承与传播方式的改变，具有促使“家学消亡”、“学派弱化”之作用的另外一面。简单说，如果浏览一下各种“科学界传记”，便会发现一个基本规律：早期的杰出人物，大多会被明确言及师承某位名人大师，或者说具有比较简单、明确的教育经历；其研究方向、成就所在虽然未必一定与老师相同，但其间的联系相对而言较为密切。但虽时代演进，这些特点便随之模糊，从其进入“学校”而不是“学园”开始，便会受到各科老师、教授的不同影响；研究方向的转变、名垂史册的成就，也许是因偶然读了某人的一篇文章、参加了一个相关或无关的学术会议而受到启发；当然更多的情况是广泛(而且必须是最大限度地)吸收前人的思想与成果；甚至完全可以“跨领域”、“跨专业”。

2. 早期的各家之说

前面提到的《汉书·艺文志》中的“方技略”，分为“医经”(理论学说)、“经方”(经验方法)、“神仙”(长生延寿)、“房中”(性医学与性技艺)，记载了所谓“皆生生之具”——与“生命之学”相关的四类书籍。曾有学者并不恰当地将这一分类径视为不同的“学派”，但却不妨通过各类图书的“书名”，略窥早期医学领域中的“家学”与“学派”问题。

(1) 医经

《汉书·艺文志》所著录的“医经”，如表1所示。利用这点有限的资料，可知当时流传着的医学理论著作，至少有自成体系的3家。虽然“医经”类著作如著录者的“说明”文字所言——在所涉及的内容上是有共性的，但分别冠名黄帝、扁鹊、白氏的各家之作，自然是各有尊奉之“师”与不同的传承谱系——可谓不同之“家”；其所构建的学说体系也必然会有所不同——又可谓之不同之“派”。

表1 《汉书·艺文志》著录的“医经”

类别	书名与卷数	说明
医经 (7家,216卷)	黄帝内经……18卷 外经……37卷 扁鹊内经……9卷 外经……12卷 白氏内经……38卷 外经……36卷 旁篇……25卷	医经者，原人血脉、经络、骨髓、阴阳、表里，以起百病之本，死生之分，而用度针石汤火所施，调百药齐和之所宜。至齐(剂)之得，犹慈石取铁，以物相使。拙者失理，以瘉为剧，以生为死。

（2）经方

《汉书·艺文志》中所言“经方”，并非后世所谓“经典之方”，而是“经验之方”的意思（表2）。“经验之方”汇集成册的一般途径是通过官吏及其他文化人之手——有意识地收集，以备自家疗病之需或相互推荐给同僚、朋友间有需要者。因而就其来源说，当然具有“家”的味道，而且大多是先“小家”（某一方法或若干方法的拥有、使用与传承者）；后“大家”（不同来源的汇集），如医籍书目中常见有某氏或某大夫《家藏方》等。再进一步则是个人编撰的大型方书，如唐代孙思邈的《千金方》、王焘的《外台秘要方》；或有所组织的集体成果，如《太平盛惠方》、《普济方》，等等。并由此决定了此类著作难有“学派”性质。

表2 《汉书·艺文志》著录的“经方”

类　别	书名与卷数	说　明
经方 （11家，274卷）	五脏六腑痺十二病方　……30卷 五脏六腑疝十六病方　……40卷 五脏六腑瘅十二病方　……40卷 风寒热十六病方　……26卷 泰始黄帝扁鹊俞拊方　……23卷 五藏伤中十一病方　……31卷 客疾五藏狂癫病方　……17卷 金创瘲瘛方　……30卷 妇人婴儿方　……19卷 汤液经法　……32卷 神农皇帝食禁　……7卷	经方者，本草石之寒温，量疾病之浅深，假药味之滋，因气感之宜，辨五苦六辛，致水火之齐，以通闭解结，反之于平。及失其宜者，以热益热，以寒增寒，精气内伤，不见于外，是所独失也。故谚曰：“有病不治，常得中医。”

（3）房中

由于马王堆简帛医籍的出土，使得我们对这类著作的具体内容有了更多的了解，但“房中”之名却是首见于《汉书·艺文志》，其基本情况见表3。由于人类的性行为已不单纯是为了繁衍后代，而是作为文化、精神生活的一部分，构成人际关系的要素之一，所以“房中”类专著的出现，同样标志着人类文明的进步。值得特别注意的是，在男尊女卑的伦理道德占统治地位的封建社会中，于这些“房中”类著作中却丝毫看不到这种不正常的意识。相反，女性被置于极为重要的地位，这一点主要表现在两方面：首先，当性行为被视为是一种精神和文化生活时，女性的意愿与欢愉得到了充分的强调，并认为赖此方能达到两性间，以及家族间人际关系的合洽。其次，当性行为作为一种生理活动出现时，不仅强调前戏及全过程方式的重要，以使女性高潮得以实现，而且认为男性精液对于女性具有补益作用。在“房中”类著作中，正确与不正确的性行为分别被概括为“八益”与“七损”。从总体上讲，“房中”可以定义为以性技巧、性艺术为主，兼有性医学的性质。

表 3 《汉书 · 艺文志》著录的“房中”类著作

类　别	书名与卷数	说　明
房中 (8 家，186 卷)	容成阴道……26 卷 务成子阴道……36 卷 尧舜阴道……23 卷 汤盘庚阴道……20 卷 天老杂子阴道……25 卷 天一阴道……24 卷 黄帝三王养阳方……20 卷 三家内房有子方……17 卷	房中者，情性之极，至道之际，是以圣王制外乐以禁内情，而为之节文。《传》曰：“先王之作乐，所以节百事也。”乐而有节，则和平寿考。及迷者弗顾，以生疾而陨性命。

就其在具体方法上“各抒己见”而言，自然是各为一家；但从总体上讲其主旨间并无观点冲突，然最为关键的还是在于其本质不是什么理论学说，而主要是一种经验性的“技巧”，因而彼此间一定会毫无障碍地乐于从其他人或其他著作中获得一些有用的、新的东西。因而与其说“派”，倒不如说他们共同构建起了一个“学科”。

(4) 神仙

表 4 《汉书·艺文志》著录的"神仙"类著作

类 别	书名与卷数	说 明
神仙 (10 家,205 卷)	宓戏杂子道 ……20 篇 上圣杂子道 ……26 卷 道要杂子 ……18 卷 黄帝杂子步引 ……12 卷 黄帝岐伯按摩 ……10 卷 黄帝岐伯芝菌 ……18 卷 黄帝杂子十九家方 ……21 卷 泰壹杂子十五家方 ……22 卷 神农杂子技道 ……23 卷 泰壹杂子黄冶 ……31 卷	神仙者,所以保性命之真,而游求于其外者也。聊以盪意平心,同死生之域,而无怵惕于胸中。然而或者专以为务,则诞欺怪迂之文弥以益多,非圣王之所以教也。孔子曰:"索隐行怪,后世有述焉,吾不为之矣。"

表 4 所给出的"神仙"类著作,仅可根据书名了解到其中至少有"步引"(导引)、"按摩"、"芝菌"(服食灵芝类)之法;还可顾名思义地推测八种"杂子"之作,当属以所冠之名为招牌(如皇帝、泰壹、神农)以示门帜,而内容、方法则杂陈并现。在此仅以马王堆出土简帛著作中、考古学家定名的《十问》作为可资参照的分析样本(表 5)。

表 5 《十问》各节中的具体方法

序号	问者	答者	内 容						
			接阴法	服食法	食气法	禁欲法	导引法	卧法	自我按摩法
1	黄帝	天师	▲						
2	黄帝	大成		▲					
3	黄帝	曹熬	▲						
4	黄帝	容成			▲				
5	尧	舜	▲						▲
6	王子巧父	彭祖				▲			▲

（续表）

序号	问者	答者	内容						
			接阴法	服食法	食气法	禁欲法	导引法	卧法	自我按摩法
7	磐庚	耆老	▲						
8	禹	癸					▲		
9	齐威王	文挚		▲				▲	
10	秦昭王	王期	▲	▲	▲				

再结合马王堆出土的其他文本，大致可知当时采用的所谓“神仙”（长生延寿）之法主要有以下几种：

“辟谷”，又称“去（或却）谷”。即不吃谷物，只吃某些特定的植物来维持生命，并达到祛疾长寿之目的。《史记·留侯世家》载张良在帮助刘邦夺得天下后，因体弱多疾，“乃学辟谷，道引轻身”。

“食气”，是指依照一定的方法进行呼吸，以达到养生的目的。《十问》第 4 节，“黄帝问于容成”中，对其理论依据给出的解释是：“天地之至精，生于无征，长于无形，成于无体，得者寿长，失者夭死。”

“服食”，具体方法有多种，如松柏、鸡蛋、淳酒，等等。《汉书·艺文志》所著录的《黄帝岐伯芝菌》当属此类。

“导引”，是指通过躯体四肢的运动达到治疗疾病的目的，故有“医疗体育”之称。正与《庄子·刻意》所云“道引之士、养形之人”喜好“熊经鸟申（伸）”的记载相一致。

“接阴”，是指男性可以通过某种特定的性行为方式，达到长寿的目的。在记述各家论长寿之策的《十问》中，有 5 家言及此事，足见其在当时的养生学中占有极为重要的地位。相应地，唯有“彭祖”一家是主张彻底禁欲的。“接阴”与“房中”的本质区别在于其中心是男性，女性仅为工具——不仅绝不能"泄精"而且还要从女性上体上获得"收益"。这一点看,女性实被作为如同"服食法"之"食"、"食气法"之"气"一样的一种可资补益的客观物质。

总之,就这一门类而言,不仅有因方法与传承谱系之不同而形成的"各家之学"的味道,而且因为有"理论",所以便必然存在着相互之间认同与否的问题——如此便具备了"派"的意思。

借助"方技"4 种,大概应该能够形成这样一个十分简单但却可以推而广之的印象:理论学说,容易形成不同的派别,包括近代以来的"科学";实用技艺因其可实证性,既容易形成保守的一面,也极容易被更新,古往今来皆是如此。而近代以来的"科学"与古代理论学说之不同在于,如果能够被实证——无论是对或错,则其在未被实证时所具有的"派"性即告消失。

3. 不同的扬弃形式

(1) 今本《黄帝内经》——"兼容与改造"

由于今本《黄帝内经》的各篇文章皆独立成文,相互之间并无前后连贯、论说递进的关系,而且对于同一问题的论说角度、所持说理依据常有不同,因而学界公认其性质为"论文集",且对此没有任何异议。然而或许正因如此,便导致学者忽视了其中一些重要的文章,所欲达到的"统一异说"的学术追求。就此,仅举一个涉及核心基础理论的"脏腑学说"为例。

《素问·五藏别论篇》开篇即提出了这样一个问题:

> 黄帝问曰:余闻方士或以脑髓为藏,或以肠胃为藏,或以为府;敢

问更相反，皆自谓是，不知其道，愿闻其说。

由此可知，中医的“脏腑学说”在早期并没有一个统一的模式，而是呈多样性状况。其下，是黄帝的医学老师岐伯给出的回答：

脑、髓、骨、脉、胆、女子胞，此六者地气之所生也，皆藏于阴而象于地，故藏而不泻，名曰奇恒之腑。夫胃、大肠、小肠、三焦、膀胱，此五者天气之所生也，其气象天，故泻而不藏，此受五脏浊气，名曰传化之府，此不能久留，输泻者也。

为便于理解和比较，先将其中的“要点”整理成表 6。其中的“奇恒之腑”性质属“阴”故“象地”，“传化之腑”性质属“阳”故“象天”；其或 6 或 5 的个数，也符合“阳奇阴偶”的规定；在功能方面也是“阴”者“藏”（静），“阳”者“泻”（动）——构成了基于阴阳学说的完整而自洽的理论体系。

表 6 “奇恒之腑”与“传化之腑”的比较

分类	数字	器　官	比类	功能
奇恒之腑	6	脑、髓、骨、脉、胆、女子胞	象地	藏而不泻
传化之腑	5	胃、大肠、小肠、三焦、膀胱	象天	泻而不藏

然而接着又谈道：

所谓五藏者，藏精气而不泻也，故满而不能实。六腑者，传化物而不藏，故实而不能满也。

“五脏六腑”说见于今本《黄帝内经》的许多篇章中，在洽合阴阳学说的基本规范上除了没有秉承《易经》“阳奇阴偶”的范式外，其他都没有问题(表 7)。

表 7 “五脏六腑”说的基本内容

分类	数字	器官	比类	功能
五脏	5	心、肝、脾、肺、肾	象地	藏而不泻
六腑	6	胃、大肠、小肠、三焦、膀胱、胆	象天	泻而不藏

表 6 与表 7 所示，可以说是不同之“家”根据阴阳学说各自构建的“中国医学的脏器学说”，原本处于“各自为说”的状态。但《素问·五脏别论篇》的作者，为要达到“一异说”的目的，遂将其融合在一起。从此之后，直到今天，中医学“基础理论”中的所谓“脏腑学说”使用的便一直是如此了(表 8)。

表 8 沿袭至今的脏腑划分与功能

分类	器官	功能
五脏	心、肝、脾、肺、肾	藏精气而不泻，满而不能实
六腑	胃、大肠、小肠、三焦、膀胱、胆	传化物而不藏，故实而不能满
奇恒之腑	脑、髓、骨、脉、胆、女子胞	藏而不泻

然而这个由三类脏器构成的体系化、经典化的“脏腑学说”却因此而出现了某些无法自洽的地方。例如：“胆”何以既是六腑之一，又是奇恒之腑之一。每当学生向老师提出这个问题时，只会照本宣科者是断然不做回答的。

以综合、折中的方式统一异说，可以说是处理非实证知识中“学派不同之见”所特有的办法。今本《黄帝内经》形成的时代，握有汉室朝政实权的王莽曾大筑庭舍，用以“网罗天下异能之士，至者前后千数，皆令记说廷中,将令正乖缪、壹异说”(《汉书·王莽传》);到了东汉,喜好学问的汉章帝,亲临白虎观,与诸儒一起“讲议五经异同”,并亲自对如何解决其中的矛盾做出决断《后汉书·章帝纪》)。而诸如“运气之说”,由于产生时间较晚,所以在今本《黄帝内经》成书的时代乃至其后的数百年中还仅仅是处于各家之说并存的状态——这就是中医界谓之“运气学说”经典之作的“大论七篇”。直到宋代,这些论说中不同的推算运气的方法才被融合在一起,完成了所谓“一异说”的改造;又因为其所采用的是将各种学说纳入一个“大篮子”中的方式,所以在“运”和“气”两大概念中才出现了“主运”、“大运”、“中运”,“主气”、“客气”、“司天之气”与“在泉之气”等一系列的子概念。

(2) 药物体系——“重实用”

表9所列是学界公认的本草学发展历程中的里程碑之作,其共同的特点或作业方式为:所有后出的著作皆是以此前的著作为底本,在抄录其基本内容(并用不同字体予以区别)的前提下,予以补充。因而虽有扬弃,但药物的总体数量是在不断增加。这是一种知识体系通过“经验积累”方式不断获得增长的典型代表,在这个学科从汉代到明代的发展过程中,基本看不到什么“学派”的表现;最受重视的乃是新知识的汲取,取舍的标准在于是否具有实用价值(包括外来之物)——基本符合前面所言“技术”型知识体系的发展规律。

表9　药物学的代表作

书名	朝代	药物数	书名	朝代	药物数
《神农本草经》	东汉	365	《本草经集注》	南朝·梁	720
《新修本草》	唐	850	《证类本草》	宋	1 748
《本草纲目》	明	1 892			

(3) 脉诊与针灸——“新体系”

“病家不必开口,便知病源何在”的脉诊技术,为中医增添了许多神奇色彩;“针灸”治疗,是中医的独特治疗技艺。它们本属两个各自独立的范畴,但因其体系形成的时间均在魏晋之时,并共同构成了这一阶段医学发展的时代特征,故一并述之。

医学史著作大多是以王叔和与皇甫谧作为魏晋时期著名医家的代表性人物,但其所以垂名青史却并非是因为他们有回春妙手,而是由于他们各自完成了一本具有划时代意义的重要著作。前者,“撰集岐伯以来,逮于华佗”的“经论、要诀”而成《脉经》10卷,被誉为第一部脉诊专著《脉经》;后者,编撰了第一部针灸学专著《针灸甲乙经》。两书均流传至今,仍是后学必读的经典之作。

诊脉之法源于医家了解到人体上存在着许多跳动的“脉”,因而最原始的诊脉方法是诊察身体各处脉搏跳动的情况,据此分析疾病的状况;其后出现了种种不同的诊脉方法及相关的理论学说。例如,触诊脉搏跳动时,手指从轻到重分为若干层次,以分别诊察各脏之疾,谓之“轻重脉法”;以浮脉为春天(肝、木)之象,洪脉为夏天(心、火)之象等,名为“四时脉法”;在头、足、手(天、地、人)3处,各取3处动脉,以诊察上、中、下的气血,叫作“三部九候”之法。而与现今所见诊脉方法最为密切的是取人迎(颈动脉)以候“阳”,寸口(腕部桡动脉)以候“阴”,比较两处脉搏大小变化诊察阴阳是否均衡的所谓“人迎-寸口”脉法。大约在东汉时期,这种方法进一步简化为以寸口(腕部桡动脉)一处分为阴、阳两部分,即以中指作分界(所以称为“关”),其前的食指诊“阳”,其后的无名指候“阴”。

直到西晋太医令王叔和编撰的《脉经》中,才能见到当代中医所使用的诊脉方法。即作为分界的中指之“关”也成为诊脉的部位——“寸口”脉分为寸、关、尺3部,并与五脏六腑相对应(表10)。

正午时分

表 10　经典化的诊脉方法

	寸(食指)——上	关(中指)——中	尺(无名指)——下
左手(阴、血)	心	肝	肾
右手(阳、气)	肺	脾	命门

这时,尺、寸之分不再与阴、阳相配,而是对应于人体的上、下;阴阳的配属转由左和右来承担。“左手:心、肝、肾,右手:肺、脾、命门”的对应关系,体现了将人体区分为“上、中、下”3 段,并逐渐演化出这种定义的“三焦”概念。作为与这种诊脉方法的配合,“脉象”也增加到 24 种之多;而在今本《黄帝内经》中,“脉象”尚不足 10 种。这种经典化的诊脉之法,一直沿用至今。

另一位重要人物是因历代官宦的出身门第、“书淫”之称的文史造诣,及屡拒征召的清高而得以跻身正史“逸士”之列的皇甫谧(215～282)。他采撷注重经脉的今本《黄帝内经》,和注重各穴位治疗作用之《明堂经》中有关针灸疗法的内容,汇集而成《针灸甲乙经》。从此,“经络”与“输穴”融为一体的针灸疗法之基本框架才得以建立。

王叔和与皇甫谧的工作可谓异曲同工。自二人的著作成立之后,此前脉诊与针灸疗法的种种“一家之学”便退出了历史舞台。但由于他们工作基本是“撰集”与“采撷”前人著述而成,因而医学史家往往据此而言这一历史时期医学发展的特征是“文献整理”,看失了其在医学知识体系发展过程中的重要意义。

二、最重要的医学流派——金元四大家

《四库全书总目提要》有“儒之门户分于宋,医之门户分于金元”之

说。盖因此期医林中出现了从“病因认识”到“临床治疗”各方面各执一说、自成一家，被后人誉为“金元四大家”的刘完素、张从正、李杲、朱震亨。

他们的学说不仅直接影响到各自的“入室弟子”，并通过著作流传吸引了其后不同时代、不同地域的一些医家服膺其说；以至传播海外，在东瀛日本形成了秉承“李(杲)、朱(震亨)医学”的所谓“后世派”；而且至今他们的学说也仍旧是中医业者必须学习、有所继承、经常作为理论依据的学说与广泛应用于临床的治疗方法。因而无论是根据“学派”固有定义的任何一条标准加以衡量，他们都是完全符合的。

1. 刘完素及其“火热论”

刘完素，字守真，自号通玄处士。因长年居于河间，故世称“河间先生”或“刘河间”。刘氏生卒年代不详，唯据其在金大定丙午(1186)所作《素问病机气宜保命集》序文中所述：“余年二十有五，志在《内经》……殆至六旬……”推测他生于1120～1130年间，又据张从正在13世纪初叶已被誉为“长沙、河间复生”，可知其卒年约在12世纪末。

刘完素在治学方面鄙视那些仰仗家传世医之名，不求进取的墨守之辈，“今见世医多赖祖名，倚约旧方，耻问不学，特无更新之法，纵闻善说，反怒为非”[①]；更认为学医须从根本入手，深究理论源流，而不可做那种熟读几百个药方的“汤头大夫”，“今人所习，皆近代方论而已，但究其末，

① 刘完素：《素问病机气宜保命集・自序》。吴勉学校：《刘河间医学六书》，木刻本。

而不求其本"[①]。所以他自25岁开始研习《内经》,日夜不辍,历30余年,始觉彻悟。他推崇《内经》和《伤寒论》,称张仲景为"亚圣",同时又说"若专执旧本以谓往古圣贤之书而不可改易者,则信矣,终未免泥于一隅"[②]。正是在这种思想指导下,使得他不肯停留在前人的成就上,对《素问》这样的经典著作,特别是其中的经典条文——"病机十九条",进行了补充发挥,由此构成了其"火热论"的理论核心。

刘完素的医学著作主要包括:《素问玄机原病式》1卷、《医方精要宣明论》15卷、《素问病机气宜保命集》3卷、《伤寒标本心法类萃》2卷,出自门人之手的《伤寒直格》3卷、《三消论》1卷,以及书志言及的《保童秘要》、《运气要旨论》。就学术主张而论,刘完素以"火热"为中心,但并非凡病皆主寒凉;力倡运气,而实质又并非运气,诸如此类皆需细读其书,方可明之。以下择其要点述之。

由于刘完素强调"医教要乎五运六气,……不知运气而求医无失者鲜矣"[③],著《内经运气要旨论》以"明天地之造化,论运化之盛衰"[④],所以有人认为运气学说是刘完素学术观点的主要部分[⑤],甚至以为"刘氏的学说,虽然祖于《内经》和《伤寒论》,但实际上因受运气学说的影响,其精神和实质,都和过去的学说有很大的变化。……主观推理的成分较多,归纳实践经验的成分较少,特别是把六气的性质和作用,按五行生克的关系作无限的推衍,这就不但使中医理论带上了更多的神秘色彩,而且这种随意推论的作风,也给后世带来很不良的影响"[⑥]。但大

① 刘完素:《素问玄机原病式·自序》。吴勉学校:《刘河间医学六书》,木刻本。
② 刘完素:《素问玄机原病式·自序》。
③ 刘完素:《素问玄机原病式·自序》。
④ 马宗素:《伤寒医鉴》。吴勉学校:《刘河间医学六书》,木刻本。
⑤ 俞慎初:《中国医学简史》,福建科学技术出版社,1983年,第183页。
⑥ 贾得道:《中国医学史略》,山西人民出版社,1979年,第191页。

多数学者还是注意到了刘完素所提倡的运气学说，并不是真正的运气学说。

运气学说，即将干支纪年与五行（五运）、六气相配，认为每年的发病是服从这种规律支配的。对于这种理论，历来存在着较大的争议，褒贬不一。其中只有节气与主气的关系较客观地反映了一年四季间人受气候变化影响而发病的普遍规律，有其一定的科学道理。而按干、支纪年所示的发病规律要符合 12 年、6 年、5 年反复循环的要求，目前尚未发现可信的证据说明自然界与人体存在着符合这种数字规律的现象存在。运气学说的代表作，一般公认是唐代王冰注释《素问》时，以家中"旧藏之卷"补其所缺而羼入的 7 篇大论。这种学说在王冰书成之后的几百年间似乎没能引起人们的注意，直到宋代才有沈括等学者提到此说。北宋元符二年（1099）刘温舒著《素问论奥》，专门论述五运六气，并绘图说明，上之朝廷，以后逐渐为人瞩目。王安石变法之后，运气学说为太医局考试医生的科目之一，自然要导致医家普遍研习此说。应该看到，运气学说和医家谈《易》一样，均是宋明理学昌盛之时，社会思潮在医学领域的一种表现形式。刘完素生于宋金之时，自然身置此风之中，故对运气学说产生了极大兴趣。但在长期的医疗实践中，刘氏显然认识到了教条化的运气之说中存在着许多牵强附会、不切实际的内容，故对运气学说做出了许多名同而实异的新解释。一言以蔽之，即不再根据天干、地支推算当年运气如何，而是取决于临床疾病表现的属性。

河间学说的核心是"火热论"，即认为六气皆从火化，五志过极皆为热病。他在《原病式》中将《素问·至真要大论》"病机十九条"所概括的 30 余种病症扩充到 90 多种，其中又尤以属火、属热的病症发挥最多（表 11）。

正午时分

表 11　刘完素的"病机发挥"

病机	《素问·至真要大论》	《素问玄机原病式》
肝	诸风掉眩，皆属于肝。	诸风掉眩，皆属肝木。
心	诸痛痒疮，皆属于心。	诸痛痒疮疡，皆属心火。
脾	诸湿肿满，皆属于脾。	诸湿肿满，皆属脾土。
肺	诸气膹郁，皆属于肺。	诸气膹郁，病痿，皆属肺金。
肾	诸寒收引，皆属于肾。	诸寒收引，皆属肾水。
风	诸暴强直，皆属于风。	诸暴强直，支痛緛戾，里急筋缩，皆属于风。
湿	诸痉项强，皆属于湿。	诸痉强直，积饮痞隔中满，霍乱吐下，体重，胕肿肉如泥，按之不起，皆属于湿。
燥		诸涩枯涸，干劲皴揭，皆属于燥。
寒	诸病水液澄澈清冷，皆属于寒。	诸病上下所出水液，澄澈清冷，症瘕㿗疝，坚痞，腹满急痛，下利清白，食之不饥，吐利腥秽，屈伸不便，厥逆禁固，皆属于寒。
上	诸痿喘呕，皆属于上。	
下	诸厥固泄，皆属于下。	
火	诸热瞀瘛，诸逆冲上，诸禁鼓慄，如丧神守，诸燥狂越，诸病胕肿，疼酸惊骇，皆属于火。	诸热瞀瘛，暴喑冒昧，躁扰狂越，骂詈惊骇，胕肿疼酸，聋呕涌溢，食不下，目昧不明，暴注瞤瘛，暴病暴死，皆属于火。
热	诸胀腹大；诸病有声，鼓之如鼓；诸转反戾，水液浑浊；诸呕吐酸，暴注下迫，皆属于热。	诸病喘呕吐酸，暴注下迫，转筋，小便浑浊，腹胀大，鼓之如鼓，痈疽疡疹，瘤气结核，吐下霍乱，瞀郁肿胀，鼻塞鼽衄，血溢血泄，淋闷，身热，恶寒战栗，惊惑悲笑，谵妄，衄蔑血汗，皆属于热。

刘完素的学术思想一方面是通过其著作流传，如张从正即是代表，《金史》称其法宗刘守真；另一方面通过穆大黄、马宗素、荆山浮屠等门人传播。荆山浮屠一传于罗知悌，再传朱震亨，于是河间学说便从北方传到江南了。

2. 张从正及其“攻邪论”

张从正，字子和，号戴人。金代睢州考城(今河南省兰考县)人。生于12世纪至13世纪间。子和之医，本于家学，他曾说:“余自先世，授以医方，至于今日，五十余年。”[①]早年沿用前人治病常法，“知其不效，遂为改辙”，深入研究《内经》，大有所悟[②]，于是另辟蹊径，终有所得。同处金代而年长于子和的河间刘完素，对他极有启发，在张子和的著作中不但多次直接言明自己师法了刘完素的治疗经验，而且他的许多思想也是源于河间“火热论”的。张从正的医学著作，传世有《儒门事亲》一书，共15卷。

张从正医学思想最突出的特点是强调“攻邪”。他认为:“夫病之一物，非人身素有之也。或自外而入，或由内而生，皆邪气也。”[③]既然疾病是由邪气客于人体所成，那么治疗方法当然应该以驱除病邪为首务，因此他说:“邪气加诸身，速攻之可也，速去之可也。揽而留之何也?虽愚夫愚妇，皆知其不可也，及其闻攻则不悦，闻补则乐之。今之医者曰:当先固其元气，元气实，邪自去。世间如此妄人，何其多也!夫邪之中人，轻则传久而自尽，颇甚则传久而难已，更甚则暴死。若先论固其元气，以补剂朴之，真气未胜，而邪已交驰横骛而不可制矣。”[④]

在具体治则上，他强调使用吐、汗、下三法，“先论攻其邪，邪去而元气自复也。况予所论之法，识练日久，至精至熟，有得无失，所以敢为来

---

① 张从正:“疟非脾寒及鬼神辩四”，《儒门事亲》(卷一)，文渊阁《四库全书》本。

② 张从正:“五积六聚治同郁断二十二”，《儒门事亲》(卷三)。

③ 张从正:“汗下吐三法该尽治病诠十三”，《儒门事亲》(卷二)。

④ 张从正:“汗下吐三法该尽治病诠十三”，《儒门事亲》(卷二)。

者言也”。他的吐、下、汗三法，内容相当广泛，实际上包括了许多其他治则，他说：“三法可以兼众法者，如引涎漉涎、嚏气追泪，凡上行者皆吐法也；灸、蒸、熏、渫、洗、熨、烙、针刺、砭射、导引、按摩，凡解表者，皆汗法也，催生、下乳、磨积、逐水、破经、泄气、凡下行者，皆下法也。以余之法，所以该众法也。”如此广义的三法，其功效与用途只能略加介绍。

汗法：这种方法首先在于解表，能够治疗外感病。风寒束表用辛温，风热在表用辛凉。而张从正汗法的范围比此更广，他将针、灸、砭刺放血、按摩导引导皆归入汗法，故其汗法之概念已极度抽象化，不能就字面解释之。

下法：中医学治则八法中之下法，若运用得当，确有出奇制胜、起死回生之功。如脑血管疾病时，用攻下之法而缓解症状，外科急腹症可免一刀之苦；狂躁者可立令神安；甚至泻下不止的痢疾，也必须先以下法治之，才不致转为慢性痢疾。只因一般人惧怕攻法，医生亦未掌握其妙，所以才未见广泛应用，张从正反复强调下法的运用，意即在此。

吐法：《素问·阴阳应象大论》虽有“其高者，因而越之”之说，但临床除遇误服腐坏有毒之品、服毒自杀等情况时，很少使用吐法。古人书中尚可见瓜蒂散吐伤寒（《伤寒论》）、稀涎散吐膈实中满（《本事方》）、郁金散吐头痛眩晕（《万全方》）等记载，但当今却是鲜见人用了。张从正将此法提出，与临床上应用最为普遍的汗、下之法相提并论，实为千古绝唱，独此一家。而且从他的医案中看，吐法的应用是极为广泛的。

张从正将自己的这些认识，总结为“汗下吐三法该尽治病诠”一文，成为他学术思想的代表作，至今仍被选为中医院校的教材。虽然他的思想很难被人理解，但实际的疗效却使子和名扬四方，故有元兴定（1217～1222）中，被召补为太医事。

虽然在理论阐述方面可以“归一”，但临证治疗却断然不能“单打一”。实际也是如此，张从正的治病方法极为灵活多样，他创有“玲珑灶蒸法”；制有洗涤疮口的鸡翎刷，以长蛤甲磨去刃，纸裹其尖，灌药入鼻，胎位不正，子死不下时，以钩取死胎、等等。另外，他还特别擅用精神疗法。例如，某妇人不思饮食，常常叫喊怒骂，甚则欲杀人，许久未得治愈。戴人令二娼各涂丹粉，作戏子貌，其妇大笑，次日又令作角骶，妇又大笑。旁设能食之人，边吃边夸其味美，诱得此妇亦想食之，而病渐瘥。

又有一女，遇强人劫舍受惊，自后每有声响则惊倒不知人，家人皆蹑足而行，不敢有声。服人参、珍珠等药，皆不效。子和治此时，偏反其常，令两人执其手按坐于椅上，前置一几。子和曰：“请娘子看此几。”执一木猛击之，妇人大惊，子和说：“我以木击几，你有何惊？”稍候，又击之，惊不如前，屡击，则妇人不惊。又使人杖击门窗，处处有声，一二日后闻雷声亦不惊。

此类病例在《儒门事亲》中绝非一二，但可惜这方面的知识没有得到张子和本人的重视，如能单为一法，岂不可谓独创“精神疗法”。另外还有一个病例颇值得研究一下：

> 武阳仇天祥之子，病发寒热，诸医皆作骨蒸劳治之，病半年反甚。戴人诊其脉，关独大，以为是痈之象。细问乳母：“曾有痛处否？”曰：“无。”戴人令脱去儿衣，举其两手观之，右胁稍高，以手侧按之，儿乃移身避之，按其左胁则不避。戴人曰：“此肺部有痈也，非肺痈也，若肺痈已吐脓矣。”①

分析这个病例可以看出戴人在诊察之时，已经注意到了患儿的强迫

① 张从正：“肺痈四十六”，《儒门事亲》(卷六)。

体位、两侧对比，并有正确的鉴别诊断：判断出痈在肺部，但在肺外，实际上当为现今所说的胸膜炎引起的积液。这种诊断方法简直就与近代医学一样，而与传统中医的病因、病机、八纲、六气等诊断法相距甚远。为什么像张从正这种独树一帜的流派带头人，没能把这些不同于传统医学的治疗经验，诸如精神疗法、诊断方法等光大之而成新说？反而是刻意追求一种可以囊括一切的理论核心——汗吐下三法该尽众法，进而归于"攻邪"一点。这些均留待"四人共性与异同"的研讨中再做分析。

3. 李杲的"脾胃论"

李杲，字明之，真定（今河北正定）人。因汉高帝前真定名东垣，故李杲自号东垣老人。

金代文人元好问（1190～1257）为东垣好友，曾作"东垣老人传"，称杲卒于辛亥年，时年 72 岁。则李杲生年当在金世宗大定二十年（1180），金亡时年 55，入元十七年乃终（1251）。

李杲家境颇优，"世为东垣富盛之族"[①]，曾"纳赀得官，监济源税"[②]。初学儒术，后因母病时虽尽力侍奉"色不满容，夜不解衣"，但终因不谙医术、无济于事；虽厚礼求医诊治，但诸医或以为热，或以为寒，各执己见，议论纷纷，至死尚不知所患为何病。杲甚恨之，自此有志于医。著有《内外伤辨惑论》、《脾胃论》、《医学发明》、《兰室秘藏》、《用药法象》等书。

众所周知，人到高原缺氧之地会出现如同感冒的症状；严重时也会像感冒一样转为肺炎（实为肺水肿）。这时吃治疗感冒的"板蓝根冲剂"

---

① 李杲：《医学发明》（序），人民卫生出版社，1959 年影印版。

② 丹波元胤：《中国医籍考》，人民卫生出版社，翻印《皇汉医学丛书》版（无年份），第 660 页。

等清热解毒之药，肯定不是“正治”，而首先是要“吸氧”。同样道理，由于长期饥饿、“内伤脾胃”，也可以呈现颇似“外感风寒”的症状，同样不能用“感冒药”进行治疗。李东垣著《内外伤辨惑论》，示人两种不同原因之相同病症的本质区别；著《脾胃论》阐述“内伤”情况下，补益“脾胃”的重要与具体方法，皆是基于某种特定的客观情况。而后人脱离其特有之客观背景，《脾胃论》变成了“脾胃论”；进而据脾胃的“五行属性”称其为“补土派”，则从“具体”衍变成一种“抽象”的理论学说了。

李杲与刘完素、张从正同为金代名医，均祖法于《内经》，但医学理论却又相去甚远，这就必须注意到李杲所处的特定历史条件。刘完素年最长，虽称其生于乱世，但完素中年恰是世宗当政，究为金之上升之期与兴盛之时，所行政令存抚为先，遇旱、蝗、水溢之灾，则免租赋；金银坑冶任民开采，不取税收；流移人老病者，官与养济；等等[①]。且其火热之病，以论述外感为主。子和稍后，但其地处中州，金元战线在西北不及于此，南与宋修好为主，且南宋苟安无力北伐，故子和乐得四处游逛，并无兵燹饥寒之苦。李杲则不然，他生于世宗鼎盛之时，行于哀宗渐落之世，正值金朝灭亡之期，烽烟四起。时值李杲 41 岁时，“夏人攻龛谷，宋人攻蕲州，红袄贼掠宿州，大元兵攻延安”[②]，真可谓楚歌四面；至金天兴元年(1232)，即所谓“壬辰之乱”时，汴京城内外不通，米每升银二两，百姓粮尽，殍者相望。缙绅士女多行乞于市，京城人相食，至有杀妻子儿女以食之者，凡皮制器物皆被煮食[③]。朝廷之内亦只能“阅官马，择瘠者杀以食”，是年“汴京大疫，凡五十日，诸门出死者九十余万人，贫者不能葬者

① “本纪第六·世宗上”、“本纪第七·世宗中”，《金史》(卷六，卷七)。
② “本纪第十六·宣宗下”，《金史》(卷十六)。
③ “列传第五十三·完颜奴申”，《金史》(卷一百十五)。

不在是数”。①

李杲亲历壬辰之乱，故于书中写道：“解围之后，都人不受病者万无一二，既病而死者，继踵而不绝，都门十有二所，每日各门所送多者二千，少者不下一千。”他认为这主要是由于城困民饥，脾胃受伤所至，“似此者，几三月此百万人岂俱感风寒外伤者耶？”并指出“非大梁为然，远在真祐、兴定间，如东平、如太原、如凤翔，解围之后病伤而死无不然者”。他亲见在这种情况下，医者以为外感而用发表药，有以巴豆、承气攻下者，“俄而病结胸，发黄，又以陷胸丸及茵陈汤下之，无不死者”②。壬辰之乱后，元好问与东垣同出汴梁，游于聊城、东平等地，数年中亲见东垣为人治病，始知其何以有“国医”之称：“一洗世医胶柱鼓瑟，刻舟觅剑之弊。”③正是在这样的历史背景下，李杲才结合自己的实践经验著《内外伤辨惑论》以明外感与内伤之不同，又作《脾胃论》进一步阐发内伤脾胃的具体治则与方药。

然而从另一方面讲，内外之辨、脾胃之治的重要，又确实具有使其能够上升成为一种抽象理论的内在动力。

4. 朱震亨的“养阴论”

朱震亨，字彦修，生于元世祖至元辛巳，卒于惠宗至正戊戌（1281～1358），享年78岁。婺州义乌（今浙江义乌）人。因其家乡有小河名叫“丹溪”，故学者多尊称朱震亨为“丹溪翁”，或“丹溪先生”。

朱氏家族“子孙蝉联，多发闻于世”。自南宋后期，其祖上在当地开

① “本纪第十七·哀宗上”，《金史》（卷十七）。
② 李杲：“辨阴证阳证”，《内外伤辨惑论》（卷上），文盛书局，光绪辛巳年版。
③ 《东垣试效方·王博文序》。引自丹波元胤《中国医籍考》，第665页。

设学堂，讲授六经。朱震亨自幼“读书即了大义，为声律之赋，刻烛而成”。36岁时，闻有朱熹四传弟子许谦居于东阳八华山中，于是就学于许公门下，听其讲授“天命人心之秘，内圣外王之微”。如此数年之后，学业渐成，一日地方官设宴招待应举之士，朱震亨应《书经》之试，但偶遇算命先生，先后两占均言不利，即以为天命如此，遂绝仕进之念，以为“苟推一家之政，以达于乡党州闾，宁非仕乎？”于是乃就祖宗所建“适意亭”遗址上，造祠堂若干间，于其中“考朱子家礼而损益其仪文”。又在祠堂之南复建“适意亭”，使同族子弟就学其中①。

朱震亨学医，有几方面的原因。首先在于惠民之心：“吾既穷而在下，泽不能致远，其可远者，非医将安务乎？”次则因其母患病，诸医束手，亦使其有志于医，“遂取《素问》读之，三年似有所得”②。又因其师许谦本不以名利为务，教授学生，“随其材分，咸有所得。然独不以科举之文授人，曰：此义、利之所由分也”③，如此熏陶，久之自对朱震亨的思想有所影响。偏巧此公又患痼疾，对朱震亨有所期待：“吾卧病久，非精于医者不能以起之。子聪明异常人，其肯游艺于医乎？”故丹溪由此“焚弃向所习举子业，一于医致力焉”④。

当时盛行陈师文等在宋大观年间所制《和剂局方》，朱震亨昼夜研习之，但以为“操古方以治今病，其势不能以尽合。苟将起度量、立规矩、称权衡，必也《素》、《难》诸经乎？”⑤不过乡间医者鲜有知者，于是治装出游，访寻名师，“但闻某处有某治医，便往拜而问之”。他渡浙江，走吴中，出

① 宋濂：“故丹溪先生朱公石表辞”。朱震亨：《丹溪心法》，上海科技出版社，1959年，第389～395页。凡引文未注出处者，皆据此。

② 朱震亨：《格致余论·序》，人民卫生出版社，1956年。

③ “列传第七十六·儒学一·许谦”，《元史》(卷一百八十九)。

④ 戴良：“丹溪翁传”。朱震亨：《丹溪心法》，上海科技出版社，1959年，第396～403页。

⑤ 戴良：“丹溪翁传”。

宛陵，抵南徐，达建业，后又到定城，始得刘完素的《原病式》和东垣方稿[1]。然而始终未遇到理想的老师。直到元泰定二年(1325)才在武林(杭州)闻说此地有名罗知悌者，世称太无先生，为“宋理宗朝寺人，业精于医，得金刘完素之再传，而旁通张从正、李杲二家之说”，但此人性格狭隘，自恃医技高明，很难接近。朱震亨几度前往，欲求拜谒，均未能得见，趑趄三月有余。然怎奈其心诚意真，求之愈甚，每日拱手站在罗知悌门前，置风雨于不顾。如此罗太无先生始肯整衣相见，谁知却一见如故。朱震亨从此就学于罗氏之门，尽得其传。

直接师承朱震亨者，据考证有 10 余人[2]。检医籍目录，题为朱震亨所著者不下几十种，还有一些书名前冠丹溪二字，或亦误被认为是丹溪所著。据宋濂《石表》所记，朱震亨的著作共有 7 种:《宋论》1 卷、《格致余论》若干卷、《局方发挥》若干卷、《伤寒论辨》若干卷、《外科精要发挥》若干卷、《本草衍义补遗》若干卷、《风水问答》若干卷。除去《宋论》与《风水问答》，计有医书 5 种，此与戴良“丹溪翁传”所载著作的名称基本相同。此外，题名丹溪的著作大抵有以下一些:[3]

《丹溪本草》《丹溪脉诀》《丹溪脉法》《丹溪医案》《丹溪医论》《怪痾单》

《活法机要》《丹溪集》《丹溪脉因证治》《丹溪手镜》《丹溪秘传方诀》

《丹溪治法语录》《丹溪心法》《丹溪心法类纂》《丹溪药要》《丹溪纂要》

《丹溪适玄》《丹溪心要》《朱震亨产宝百问》《丹溪活幼心法》

---

① 朱震亨:《格致余论・张子和攻击注论》，人民卫生出版社，1956 年影印版。
② 方春阳:“朱丹溪弟子考略”。《中华医史杂志》，1984 年，第 4 期，第 209 页。
③ 以下书名均据丹波元胤:《中国医籍考》。

《丹溪随身略用经验良方》《朱氏传方》《朱震亨治痘要法》

这些著作之所以悬朱氏之名，或因其传人整理先师旧论、语录、笔记、医案，附以己论而成，或因书商翻刻而变换旧名，甚或径是托名，不可一一详考，但如是之多的著作冠有丹溪之名，倒是事实，由此即可知其影响之及。

朱震亨医学思想的核心理论是“阳常有余，阴常不足”①。比之以天阳地阴、天大地小；日阳月阴，日实月缺等自然现象而加以说理阐发。这种类比式的论说未见得十分透彻，实际上就人体科学而论，中医学从古至今所说的一个“阳”字，主要是指无形之功能而言，相应地“阴”则是指有形质的物质基础而言，由于一切外在的功能表现，均须以客观之形质为基础，因而“阴”就显得十分重要了。正如朱氏所言“补养阴血，阳自相附”②的治疗原则一样。在这种思想指导之下，其用药与《和剂局方》偏任香辛走窜之品形成了鲜明对比，例如腰痛一症，“脉大者肾虚，杜仲、龟板、黄柏、知母、枸杞、五味之类为末，猪脊髓丸服；脉涩者瘀血，用补阴丸加桃仁、红花”③，等等。一方面清热泻火，一方面滋补真阴。这就既不同于刘完素的苦寒直折，也不同于张子和、李东垣的治疗方法，而是朱震亨“滋阴派”的具体表现。

朱震亨的养阴理论对于年老体弱之人来说尤为适宜，因而他专有“养老”之论。指出人至暮年，精血俱耗，平居无事，已有热证。头昏目眵、肌痒尿数、鼻涕牙落、涎多寐少、足弱耳聩、健忘眩晕、肠燥面垢、发脱眼花、久坐兀睡、未风先寒、食则易饥、笑则有泪，“皆是血少”。其治均需养阴。

---

① 朱震亨：《局方发挥》，人民卫生出版社，1956年影印版。

② 朱震亨：《局方发挥》。

③ 朱震亨：“腰痛七十三”，《丹溪心法》（卷四）。

朱震亨在金元四家中，所出最晚，得罗知悌传授刘、张、李三家之说，能够兼收并蓄之。这一点与历史时代、罗氏师传之影响均是分不开的。在朱震亨的著作中，每每可见引用《原病式》等书，或直言河间、元素、子和、东垣、罗先生等人所论及治疗经验。他的“阳常有余，阴常不足”论，在理论上与刘完素应说有相同之处，但治则却完全不同，刘氏在削阳以求平，朱丹溪则以补阴而至平。例如他在运用刘完素的代表方剂“防风通圣散”时，有“去麻黄、大黄、芒硝，加当归、地黄”[①]之变。刘完素将诸痛痒疮，皆归于心火，朱氏却归为血虚。

对于张子和的攻邪理论，朱震亨以为“孟浪”[②]，这与他儒家的中庸思想是紧密联系的，所以治病多守“王道”，遇有可下之证“亦宜略与疏导，若援张子和浚川散、禹功丸为例，行迅攻之法，实所不敢”[③]。又如治妇人乳腺炎，必有成脓者，此时操刀放脓本是正治，但朱震亨亦视此为“庸工喜于自炫，便用针刀引惹拙痛”[④]。

对于李东垣的学说与治则，他也是选择性地吸收，例如在“崩漏”一症中，他曾说：“血崩，东垣有治法，但不言热，其主在寒，学者宜寻思之。”具体治则中，“因劳者，用参芪带升补药”是东垣之法，而“紫色成块者，热，以四物汤加黄连之类”[⑤]则是朱震亨的惯用之法。

朱震亨的学术思想在元末明初之医学界占有极其重要的地位，影响颇大。故有人说：“求其可以万世法者，张长沙外感、李东垣内伤、刘河间热证、朱丹溪数者而已。然而丹溪实又贯通乎诸君子，尤号集医道之大

---

① 朱震亨：《局方发挥》。
② 朱震亨：《格致余论·张子和攻击注论》。
③ 朱震亨：《格致余论·鼓胀论》。
④ 朱震亨：《格致余论·乳硬论》。
⑤ 朱震亨：“崩漏八十九”，《丹溪心法》(卷五)。

成者也”[①]。其著作由来中国的留学僧人田代三喜带至日本，初因其所居关东偏僻之地而未能广泛流传。此后，其门人曲直濑道三至当时的政治、文化中心京都进行宣传，则云集之众胜于其他门派，而成一大流派。

5. 综合评说

(1) 旧瓶新酒式的继承

金元四大流派虽皆各立新说，但又都十分强调自己的学说乃是取法于今本《黄帝内经》这一重要经典。从表面上看，固然可以说是源同而流异，是某一方面的引申张扬与发挥；但本质上实属旧瓶装新酒，与所谓“今文经学”一样：借阐发古人微言之大义而宣扬自己的主张。因而当这种阐发所表述的实为自己的思想时，那就不妨说：医学的理论与实践在这时已然出现了变化——革新。

当我们看清了传统医学发展过程中隐含的这种“创新”方式后，就会自然而然地得出一个根本性的结论：当代存活着的传统医学，并非古代传统医学的“克隆”。因而尽管从表面上看，似乎只有现代科学才敢于旗帜鲜明地以“进步”、“超越前人”作为心中的理念、追求的目标和价值判断的标准；而传统医学却是被盲目崇拜的“尊古”之风所笼罩，从来不敢理直气壮地去谈“创新”，甚至连想都不敢想，但实际上无论“尊古”还是“复古”，都不过仅仅是一种心态，而不是客观事实。

(2) 终极真理式的“病因学说”

宋代以来融合三教而产生的“新儒学”，正像其另外两个名称——

---

① 《丹溪心法附余・方广序》。引自丹波元胤:《中国医籍考》。

“理学”、“道学”所显示的那样，较之固有的儒学体系更多具有了思辨的内容；在“格物穷理”的旗帜下，探索着宇宙万物发生、发展与演变的基本规律、究极原理。

在这一点上，四大家就疾病产生的原因各自提出了一个“根本的原因”，的确与理学构建起“太极、元气→阴阳→五行→万物”的解说模式非常相似。从这一共性表现中，可窥时代思潮的普遍影响；但其具体构建的过程与“外因”又各不相同。例如刘、朱二人的学术主张中，皆含有重“阴”抑“阳”的内核，但建构之“道”却完全不相同。众所周知，道家“贵阴”。作为通晓道家之学的“通玄处士”刘完素，采用的方法是削减被他视为六气之本、万病之源的“火热”(阳)。但秉承儒家学问体系的朱丹溪所采用却是完全不同的方法——补充不足的一面(阴)。在同样是求得“阴阳平衡”的具体办法上，刘完素的具体做法好比“狐狸分蜜饼”——掰去大的一边。如果我们将“人体”视为一个由阴阳构成的“太极”，那么刘完素的治疗方法无疑具有“尅伐”之嫌。而朱丹溪补充不足一方的做法则被称为“扩太极而大之”。

而如果就本草学的发展轨迹而论，类似的表现却要迟至明代之后才得到清晰的表现——《本草纲目》之后，再无人以“大而全”为追求目标，风潮转向药物理论的研究与阐发。如果有人提出类似“近代科学何以未在中国产生”的问题——本草学的转向何以没在金元时期产生？那么回答便十分简单：只有发生了的事情才有原因，而没有发生的事情是没有原因的。这就是历史与哲学的不同视角所在。

另一方面，从上述的具体介绍可以看出：尽管他们在病因学方面各自提出了一个“终极真理”式的理论，但在实际治疗中却并非仅用一方一法来处理所有的疾病。

(3) 医者素质与创造性

刘、张、李、朱4人学医、业医的动机与过程虽不尽相同，但皆不离“仁”、“孝”二字。刘、李二人因母病不治而学医；张从正以《儒门事亲》为书名；朱丹溪因母病、师疾，及“以医泽民”的人生价值而弃举子业，等等，皆是如此。然而更为关键的还是在于宋代以来，对于生命的认识与治理，被儒者视为“格物穷理之一端”这就使得原本属于“君子不齿”之“百工贱业”的医学在研究者的构成方面出现了前所未有，而且是较为普遍的素质改变。刘、张、李、朱4人的学识水平显然与当其时能够产生标新立异的“四大家”具有密切的内在关系。这一事实，同样可以用于“从历史的角度分析学派产生的条件”，结论很简单：学派或新说赖以产生的关键，无非是人才，而不是什么其他因素。刘、张、李、朱4人虽然皆有弟子传人，但这些人中却没有再产生能与其师比翼，或是超越其师的杰出人物——学派无力造就人才，只有人才方能造就学派。

三、早出而晚成的医学流派——“伤寒”与“温病”

经典著作“成书于何时”与其“何时成为经典”，并非一事。除了今本《黄帝内经》、《难经》等经典著作外，这实际上也适用于学派问题的分析，而其中最为典型的例子便是以尊奉东汉医家张仲景之《伤寒杂病论》为共同学术主张的所谓“伤寒学派”，乃至原本并无经典可言的“温病学派”。

1. 伤寒与伤寒学派

中医学所说的“伤寒”，不同于现代医学病名中由伤寒杆菌引起的

“伤寒”(typhoid);就其产生及最原始的含义而言,应该是建立在人体受凉后会有种种不适的直接经验。但随着医学的发展,作为病名,其义遂有了广狭之分。即如《难经·五十难》所云:“伤寒有五,有中风、有伤寒、有湿温、有热病、有温病。”其中首言之“伤寒”为广义,涵括一切外感热病,源起《素问·热论》“今夫热病者,皆伤寒之类也”、“人之伤于寒也,则为病热”。但在《素问》中,“伤寒”为病因,即“伤于寒”之义,而以“热病”为其名。与中风、湿温、热病、温病并列之“伤寒”,为狭义,然其内涵与外延因时、事之异,每有不同。《难经》中虽言5种伤寒“其所苦(症状)各不同”,但该书仅仅举出5种脉象以为区别,并未言及其“所苦”为何,治疗法则也仍旧局限于广义伤寒,即《素问·热论》的汗、下两法。至东汉后期张仲景著《伤寒杂病论》,对中风、伤寒、温病有所定义:

> 太阳病,发热汗出、恶风、脉缓者,名为中风。
>
> 太阳病,或已发热,或未发热,必恶寒、体痛、呕逆、脉阴阳俱紧者,名为伤寒。
>
> 太阳病,发热而渴,不恶寒者,为温病。

然而在《伤寒杂病论》中,这3条定义实际上仅仅适用于外感热病的第一阶段,即按照“三阴三阳”学说构建的所谓“六经辨证”体系中的第一阶段:“太阳病”。其后还有紧密关联的“阳明病”、“少阳病”、“少阴病”,“太阴病”、“厥阴病”等5个次第,其临床表现、疾病性质已完全不同于“太阳病”,但这6个症候群均隶属于《伤寒杂病论》中,故不能根据这3条文字去定义“伤寒”,或解释《伤寒杂病论》是怎样性质的一部著作。

作为同时代的另一种解释,是从病因学出发,以为自然界气候之规律是冬寒、春温、夏热,故冬时触冒严寒之气而病者,名为伤寒;冬时伤于寒，却未马上发病，寒毒藏于肌肤，至春则变为温病；至夏变为暑病，皆由冬时触寒所致，而将春寒、夏凉等气候突变所造成的外感热病称为“时气”[①]。此说拘泥于寒为冬季常气，故认为既然是因为“寒”的疾病，便必然是因冬时触寒所致，进而以寒毒藏于肌肤、至春变为温病、至夏变为暑病的“伏邪”说，构筑自圆其说的理论体系，于临床并无可取之处。其三，由于《伤寒杂病论》中用药偏于辛温，故后世辛凉解表诸法兴起后，始着眼于从临床病症之寒热比量上区别伤寒与温病，前者似专指寒重于热、适用辛温解表、温中回阳的外感疾患；后者则为热重于寒、适用辛凉解表、熄风镇惊的疾病类型。因此对于“伤寒”及其派生词的理解，有三点需要注意：

(1)“伤寒”之广义，并未因狭义之产生而消失。明清两代虽温病之学勃兴，出现了相当数量的著名医家、论著等，但在医学分科中，仍旧只有“伤寒”，而无“温病”。

(2)“伤寒”之狭义，在汉代虽已有与温病相对之意，但决无专指虚寒型外感病之意。例如《伤寒杂病论》的“阳明病”，以大热、大渴、大汗出，脉洪大、大便硬结等为主症，实与温病没什么区别，其治疗法则——清、下，代表方剂——白虎汤、承气辈亦均为后世温病学派所采用，故有人认为伤寒之法同样可以治温病，两者间没有本质区别。至于后世为何会产生对立的温病新学，而将《伤寒论》视为专治虚寒外感之法的诸种因素，详见后述。

(3)《伤寒论》经北宋校正医书局的刊刻，始广传于世。自此以后，治“伤寒”之学者摩肩接踵，而渐显所谓“学派”之势，以至清末民初的“经

---

① 此说见于《伤寒论》中的“伤寒例”，以及唐王焘《外台秘要》，两书均言：“《阴阳大论》云”，但其书早佚。

方派”产生。“伤寒学派”亦有广狭二义：广义是指推崇张仲景《伤寒论》及其六经辨证体系，以此作为治疗外感病乃至各种杂病总原则的医家，狭义则指以不同方法研究、注释《伤寒论》的各种流派，如三纲编次派、维护旧论派、以方类证派、以法类证派等等。而“经方派”则是指以张仲景的方剂为“经典之方”、“医方之经”，以原方，甚至原量、原服法守之临床而不渝。

2. 温病与温病学派

“温病”之名，首见《素问》。于病因有二说：一是“生气通天论篇”中所言“冬伤于寒，春必温病；一是“金匮真言论篇”中所言“藏于精者，春不病温”。前者可谓“伏邪”说之滥觞；后者却说明了一条重要的病理，即温病未必由外感所致，阴虚内热（不藏精）才是根本的病因。《素问》中言及温病的症状有：脉搏加快、发热、汗之不解、狂言不能食等①，显然是指以热象为主的病候。但将这些病症与《伤寒论》相较，实在看不出有什么本质的区别，所以这时虽有“温病”之名，却未越“伤寒”规矩。大约自宋代起，治疗外感病的方法在无形中已分为寒热两途。据朱肱所云，当时的医家：

> 有好用凉药者，如附子、硫黄则笑而不喜用，虽隆冬使人饮冷、服三黄圆之类；有好用热药者，如大黄、芒硝则畏而不敢使，虽盛暑劝人炙煅，服金液丹之类。

---

① 《素问·平人气象论》：“人一呼脉三动，一吸脉三动而躁，尺热曰病温。”《素问·评热病论》：“有病温者，汗出辄复热，而脉躁疾，不为汗衰，狂言不能食。”

在这种情况下：

> 偶有病家曾留意方书，稍别阴阳，知其热证则召某人，以某人善医阳病；知其冷证则召某人，以某人善医阴证。①

从表面上看，这是寒热两派的分离，但其本质却说明辨阴阳、知寒热、调虚实——中医最大的长处与基本功，并不是普遍运用于医家之手的本该由医生去辨病诊治，而变成由患者去辨病择医！可叹这种现象不仅古代有之，今亦如是。

金元时期的著名医家刘完素虽被后世视为在温病发展史上具有重要地位的医家，但由于他处处仍以仲景为标榜，未敢立异标新，而且在理论与治则上亦只不过是强调见到热证就要用凉药而已，因此可以说直到这时尚没有自立门户的温病学。然而到了明代，情况就大不相同了，吴有性著《温疫论》(1642)，以为温疫与伤寒虽有相似之处，但病因、病机、治法等却迥然不同。他认为温疫是因感天地之“厉气”所致，有极强的传染性，“无老少强弱，触之者即病，邪自口鼻而入”，故从根本上逾越了《伤寒论》，乃至中医学传统外感热病的理论框架。自此以后温病学逐渐形成一个独立的学派，并同样出现了与“经方派”相对应的“时方派”。

由于温病学派没有伤寒学派那样一个奉为“医圣”的鼻祖——张仲景，也没有如《伤寒论》那样的经典著作，所以他们的发展是自由的。例如号称“温病四大家”之一的清代名医叶天士，脱离六经辨证的体系而创卫、气、营、血辨证法；而另一“大家”吴瑭则以所谓上、中、下“三焦辨证”为法则。对于“温”、“瘟”是否为一义，也有两种不同见解，例如薛生白认

① 朱肱：《类证活人书·自序》，商务印书馆，1955年。

为“温、瘟二症，绝无界限”[①]，与吴有性看法一致。但《时病论》的作者雷丰则认为：“温者，温热也；瘟者，瘟疫也”；两者“音同而病不同”；前者为“常气”、“后者为“厉气”；又说“温病之书不能治瘟疫，瘟疫之书不能治温病”[②]。

那么，究竟什么是温病？这恐怕是温病学家所遇到的最难回答的问题。尽管明清两代，出现了许多专论温热或瘟疫病的专著，但对于“温病”却始终没有形成统一的明确认识。例如执“温病”即是“瘟疫”说者，认为伤寒与温病的区别在于“伤寒”是外感、邪自皮毛而入，温病（瘟疫）是邪自口鼻而入所致。但也有人认为“所云厉气，无非郁热”[③]，这又否定了邪自口鼻而入的观点。又如吴瑭认为“温疫”只是“温病”的一种表现形式，故其言“温病”有 9 种，即风温、温热、温疫、温毒、暑温、湿温、秋燥、冬温、湿疟[④]。而与“伤寒”之区别则在于“伤寒起足太阳，由表入里”；“温病起手太阴，由上及下”。总之，温病学派的共同特点在于，他们均认为热病有性质不同的两大类——伤寒与温病，其病因、病机、治则概不相同。他们的这些辩说不过是要突破《素问》“热病皆伤寒之类”的束缚而已。

其实，“温病”的本质就在于湿热为病。其发病之所以与“伤寒”有种种不同，正是由于内有湿、热这一根本内因所决定的。这恐怕也就是所谓“伏邪”的本质了。由于有了内在湿、热的存在，所以不管有无外感风寒或天地间“厉气”感染的诱因，迟早总是要发病的。故其临床表现可兼外感，亦可不兼。不拘单发，还是流行，治法总是一样的，这是因为中医

---

① 薛生白：《日讲杂记》。唐笠山纂辑：《吴医汇讲》，上海科学技术出版社，1983 年。
② 雷丰：“温瘟不同论”，《时病论》（卷八），人民卫生出版社，1956 年。
③ 周思哲：《瘟疫赘言》。唐笠山纂辑：《吴医汇讲》。
④ 吴瑭：“上焦篇”，《温病条辨》（卷一），人民卫生出版社，1963 年。

治病的基本着眼点在于内因，而非外因。

3. 张仲景与《伤寒杂病论》

伤寒之学的开山祖张仲景，名机①，南阳郡（治所在今河南省南阳市）人②。正史无传，唯据其他史料旁证，约生活于2世纪中叶至3世纪初叶③。唐甘伯宗《名医传》云其“举孝廉，官至长沙太守”④。

张仲景的医学成就，集中表现在他的著作《伤寒杂病论》中。据该书自序介绍，张氏家族原本人丁兴旺，但“建安纪年以来，犹未十稔，其死亡者，三分有二，伤寒十居其七”，感伤之余，“乃勤求古训，博采众方”，参考了《素问》、《九卷》、《八十一难》、《阴阳大论》、《胎胪药录》等多种古典医

① 唐以前文献但言“张仲景”，如《太平御览》（卷七百二十二）引“何颙别传”云：“同郡张仲景”；“王仲宣年十七，尝遇仲景。”西晋皇甫谧《针灸甲乙经・自序》：“汉有华佗、张仲景”。《隋书・经籍志》著录书名亦均言张仲景。至宋林亿等人的校书序中引有唐甘伯宗《名医传》，始云：“张仲景，汉书无传。见《名医录》云：‘南阳人，名机，仲景乃其字也。举孝廉，官至长沙太守’。”

② 张仲景籍贯各书所载不同。宗《襄阳府志》者称南阳枣阳人，然枣阳为隋置，仲景之时尚无；宗《河南通志》者称南阳涅阳人，或南郡涅阳人，南郡辖地在今湖北，涅阳县在今河南，故不可将南阳郡混同于南郡。南阳，汉时为郡，辖境相当今河南熊耳山以南叶县、内乡县间和湖北大洪山以北应山县、郧县间地，治所在宛县（今河南南阳市）。涅阳虽确属南阳郡地，但迄今尚未发现可以证明仲景为该县人的可靠文献。

③ 张仲景生卒年代不详，仅可据与其有关之何颙、王粲等人生年，及《伤寒论・自序》推测其生活时代为2世纪中叶至3世纪初叶。各医史专著载：约生于142～210年，150～211年，150～219年等，并非有其他史料为据。

④ 《伤寒论・自序》后署：“汉长沙守南阳张机著”。此语又见于林亿等校书序引唐甘伯宗《名医传》。后世史家因未见长沙太守有名张机者，故对此说有不同看法：一是认为长沙太守有名张羡者，亦南阳人，且“羡”与“仲景”之意颇近，故“张羡者。实则仲景也”（郭象升：“张仲景姓名事绩考”）；二是认为张羡父子相继据长沙，父羡病死，子怿为刘表所并，“仲景始以表命官其地”（章太炎：“张仲景事状考”）；三是否定此事。详见冈西为人：《宋以前医籍考》，人民卫生出版社，1958年，第517～527页。

籍，始完成“伤寒杂病论合十六卷”。

《伤寒杂病论》中有关治“伤寒”的内容，经西晋太医令王叔和编次，流传于世。至宋代，校正医书局先校定“张仲景伤寒论十卷，总二十二篇，证外合三百九十七法，除复重定有一百一十二方”①。其后，又校定了与《伤寒论》“同体而别名”的《金匮玉函经》，“凡八卷，依次旧目，总二十九篇，一百一十五方”②。这是宋代所见张仲景伤寒著作的2种传本，但其中均只论伤寒，不及杂病。后有翰林学士王洙在馆阁蠹简中发现《金匮玉函要略方》3卷，上卷辨伤寒、中卷论杂病、下卷载方并疗妇人。校正医书局删去论伤寒的部分，并将方剂附于各项杂病之后，成为现今所见的《金匮要略》一书。故流传后世的张仲景著作实际有两种，一是专论伤寒的《伤寒论》，二是广涉杂病的《金匮要略》，至于张氏著作的原貌究竟是什么样子，已经不能确知了。

“六经”辨证是指根据临床症状，将热病进程划分为三阳（太阳、阳明、少阳）与三阴（太阴、少阴、厥阴）6个阶段。由于三阳与三阴的这6个名称与中医经脉学说的名称一致，故名之为“六经”。热病划分为三阳与三阴，始见于《素问·热论》。故后世多以为《伤寒论》是禀承《素问·热论》的六经旨意，而建立起辨证施治的理论体系。但将两书中六经病症加以比较，则可发现其三阳部分或可言大致相同，而三阴部分却相去甚远。

包含“六经辨证”体系的《伤寒论》在北宋之前并未受到医家的重视，唐代孙思邈视其为方书之一种③；王焘所编《外台秘要》于卷一“诸论伤

---

① 高保衡、孙奇、林亿：“伤寒论序”。冈西为人：《宋以前医籍考》，第554页。
② 高保衡、孙奇、林亿：“校正金匮玉函经疏”。冈西为人：《宋以前医籍考》，第577页。
③ 孙思邈曰：“夫寻方之大意，不过三种：一则桂枝、二则麻黄、三则青龙，此之三方，凡疗伤寒，不出之也。其柴胡等诸方，皆是吐下发汗后不解之事，非正对之法。”（见“伤寒上”，《千金翼方》（卷第九），人民卫生出版社，1955年影印版）

寒八家”中未见仲景言论，而同样是在摘录诸家方药时，有“张仲景伤寒论”之名而已。自宋代开始，《伤寒论》才被医家视为是一种授人以法的著作，并从不同角度进行综合研究。通过条文的编次、注释，以及对于阴阳、表里、寒热、虚实、三阴三阳等基本概念剥茧抽丝、层层深入地阐发论述，使得六经辨证的体系核心昭然若揭。因而《伤寒论》的地位也逐渐从“方书”走向“经书”。而张仲景则开始有“亚圣”之称，最终被尊为“医圣”。两宋至金元之间，研究《伤寒论》能自成一家言者，至少在80家以上；至今则有四五百家对《伤寒论》的理法方药进行探索，留下近千种专著、专论，从而构成中医学术史上独特的伤寒学派。尽管他们的治学方法与角度有所不同，但六经辨证的体系毕竟是《伤寒论》一书的总纲。

4. 温病名家与名作

(1) 吴有性与《温疫论》

吴有性，字又可，江苏吴县人，明崇祯壬午(1642)著成《温疫论》一书。凡言温病学派者，未有不以此人此书为首指。其原因有二：一是吴有性在明清温病学派中时居最早；二是因为“古无瘟疫专书，自有性书出，始有发明”[①]。

吴有性是一位极具理性思维的医家，而这种思辨性恰恰是受到宋明理学格物穷理之说的影响。他“静心穷理，格其所感之气、所入之门、所受之处，及其传变之体”[②]，终于从“牛病而羊不病，鸡病而鸭不病，人病而禽兽不病”中悟出“其所伤不同，因其气各异也”[③]。试想当时如果自

---

① “列传二百八十九·吴有性”，《清史稿》(卷五二〇)。
② 吴有性：《温疫论·原序》，人民卫生出版社，1977年。
③ 吴有性：“论气所伤不同”，《温疫论》(卷下)。

然科学的发展水平能够为他提供一台显微镜的话，他也许会沿着这条思路发展下去，寻找到这致病之气的不同形态本质。而且他还设想，如果能知道何物(药物)能制其气，则“一病只有一药之到，病已，不烦君臣佐使品味加减之劳矣”[①]。当抗生素出现后，可以说在某种程度上使这一设想变成了事实。纵观吴有性，会使人惊讶地发现，他的思想方法更接近于近代西方医学。

(2) 叶桂与《温证论治》

叶桂，字天士，号香岩，江苏吴县人。据后人考证叶氏生活于清康熙乾隆间(1667～1746)[②]。祖、父两代俱业医，父死之后，从父之门人朱某学医，闻有擅长医道者，辄师事之，故先后从师达 17 人之多，民间流传有许多关于他拜师学艺、妙手回春的故事。叶氏毕生以治疗为务，所传著作《温证论治》系出自门人顾景文之手，又经唐大烈润色[③]，这是研究叶桂学术思想最主要的依据。

在叶氏的言论中，理论并非重点，而各阶段病证的具体辨认方法、治疗手段等才是紧要之事。更兼之《温证论治》至乾隆壬子(1792)唐大烈刊《吴医汇讲》才见之于世，故当时的医家显然并不了解叶氏言论。将其所创“卫气营血”四阶段作为温病辨证大纲，实乃后世之事。叶桂作为一名临床治疗家，往往信手遣药，并无方名，然经后人吴瑭将其从医案记录中摘出整理，便组成了若干效用卓著的名方：如桑菊饮，化裁于叶桂治秦某风温的处方；清宫汤化裁于叶桂治马某温热的处方；连梅汤化裁于叶

① 吴有性：“论气所伤不同”，《温疫论》(卷下)。

② 郭霭春：《中国医史年表》，黑龙江人民出版社，1984 年，第 165、185 页。

③ 据唐大烈所辑《吴医汇讲》记载：“叶天士，名桂，号香岩，世居阊门外下塘。所著《温证论治》二十则，乃先生游于洞庭山，门人顾景文随之舟中，以当时所语，信笔录记，一时未加修饰，是以辞多佶屈，语亦稍乱，读者不免晦目。烈不揣冒昧，窃以语句少为条达，前后少为移掇，惟使晦者明之；至先生立论之要旨，未敢稍更一字也。”。

桂治顾某暑病的处方[①]，等等。

（3）吴瑭与《温病条辨》

吴瑭，字鞠通，江苏淮阴人，生于清乾隆二十三年(1758)，卒于道光十六年(1836)。他在学术上无门户之见，上迄《素问》、张仲景，下至吴有性、叶天士，均有所研究，故认为："若真能识得伤寒，断不致疑麻桂之法不可用；若真能识得温病，断不致以辛温治伤寒之法治温病"[②]。

对于温病，吴瑭认为有上、中、下三大阶段，即所谓三焦辩证的理论体系："温病自口鼻而入，鼻气通于肺，口气通于胃，肺病逆传，则为心包。上焦病不治，则传中焦胃与脾也。中焦病不治，则传下焦肝与肾也。始上焦，终下焦[③]。"在此基础上，他从上、中、下三个阶段分别论述了风温、温热、温疫、温毒、暑温、湿温、秋燥、冬温、温疟、伏暑、寒湿，计 11 种温病的病症进展变化。故后世言温病辨证时，多以叶桂卫、气、营、血与吴瑭三焦辨证并举，以此作为温病学辨证论治的理论体系。

5. 时势造英雄

当人的寿命尚未达到当今所见的水平时，慢性病、老年病自然不会如此之多；兼之人们对疾病的认识还十分有限，因而包括伤风感冒与各种流行性传染病的"外感病"便势必成为世人关注的最主要疾病。以张仲景和《伤寒论》为代表的伤寒之学形成于较早的时代并受到广泛的关注，显然与此具有密不可分的关系。千余年后，随着城市的发展、人口的增加、交通的便利等客观环境的变化，疾病的性质也逐渐发生了种种改

---

① 任应秋：《中医各家学说》，上海科学技术出版社，1980 年，第 142 页。
② 吴瑭：《温病条辨 · 凡例》，上海科学技术出版社，1958 年。
③ 吴瑭：《温病条辨》(卷二)。

变。以吴有性、叶天士等医家为核心的所谓温病学派形成于明清时期，亦属应运而生。另外，研究者还注意到了东汉后期至三国和明代后期至清代两个疫病流行的高峰期，气候条件均处于相对寒冷的低温期等等可能会造成疫病多发与流行的因素。因而所谓“伤寒”与“温病”两个学说体系的形成，无疑包含着认知发展所形成的内部因素与动力，以及种种社会环境所形成的外部因素与动力。

（吴　慧）

廖育群

药物知识与本草学的发展历程

能够治疗疾病的未必都是药——例如针刀；非医疗之用的物品未必不是药、不叫“药”——例如火药。艾草用于灸法时，被视为是一种工具，而非外用药；但更多用于体表的动、植、矿物都叫作“外用药”。如果佩戴宝石的目的是为了保健，那么应称其为装饰，还是药物呢？如果说用于防御疾病、有益健康的是药，那么雨伞、衣物、住房等算不算药呢？至于“食物”与“药物”，就更没有明确的界限了。所以“药”，实际上是一个很抽象，也很难定义的概念。通常所说的“药”及其相关知识，正是在这种以治疗、预防疾病为目的，努力利用各种物质的过程中逐渐发展，形成一个相对独立的抽象概括与知识体系的。

正是因为穿衣、撑伞、拄杖、洗浴等都与健康有关，所以在印度古代的医学经典中可见对这些事物的专门论说；正是因为“食”、“药”关系的不确定，所以才会有“食疗”、“药膳”；正是因为在古人看来，佩戴各种物质具有驱邪、疗病的作用，所以当“邪气”侵入体内时便需要“内服”某些东西来加以驱赶——于是“服”字才会有“佩戴”与“食用”两种意思——故“吃药”亦称“服药”。在大约成书于春秋末年至汉代的早期文献《山海经》中可以见到许多类似的记载，如“服”某种鸟（佩戴其羽毛），可以不怕雷，但更多的是诸如“服”质地轻浮的“沙棠”可以御水、不溺；“服”某物可治某病一类很难界定究竟是“佩戴”还是“食用”的记述。由此构成了早期知识发展过程中，“巫术”与“科学”间的复杂关系。只有了解人类学的这些分析方法，才能从理论层面上弄懂何以“神农尝百草”等有关医药知识起源的只是“传说”。

一、“药”概念的成立

一般认为在甲骨文中尚没有发现“药”字。1973 年在河北省一处商代遗址中发现了以“桃核”为主的多种植物种实（图 1），研究者据后世本草学著作中有关桃仁等的药性记载，认为这些植物种实皆属药用①。但是这种以后世药物学著作为依据的推论，显然有不可靠的一面——无法排除这些植物种实不过仅仅是当时陪葬果品腐烂后的遗存。又如出现在早期墓葬中的赤色矿物“丹砂”与研磨器具（图 2），虽然都是后世广泛应用的药物与制药工具，但同样不能证明当时已是医疗之用。又如有人认为甲骨文中“疒”与“水”相合所组成的即是“药”字②；或认为卜问疾病者是否应该“用鱼?”便是以鱼为药，等等，但这些研究尚未得到普遍认同。其原因在于何谓药？并没有一个明确的界定。我国历史上第一部诗歌总集《诗经》，收录了西周初年至春秋中叶的大量民间诗歌，其中见有主治风寒感冒的苍耳、利水消肿的车前、活血止痛的芍药、滋阴补肾的枸杞

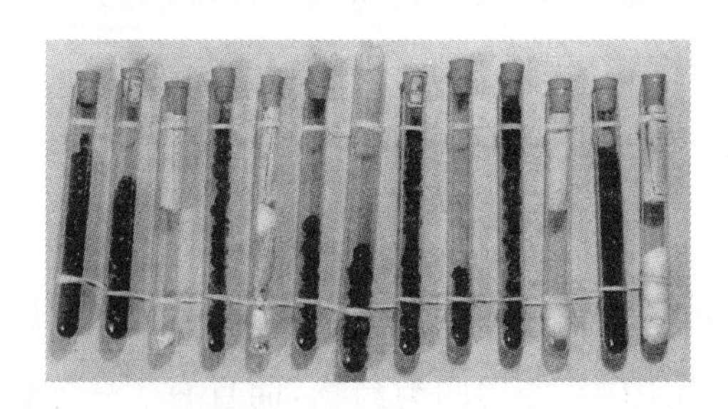

图 1　商代墓葬出土种实

河北藁城台西村商代第 14 号墓出土。（傅维康、李经纬、林昭庚主编:《中国医学通史 · 文物图谱卷》，人民卫生出版社，2000 年，第 19 页）

图 2　商代玉杵臼

河南安阳殷墟妇好墓出土，周壁染有朱砂痕。商代甲骨刻辞及玉器等，常发现涂朱者，但研磨朱砂的杵臼发现极少。（国家文物局主编:《中国文物精华大辞典 · 金银玉器卷》，上海辞书出版社、商务印书馆联合出版，1996 年，第 21 页）

---

① 耿鉴庭、刘亮:“藁城商代遗址中出土的桃仁与郁李仁”。《文物》，1974 年，第 8 期，第 54 页；薛愚主编:《中国药学史料》，人民卫生出版社，1984 年，第 17 页。

② 温少峰等:《殷墟卜辞研究——科学技术篇》，四川省社会科学院出版社，1983 年，第 339 页。

等大量植物名称，这些植物在今天看来都是“中药”，而且也仅仅是作为药物使用，但在当时却都是作为食物加以采集与记述的，因而学者只能以“食药同源”作为解释一语带过。

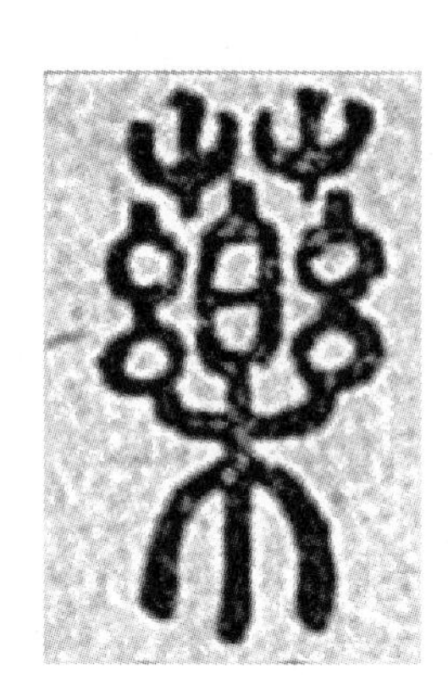
图 3　小篆“药”字

其后，金文中确切无疑地有了“药”字[①]；《诗》中有“不可救药”之论[②]；《尚书·说命》可见众所周知的“若药弗瞑眩，厥疾弗瘳”[③]之语。许慎《说文解字》释“药”字（图 3）：“治病草，从草、乐（yuè）声。”现代简化字虽将表音的“乐”字换成了“约”，但仍不失其表音之意。“药”是一个十分抽象的概念[④]，是在人们广泛利用各种物质应对疾病现象之后，对于这种行为中被加以利用之各种物质所具共性的认识。因此从使用某些物质治疗疾病，经过建立起抽象的“药物”概念，并有了称其为“乐”（yuè）的语音表述，最终造出了从“草”表意、以“乐”表声的“药”字，这一步步的过程显然不会位于同一时间坐标上。

另外，透过《周礼·天官冢宰·医师》亦可看出当时官方的医疗活动中，不仅已然开始广泛使用内服、外用两类药物，而且有了一定的理论：

---

① 容庚：《金文编》，科学出版社，1959 年，第 30 页。

② 郑氏笺、孔颖达疏：“大雅·板”，《毛诗注疏》（卷二十四）。

③《尚书注疏》（卷九）。《说命》是殷代武丁任命傅说为相时的命辞。在今古文两种经学著作中，今文无、古文有，故成文时代亦有疑问。但此语已见于《孟子·滕文公上》，称：“《书》云”，故属先秦之论当没有问题。其意是说：如果药物不能达到致人眩晕（瞑眩）的程度，是治不好大病（厥疾）的。

④ 现代人对于“药物”所下的定义是：“用以诊断、治疗、预防疾病及恢复、矫正、改变器官功能的物质。”见《简明不列颠百科全书》，中国大百科全书出版社，1986 年中文编译本，第 8 册，第 854 页。

医师：掌医之政令，聚**毒药**以共医事。

疾医：以五味、五谷、**五药**养其病。注：养犹治也

疡医：掌肿疡、溃疡、金疡、折疡之**祝药劀杀之齐**；凡疗疡，以五毒攻之，以五气养之，以**五药**疗之，以五味节之。

凡药，以酸养骨，以辛养筋，以咸养脉，以苦养气，以甘养肉，以滑养窍①。

其中多处使用了"养"字，除"疡医"条下所言"以五气养之"一处外，皆当训为"治"。知道这一点非常重要，因为人们常常将《庄子·养生主》释为"中医养生学"的滥觞，其实那完全是一篇政治论。即以"文惠君闻庖丁（如何）解牛"的寓言故事，说明执政者应该懂得顺其自然"治理（养）民众（生）"的道理。同时，在上述记载中已然十分明显地透露出"理论"性的内容——以"五"为说的背后隐藏着"五行"说的身影。

二、"本草"概念的成立

中国传统医学使用的药物，包括动物、植物和矿物；三者之中，以植物所占比例最大。中国古代的药物学著作向多以"本草"为名，故"本草之学"即中国传统的"药物学"。常见解释其意者说：中国的药物多是草本植物，故称"本草"。此说之中值得商榷的地方在于："草本"、"本草"的区别并非仅仅是先后顺序颠倒了一下。草本之"本"的意思是"质"，固又有"木本"一词与之对应；而古代宗"指事"之法创造"本"字时，乃是以

① 郑氏注、贾公彦疏："天官冢宰下"，《周礼注疏》（卷五）。

“木”下加一“横”，以表示部位——即“根”部。因而如果将“本草”释为“根根草草”，或许才是正解。

史书记载先秦名医扁鹊的弟子子仪曾撰写“本草一卷”，西汉医家淳于意从其师处得《药论》，但在《七略》或《汉书·艺文志》中却见不到任何以“本草”为名称的药物学著作，倒是在“医经”类书目后的解说中提到其内容包括：“调百药齐（剂）和之所宜”；“经方”类中著录有《神农黄帝食禁》、解说中有“辨五苦六辛”之语，等等，这些显然都与药物知识有关。如此现象显示：客观存在的丰富药物学知识在相当长的一个历史时期中尚未形成独立的体系。据《汉书》记载，西汉末期开始有“本草待诏”之职；王莽秉政后，又见征召通晓五经、历算、本草之学者到宫中著书立说之事，种种迹象表明这时独立的本草之学——药物学才逐渐成立。相应地，东汉时期中央政权的医疗行政官员虽然仍是秉承先秦和西汉的“太医令、丞”旧制，但与西汉不同的是太医丞分为药丞、方丞两种，《后汉书·百官志》谓：

> 太医令一人，六百石。本注曰：掌诸医。药丞、方丞各一人。本注曰：**药丞主药**；方丞主药方[①]。

需要格外关注职官方面这样一点小小变化的原因在于：医疗职官中增加了专门主管“药”的药丞，当与此时“本草”（药物）已然成为一门独立之学密切相关。总之，“本草”之学即中国古代的药物学，其内容为记述各种药物之名称、性状、功能、主治、产地，以及采取、加工、保存等各方面的知识。在后世的本草著作中，还附载许多配合应用的范例，称为“本草

① “百官志第二十六·百官三”，《后汉书》(卷三十六)。

附方”。

由于药物在医疗过程中占有极为重要的作用，因而一旦形成专门，各种类型的“本草”著作便层出不穷。一般说来，后述一些具有划时代意义的重要著作可谓代表。

三、《吴普本草》与“八家之说”

吴普为华佗弟子，据《后汉书》和《三国志·魏书》中“华佗传”的记载，吴普曾随华佗学医并得其传授“五禽之戏”，“普施行之，年九十余，耳目聪明，齿牙完坚”。晋代葛洪《抱朴子·至理篇》云，吴普享寿百余岁。故一般推算吴普生年在2世纪中叶，卒于3世纪中期。

《隋书·经籍志》载：“梁有华佗弟子吴普本草六卷。”但该书早佚。仅可据《太平御览》等书所保存的引文进行研究。该书最大的特点是记述了神农、黄帝、岐伯、扁鹊、医和、桐君、雷公、李譡之等八家之说。故虽然从成书先后讲，此书当晚于享本草学第一经典之誉的《神农本草经》，但其内容并不皆出《神农本草经》之后。根据该书所引八家之说的现存资料，已经不可能对各家论药的所涉范围（例如别名、产地、性味、主治、加工等）及载药数量多少做出判断。这是由于根据《吴普本草》及其引用各书资料的佚文，只能了解到《吴普本草》及这八家之说中有什么，却无法断定没有什么。因此研究这些资料，只能给我们一些原则性的提示：

（1）药毒：早期各家论药时，较为统一的是关于药物有毒与无毒的见解（表1）。这或许可以看作是古人在认识这些药物时所经历的第一步。因为不论是作为食物还是药物，其味道如何、主治与效果如何，尚属次要，但有毒与否、可食与否，却是第一件大事。

表 1 《吴普本草》所引八家之说毒性记载的比较

	神农	黄帝	岐伯	桐君	医和	扁鹊	雷公
黄帝	▲▲▲▲▲▲▲▲ ▲▲▲▲▲▲▲▲ ▲▲▲▲▲▲▲▲						
岐伯	▲▲▲▲▲▲▲▲ ▲▲▲▲▲▲▲▲ ▲▲▲▲ ××	▲▲▲▲▲▲▲▲ ▲▲▲▲▲▲▲▲ ▲▲ ×					
桐君	▲▲▲▲▲▲▲▲ ▲▲▲▲▲▲▲▲	▲▲▲▲▲▲▲▲ ▲▲▲▲▲▲▲	▲▲▲▲▲▲▲▲ ▲▲▲▲▲▲▲				
医和	▲ ×	×	▲▲				
扁鹊	▲▲▲▲▲▲▲▲ ▲▲▲▲▲▲ ×××	▲▲▲▲▲▲▲▲ ▲▲▲▲▲▲▲▲ ××××	▲▲▲▲▲▲▲▲ ▲▲▲▲ ××	▲▲▲▲▲▲▲▲ ▲▲▲▲▲▲ ××	▲▲		
雷公	▲▲▲▲▲▲▲▲ ▲▲▲▲▲▲▲▲ ▲▲▲▲▲▲▲▲ ▲▲▲▲▲▲▲▲ ▲▲▲ ×	▲▲▲▲▲▲▲▲ ▲▲▲▲▲▲▲▲ ▲▲▲▲▲▲ ××	▲▲▲▲▲▲▲▲ ▲▲▲▲▲▲▲▲ ▲▲▲▲▲ ×	▲▲▲▲▲▲▲▲ ▲▲▲▲▲▲▲▲ ▲▲▲▲ ×	▲ ×	▲▲▲▲▲▲▲▲ ▲▲▲▲▲▲▲▲ ××	
李氏	▲	▲	▲▲				▲▲

〔说明〕相同：▲；不同：×

（2）药味：药物的气味（辛、甘、酸、苦、咸等），如果看作是医家对各种药物之味觉感受的客观记载，本应是较为统一的，但实际情况却并非如此，其中极少见到各家所见皆同的情况。这说明在药物气味的记载中，客观感受仅是其中的一方面，而另一方面则极有可能是因为某些医家在对药物气味的记载中已然掺杂进了“辛甘发散为阳、酸苦涌泄为阴”，甚至是五行学说中五气、五味与五藏所苦、所欲这样一种理论性配属的色彩。另外，气味记载的不统一，明显地表明这八家是相互独立的。通过比较可以看出，其间没有任何两家的记载能够被认为是较一致的（表 2）。

表 2 《吴普本草》所引八家之说药味记载的比较

	神农	黄帝	岐伯	桐君	医和	扁鹊	雷公
黄帝	▲▲▲▲▲▲▲▲▲ ▲▲▲▲▲▲▲▲▲ ▲▲▲▲▲▲▲▲▲ ▲▲▲▲▲▲▲▲▲ ××××× ××××× ×××× ××						
岐伯	▲▲▲▲▲▲▲▲▲ ▲▲▲▲▲▲▲▲▲ ▲▲▲▲▲▲▲▲▲ ▲▲▲▲▲ ××××× ××××× ××××× ×××××	▲▲▲▲▲▲▲▲▲ ▲▲▲▲▲▲▲▲▲ ▲▲ ××××× ××××					
桐君	▲▲▲▲▲▲▲▲▲ ▲▲▲▲▲▲▲▲▲ ▲▲▲▲ ××××× ××××× ×××× ××	▲▲▲▲▲▲▲▲▲ ▲▲▲▲▲▲▲▲▲ ▲▲ ×××××	▲▲▲▲▲▲▲▲▲ ▲▲ ×××× ××				
医和	▲▲▲ ×××	▲▲▲ ××	▲▲▲ ×	▲▲			
扁鹊	▲▲▲▲▲▲▲▲▲ ▲▲▲▲▲▲▲▲▲ ▲▲ ××××× ××××× ××××× ×××	▲▲▲▲▲▲▲▲▲ ▲▲▲▲▲▲▲▲▲ ××××	▲▲▲▲▲▲▲▲▲ ▲▲▲▲▲▲ ××××× ××××	▲▲▲▲▲▲▲▲▲ ▲▲▲▲▲▲▲▲ ×××	▲▲▲▲▲ ×		
雷公	▲▲▲▲▲▲▲▲▲ ▲▲▲▲▲▲▲▲▲ ▲▲▲▲▲▲▲▲▲ ▲▲▲▲▲▲▲▲▲ ▲▲▲▲▲▲▲▲▲ ▲▲▲ ××××× ××××× ××××× ××××× ×××××	▲▲▲▲▲▲▲▲▲ ▲▲▲▲▲▲▲▲▲ ▲▲▲▲ ××××× ×××××	▲▲▲▲▲▲▲▲▲ ▲▲▲▲▲▲▲▲▲ ▲▲▲▲▲▲▲▲▲ ×××× ××	▲▲▲▲▲▲▲▲▲ ▲▲▲▲▲▲▲▲▲ ▲▲ ×××××	××	▲▲▲▲▲▲▲▲▲ ▲▲▲▲▲▲▲ ××××× ××××× ××	
李氏	▲▲▲ ××	▲	▲▲▲ ×	▲			▲▲▲ ××
〔说明〕相同：▲；不同：×							

(3) 药性：对于药物之“性”(寒、热、温、凉、平)的认识，应该看作是继有毒与否、气味如何之后，对于药物认识的进一步深化。这种认识实

际上已然完全脱离了记述之学的初级阶段，而是一种抽象概念。而且是基于疾病已被确定出寒热虚实的抽象属性之上，才可能成立的。也就是说，药性的记载主要是根据热病用寒药、寒病用热药这样一条基本原则而产生，至少也要依据服用后有哪些属热性或寒性的表现来确定。而如果没有疾病、症状属性的抽象，也就无从谈起何为热药、何为凉药了。八家之说中，有关药性记载的史料远不如毒性、气味的记载丰富，这显然不能完全责之于引用者未录，而只能认为是这一较深层次的理论性认识发展得相对迟晚。例如在《吴普本草》的现存史料中，引用神农一家之说时言及药味有 108 处，而言及药性仅有 22 处。后世本草则每药均有性、味之说。

《吴普本草》大量引用八家之说，是其"承前"之性。而"启后"之功则表现在梁代陶弘景修《本草》时，除以《神农本草经》365 种药为主外，其他 365 种药以及对《神农本草经》365 种药的补充资料，便有不少是取材于《吴普本草》。

四、"本草"学的里程碑之作

下面谈到的几部重要的本草学著作，皆属名副其实的划时代、里程碑之作，但除了宋明时代的《证类本草》和《本草纲目》外，其实早都亡佚不存。现今所见，大多是近代或当代学者利用传世文献中所保存的文字辑佚而成。站在进化史观的立场上、从实用性的视角看问题，早期的药物学著作之所以佚而不存，恰恰是因为其精华已被其后的著作吸收；如果某一门类知识的"划时代"之作经久不衰，岂不反而说明没有发展与进步？但站在史学研究的立场上看问题，自然另当别论；种种辑佚本的重现，毕竟为一窥历史旧貌提供了极大的方便。

1. 汉代的《神农本草经》

中国有“神农尝百草，一日而遇七十二毒”的传说，其本义是指鉴别植物的可食与否，亦即“神农氏”所以称“农”的原因。然自汉代《淮南子》将其说成药物知识起源的滥觞后，神农便成了药物知识的鼻祖。而且由于只要将其中的圣贤（神农）换成“广大劳动人民群众”，其中所蕴含的“亲试一中毒一识药”这一经验知识获取模式便与唯物史观相吻合，所以至今仍可见到对于这一传说的广泛引用。古代学者大多相信托名神农的《本草经》为秦火焚书之余存，然根据其中多见东汉地名，以及药物学形成独立专门的时间坐标，可以推断其成书当在东汉前期。虽然该书常被称为“现存最早的本草学著作”，但实际上现今所见皆为近代的辑佚本。后人之所以能将其辑复，是因为历代重要的本草著作大多将其视为传自上古的经典，并大量引用其文字；而后人之所以要将其辑复，除了史学研究之需外，则纯属尊经复古之心态使然。

通过将《吴普本草》中引用的“神农”之说与《神农本草经》的文字加以比对，则可看到二者之间既有内在联系，又有重要的不同。例如在药物气味的记载方面，相同 83 种，不同 17 种；有关药性的记载相同的 15 种，不同仅有 4 种；但在毒性记载方面的差距却极大。故可认为：《神农本草经》是药物学系统中尊奉“神农”为鼻祖的流派发展到一定阶段时的大成之作，但却不能视为西汉以前药物学的全面总结性著作；特别是其中比比皆是的“轻身延年”、“神仙不死”之仙经、方术味道，未必能代表以治疗为务之临床医家的药物知识体系。这也正是本文在介绍这一最早的本草学重要著作之前，要单设一节专门言说《吴普本草》及其所引“八家之说"的原因所在。

"神农"一派未见有医经、医方等其他类别的医学著作,但在药物方面却早有建树。据《隋书·经籍志》记载,当时至少有 3 种名为《神农本草》的著作流传,即 8 卷本、3 卷本和雷公集注的 4 卷本;另外在 8 卷本下还注有"梁有《神农本草》五卷"等。这些不同传本的内容究竟有何异同虽不可详知,但显然说明此大成之作在不断被后学修改补充,并始终以"经文"方式保存在后世的本草学著作中,占据着不可动摇的重要地位。根据后世本草著作中保存的文字可知《神农本草经》载药 365 种;编排方式是按"上、中、下三品"分为 3 类——上药多有久服可以轻身延寿之说;中、下两类的治病之功与毒性渐增,不宜多用久服。在每一种药物的记述下,一般包含有药名、性味、主治、产地、别名几项。

2. 南北朝的《本草集注》

本草之学形成后,其发展极为迅速。当正史中第二次出现典籍目录时,不仅出现了各种各样的本草学著作,而且数量可观。《隋书·经籍志》从《神农本草》到《种神芝》,著录了 28 种药物著作,反映出当时的本草学著作出现了各种专门之作,如有关音义的解释,药物别名的考证,采药时间,人工栽培,以及描绘具体形态的本草图等。而有关这些著作的注文,更是透露出此前大量本草著作的信息。例如"神农本草经八卷"项下的注释中便记有被列入这一体系的本草著作 18 种,计 86 卷;"桐君药录三卷"项下同样记有从属这一体系的各种《药录》、《药法》、《药律》、《药对》、《药目》、《药忌》类著作。

在这些著作中,内容保存得比较完整的是陶弘景根据 4 卷本《神农本草经》整理而成的《本草集注》(图 4,或称《本草经集注》)。这部载药

730种的本草著作，之所以被视为继《神农本草经》后具有划时代意义的药物学之作，首先在于它以赤色书写《神农本草经》的内容，使得这部经典的内容得以保存；同时参考历代医家的注释与用药心得，用黑色文字对《神农本草经》原有药物进行了许多补充说明，并增加了同等数量的新药；其三是改变具有较强神仙方术色彩的“三品”分类，采用其他医家惯用且较能体现药物自然属性或来源的分类法。后世的重要本草著作，在上述3方面基本都是沿袭这个体系进一步发展。并因采用不同字体或标识方法，从而使得《神农本草经》以及《本草经集注》之类重要的早期经典性药物著作“佚而不亡”——仍能了解其基本内容。

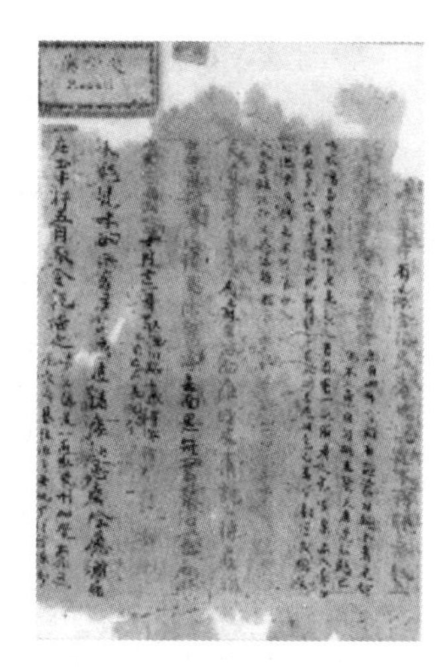

图4　敦煌出土《本草集注》书影
（真柳诚提供）

陶弘景，字通明。丹阳秣陵（今江苏句容）人。生于宋孝建三年（456），卒于梁大同二年（536），享年81岁①。据说陶弘景自幼聪明好学，据称读书破万卷，善琴棋，工草隶，刘宋末年曾为诸王侍读，颇受赏识。他十岁时得葛洪《神仙传》，爱不释手，遂笃好养生之术。齐武帝永明十年（492）挂朝服于神武门，上书辞禄，弃官不做，隐居于句容之句曲山。于山中立馆，自号华阳陶隐居，专事著录与炼丹。陶弘景性爱山水，顾惜光景，在官府时“虽在朱门，闭影不交外物，唯以披阅为务”；辞官之后“遍历名山，寻访仙药”，对于“阴阳五行、风角星算、山川地理、方图产物、医

① 此据《南史》卷七十六“列传第六十六·隐逸下·陶弘景”。而《梁书》卷五十一“列传第四十五·处士·陶弘景”云：“大同二年卒，时年八十五。”

术本草”,深有研究。曾造“浑天象”,著《学苑》百卷、《孝经集注》、《论语集注》、《帝代年历》、《本草集注》、《效验方》、《肘后百一方》、《古今州郡记》、《图像集要》等书①。

由于陶弘景在中国历史上享有极高的知名度,其所著《本草集注》在药物学发展史中占有重要地位等原因,因而对于该书的研究历来是医史研究中不惜泼墨考证的话题。而在我看来,考证只是基础性的研究,更有价值的当属在此基础上对医药学发展历程的阐述。

(1) 书名:自《隋书・经籍志》始载“梁有……陶弘景本草经集注七卷。”此后《旧唐书・经籍志》、《唐书・艺文志》的记载虽文字小有出入,但均可知是指此书而言。然而陶氏本人对自己所著本草的描述却与此不符。敦煌出土开元写本《本草集注序录》残卷②(以下简称《序录》)的第一段,即所谓“陶弘景自序”(以下简称《自序》)中,明确指出:“并此序录,合为三卷。”在以下的文字中又再次提到“今撰此三卷”,可知原书必是3卷,而非7卷。作为旁证,还可举出陶弘景《补阙肘后百一方》序文中所说:“凡如上诸法,皆已具载在余所撰本草上卷中。”若原书分7卷,则不可能言“卷上”。至于为何会出现7卷本的《本草集注》,详见后述。

《序录》之首,原本残缺。故原本是否有书名,不得而知。其卷末题记“本草集注第一序录”,下有“华阳陶隐居撰”6字,这与《南史・陶弘景传》载其所著中有“《本草集注》”一致。但在《隋书・经籍志》中却作“本草经集注”。两者虽仅差一“经”字,但意义却有所不同:称其为《本草经集注》,显然是将此书的性质视为是对《神农本草经》的“集注”,此与原书内容——仅50%为《神农本草经》药,这一客观事实不

① 有关陶弘景生平的介绍,均据《南史》(卷七十六)“列传第六十六・隐逸下・陶弘景”。
② 此残卷藏于日本京都龙谷大学。国内有《吉石盦丛书》影印本,1955年上海群联出版社影印本题为《本草经集注》,又马继兴主编《敦煌古医籍考释》亦收,可参。

符。而《本草集注》一名，则不具备这样的含义。书名这一转变的原因或由于传抄之误，但其内在原因却是由于在人们头脑中已经逐渐形成了《神农本草经》至尊的意识，不仅早已忘却了《吴普本草》、李譡之《药录》，以及吴普所引岐伯、扁鹊等诸家之说，而且连陶弘景"自序"中所说"精粗皆取，无复遗落……盖亦一家撰制"的立书宗旨也忽略了，尽将与《神农本草经》药数量同等的"名医副品"365 种新增药，也视为是对《神农本草经》的集注了。若从研究医学思想史的角度出发，可以说直到这时，《神农本草经》才在药物学体系中形成了自身固有的至尊地位。然而，《本草集注》仍旧不是陶氏本草的原名！《序录》陶氏"自序"之下，紧接着的是该书目录，即：

本草经卷上　序药性之本源，诠病名之形诊，题记品录，详览施用之。

本草经卷中　玉石、草、木三品，合三百五十六种。

本草经卷下　虫兽、果菜、米食三品，合一百九十五种。有名无实三品，合一百七十九种。合三百七十四种。

右三卷，其中、下二卷，药合七百三十种，各别有目录，并朱墨杂书并子注。大书分为七卷

这个目录在《证类本草》中为黑底白字，意为《神农本草经》原文。马继兴注释亦云："以上三条，均为《神农本草经》原书之目录。"①但此说不能成立。首先，陶氏"自序"中在谈到《神农本草经》时已明确言及："今之所存，有此四卷，是其本经。"由此可知，尽管当时有多种传本，但陶氏所据为四卷本。再者，无论是其中的小字原注，还是其后的大字本文，均足以说明这个目录是 730 种药的目录，故只能是陶氏本草书的目录，而不

① 马继兴主编：《敦煌古医籍考释》，江西科学技术出版社，1988 年，第 338 页。

是《神农本草经》365 种药的目录。如此,恰与陶氏多次提到自己本草著作之卷数吻合一致。至于这个目录为何会演变成“朱书”,或“黑底白字”的《神农本草经》文字,则应归咎于“朱字墨字,无本得同”之四百年间[①]的传写之误。而致误的内在原因仍旧是由于在人们头脑中已形成《神农本草经》至尊潜意识的影响,以为既言《本草经》则必是《神农本草经》。然在六朝之时,并非如此。例如《隋书·经籍志》中即载有“王季璞本草经、李譡之本草经”,以及蔡英撰《本草经》等。由此可知陶氏原书之名并非“集注”,而是《本草》(如《补阙肘后百一方·序》所说,以及《隋书·经籍志》所说“陶隐居本草十卷”等)或《本草经》(如此目录所言)。这与他在《自序》中所表现出的并无屈居《神农本草经》之下,而是“苞综诸经,研括烦省”,“精粗皆取,无复遗落”,以成“一家撰制”,意在“去世之后,可贻诸知方”的思想意识及撰书宗旨相一致。再就晋代王叔和、皇甫谧集前人之大成著《脉经》、《甲乙经》,以及《隋书·经籍志》中载有诸多六朝人所著并自称为“经”的著作看,该时代医学发展之特征并非重在尊经托古;文献总结中的研究色彩远胜于考据注释;而其目的与实际效果则是在医学各分支领域构筑起力求完整、囊括古今的独立体系。

(2) 卷数:陶氏《本草》目录中,有小字注释云:“大书分为七卷。”从其前后文意看,应是指含有 730 种药的中、下二卷。其形成有两种可能:一是陶氏在本草研究方面,先做具体药物的注释考证,按玉石、草、木等所谓“自然属性分类法”写作 7 卷,后归纳为中、下二卷而并入其《本草》;另一种可能是后人将这一部分析出而成 7 卷。但不管是哪一种可能,名之曰《本草集注》之 7 卷本内容,应该只含陶氏《本草》中、下二卷之内容。

① 唐慎微撰:“序例上·开宝重定序”,《证类本草》(卷一),人民卫生出版社,1959 年影印版。

这样,再加上《序录》1卷,以及"《太清草木集要》二卷",正合《隋书·经籍志》所云:"梁有……陶隐居本草十卷"之数。如此说,并非仅凭卷数之凑合,还应看到陶氏所撰《太清草木集要》一书,在《隋书·经籍志》中确确实实是在本草类著作之伍。

另外,上引目录中,"并朱墨杂书并子注"一句亦应与"各别有目录"一样,仅是指中、下二卷之内容而言,并不是说卷上的《序录》部分也有两色文字和子注。

(3) 序录:此即陶氏《本草》卷上,是陶氏对于本草学的总论性阐述,应该说这一卷中是不存在"子注"问题的。陶氏《本草》中、下二卷除自注外,引有皇甫谧、徐仪、郭景纯、李譜之、桐君等人以及仙经、道家、方家,术家、香家、药家、市人诸说作为注释,是为"子注"。而《序录》为陶氏一人之论,与后两卷性质不同,虽引有"本说",但无子注。其次,"子注"作为正文下的小字分注,其功能在于解决"除烦则意有所惓,毕载则言有所妨"的问题。《序录》中所谓的"七情表"下,除药名外,全作小字。试想若将这些小字全部去掉,则内容皆无,故这些小字不属子注,只能代表一种书写方式。

更为重要的是考察其中所载10条"本说"是否为《神农本草经》的原始经文?《说文解字》云:"说,释也。"《汉书·艺文志》言经典之注释:"说五字之文,至于二三万言。"医经之"说"虽未至如此严重,但"说"的部分还是要比"经"的部分文字多,通俗易懂,或有诸"说"不一的现象。例如对《灵枢·九针十二原》中"虚则实之"四字的解释,《灵枢·小针解》作:"所谓虚则实之者,气口虚而当补之也";《素问·针解篇》则云:"刺虚则实之者,针下热也,气实乃热也。"两者之理解有所不同。

陶氏《序录》中所引第一段"本说"的内容是:"上药一百二十种为君,主养命以应天,无毒,多服久服不伤人。欲轻身益气,不老延年者,本上经。”以及有关“中药、下药”的相应解说。只要注意到这些文字是“说”而不是“经”，恐怕很容易就会想到《太平御览》、《艺文类聚》等书中所引《本草经》(或神农)说的：“凡药上者养命，中者养性，下者养病”，才更像原始经文。如果要问在能看到“经”与“说”的时代，陶氏为何引“说”而不引“经”？则应考虑到“说”的内容较“经”丰富而易懂、具体而有所指，而且与“经”同样占据着重要的经典地位。例如今本《黄帝内经》中，大凡以“所谓”起句者，皆可视为是相对于“经”的“说”，但历代从未有人怀疑过其经典地位。

以下再举其文中两例加以说明。第 7 段“本说”的内容是：“若毒药治病，先起如黍粟，病去即止，不去倍之，不去十之，取去为度。”而在其下陶氏的解说中，始引出与其内容相适应的“经文”：“依如《经》言：‘一物一毒，服一丸如细麻。二物一毒，服二丸如大麻……’从此至十：皆如梧子，以数为丸。”此可视为“未取经文例。”而下一个例子，则更清楚地展示了“经说”与“经文”的关系：

> ……岁月亦有早晏，不必都依本文矣。经说阴干者，谓就六甲阴中干之。依遁甲法，甲子阴中在癸酉，以药着酉地也。余谓不必然，正是不露不暴，于阴影处干之耳。

其中“阴干”二字为经文，亦即陶氏所说“本文”；而“经说”对于“阴干”法的解释，显然是具有数术观念者不切实际的解释，陶氏以为不可信，此可作为“未取经说例”。

第 10 段“本说”之内容为“大病之主”，举出 40 余种病名。从总体上看，这些病名基本为两字一名，这已然不大符合早期病名的特征。例如在张仲景以前大多称“水”病(或病水)，而不是以“水肿”为统称，至隋代

《诸病源候论》才见列为专门(卷二十一有“水肿候”)。又如癖食、留饮、大小便不通等病名,均非古代所有,但均见于《诸病源候论》,足见这段“本说”的形成时间亦不可能很早。

因此,综合起来看,《神农本草经》原书除了 365 种药物的具体记载外,还应该包括一些有关神农的传说,这部分内容虽然可能是该书的原始经文,但因其本身并无医学价值,故陶氏删而不录,成为散见于文学著作及类书中的“《本草经》佚文”。另外还应该包括一些所谓“经说”的内容,这部分内容包含丰富的用药知识,并具有一定的理论水平。陶氏吸收这部分内容中他认为属正确者,发挥而成《序录》。

(4) 关于《名医别录》:有关陶弘景本草著作与《名医别录》之关系的考察,可谓由来尚矣。其中研究较多者,约当首指尚志钧氏。除辑校《名医别录》付梓外,尚氏在该书后记中还对《名医别录》的产生、成书经过、基本内容、特点、价值等一一加以详细之论述。其基本观点是认为:“《名医别录》在陶弘景作《集注》前,是泛指《本草经》内名医所增录的资料,待陶氏《集注》完成后,陶弘景才把《本草经》内名医增录的资料汇集成《名医别录》一书”①。但此说难于成立,原因如下:

其一,《名医别录》成书确在陶弘景之前,所以陶氏在“玄石”、“女萎”两药下的注释中才会分别提到:“《本经》磁石一名玄石,《别录》各一种”;“《本经》有女萎,无萎蕤,《别录》无女萎,有萎蕤”。

其二,《名医别录》不是本草著作,而是方书,故在《隋书·经籍志》中被编排在方书类中(前为《名医集验方》,后为《删繁方》),与本草类著作的排列位置相距甚远。历来研究《名医别录》者,均以《证类本草》中的黑字为据,故尚志钧以“艾”为例,而言“《名医别录》的药物内容,包括正名、

---

① 尚志钧辑校:《名医别录》,人民卫生出版社,1986 年,第 318 页。

性味、有毒、无毒、主治症、一名、产地、采收时月等"[1]。而《名医别录》有关"艾"的真正记载却是:"艾,生寒熟热,主下血、衄血、脓痢,水煮及丸散任用"(见《证类本草》中"唐本注"所引"《别录》云")。综观各书引用《别录》的内容,主要是讲药物的主治,有时还有附方,故在《隋书·经籍志》中才会被排在方书类中。

其三,《名医别录》既与陶弘景本草无涉,则原题"陶氏撰"为何许人,亦不可考。《隋书·经籍志》中凡陶弘景的著作均明言陶弘景撰,或陶隐居撰,故基本可以认为两者没有关系。

其四,"名医副品"与《名医别录》的混淆:陶弘景在自己的著作中仅使用了"副品"这一个词来概括《神农本草经》以外的药物。除《自序》中所说"又进名医副品,亦三百六十五"外,还见于"石决明"条下的注:"此一种本亦附见在决明条。甲既是异类,今为副品也。"同样在"文蛤"条下,陶注亦云:"此既异类而同条,若别之则数多,今以为附见而在副品限也,凡有四物如此。"此时并未出现陶氏将"副品"药称为《别录》药,吴普、李譡之等名医的损益之文称为《别录》文的问题。

至唐代,皇帝垂问古来本草有何变化时,于志宁回答:"昔陶弘景,以《神农经》合杂家别录注铭之……"皇帝再问:"本草、别录,何为而二?"于志宁答:"……别录者,魏晋以来,吴普、李譡之所记。其言花叶形色、佐使相须,附经为说,故弘景合而录之。"[2]"别录"一词始方登场。于志宁不用"名医副品"而言"别录",或因前者字义唯能概括《神农本草经》外的药品,而并不能包含名医附于《神农本草经》药下的补充性资料。但必须看清"杂家别录"、"别录"在此并非书名。后世以于志宁参加过唐代《新修

① 尚志钧辑校:《名医别录》,人民卫生出版社,1986年,第319页。
② "列传第二十九·于志宁",《新唐书》(卷一四〇)。

本草》之修撰，见过《名医别录》为由，而引其说为论据，但皆误将其“别录”二字用作书名，于是才会出现下述两条错误的推理过程：

于志宁所言“别录”=《别录》=《名医别录》=陶氏本草的墨字内容。

唐代修本草时引用过《别录》，故自然要用《别录》校对陶氏本草的墨字内容[①]。

(5) 药物分类法：陶弘景在药物分类法方面的改革创新，乃是历来有关陶氏本草学研究中称道最多之事。简言之，即陶氏将上、中、下三品分类法改为按药物的自然来源(或称自然属性)分为玉石、草、木、虫兽、果、菜、米食及“有名无实”诸部。此说不确。正如尚志钧氏所指出的：“可以推断《吴普本草》中已有了这种分类法的雏形，抑或《吴普本草》确立的分类法，即是按药物自然来源分类法之先河”[②]。

其实可以说自古以来，人们在药物分类上所采取的就是按照自然属性进行分类的方法，辨析如下：

首先，按照自然属性进行分类，是古人最基本、最自然的思维表现与分类方式。这一点只需看看有关汉字的部首及部首的作用就可明白，不必多述。

其次，作为这种思想的体系化表现，可以举《尔雅》为例，其中“第十三至第十九”分别为“释草、释木、释虫、释鱼、释鸟、释兽、释畜”。而且就连类似杂记的张华《博物志》，也是按照“异兽、异鸟、异虫、异鱼、异草木”的方法来记述的。足见这是一种最基本、普遍的分类方法。

最后，在医学领域内部，《周礼》始载“五药养其病”，郑玄注：“五药，草、木、虫、石、谷也。”这已是确切无疑的自然属性分类法了。其后《素

---

① 尚志钧辑校：《名医别录》，人民卫生出版社，1986年，第318页。
② 尚志钧等辑校：《吴普本草》，人民卫生出版社，1987年，第91页。

问》、《灵枢》中有五谷、五果、五畜、五菜之说。虽因五行之影响，所言数字皆为五，但其分类却是一脉相承的。

总之，《神农本草经》固然是一本极为重要的本草著作，但如将其视为全面性总结，则忽视了秦汉医学发展中的学派问题，而至摸象之憾。应该看到，《神农本草经》在秦汉医药学发展史中仅是集一家之说的大成之作，无论是药效记载方面有诸多神仙不老之说，还是其三品分类法，均不足以体现西汉以前药物学发展的全貌。毫无疑问，以临床治疗为首务的医药学是不可能遵循三品分类法的。陶弘景的分类方法，突际是综合了这两种分类方法而成：玉石、草、木、虫兽、果、菜、米食及"有名无实"等各类之下，又各有上、中、下三品的分类方法。这种分类方法，亦可说是从一个侧面反映出陶弘景作为医学家和道教中人的双重性格——既不放弃对于仙道的继承与追求，但又具有秉承科学分类法的自觉性。

以上如此详细地分析陶弘景的《本草》著作，目的在于说明：在古代医学发展史中，《神农本草经》并非至尊，所以陶弘景才会旁征博引编撰更加全面的《本草》著作，甚至极有可能原本也是以"经"自诩；古今相较，倒是今人的尊古情节越发严重了。同时，全面总结前人药物知识的"里程碑"并非诞生于汉代；《神农本草经》误享殊荣，其实并非药物学全面总结的代表之作。因而，药物学在南北朝之前，实际上可以说始终是沿多途径发展的；至陶弘景著《本草》，才实现了第一次系统、全面的归纳总结。

3. 唐代的《新修本草》

在陶弘景的《本草经集注》中时常提到因南北分裂而对北方药物及用药经验不甚了解的问题，而国土统一与文化发达的盛唐之世，则为全面总结药物知识提供了必要的条件。唐显庆二年(657)苏敬等官员建言朝廷重修本草,以改变当时药物名实混淆、记述不全的状况。经朝廷批准后,遂由苏敬等20余人组成编撰班子,开创了集体编修本草的先河。

这部官修本草由3部分组成:正文20卷、目录1卷;药图25卷、目录1卷;图经7卷。现存《新修本草》,只有3部分中的正文部分,其内容是在《本草经集注》的基础上加以扩充,增加了114种新药,所载药物总数达到850种。在编修过程中,朝廷“普颁天下,营求药物”①;“征天下郡县所出药物,并书图之”②——向全国广泛征集药物。据现存资料统计,计有13道133州的药物汇入书中。这次大规模的药物普查,可谓中国科技史上的一次壮举。但遗憾的是,“丹青绮焕,备庶物之形容”的药物彩图,在当时的历史条件下,是不可能广泛流传的。

显庆四年(659)正月,书成献上。皇帝垂问与此前之本草相较有何不同,儒臣于志宁回答说:

> 旧本草是陶弘景合《神农本经》及“名医别录”而注解之。宏景僻在江南,不能遍识药物,多有纰缪;其所谈及录,功不尽四百有余种,今皆考而正之。《本草》之外新药,行用有效者,复百余种,今附载之。此所以为胜也。
>
> 上称善,诏藏于秘府。③

作为药物史上新一代的里程碑之作,后世多以《唐本草》为名,以显示其时代特征;又因此书为官修药物学著作,因而今人每每褒称其为“中

① 唐慎微撰:“序例上・唐本序”,《证类本草》(卷一)。
② 王溥撰:“医术”,《唐会要》(卷八十二)。
③ 王溥撰:“医术”,《唐会要》(卷八十二)。

国历史上的第一部药典”。

唐代本草的另一特点，是在当时海外交通频繁的背景下，出现了许多域外药物。8世纪中期郑虔撰《胡本草》7卷，虽已佚而不存，但顾名思义可知为反映域外及少数民族用药知识的专著。表3所列为10种印度医学经典《阇罗迦集》与《妙闻集》中早已存在并始见于《新修本草》的药物。可以感觉到唐代中印文化交流的繁盛，与《新修本草》中新增药物的来源。

表3 《新修本草》中的域外药物举隅

梵文药名	学名	中文植物名/药名	始见本草文献
eranda	Ricinus communis	蓖麻	《新修本草》
hingu	Ferula asafoetida	阿魏	《新修本草》
aguru	Aquilaria agallocha	沉香	《新修本草》
marica	Piper nigrum	胡椒	《新修本草》
haridra	Curcuma longa	姜黄	《新修本草》
dadima	Punica granatum	石榴	《新修本草》
turuska	Liquidambar orientalis	苏合香	《新修本草》
kramuka	Areca catechu	槟榔	《新修本草》
sirisa	Albizzia lebbeck	合欢	《新修本草》
haritaki	Terminalia chebula	诃梨勒	《新修本草》

4. 宋代的《证类本草》

两宋时期的本草学著作多达80余种，其中记载的药物总数达到1 883种；比唐代的《新修本草》增加了1 000多种，其中保存的药物图形基本都是写生之作[1]。

宋代的药物学之所以能够取得如此成就，固然是由多方面因素决定的。其中，朝廷重视与印刷业的发达，是非常重要的两个方面。北宋政权建立后不久，宋太祖即下令寻访“医术优长者”，并规定凡献书200卷以上者均有奖励[2]。又多次由政府组织人力编撰新的本草著作，所以宋代许多大型本草著作多出自集体之手，由中央政府或地方官府刊刻，形成了北宋时期本草学发展的主流。同时，由于造船技术的进步，以及指南针在航海中运用等，促进了对外贸易与科技文化交流。如印度、越南、朝鲜、日本及阿拉伯诸国均与中国通商，进口了许多药材，在原有基础上进一步丰富了药物品种与用药知识。以医疗救助为重要表现形式的慈善之举、仁政之施，与临床治疗技术的进步相互促进，使得治疗活动变得更加普遍，对于药物的需求自然也不断增大。因而当时已开始将药用植物作为一类重要的经济作物加以栽培，并出现了较大规模的制药工厂。这些因素均促使本草学在当时必然会有长足的进步，方能适应客观的需要。曾有外国学者评价宋代的某些本草著作“要比十五和十六世纪早期欧洲的植物学著作高明得多”。[3]

就上述出自集体之手的官修本草而言，首推政权建立13年后的开宝六年(973)，由朝廷诏命儒臣与医官联袂校订编修的《开宝新详定本草》(简称《开宝本草》)。尚药奉御刘翰、道士马志、曾纪泽等9人以唐代《新修本草》为底本的基础上，参考其他一些本草著作，筛取了许多临床常用的有效药物，如丁香、乌药、蛤蚧、天麻、元胡等许多名贵中药，由此

---

① 郑金生:“宋代本草史”。《中华医史杂志》,1982年,第4期,第204～208页。

② 《宋大诏令集》(卷二百十九),开宝四年“访医术优长者诏”;太平兴国六年“访求医书诏”。

③ 李约瑟:《中国科学技术史》(第一卷、第一分册),科学出版社、上海古籍出版社联合出版,1975年中译本,第289页。

才首次被纳入官修本草。《开宝本草》载药 983 种，较唐《新修本草》增加了 133 种。书成之后，由宋太祖亲自作序、国子监镂版刊行，成为中国第一部印刷的本草著作。次年再次修订后称《开宝重定本草》。伴随着从抄写到印刷的转变，编修者采用雕版的阴（黑底白字）、阳（白底黑字）文之别，取代过去的朱墨两色分书；对新增内容均注明出处，以便读者能够清晰地了解每条文字的来源。同时也体现了本草著作从抄写到版刻的历史性转折。

到了宋嘉祐二年（1057），集贤院成立了校正医书局，其第一项任务便是奉诏修订本草。这是由于在短短的几十年后，因药物学的继续发展，曾被认为完美无缺的钦定本草又显过时。于是政府乃命掌禹锡、苏颂、林亿等医官儒臣再行修订。花费 4 年时间编成《嘉祐补注神农本草》21 卷，增加新药 99 种，合计 1 082 种。

此间，该局于嘉祐三年（1058）仿唐代向全国征集药物的成功经验，奏请朝廷下诏征集药物并需绘制图形。

> 诸路州县应系药物去处，并令识别人仔细辨认根茎苗叶花果形色大小，并虫鱼鸟兽玉石等堪入药用者，逐件画图，并一一开说著花结实、收采时月、所用功效。其番夷所产药，即令询问榷场市舶商客，亦依此供析，并取逐味各一二两，或一二枚，封角因入京人差，赍送当所投纳，以凭照证，画成本草图，并别撰图经。①

这些资料送至京城后，由苏颂等人加以编辑整理而成《图经本草》21 卷，于 1061 年与上述《嘉祐补注神农本草》同时刊行。如果说官修本草

① 苏颂撰："本草后序"，《苏魏公文集》（卷六十五）。文渊阁《四库全书》本。

足以体现集体创作之功，那么《图经本草》更是堪称最大的集体智慧结晶。当时有 150 多个州、郡呈送了 933 幅药图，新增民间所用草药 103 种，成为中国既知的第一部版刻药物图谱[①]。

有意思的是，兴举国之力、靠众人拾柴而成于宋嘉祐年间的图、文两种本草姊妹，固然代表了宋代本草的主流与最高水平，但在其问世 20 多年后，人杰地灵的四川先后却出现了两部不容小觑的个人本草著作。其共同特点是将嘉祐两本草合而为一，再行补充发挥。其一是陈承在宋哲宗元祐年间（1086～1093）著成的《重广补注神农本草并图经》23 卷，此书已佚。另一部则是影响颇大的《经史证类备急本草》（简称《证类本草》，图 5）。

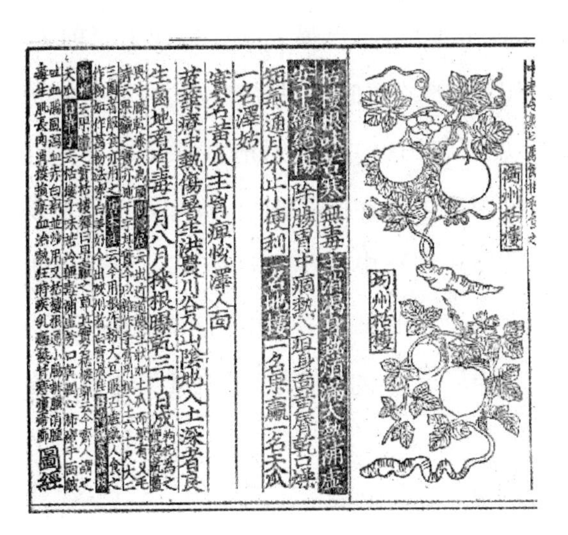

图 5 《重修政和经史证类备用本草》书影

（人民卫生出版社 1957 年影印张存惠原刻晦明轩本）

《证类本草》的作者是因长年行医于四川成都，遂自称华阳人的蜀州名医唐慎微。他为人朴实，医道高明，治病谨慎。据他的朋友宇文虚中

① 郑金生："宋代本草史"。《中华医史杂志》，1982 年，第 4 期，第 204～208 页。

讲:唐慎微貌丑而内秀,治病百不失一;对待患者不分高低贵贱,有召必往,从不避风雪寒暑。他为读书人治病不收诊费,而是求其提供名方秘录,故尔读书人都非常喜欢他。每当他们在经史诸书中看到有关医药学的资料,必会抄录给唐慎微,集腋日久,得以成裘。①

《证类本草》包括目录 1 卷在内,共计 32 卷,60 余万言,收录药物 1 748种;参阅经史传说、佛书道藏、诸家本草等逾 500 种。其中,补入史有今无的药物 554 种;同时集录了宋以前主要本草药物理论、应用原则等各方面的精华之论,故明代李时珍评价说:“使诸家本草及各药单方,垂之千古不致沦没者,皆其功也②。”

由于《证类本草》不仅最大限度地博采了前人经验并有发展,因而虽属一人之作,却屡经政府整理版刻,成为私著官修的本草书了。先是在宋徽宗大观二年(1108)经杭州地方官艾晟补充注说若干条,而成《大观经史证类备用本草》;在此基础上,政和六年(1116)医官曹孝忠又奉诏校勘,编成《重修政和经史证类备用本草》;绍兴二十七年(1157)南宋医官王继先于重加校订的刻本,则称《绍兴校订经史证类备急本草》。虽名称不同、文字小异,但皆属唐慎微《经史证类备急本草》的敷衍之作。

5. 明代的《本草纲目》

古代本草学著作中最为公众所熟知的《本草纲目》,是明代医药学家李时珍竭尽毕生心血完成的一部巨著。

李时珍,字东璧,晚年号濒湖山人。明正德十三年(1518)生于蕲州

① 《政和新修经史证类备用本草 · 宇文虚中跋》。
② 李时珍:《本草纲目》(卷一)。

(今湖北蕲春)一个医生的家中。父亲李言闻算得上是位儒医,曾任太医院吏目;除了临床治疗外,据说还曾撰写过《四诊发明》、《艾叶传》、《人参传》等著作。他原本指望儿子能够金榜题名、耀祖光宗,故李时珍少从父命,专心于四书五经等举子必修之业。谁知考取秀才后,3 次应乡试皆名落孙山。致使李时珍彻底放弃了科举仕进的念头,立志继承家业、以医济世。此后他曾被举荐至楚王府和太医院任职,利用这些机会得以阅读大量民间不易见到的医药学和其他方方面面的著作,进一步丰富了阅历与文化素养。

博采众家之长,力求全面无遗;引经据典,厘定前人谬误,可谓中国古代编修药物学著作的一贯宗旨。李时珍亦不例外,同样认为前人之作中存在着"草木不分,虫鱼互混"的问题,于是立志穷尽文献记述、改正讹传错弊、增补新的内容——自明嘉靖三十一年(1552)开始重修本草。值得称道的一点是他十分注重书本与实践两方面的知识,因而在编修本草著作的过程中不耻下问,虚心向农民、猎户、樵夫、渔家、工匠、药农和铃医(民间走方郎中)等一切具有实践经验的人学习请教。这就决定了编修的过程不可能全部是在书斋中进行,他多次赴山野乡村走访考察,足迹遍及湖北、江西、安徽、江苏、河北、河南等地。除了实地考察药用植物、解剖药用动物、采挖药用矿物外,还通过大量的实际观察分析药理,乃至通过亲身服药以验证某种药物的效用。例如他曾对鲮鲤(穿山甲)进行解剖,看到胃中确有"蚁数升",才肯定了前人对于这种动物食性的见解。如此这般经过数十年的不懈努力,在许多人的热情帮助下积累了大量的资料,又经反复修订自己的稿本,终于在明万历六年(1578)的花甲之岁完成了一部内容浩瀚的本草学巨著《本草纲目》。故王世贞在其为此书所撰的序文中,用如下之语追忆与概括了这段艰辛历程:"岁历三十稔,书考八百余家,稿凡三易。复者芟之,阙者缉之,讹者绳之。"当这部巨著于1596年在南京付梓(金陵版)时,李时珍已经与世长辞了。其子李建元在将该书进献给圣上时所撰写的《进本草纲目疏》强调了其"虽名医书,实该物理"的特点。正因如此,以及李时珍在编修过程中能够注重实践经验的价值,而不是仅仅局限于书本知识、文字记载,所以近人赋予其"古代科学家"之誉。然而从另一方面讲,任何人都不可能彻底脱离或大跨度地超越其所处的时代。例如在《本草纲目》中,还是可以看到诸如"铳楔"可以治"难产"(击发的作用,引出促成分娩的效用);梳子能治"乳汁不行"(通的作用被转移到人体之上)①,等等基于类比思维方式或巫术原理的效用解释。

全书长达52卷的《本草纲目》,约190万字。其基本构成状况如下:

卷一、卷二为序例,是全面概述药物学理论的部分,包括对于历代诸家本草的介绍,引以为据的古今医家著作和经史子集书目,论说七方、十剂、气味、阴阳、升降沉浮、引经报使等相关概念与药物理论,介绍药物之间相须、相使、相畏、相恶、相反的关系与禁忌,附有李东垣"随证用药凡例"、张子和"汗吐下三法"等。

卷三、卷四为"百病主治用药",列病证113种,每证之下详列针对性的主治药物。

从第五卷开始进入各种药物的具体记述,所采用的分类方法是"物以类聚,目随纲举"。即以水、火、土、金石、草、谷、菜、果、木、服器、虫、鳞、介、禽、兽、人等计16部为纲;每纲之下再分细目,共分62目,此乃以"纲目"作为书名的意思所在。所收药物1 892种,其中属于李时珍新增的有374种;附有1 109幅图和10 000余首处方,引用各类文献合计800余种。

---

① 李时珍:"服器部·服器二·器物类"之"铳楔"与"梳篦"条,《本草纲目》(卷三十八)。

纵观《本草纲目》的成就与贡献，可以说与本草著作发展的轨迹完全是一脉相承的：

(1) 整理与扩充药物。该书囊括了从《神农本草经》到同时代之陈嘉谟《本草蒙荃》等 41 家本草著作已有的内容，将其所载药物重加整理，摒弃繁复，合并各类，删除 228 种、收录 1 518 种，分别注明其原始出处；新增 374 种前人未收的药物，约占全书药物总量的五分之一，合计 1 892 种。因而是历史上收录药物品种最多的本草著作。

(2) 重视图的作用。该书继承了唐代《新修本草》首创绘制药物图像的做法，附有药图 1 109 幅。为后人认药、采药、鉴药提供帮助。

(3) 药后附录重要方剂。李时珍同样重视代表性医方的收集与整理，上自《黄帝内经》、下迄宋明诸家，征引医籍 361 家，药后附方多达一万余首，几乎含括了所有医籍方书中的经验良方。因此从某种角度讲，《本草纲目》不仅是集药物之大成，而且也是医方全书。这种以药带方、以方附药的方式，既能将药物与临床应用紧密联系在一起，又能加深对药物用途的理解，具有提高药物学著作实用价值的意义。

(4) 力求进一步改进分类体系。在前人或依药物自然属性，或按“上、中、下”三品分类的基础上，自创了“纲”、“目”结合的分类方法。以求能将繁杂的自然品物梳理成一个包含不同划分标准与等级的体系。不管其划分标准与现代自然科学是否一致、具体分类方式是否完全合理，但这种追求、探索与实践本身，与所谓“科学精神”、“科学方法”应该说是一致的。

(5) 辨析前人记述的正误。这也是历代编修本草著作者的共同追求与普遍做法，至于说辨析、修订的正确与否，则有赖手眼高低、知识占有的多寡等。李时珍之所以注重实地考察、能够虚心向一切有实践经验者请教，并非仅仅是着眼于获取新的药物品种与应用知识，同样包含着据此修订不实或谬误之论的良苦用心。

五、学风之变

虽时代演进，以及不同时代文化风尚之影响，药物学的发展呈现出若干不同价值趋向的走势。本草学研究方面的著名学者郑金生在其论著中对此屡有阐述，概之如下。

其一，沿着不断增补编修上述几大里程碑之作以求完备博大的所谓主流体系，至明代李时珍《本草纲目》到达巅峰，此后便几乎看不到再有人致力于这样的“大成”工作了。

其二，在新儒学(理学、道学)究理之风的影响下，注重药理探讨的著作崭露头角。如北宋医家寇宗奭的《本草衍义》将《黄帝内经》中有关气、味的理论融入本草，作为解释其疗效的依据；金元时期的医家继其后而有更为详细的气味厚薄阴阳说，并由此推衍药性的升降沉浮；又有某药入某经的药物“归经”说，某经有病需用某药为引导之药的“引经报使”说；甚至是将药物与卦象联系在一起，以解释其效用原理。从某种意义上讲，这种转变显示了从经验到理论层面的提升；但也有强烈的牵强附会色彩。而所谓理论阐述的主体，仍旧不离类比思维，如从宋徽宗领衔编写的《圣济经·药理》到享金元四大家之誉的李东垣所撰写的《用药心法》，所依据的理论都是如此——如病在上用“头”，在中用“身”，在下用“尾”或“梢”，等等。

其三，由于任何时代只要存在着不同的学说或流派，便会有折中之作产生。进入明代之后，上述两种风格逐渐融合，王纶的《本草集要》糅合《证类本草·序例》和金元药理为“总论”，各药不分“三品”以类相从，附方按病排列；陈嘉谟《本草蒙筌》进一步条理编写体例，在“总论”中分题讨论药理及生产等实际问题，都是两种风格融合的具体表现，并成为极受世人喜爱的入门读物。

其四，当尊经训诂之风吹进医学领域后，本草学体系中也出现了重归《神农本草经》的倾向。首先是明代的缪希雍，其《本草经疏》(约1622)将注解经文与临床用药实际结合在一起；其后有清代医家徐大椿撰《神农本草经百种录》，陈修园《本草经读》等，或尊经至泥而不改一字，或公允务实。在此基础上，才出现了从历代本草著作中辑佚经文而成的《神农本草经》。

其五，是与尊经之风并驾齐驱的歌括式通俗读物。元代胡仕可的《本草歌括》，图、诗并存；李东垣《药性赋》分寒热温凉四部分，简捷易诵，成为数百年来的药性启蒙读物。通俗读物的增多固然与明清时期人口增长，相应地从医之人也自然增多有直接关系。但从另一方面讲，当药物知识积累到部帙浩瀚时，必然会由博返约、择要而止。如《药性赋》言各药效用不过寥寥数字：“犀角解乎心热，羚羊平乎肺肝，泽泻利水通淋而补阴不足……”不仅语句朗朗上口，而且确实抓住了每种药物最基本的用途。

明清以来，外来文化的影响与日俱增。明中期的《食物本草》中出现了哥伦布发现新大陆后传入中国的落花生等美洲植物；清代赵学敏的《本草纲目拾遗》，开始引用西方药学文献，并记录了金鸡纳等药物。此后中国的本草学著作中，近代自然科学知识逐渐增多，不仅有拉丁学名，还包括有效成分及其化学结构等，由此进入在继承传统知识基础上科学认识生药的新纪元。

六、药局与药市

在相当长的一个历史时期中，医生可能需要识药并亲自采药；在城市化没有达到一定水平时，莫说是云游四方，即便是应请至远离商业的地区为人治病，恐怕也只能利用随身携带的自备药物。然而这种情况随医药分离（各成专业）、城市与商业的发展，便会逐渐改变。在此仅以北宋时期兴起的“熟药所”、“惠民局”为例，以示一斑。

熟药所是应北宋的改革与变法——将药材列入了国家专卖项目而产生的，这实际上是中国最早的国营药店和制药厂。隶属太医局的熟药所创立于熙宁九年（1076）六月，仅仅1年，卖药所就获利25 000余缗[①]。生意兴旺，故越办越多。“崇宁（1102～1106）中增置七局，揭以‘和剂’、‘惠民’之名，修置、给卖各有攸司；又设收买药材所，以革伪滥之弊。绍兴六年（1136）置药局，以行在太医局熟药东西南北四所为名；内将药局一所，以‘和剂局’为名”[②]。绍兴十八年（1148），南宋高宗赵构命“改行在熟药所为太平惠民局”[③]。

医药学史家郑金生介绍与评价宋代“官药局”时说：

> 熟药所在此时成立，名义上是为了体现政府对民众医药保健的关心，实际上也是政府理财的措施之一。崇宁二年（1103），汴梁熟药所扩增为7个药局，由原隶太医局改为隶属太府寺，从而确立了药局的性质是以商业为主。这也是我国官方医药机构分立门户的起始。

---

① 李焘：“神宗·元丰元年”，《续资治通鉴长编》（卷二百八十九）。
② 富大用：“惠民司”，《古今事文类聚新集》（卷三十六）。
③ 李心传：《建炎以来系年要录》（卷一百五十八）。

汴梁的7个药局中,有2个是修合药所(制药工场),五个是出卖药所(药店)。政和年间,为了表现政府并不把这些药局作为纯粹的药业机构,就把修合药所改作“医药合剂局”,出卖药所改名为“惠民局”。①

除了北宋的都城汴梁、南宋的“行在”临安(今浙江省杭州市)外,地方也有官办药局。如史书中见有高宗赵构于绍兴二十一年(1151)“诏诸州置惠民局,官给医书”②的记载。

图6 《合剂局方》

(中华古文明大图集编辑委员会编:《中华古文明大图集》第八部〈颐寿〉,人民日报出版社、乐天文化公司、宜新文化事业有限公司联合出版,1992年,第45页)

高宗所言“官给医书”,当是指宋太医局编纂的成药处方集《太平惠民合剂局方》,简称《和剂局方》(图6);后世医家更是常常进一步简称《局方》。一般认为此书的原型是宋神宗于元丰(1078～1085)年间“诏天下高手医,各以得效秘方进。下太医局验试,依方制药鬻之。仍模本传于世”的《太医局方》③。后于大观(1107～1110)年间,由陈承、裴宗元、陈师文等3位医官奉勅修订,书成即颁行海内,成为各地药局配制成药的范本。后世常用、流传至今的许多著名成药或常用方剂,有不少都是出自此书。如至宝丹、紫雪丹、苏合香丸、牛黄清心丸、参苓白术散、逍遥散、四君子汤、藿香正气散等,皆沿用至今。以致南宋名医许洪在增广补注该书时赞美说:“洪袭父祖业三世矣。今古方书,无不历览。就其

① 廖育群、傅芳、郑金生:《中国科学技术史·医学卷》,科学出版社,1998年,第303页。
② “本纪第三十·高宗七”,《宋史》(卷三十)。
③ 马端临:“经籍考五十·子·医家·太医局方十卷”,《文献通考》(卷二百二十三)。

径而神效者，惟《太平惠民合剂局方》为之最”[1]。然而最为重要的还是在于由此使得作为一种商品的成药生产，具有了国家认定的配制标准与质量保证。但从另一方面讲，这些长处又带来了许多医家唯《局方》是用；患者按图索骥、忽视求医诊治；以及在香料贸易昌盛的时代背景下，该书使用香药频繁的特点影响到医家用药习尚等诸多问题。凡此种种，虽表现不同，但皆可归之于《局方》的强大影响；由此而成一时之风，故学者称其为“局方医学”。至于说享誉金元四大家之称的朱丹溪如何在《局方发挥》中对其好用香燥之药的弊害严加批判，乃是学术问题了。

与此同时，民营药业也十分兴盛，都市之中药肆众多，资金雄厚，医家坐堂行医。药材贸易远及海外，泉州出土宋代沉船所载各种药物，便是一例。同时，道地药材的多种栽培产品也出现于这一时期。如四川彰明的附子、汴京的薯蓣、西京的牛膝、杭越的芍药等；南宋末期，浙江山区已能成功地栽培茯苓。

明清时期的药业不仅更加繁荣，而且形成了一定的产业规模。明末的“药市”，以河北安国、江西樟树最为知名，全国的药材集中于药市进行交易。各地出现了一些秉承“义利并进”、“童叟无欺”之儒商道德，从而声名远扬、获利颇丰的著名药店。北京的百年老店同仁堂，以五世祖乐梧冈于《同仁堂药目 · 绪言》(1706)中所言“炮制虽繁，必不敢省人工；品味虽贵，必不敢减物力”为堂训；杭州的胡庆余堂，以“戒欺”为堂训，经营至今仍然门庭若市。此外还能见到专门经营人参、鹿茸等贵重滋补品的“参行”。

① 《许氏洪注太平惠民和剂局方 · 自序》。丹波元胤:《中国医籍考》，人民卫生出版社，1983 年第 2 版，第 591 页。

七、炮炙与加工

“如法炮制”是现代汉语中常用的词汇，最早出现在宋代文人的著作中。但作为其意思来源的药物加工，却早在马王堆出土医书中即有所体现。当时内服之药基本上都是采取冶末吞服之法，是真正的“吃药”；到了东汉末年，才见到医书中普遍采用煎煮饮汁之法，变成了“喝药”。

炮，原本是指将药物埋于火灰中直到焦黑；炙，象征手执物品在火上烘烤。“炮炙”在逐渐转变为泛指加工方法的过程中，用字也出现了以“制”代“炙”的变化。最常用的炮制方法被概括为：烘、炮、炒、洗、泡、漂、蒸、煮之“八法”。正像这些汉字所展示的那样，前四种用火，后四种用水，所谓“水火之剂”。此外还有用酒、蜜、醋、盐等辅料进行加工的方法。值得注意的是，在以类比为基本思维方式的时代，无论是碾压粉碎，还是酒蒸土炒，都既是加工（炮制）的过程与方法，同时也是药效构成的组成要素。例如在今本《黄帝内经》中有一个治疗因“脉道不通，阴阳之气无法正常循环”而导致失眠的“汤液”配方，要用千里之外的流水、空心的芦苇来煎煮，便是因为在当时的认识中，远道而来之水的“流通”性、芦苇的“空洞”性，都会有助于疏通脉道——达到治疗目的。只有用现代眼光看问题时，才能对药物炮制加工的目的作出以下概括：

（1）便于保存——例如植物的干燥。

（2）使用的需要——例如鹿角坚硬，需要“镑”成丝，以便煎煮时获取有效成分；明矾经过煅烧，才能变成粉状。

（3）去除毒性——例如附子等天南星科的植物都有一定的毒性，煮熟蒸透便安全得多。

（4）增强药效——例如用明矾处理半夏，可以增强其化痰的效果。

(5) 改变药性——例如生地用黄酒“九蒸九晒”后为熟地,凉血之性变为补血之功。

(6) 去粗取精——例如滑石经“水飞”,以获取最细的粉末。

“法”的另一层意思是规则。现存专讲药物加工方法的较早著作,有南北朝刘敩所著、后人辑佚而成的《雷公炮炙论》。稍后的陶弘景《本草经集注》,在绪论中也有大量这方面的内容。实际上,几乎所有的本草著作,在药物的名称、性味、功能、主治、产地的有关记述后,都或多或少会有“如何炮制”的说明。这些就是“法”。

虽说炮制要如法,但“法”却不是永远一成不变的。从继承的角度讲,对于前人经验需要重视。20世纪开发的抗疟新药“青蒿素”,即采用晋代葛洪《肘后方》中不经煎煮,而是浸泡的方法,从而使得其中的有效成份得以保存。从发展方面言,新中国成立后,各省市在继承的基础上,编制了《中药炮制规范》,使得中药炮制向规范化、标准化、科学化发展。这些内容也成为新《药典》的构成内容。

纵观本草之学,可以看到这样一些最基本的特点:首先,药物知识的发展过程确实与生活、医疗实践经验的积累具有密切的关系,所以在历代加以总结时,其使用的品种呈直线增多之势。其次,在古代中医知识体系中,“类比”始终发挥着重要的作用——对于许多自然品物治疗效用的解说,并非源自经验,而是类比。经过不断“试错”,那些经实践证明无效的“伪知识”被淘汰,但这并不影响医家继续沿着类比的思维方式去“发现”新的药物。

(吴　慧)

刘华杰

中国古代的博物学名著举隅

一、非强力的博物学和博物学史

二、百科辞书《尔雅》

三、本草学之《神农本草经》

四、区域植物学之《南方草木状》

五、综合性农书之《齐民要术》

六、野菜之书《救荒本草》

七、纯粹植物学之《植物名实图考》

八、与西方近代科学接轨的《植物学》

博物学与百姓的衣食住行直接相关。博物一行发达的程度可从日常语言的丰富度来判断，比如谈耕地，中国人有耕、耙、耖、耘、耥之区分；谈做菜，中国人有煎、炒、炖、炸、煨、煸之区分。中国古代有相当发达的博物学文化，与博物有关的知识、技艺弥漫于百姓的"生活世界"，这应当是不争的事实。上至宫廷下至市井乡里，博物学与中国人的生存方式联系在一起，正是靠着这类"并不深刻"的知识，百姓的生活才有板有眼、有滋有味。从《诗经》、《博物志》、《南方草木状》到《梦溪笔谈》、《救荒本草》、《本草纲目》，甚至在《红楼梦》、《镜花缘》、《闲情偶记》中，都能切身感受到浓重的博物学生存气息。《诗经·七月》中说"七月流火，九月授衣"，火指大火星，即心宿二，每年夏历六月此星出现在正南方。天象与农时在此自然地联系在一起。又如，"蒹葭苍苍，白露为霜。所谓伊人，在水一方。"短短 16 字，便把深秋江边送别的场面描写得生动而富深情，如果没有对芦苇的仔细观察、没有对"秋水"、"离别"的切身体验，总之没有博物情怀，这样的句子是很难写出的。这里没有船、没有歌，却有齐豫演唱罗大佑之《船歌》的流动画面；与电影《伊豆舞女》的码头送别相比，诗经"蒹葭苍苍"的意境也许更显高妙。

发达的博物学似乎也可以用来部分解释，中国作为世界上多种古代文明之一何以源远流长、从未中断这一"奇怪"现象。但是在现有的通史著作中，"博物"这一特点并没有被如实地表现出来。众多科技史图书和一般性历史图书为何较少自豪地提及中国古代的博物学呢？原因无非是，按照某种标准（比如现代的标准、西方人的标准、近现代自然科学的标准）它们并不重要，或者说它们只有个别成分重要而大部分是垃圾。这要从编史观念上寻找原因，编史理论决定了会写出什么样的科技史。

这还是仅就一阶博物学而言的，如果考虑二阶博物学，中国古代博物学涉及的范围就更广、更有趣，相关研究工作也就愈能打破科技史与一般历史的界限。季羡林先生在其一生中最宏大的著作《蔗糖史》中说："我对科技所知不多，我意在写文化交流史，适逢糖这种人人日常食用实为微不足道，但又为文化交流提供具体生动的例证的东西，因此就引起了我浓厚的兴趣。"①"恐怕很少有人注意到，考虑到，猜想到，人类许多极不显眼的日用生活品和极常见的动、植、矿物的背后竟隐藏着一部十分复杂的，十分具体生动的文化交流的历史。糖是其中之一。"②

季羡林先生的这部有着80余万字的著作《蔗糖史》是典型的博物学史著作，它的单行本出版于2009年，显然不属中国古代的范畴，但上面所引季羡林先生的两段话暗示了新型中国古代科技史研究的广阔范围和既超脱又实用的考虑。"范围广阔"是指它可以包含通常不为科学史家注意的小东西、小事情。"超脱"是指，今人没必要再从狭隘的爱国主义出发，一味地想着为古代中国人发掘出几个世界第一。"实用"是指，着眼于生活史和文化史，尽可能从当时人们的实际生活需要出发，重建古代社会的认知与生活场景。

可以放心地说，中国古代绝不缺少优秀的博物学著作。人们可以轻松列举出许多，如《山海经》、《博物志》、《开元占经》、《神农本草经》、《南方草木状》、《证类本草》、《徐霞客游记》、《梦溪笔谈》、《菊谱》、《笋谱》、《竹谱详录》、《救荒本草》、《本草纲目》、《植物名实图考》、《牡丹谱》、《植物学》，等等，它们涉及地学、天学、中医药学、植物学等学科，本章不可能讨论所有这些。由于篇幅所限，也为了避免与其他章节重复，将收缩博物学的语义，只涉及与植物相关的部分，并且只选择几种略作讨论。

不过，在正式考察中国古人对植物的认识、利用之前，还要先讨论作

① 季羡林：《蔗糖史》，中国海关出版社，2009年，第3页。
② 同上，第5页。

为非强力的博物学与近现代数理科学、还原论科学的差异。

一、非强力的博物学和博物学史

《周易·系辞下》曰："天地之大德曰生。"这个生，是生成、演化的意思，不限于与人类相关的事物，它道出了古人对世界流变、演替过程的深刻理解。生成与毁灭不完全是对立的，在更高一层观察，它们竟是相辅相成的，没有毁灭就不会有新生。做冷静的自然哲学思考，即可确认，人类社会的历史也必然是昙花一现，不管人们如何留恋。

如果地球或者太阳系有其命定的"寿数"的话，什么东西可以严重影响到它，令其折寿？在今日世界，大量物种的确在消失之中，也可以说它们是被毁灭的。被谁毁灭的？有自然毁灭的更有人为毁灭的。

现代科技很难延长人类家园地球的寿命，却已经提供了令其提前结束生命的手法，并将继续发明更高效的毁灭方式。土匪、恶霸、政客单靠自身都没这本事。显然，这不是在表扬科技和科技工作者，也谈不上侮辱、诽谤。地球上无数生命中只有人类掌握现代科技，并且人类的科技日新月异。推进科技进步已经成为现代性的一项制度性要求，被认为天经地义。质疑科技进步带来的社会进步，就会被认为荒唐透顶，是反智、反文明，甚至反社会、反人类。真的不可以质疑吗？学者依据什么可以质疑，质疑之后人类的能量如何释放？

"伏地魔之子论纯科学推进的速度"中有这样几段：

> 艾丽丝：第一，各国人民普遍认为（有调查数据支持），应当加速发展纯科学，增加纯科学的投入；第二，没有哪个国家的政府或者哪

个国家的科学家共同体愿意停下来。

善思·里德尔:这恰好是因为长期以来,人们对科学之伟大形象片面宣传的结果,人们误以为科学是无辜的,甚至以为更多的科学就是人类的福音。

艾丽丝:看来,你真是反科学!

善思·里德尔:错误,或者不准确。我只反不匹配的科学。适量的科学是好的,应当的,但少了或多了,都是不合适的,都会引发问题。人类作为一个物种,还太年轻,在演化中还没有真正学会适应。所谓环境问题恰好是适应不佳造成的。人类的未来还久远,如果不想快速毁灭的话,学会协调、适应,是个好的选择。历史上许多物种,就是因为不适应,而集体灭亡。发展科学,起初是为了更好地适应,但异化后的科学,导致了人类的不适应。

艾丽丝:这么说,人类现在是不够理性啦?超速发展科学是不理性的?

善思·里德尔:正是。人类的各个团体,如果足够理性的话,就会坐下来,协商解决办法,控制纯科学的发展速度。只有从源头上控制了纯科学的速度,才能真正控制下游的技术以及人类的操纵力、征服力。

艾丽丝:如此说来,你不反科学、不反理性,似乎更讲科学精神?如果科学这个词还可以保留的话。

善思·里德尔:随你怎么说。①

事实上,自两次世界大战以来,已有相当多学者意识到滚滚向前之

① 江晓原、刘兵主编:“阿里巴巴,伏地魔之子论纯科学推进的速度”。《我们的科学文化:科学的算计》,华东师范大学出版社,2009年,第256~260页。

现代科技的问题，现象学、法兰克福学派批判理论就是明证。不过，这些反思并没有开出合适的药方，并没有明确提出要限制科技的发展，也没有为人类强大的求知欲望寻找到释放的出口。前者可能是因为这些学者思想仍然不够解放，没有充分意识到人类知识的生产速度已经远超过人类驾驭相关知识能力的增长速度。后者在于，学者没有对不同的认知做出适当的区分，没有看到博物类知识与其他知识（数理类知识、还原论知识等）的区别。

博物学从宏观层面了解外部世界，包括自然观念、描述和分类方法、实用知识和技能、对自然事物生克与演化的了解，等等。

历史上，博物学也同样干过坏事，与帝国扩张、掠夺、破坏等纠缠在一起。但是，综合起来看，博物学依然是相对"完善的科学"，它的缺陷是可以补救的。为了明确非强力的博物学与强力的近现代数理科技之间的差异，可以思考如下命题：

命题一：在人类社会的绝大部分历史中，人类是靠博物类知识（也可以称博物学）过活的，而不是靠高科技。在这方面，庞廷（Clive Ponting）的《绿色世界史》依然是经典著作。人们可能会质疑博物学知识的深度。对于"博物学知识肤浅但依然值得夸耀"，是可以给出有效辩护的，不过，要补充几句："获取知识并非目的，求得理解，也不是最终目的。如何实实在在地生存才是根本。在盛世或乱世，社会中的一名个体，应当如何生活？如何处理物质生活与精神生活的关系？"博物，提供了一种生存哲学与实践。知行合一，修炼博物学，在现象学"生活世界"框架下观照人、自然与知识，可能有助于人地系统的持久共生。

命题二：相对于数理类、还原论知识，博物类知识力量有限，因而破坏力也相对小些。仿莫言诺贝尔奖致辞的句型，可以说："博物学和科学相比较，的确没有什么用处，但是，博物学最大的用处也许就是没有用处。”难道博物学不是科学吗？博物学中只有一部分可以算作科学，因而整体上没必要生搬硬套，把它全说成是科学。某物不是科学，并非某物就不值得尊重和传承，比如文学、艺术，博物学也一样。把博物学全说成是科学，可能自取其辱；反过来，也可能有损于博物学的声誉！

命题三：生态破坏与人类的扩张有直接关系，而人类扩张的最终杠杆是科学技术，特别是数理科技、还原论科技。最新的科技进展通常被用于军事目的或者进一步“压榨”大自然，当然也会考虑用于保护环境。迄今人们只高度评价了科技进步带来的文明进步，而没有深入分析其另一方面的作用。好比开车时人们只感谢发动机的推力能让车子高速行驶并且企盼加速，而不知道如何制动、熄火。坐在这样的车子上，人们会强烈感受到风险，但是现实中人类集体乘坐在现代科技的列车上，即使感觉到一点紧张，却依然无限乐观或者还抱怨速度不够快。这就是现实。

命题四：许多人只图一时“快活”并希望此代持续“快活”。真正的可持续发展在于提高个体和群体的觉悟，做出自我约束，控制发展的速度，过“慢生活”，使人与自然协调演化。目前，绝大多数人可能不会认同这一命题，即使理智上同意也不愿意行动。今日，生产力的水平已经相当高，平均起来看，人们根本不需要一周工作五天就可以过上小康生活，工作三天是否可以？但是，这个社会中总有一些人闲不住并希望其他所有人跟他们一起忙起来，此谓“折腾”：肥己、损人、害社会、伤大自然。他们不断折腾的美丽借口通常是，如果不折腾，就会有人饿死。其实，把多余的钱分给穷人就可以了。其折腾的真实动机和实际效果是，扩大势差，做人上人，更大的后果是人心不古、大自然不堪重负。

正午时分

命题五：修炼博物学，一方面可以满足求知欲，另一方面可以更好地理解生态系统的复杂性，意识到共生的重大意义，进而生发出对自然对他人的敬畏、谦卑、感恩之情。

命题六：限制现代科技的发展不等于不让科技发展，关键是掌握速度；反对某项科技的发展，不等于反对一切科技的发展。

命题七：约束科技的发展相当困难。“目前做不到”并不能成为“不应当做”的决定性理由。Q大学某教授声称，伦理学是管不住新技术的推广应用的（如克隆人、转基因作物），所以就不应当管。自古以来法律和伦理都反对杀人、偷盗，从来也没有完全杜绝过，于是就不应该管了？

命题八：通过冷静的思考、协商，人类共同体有可能找到智慧的办法，解决知识增长中的诸多矛盾。当下，国与国的竞争，已经演化为科技的竞争，谁肯让步？让步不等于提前宣布失败吗？这的确是一个难题，但聪明的人类有能力解决它。普通人也不难想到，目前的恶性竞争对人类整体没有好处，面对不断增长的军事开支每个国家都显得无奈。国家视角、立场虽然重要，但不是唯一的。只有小人、军火商、邪恶势力等希望维持目前恶斗的局面并希望火上浇油而进一步从中渔利。族群隔阂、对立是可以打破的。有着“为天地立心，为生民立命，为往圣继绝学，为万世开太平”之鸿图大志的中国思想家，难道不可以设想超国家的立场吗？推动军事技术竞争升级的知识分子，要么是傻子，要么是恶人。世上也有无数两才兼备、矢志不渝的“英雄”，他们的恶行被打造为一代又一代年轻学生学习的榜样。

命题九：博物学对近现代科学的发展贡献良多。“早在16、17世纪，当自然哲学家、博物学家们开始组建学会，将理性探索与经验研究结合在一起形成新的科学方法，并提出科学共同体自己的理想、信念和宗旨之时，科学文化便登上了历史舞台,科学家成为科学文化的引领者和实践者。”[1]但随着学科的分化和向纵深发展,博物学已经淡出当代科学研究和教育体制。现在看来仍有恢复的必要。生命系统、自然世界具有不可还原的结构和性质,这就决定了博物学在理解世界的构成与演化方面具有不可或缺性。在这方面,波兰尼的《个人知识》和他 1968 年发表在《科学》杂志上的文章“生命不可还原的结构”(Life's Irreducible Structure)仍然值得反复阅读[2]。科学史家皮克斯通写出的新型科技史,在人类社会发展的各个阶段,都为博物致知保留了位置。这代表了知识界的一种新认识。

命题十:博物人生,是一种值得追求的生存方式。博物使个体快乐,并且对环境少有伤害。博物人生不是唯一的选项,但确实是一个不错的选项。

细致论证上述命题,不是这里的任务。聪明的读者立即就觉察到:“为了一个不大靠谱的未来断想,就改变现在的发展模式、享乐式生活方式,完全不值得!”没错,什么是好的,愿意过什么样的生活,涉及认知、信仰和个人意志。如果世界明天就毁灭,或者人类只生活几代就结束,的确犯不着想那么多,一切变得简单。人们确实可以像媒体报道的某知识分子那样,相信 2012 年世界末日说,抵押房子、捐款,或者贼吃贼喝。不过,即使在这里,人们也依然能看出善举和恶行的差别。

针对这些同情或支持博物学、想修炼博物学的志同道合者,接下来的问题是如何操作,这涉及的是一阶博物学问题。

第一步是响应教育家孔子的号召:“多识于鸟兽草木之名!”简称“多识”。

---

① 韩启德:《民主与科学》,2012 年,第 5 期,第 2 页。

② *Science*, 160(3834):1308—1312。

正午时分

在21世纪的今天,修炼博物学的第一建议竟然是多认自然界生物或者非生物的名字?一点没有错!只要实践了,就可以检验这一建议是多么合适。

名字是索引、是钥匙、是手段。在网络时代人人都知道检索有多重要,但只有一小部分人关心名实对应。多识不是指在书本上摆弄名字。

"多识"是手法,用意是通过识名而达到广泛的亲知(personal knowing),求得横向贯通,对大自然有所领悟。"多识"是为了仿生、法自然,博物顺生:"仰则观象于天,俯则观法于地,观鸟兽之文,与地之宜,近取诸身,远取诸物,……以通神明之德,以类万物之情。"(《周易·系辞下》)

具体讲,多识的博物学之路有如下环节:名实对应,综合已有的各种学识;亲自观察、探究,化公共知识为个人知识;长期坚持,可能有所发现,通过写作将个人知识转化成公共知识。在此过程中,也将从情上从理上强化人类社会是大自然的一部分。

博物学特别强调个人知识和亲知。比如说100多本的《中国植物志》出版了,也得了奖,但理论上与百姓个体无关。对个人而言,它们根本就不是什么知识,只有通过"多识"的名实对应过程,才有可能把《中国植物志》中的一小部分变成对自己有用的个人知识。仿照利奥波德的句子,修炼博物学有助于防止两种危险:"一个是以为早饭来自杂货铺,另一个则以为热量来自火炉。"为避免第一种危险,人们就应当亲自种菜或者到麦田里瞧瞧,为了避免第二种危险,人们就应当亲自劈柴或者到森林中感受一番。

如此展开的博物学修炼,后果或者我们追求的效果是什么呢?简单说就是"顺生或维生",让个体和群体更好地生存。在原始社会如此,在现代社会也如此。在野外如此,在城市也如此。有了一定的博物学知识，人们对大自然就有了更敏锐的感受力，也可能更从容地应对地震、泥石流、海啸等自然灾害。

对于个体，修炼博物学，有几个好处：第一，博物洽闻能满足人的好奇心，增强对事物的理解力。第二，提高对大自然的审美能力，培养对大自然的亲情。第二，心境平和，减少不必要的争斗，使自己的生活更富情趣、更幸福。对于群体，博物学能让人类时刻意识到人是地球上一个普通物种，人是大自然的一部分，人类的唯一家园就是地球，人类集体飞向宇宙深处是由新科技包装的神话；人类群体利用博物学知识能够更持久地延续地球上的文明。

值得指出的是，修炼博物学，也并不是要把博物类知识与其他知识对立起来。恰好相反，从博物的眼光看，要尊重所有知识，但一切知识都要受博物情怀的调控，为我所用。因此，博物学并不排斥来自分子生物学的成果。

博物学由于门槛低，与大众有天然的亲和性，可配合小康社会、和谐社会的建设而做实，而数理科学、还原论科学很难整合到其中。博物学应当优先传播。复兴公众层面的博物学，与“生态文明”建设有着真实的关联，很难设想百姓不了解周围的自然世界而会发自内心地保护生物多样性，以及认识到什么是真正意义上的可持续发展。“如果一个人不能爱置身其间的这块土地，那么，这个人关于爱国家之类的言辞也可能是空洞的、虚假的。”（缪尔语）某杂志中的一篇文章提到在黑龙江见到水葫芦，作者担心会出现生态问题。其实根本不会，作者可能并不了解水葫芦的繁殖方式以及在北方户外它根本无法越冬的事实。在中国北方，真正有危害的外来物种是豚草、三裂叶豚草、黄顶菊、鸡矢藤、火炬树，而不是紫茎泽兰、微甘菊、水葫芦（凤眼莲）。另一方面，更大的问题是，连生物系的学生通常都分不清楚本地常见的入侵植物和本土植物。辨识植物只是一个具体的方面。如刘宜庆先生所说：“博物学不是‘拈花惹草’这么简单，对丰饶土地的关注，对大自然保持热情，是走向博物学的必经之途。”

在公民社会复兴博物学需要许多必要的条件(特别是经济条件)，现在基本条件已经具备。如果说有欠缺的话，缺少的是理念引导和操作指南。

博物学的价值不能仅从科普的角度来理解，虽然那样考虑也是可以的。今日在小康社会中向大众推介博物学，强调知行合一，用意主要不在于掌握多少知识，而在于培养一种“新感性”，重塑个体与大自然的对话方式，改进我们的生存状态，提高生活质量，持久延续人类文明。

《辣椒博物志》，是一部设想中的博物学史著作，它有着显然的文化意义，四川、湖南或者国家的社会科学规划为此立个重大专项也不为过，它肯定比那些应景项目有趣、有价值。《大豆的博物学》也值得期待，豆腐也绝对是令中国人十分骄傲的一项重大发明，它的重要性不亚于勾股定理的举例、圆周率的计算、马鞍马镫的发明、马克沁重机枪的设计。但是，目前很难在哪部科技通史著作中找到豆腐的影子。

博物学文化、博物学史研究在最近二十几年里也开始流行起来。剑桥大学出版了《博物学文化》论文集，《科学史杂志》出版了博物学史专刊。科学史家范发迪在《清代在华的英国博物学家》中文版序言中说：“最近几年，博物学史俨然成为科学史里的显学。相对而言，‘博物学’在中国科学史学中，仍受冷落。”①

二、百科辞书《尔雅》

《尔雅》是我国第一部按义类编排的综合性百科辞书。尔，同迩，近、

① 范发迪:《清代在华的英国博物学家》，中国人民大学出版社，2011 年。

接近的意思。雅，正的意思，指雅言、正言。学者经过研究，认为《尔雅》成书时间在战国末年至西汉初年之间[①]，先有初稿，后有所修订。

《尔雅》原来有3卷20篇，现在只存19篇。现存19篇分两大部分。第一部分为普通词语解释，包括《释诂》、《释言》和《释训》3篇，对古代的一般性词语作语文上的解释。第二部分包括《释亲》、《释宫》、《释器》、《释乐》、《释天》、《释地》、《释丘》、《释山》、《释水》、《释草》、《释木》、《释虫》、《释鱼》、《释鸟》、《释兽》和《释畜》共16篇，主要对社会与自然百科名词进行解释。《尔雅》对天地生人、衣食住行用词均有解释，在漫长的古代，它成为读书人读懂更早的古代文献的必备工具书。在晚唐它被政府升列为经书，其升格时间比《孟子》还早，在《十三经》中排序也排在《孟子》之前，可见其地位之特别。

《尔雅》是重要的博物学文献，这一点毫无疑问。它清晰地总结了古典文献对"生活世界"方方面面的描述，包含大量知识，是后人理解古代世界之地理、社会结构、自然知识、实用技艺的重要文献。今人可以分别从社会、天文、地理、植物、动物诸学来重新理解《尔雅》各部分中包含的知识，甚至判别其优劣。这样做不是不可以，但也只是一种进路而已。在《尔雅》的时代，没有现在的学科分类方案，那里的分类用现在的观念理解可能显得别扭。比如《释天》中还包含祭名、讲武、旌旂；《释器》中包含衣服、食物；《释宫》中包含道路、桥梁。《尔雅》的分类反映当时而非今日的社会结构和知识体系，这是显然的。因而，科学史研究要像考古学家、人类学家一样尽可能设身处地还原当时的社会结构和生活方式，尽量避免从"收敛到当下"的单向进步编史观念来理解《尔雅》。

《尔雅》的价值主要包括如下方面：①训诂学的始祖。②读懂古籍的

---

① 胡奇光、方环海：《尔雅译注》，上海古籍出版社，2012年，第3页。

一把钥匙。③通过丰富的词汇完整展现了中国古代"生活世界"的图景。就博物学而言,主要关注上述的第三方面。

举例来看《尔雅》的解释方式:

例一:"初、哉、首、基、肇、祖、元、胎、俶、落、权舆,始也。"用一个词"始"解释了11个词。哉,草木之始也。基,墙始筑也。俶,动作之始也。落,木叶陨坠之始也。权舆,草木始生。

例二:"春猎为蒐,夏猎为苗,秋猎为狝,冬猎为狩。"不用再解释,此条告诉人们在古代一年中不同时候打猎的名称。蒐读"搜"音,狝读"显"音。

例三:"河南华,河西岳,河东岱,河北恒,河南衡。"此条以黄河、长江为参照系解释五座大山的命名。黄河以南有华山,黄河以西有岳山(吴岳),黄河以东有泰山,黄河以北有恒山,长江以南有衡山。

例四:"山大而高,崧。山小而高,岑。锐而高,峤。"

例五:"果蠃之实,栝楼。"此条解释《诗经·东山》涉及的一种葫芦科植物的指称。

例六:"柽,河柳。旄,泽柳。杨,蒲柳。"柽,读"撑"音。

例七:"小枝上缭为乔。无枝为檄。木族生为灌。"现在植物学中分乔木、灌木,而《尔雅》中还分出一种"檄木",指不分枝的树木,如棕榈科、桔梗科半边莲亚科的一些树木。

例八:"狗四尺为獒。"

三、本草学之《神农本草经》

《神农本草经》,也称《神农本草》、《本草经》、《本经》,是我国较早的药学、博物学著作，后来的作品经常引用或者提到它。现在被认定是汉代本草官托名之作，具体作者不详。“神农”指炎帝，相传3岁知稼穑，中国古代农业的推动者、医药始祖，民间亦流传“神农尝百草”之说。“本草”的意思是“以草为根本的药物”，引申一步为“以植物为主的各种药物”，或者泛指“可以入药的任何东西”。

《神农本草经》成书年代可能在秦汉或战国时期。实际上现代人谁也不知道原书全貌，原书早佚，最早著录于《隋书·经籍志》。现在能够读到的版本是从历代本草书中辑录的，即依据后来的文本重建了早先可能存在的文本。现在能够读到的《神农本草经》文本有多种，大致分两类，“陶前本”和“陶后本”。“陶后本”指陶弘景整理的本草经文字，历代主流本草中所收录或引用的，多是这类。陶弘景(456～536)为南朝道士、医药学家。陶弘景本人整体的原始文本也已经亡佚。“陶前本”指后人根据各种文献辑复(重建)的陶弘景以前流行的《神农本草经》文本。现在人们用得最多的是“陶后本”。这里将根据尚志钧先生校注的本子进行讨论。

《神农本草经》序录提到全书药物的分类体系和药物种数，最能反映中国古代博物学的特征。虽然从现代科学的角度看有些描述根据不足，甚至荒唐，但人们关注科技史，在乎古代的作品为当下的自然科学教科书提供了多少具体知识，也在乎或者更在乎中国古人是如何思考的、如何生存的，即如何处理人与自然关系、如何解决生活中遇到的各种具体问题。《神农本草经》把药物分为三品：上药、中药和下药。它们担任的角色分别是君、臣、佐、使。所起的作用分别是养命、养性、治病。

上药一百二十种为君，主养命以应天，无毒，多服久服不伤人。欲轻身益气，不老延年者，本上经。中药一百二十种为臣，主养性以

> 应人,无毒有毒,斟酌其宜。欲遏病补虚羸者,本中经。下药一百二十五种为佐使,主治病以应地,多毒,不可久服。欲除寒热邪气,破积聚愈疾者,本下经。三品合三百六十五种,法三百六十五度,一度应一日,以成一岁。

由此可见,长久以来中医药的最高境界不是得了病之后再医治,而是在得病之前保养好身体。医生治病是不得已的处理办法;最好的药也不是毒性最强、药力最大的猛药。上面一段文字反映出《神农本草经》受到儒家学说和道士服食技术的影响。三品的分类法是一种不同于《尔雅》与《周礼》的高度人为的分类体系,它统治中国传统植物分类学长达千年。对此也不必过分指责,分类体系反映了中国古人的思想风貌和生活需要。脱离本地居民的生活实际,抽象地谈论分类体系的好坏,是一种过时的编史理念和态度。

为何是365种?多少有为了一年365天而拼凑的用意。有的条目一条同时包含多种,如“青石、赤石、黄石、白石、黑石脂等”,一一算了就将不是365种了。陶弘景当年就说他所见的本子就有三种,载药数分别是595种、441种和319种。据《抱朴子》、《博物志》、《太平御览》,谈到《神农本草经》时,并无365种法一年365度的叙述。直到宋代《证类本草》才有365定数的表达。

序录中接着讲了中医药中的许多“常识”。实际上,正好是因为《神农本草经》在历史上真实地发生了巨大影响,后人才认为它们是常识:

> 药有君臣佐使,以相宣摄。药有阴阳配合。药有酸咸甘苦辛五味,又有寒热温凉四气,及有毒、无毒。凡欲治病,必察其源,先候病机。五脏未虚,六腑未竭,血脉未乱,精神未散,食药必活。若病已成,

可得半愈。病热已过,命将难全。

按三品分类的药物包括植物(如远志、人参、杜仲、五味子、附子、半夏、钩吻)、动物(如熊脂、蜂子、犀角、牡狗阴茎、蜈蚣)和矿物(如水银、空青、雌黄、石膏、白垩),其中以植物为主,但上中下三品都各自包含这 3 类。统计植物种类,上品中含 107 种植物,中品含 72 种植物,下品含 76 种植物,合计 255 种,因此植物药占了绝大多数。这 200 多种植物,如今仍然是中药中的常见药用植物。这可以说明两点:第一,中药学的发展有着相当的稳定性、继承性;第二,本草学的基础奠定较早,在 2 000 多年前就已经基本成形,后来只是在此基础上增加细节,进行若干修正。

看几个实例,领略一下《神农本草经》的具体写法:

下品(有的版本将其列于中品)中的黄芩(*Scutellaria baicalensis*),它是唇形科植物,如今在医疗保健上仍在广泛使用:"黄芩:味苦,平。主治诸热、黄疸、肠澼泄痢、逐水、下血闭、恶疮疽蚀、火疡。一名腐肠。生自秭归川古。"条目中列出了黄芩的性味、主治、别名和产地。

又如,"续断,味苦,微温。主伤寒,补不足。金疮痈,伤折跌,续筋骨,妇人乳难。久服益气力。一名龙豆,一名属折"。这是讲川续断科的川续断(*Dipsacus asper*),其主要用途是治金属创伤,接筋骨,植物名也源于此。属折中的属,读"主"音,"连接"的意思。此药分在上品中。

书中对茄科的天仙子(*Hyoscyamus niger*)致幻作用的描写在现在看来是准确的,但关于另外一些作用的叙述可能是靠不住的:"莨菪子,味苦,寒。主齿痛出虫,肉痹拘急。使人健行,见鬼,多食令人狂走。久服轻身,走及奔马。强志,益力,通神。一名横唐。"此药分在下品,多服后,使人能看见鬼怪、发狂、奔跑。还能使人增加记忆力,增添气力?这些神奇功效被《本草纲目》第 17 卷照单收入:"久服轻身,使人健行,走及奔马，强志益力，通神见鬼。"《本草纲目》列出长长的"附方"，其中包括"卒发颠狂"、"水泻日久"、"肠风下血"、"脱肛不收"、"风牙虫牙"、"乳痈坚硬"、"狂犬咬人"、"箭头不出"，等等。①

限于历史条件，《神农本草经》书中有些描述是不准确的，不断被引用、代代相传也产生不利的影响，但是从思想史和文化史的角度看，它的成书是中医药理论体系确立的四大标志之一，人们更应当看到它非常成功的方面。作为博物学史、科技史中的经典，《神农本草经》都是当之无愧的。张登本先生曾从 12 个方面叙述《神农本草经》的价值，比如所载药物资料真实可靠，开创药物分类先河，记载了药物疗效、产地、加工等信息，规定了药物的剂型，强调辨证施药，五味四气划分，药物配伍的七情合和，等等。②

四、区域植物学之《南方草木状》

《南方草木状》是一部较纯粹的植物学著作。传说的作者为晋代的嵇含。嵇含，字君道，自号亳丘子，谯郡人。有人说是安徽人，有人说是河南人。一般认为是河南巩义市的鲁庄镇鲁庄村人。③ 嵇含当过太守。有人在广东省出版集团 2009 年出版华南农业大学藏本（1592 年刻本）的"影印说明"中讲，《南方草木状》作者为晋代"竹林七贤"之一嵇含。实际上，魏晋时期 7 位名士指嵇康、阮籍、山涛、向秀、刘伶、王戎及阮咸，其中并无嵇含。七贤排在最前面的嵇康（224～263）是嵇含（262～306）的叔

① 李时珍：《本草纲目》，人民卫生出版社，2012 年第 2 版，第 1140～1144 页。
② 张登本主编：《全注全译神农本草经》，新世纪出版社，2009 年，第 17～30 页。
③ 何频：《杂花生树：寻访古代草木圣贤》，河南文艺出版社，2012 年，第 28～32 页。

祖父,嵇含的爷爷嵇喜是嵇康的哥哥。嵇含的父亲嵇蕃早逝,他由叔父嵇绍(嵇康之子)养大。

关于成书时间,有不同说法,其中一个版本前明确写着:"永兴元年十一月丙子,振威将军、襄阳太守嵇含撰"。永兴元年即304年。但是,据《晋书·惠帝本纪》永兴元年并无十一月!有人认为转抄中可能有误,"十一月"可能是"十二月"。嵇含44岁被杀,他是否到过广州也有争议。有研究指出,现存之《南方草木状》为宋人辑佚之作。[①] 1983年在广州曾召开《南方草木状》国际学术讨论会,论文集1990年由农业出版社出版。学界对《南方草木状》作者及成书年代进行了交流,意见并不统一。几十年过去了,学界经过思考,仍然倾向于《南方草木状》成书较早、作者为嵇含的早先观点。以嵇含没有到过广州因而无法写出此书来立论,已很难服人。

《南方草木状》全书共3卷,讲述了岭南植物,分草、木、果、竹四类。前人评论说:"内容赅备,文字简洁,向称典雅。"

其中卷上草类29种,卷中木类28种,卷下包括果类17种和竹类6种,共计80种。察看图书的内容可知,书中描述的植物不限于80种,正文在讲述这80种时还借用了当时人们熟知的其他一些植物。比如讲甘蕉时,就借用了人们熟悉的芙蓉、芋魁(即芋的地下块茎)、蒲萄(即葡萄)、藕等来形容其形状、味道等;在讲千岁子时,提到了肉豆蔻(明代的《本草纲目》中提到此植物,并说其外国名是迦拘勒。宋代寇宗奭的《本草衍义》也讲到此植物,李时珍引过);讲冶葛时提到罗勒;讲枫香时提到白杨;讲朱槿时提到蜀葵;讲指甲花时提到榆。用已知来描写未知,比较

① 靳士英、靳朴、刘淑婷:"《南方草木状》作者、版本与学术贡献的研究"。《广州中医药大学学报》,2011年,第28卷,第3期。

异同，这在植物学史中是极常见的方法。

书中讲的第二种植物叫“耶悉茗”，从名字上看是外来植物。“耶悉茗花、茉莉花皆胡人自西国移植于南海，南人憐其芳香，竞植之。陆贾《南越行纪》曰：南越之境，五谷无味，百花不香，此二花特芳香者，缘自别国移至，不随水土而变，与夫橘北为枳异矣，彼之女子以彩丝穿花心，以为首饰。”这一条清晰记录了植物跨国交流的事实，耶悉茗就是木犀科的素馨(*Jasminum grandiflorum*)，也有认为是素方花(*J. officinale*)的。根据这一信息，植物学史家能够初步判断(不是必然)它是外来种。此段文字也交待了素馨的一个用途：把花用细绳串起来，做成花环当首饰用。如今热带地区仍然有此风俗，如夏威夷广泛使用的lei(花环)。再举几例：

睡菜科睡菜(*Menyanthes trifoliata*)：“绰菜，夏生于池沼间。叶类茨菰，根如藕条。南海人食之，云令人思睡，呼为瞑菜。”现在出版的各种植物志对睡菜的描写与此并无差别，甚至还没它形象生动。

对旋花科空心菜即蕹菜(*Ipomoea aquatica*)的描写：“蕹，叶如落葵而小。性冷味甘，南人编苇为筏，作小孔浮于水上。种子于水中，则如萍根浮水面。及长，茎叶皆出于筏孔中，随水上下。南方之奇蔬也。冶葛有大毒，以蕹汁滴其苗，当时萎死。世传魏武能啖冶葛至一尺，云先食此菜。”这一段相当于描述了“浮园栽培”或无土栽培中的水培蔬菜操作方法，“筏”起固着的作用，相当于现在用的某种浮板定植器。“冶葛”指马钱科的断肠草(*Gelsemium elegans*)，空心菜对其有解毒作用。书中还提到，冶葛虽然对人有剧毒，但毒药也是相对的，“山羊食其苗即肥而大”，老鼠吃巴豆也没问题，“盖物类有相伏也”。现在我们知道，巧克力对人是一种美食，对狗来说却是毒药。

对锦葵科朱槿(*Hibiscus rosa-sinensis*)的描述更是相当准确，名字也完全延用下来：“朱槿花，茎叶皆如桑，叶光而厚，树高止四五尺，而枝叶婆娑。自二月开花，至中冬即歇。其花深红色，五出，大如蜀葵，有蕊一条，长于花叶，上缀金屑，日光所烁，疑为焰生。一丛之上，日开数百朵，朝开暮落。插枝即活。出高凉郡。一名赤槿，一名日及。"其中"长于花叶，上缀金屑"，极好地描写了单体雄蕊的结构。用同科植物蜀葵来逼近朱槿，也是很合理的描述手法。

书中对桑科榕属(*Ficus*)植物气生根着地以至于"独木成林"的描写也非常具体："软条如藤，垂下渐渐及地，藤稍入地，便生根节或一大株。有根四五处，而横枝及邻树，即连理。"

书中描述的绝大部分植物均能与现在的植物对应起来，但也有一些疑问。比如其中的"千岁子"到底指何种植物？"千岁子，有藤蔓出土，子在根下，须绿色，交加如织。其子一苞恒二百余颗，皮壳青黄色，壳中有肉如栗，味亦如之。干者壳肉相离，撼之有声，似肉豆蔻。出交趾。"从这段描写看，它几乎确定无疑是指豆科的落花生(*Arachis hypogaea*)，即现在常见的花生。

古代地理书《三辅黄图》中提到汉代从南方引进的许多植物，也出现在《南方草木状》中，其中包括千岁子："扶荔宫，在上林苑中。汉武帝元鼎六年，破南越起扶荔宫，以植所得奇草异木：菖蒲百本；山姜十本；甘蕉十二本；留求子十本；桂百本；蜜香、指甲花百本；龙眼、荔枝、槟榔、橄榄、千岁子、柑橘皆百余本。上木，南北异宜，岁时多枯瘁。荔枝自交趾移植百株于庭，无一生者，连年犹移植不息。"这说明两书有一定的相关性，谁先谁后需另外研究。《三辅黄图》的作者、成书年代也未研究清楚，相传为六朝人所著，始著录于《隋书·经籍志》，西北大学陈直认为现代流行的版本应当是中唐以后的作品。

清代的《花镜》录用了《南方草木状》关于千岁子的说法，稍有改动，比如加了"极能解酒消暑"。

但是花生公认来自美洲，而那时中国如何与美洲发生了关系？有如下几种逻辑可能性：①中国本土早就出产花生。②美洲的花生早就传到了亚洲南部。③千岁子不是花生。④《南方草木状》中的千岁子不是今日的花生。⑤《南方草木状》成书时间实际上较晚（宋代才有著录，也有人认为是伪书）。其中前两者并不必然矛盾，关键是时间有多久。20世纪60年代考古工作者在江西新石器时代地层中发现过花生化石。这些材料都很令人思索，证明或证伪上述五种可能，都是有趣的。

"鹤草"指什么，也没有定论。与今日石竹科的鹤草（*Silene fortune*）无关，可能指豆科的常春油麻藤（*Mucuna sempervirens*）、翡翠葛或者金丝雀藤（*Crotalaria agatiflora*），也可能指某种兰科植物。此段记述与《岭表录异》关于"鹤子草"的描述基本一致。

> 鹤草，蔓生，其花曲尘色，浅紫蒂，叶如柳而短。当夏开花，形如飞鹤，嘴翅尾足，无所不备。出南海，云是媚草。上有虫，老蜕为蝶，赤黄色。女子藏之，谓之媚蝶，能致其夫怜爱。（《南方草木状》）
>
> 鹤子草，蔓生也。其花曲尘色，浅紫蒂。叶如柳而短。当夏开花，又呼为绿花绿叶，南人云是媚草。采之曝干，以代面靥。形如飞鹤，翅尾嘴足，无所不具。此草蔓至春生双虫，只食其叶。越女收于妆奁中，养之如蚕。摘其草饲之。虫老不食，而蜕为蝶，赤黄色。妇女收而带之，谓之媚蝶。（《岭表录异》）

对比看，《岭表录异》写得更具体，信息量更多些。《岭表录异》相传为唐刘恂撰。

除了各条目对植物形态、来源、用途的描述外，《南方草木状》展现的整体面貌令人刮目相看，在植物分类方式上它真正突破了本草学的限制，全书在文字表述上简明、自然、超脱，并非为了实用而实用。在分类上，草、木、果、竹的分法与以前的“三品”分法完全不同，更接近于“自然分类”体系，更有现代植物志的气质。但它同时又强调地方性、实用性和地区对比。

陈德懋所著的《中国植物分类学史》称此书为“中国最早的植物学专著”。此书在中国历史上关于植物的诸多讨论中，多少属于异类，影响也不够大。有人说它被“淹没于本草学的汪洋大海之中”。

也有人从民族植物学的角度阐发《南方草木状》的意义。[①] 在讲述“柑”时，书中生动叙述了柑蚁生物防治的一个经典案例：

> 交趾人以席囊贮蚁鬻于市者，其窠如薄絮囊，皆连枝叶，蚁在其中，并窠而卖。蚁赤黄色，大于常蚁。南方柑树若无此蚁，则其实皆为群蠹所伤，无复一完者矣。

用蚂蚁来控制果树病害，并且此方法已经商品化，这是件非常了不起的事情。用现在的眼光来看，它既省钱又环保，是生态农业的典范。这可能是世界上最早提及生物防治的文献。即使《南方草木状》成书年代可能较晚，同类生物技术在中国古代很早时期之存在性也是不可动摇的，因为还有类似的许多文献记录，从唐代一直到清代从未间断过。

唐代段成式在《酉阳杂俎》中说：“岭南有蚁，大于秦中马蚁。结窠于柑树。柑实时常循其上，故柑皮薄而滑，往往柑实在其窠中。冬深取之，味数倍于常者。”大意是：在岭南有比陕西蚂蚁大的蚂蚁，这些大个头的

---

① 陈重明、陈迎晖：“《南方草木状》一书中的民族植物学”。《中国野生植物资源》，2011年，第6期。

蚂蚁在橘树上建巢，并且在成长中的果实表面爬动，这令长成的果实皮薄且光滑。有时，果实就长在蚁巢中，在冬天采下这样的果实，品尝起来味道比一般的橘子好得多。

刘恂的《岭表录异》中也说："岭南蚁类极多。有席袋贮蚁子窠鬻于市者。蚁窠如薄絮囊。皆连常枝叶。蚁在其中，和窠而卖也。有黄色大于常蚁而脚长者。云南中柑子树无蚁者实多蛀。故人竞买之以养柑子也。"这一记录再次与《南方草木状》中的极为相似。

10 世纪末的《太平寰宇记》更进一步，提到了 2 种蚂蚁："苍梧土谚曰：郡中柑橘多被黑蚁所食。人家买黄蚁投树上。因相斗。黑蚁死。柑橘遂成。"在广西梧州，人们用黄蚂蚁来控制黑蚂蚁。

12 世纪的《鸡肋篇》中描写，人们用动物脂肪收集养柑蚁："广州可耕之地少。民多种柑橘以图利。尝患小虫损食其实。惟树多蚁则虫不能生。故园户之家买蚁于人。遂有收蚁而贩者。用猪羊脬盛脂其中，张口置蚁穴旁，俟蚁入中则持之而去，谓之养柑蚁。"

14 世纪的《种树书》、明末时期的《岭南杂记》、17 世纪方以智的《物理小识》、清初的《花镜》和稍后的《广东新语》，以及 18 世纪末的《南越笔记》中都有相关记录。综合起来看，中国古代的蚂蚁防治技术已经有上千年持续应用的历史。[①] 西方人麦库克(H. C. McCook)于 1882 年首次报道了广州用蚂蚁防治昆虫危害的技术，但并未受到昆虫学家和园艺学家的重视。直到 20 世纪西方科学家才关注到柑蚁防治的事情，一开始还不大相信有效果。

当然，并非只有中国古人发现了这类聪明的生物防治方法，其他地

① 详见李约瑟：《中国科学技术史 · 植物学》，科学出版社、上海古籍出版社，2006 年，第 444～155 页。

区的居民也积累了类似的、适合自己社区的博物学智慧。它们都是极为具体的、经过充分检验的、具有地方性的重要实用技艺，甚至比如今教科书上标准化了的普遍科学知识更重要、更值得科学史工作者挖掘、整理。美国人类学家斯科特(James C. Scott，1936～　)在《国家的视角》中热情洋溢地描写了马来西亚一个农村用黑蚂蚁控制红蚂蚁进而保护芒果的生物控制案例。他说："很难想象如果没有一生的观察和保持数代相对稳定的社区，从而能够有规律地交换和保存这类知识，这些知识怎么能够被创造和保留。讲这个故事的目的之一是提醒我们注意产生类似的实践知识所必需的社会条件。这些社会条件至少需要有兴趣的社区、积累的信息和持续的实验。"①这类博物学生存智慧的产生是与农业文明相匹配的，它与后来基于实验室的还原论科学技术在思维方式上完全不同，标准不同旨趣不同，所服务的对象也不同。

五、综合性农书之《齐民要术》

北魏贾思勰所著《齐民要术》是世界上第一部被完整保存下来的综合性农书。"齐民"指平民百姓，"要术"指谋生的重要方法、手段。书名合起来意思是，平民百姓生产生活的基本方法。作者贾思勰是"后魏高阳太守"，此"高阳"被认为是指山东而非河北的高阳郡，按现在的地理，他的家乡在山东寿光南。学者认为，成书年代大约在6世纪。北宋天圣年间才有刻本行世，现存的唯一孤本在日本，而且严重残缺。明代刻本印量较大，但质量不高。到清代乾嘉年间，校勘较好的本子才传播

① 斯科特:《国家的视角》，社会科学文献出版社，2011年，第430页。

开来。[1]

《齐民要术》全书约11.5万字，共10卷92篇，讨论的主要是北方旱作农业的技术和生产管理。"自序"中说明此书的资料来源有4个方面："采捃经传，爰及歌谣，询之老成，验之行事。"翻译成现代汉语，这4个方面分别指：从历代文献中摘引与农业生产相关的文本。通过他的引用，西汉时的著名农业著作《氾胜之书》和《四民月令》也得以间接流传下来。第二个来源是，到民间采收农业谚语。作者广泛收集农谚，似乎具有如今民俗学家、社会学家、人类学家的胸怀。农谚是传统智慧的结晶，其间包含高度概括并久经考验的科学技术知识。第三个来源是，向工作在一线的农民和行家求访经验。第四个来源是，深入生产过程，亲自验证。现代人做学问，能考虑到这4个方面，也相当不错了。

贾思勰坚信"国以民为本，民以食为天"，但他考虑的农业是广义的，包括农、林、牧、渔、副，从耕地、植物种植、动物饲养到农产品加工，以及自产自销式的"货殖"，都包括在内。不过，不包括倒买倒卖。贾思勰说："舍本逐末，贤哲所非，日富岁贫，饥寒之渐，故商贾之事，阙而不录。"他有意区分"货殖"与"商贾"，反映出其重农抑商的用意。《齐民要术》实际上讲的是以土地为基础的"多种经营"，全书全面体现了农业文明的农本思想。其中农产品加工就包括酿造酒、醋、酱、豆豉，制饴糖、做饼饵和荤素菜肴，制作文化用品等多项。

《齐民要术》提到使用绿肥的技术，称之为"美田"之法：在每年的五六月间，把绿豆、小豆、芝麻密集种植在地里，七八月的时候用耕犁把它们翻埋在土里。待到来年春播时，这些被掩埋的植物就变成了肥料，可

① 缪启愉、缪桂龙：《齐民要术译注》，齐鲁书社，2009年，第2～4页。

以使土地多收粮食,“其美与蚕矢熟粪同”①。

《齐民要术》对马的描写相当仔细,各个方面无一遗漏,不厌其祥。相马整体性的要求是:马头是王,要求方;眼是丞相,要求有光;背椎和腰椎是将军,要求强有力;胸腹部是城郭,要求宽广;四肢是地方官,要求修长。

相马时要把“三羸”、“五驽”这些劣马筛选掉,再相其余的马。关于马的内脏的相法是:马耳要小,耳小肝就小,肝小则通意。马鼻要大,鼻子大肺就大,肺大就善于奔跑。马眼要大,眼大心就大,心大就勇猛、不惊、健走,等等。相马要从头部开始。“头欲得高峻,如削成。头欲重,宜肉少,如剥兔头。”“马眼欲得高,眶欲得端正,骨欲得成三角,睛欲得如悬铃,紫艳光。”“马耳欲得相近而前竖,小而厚。”“鼻孔欲得大。”“口中色欲得红白如火光,为善材,多气,良且寿。”马中热,治疗方法为:煮大豆,和上热的饭喂马,喂三次就好了。马长疥癣,用雄黄和头发来治:把这两样放入腊月的猪油中煎熬,待头发化掉即好,待用。用砖刮去疮痂脓污,使患部现出红色,趁热把刚才熬好的药汁涂上,这样马病就会好。治马中水的方子是:拿两把食盐,塞入马的两鼻孔中,捏住马鼻,上马眼中流出泪来,再放手,马就好了。治马大小便不通:用油脂涂在手上,探到马的直肠里,把结住的马粪抠出来。用盐塞进马的尿道里,过一会儿马就能撒出尿来。马患这种病,痛苦不堪,一天之内就会死掉,必须立即治疗。

《齐民要术》还分别描写了1岁到32岁的马的牙齿都是什么样子,这对于用户购马是相当重要的信息。书中也用相当篇幅讲如何饲养马,如何给马治病。关于马驴杂交,书中说:通常情况下,让公驴配母马,生蠃(相当于现在的“骡”)。若让公马配母驴,生骡(相当于现在的“驴

① 缪启愉、缪桂龙:《齐民要术译注》,齐鲁书社,2009年,第33页。

骡”），身体壮大，比马还强。但必须选择七八岁骨盆正大的母驴，与公马交配。母驴骨盆宽大，容易受胎；公马高大，后代强壮。草骡没有生殖能力，就是生产了也活不了多久。[①]

关于制作豆豉，《齐民要术》做了详细描写，操作的各环节都描写得很清楚。比如关于制作的场所：要准备密闭温暖的房间，在地上掘二三尺深的坑。房屋必须是草盖的，瓦屋不好。用泥封注窗户，不让风、虫和老鼠进入。开个小门，只容一人进出。用厚厚的秸秆编成的帘子密闭小门。关于制作时间：最好在四五月，七月二十日以后到八月是中等时令。其他时间也可以做，但冬天太冷，夏天太热，做豆豉的温度很难控制。温度要调节至人的腋窝温度为最佳，如果不能调控到这个温度，宁可冷点，不要过热。关于原料和加工过程：用陈豆子更好。新豆还带湿，难以煮得均匀。把豆子簸干净，放在大锅里煮，煮到豆子张开、手掐变软时就行了。如果太熟，酿成的豆豉就会太软。把煮好的豆子放在洁净的地上，摊开，翻动以散去热气。温度不要太冷也不要太热，然后把豆子移到准备好的草屋中堆成尖堆。每天进去两次，用手试探豆堆的温度，勿使之超过人腋窝的温度。如果超过了，就需要用工具翻转豆子，使里外颠倒，然后仍然把豆子堆成尖堆。如此照管多日，等到豆子长出白色菌衣和黄色菌衣，再经过一系列复杂操作，洗豆、捞豆、用席子卷豆等，放置 10 多天，豆豉最后才能成熟。酿制豆豉，掌控温度最为关键，“冷暖宜适，难于调酒”，也就是说比酿酒还难把握。[②]

关于“鱼莼羹”的制作，《齐民要术》的记述摘引如下：四月莼从宿根中长出新茎，但叶还未长出，这时称它“雉尾莼”，这时做汤菜最为肥美。

---

① 缪启愉、缪桂龙：《齐民要术译注》，齐鲁书社，2009 年，第 394～425 页。
② 同上，第 583～589 页。

叶子张开后长足了，称“丝莼”。五六月时采丝莼。七月到十月，就不好吃了，因为上面寄生了一种虫子。虫子很小，黏在叶上不容易分辨，吃了后会得病。不过，到了十月，水会冻死虫子，莼又可以吃了。鱼和莼菜都要冷水下锅，盐要少加。[①]

中国古代博物学著作经常会不经意地用到地方性物候学知识，《齐民要术》在谈种兰香时先讲名字的由来，接着讲何时下种：兰香就是罗勒。为了避“石勒”的名讳，就改名兰香，后来人们就叫开了。三月中，看到枣树开始长出新芽时，就可以种兰香了。种早了，苗长不出来，白白浪费了种子。[②]

在某个地方播种一种植物，却要看另一种植物的状态，这合理吗？回答是非常合理。枣树在户外是自然生长的，它的状态反映了实际气温的变化情况。每一年中，枣树开始长出嫩叶的日期可能是不同的。如果规定一定要在某日播种，就有可能违背了当地的自然条件。

《齐民要术》也提到一些小技巧，比如用猪帮助拱地：在桑田，每年绕着树根，离开一步远撒下芜菁子。芜菁收获之后，把猪放到桑树地里，让它吃残根剩茎。这样，地就被猪拱得松软了，比特意耕地还好。[③]

从这些举例可以看出，《齐民要术》是非常实用的农书。它在强调天时、地利、人力要素组合的前提下，详细总结了6世纪北方精耕细作农业的各种经验，它所依据的要顺应大自然节律的农业思想在当时是先进的，对现代人也有启示意义。《齐民要术》诞生后1 000多年，中国北方农业生产技术，基本上没有超出此书的范围和方向。

在《齐民要术》之后中国古代最重要的农书是《王祯农书》和《农政全

---

① 缪启愉、缪桂龙：《齐民要术译注》，齐鲁书社，2009年，第618页。
② 同上，第213～215页。
③ 同上，第323页。

书》。前者兼论南北，在农田水利和农器图谱方面有特殊贡献。后者为明末徐光启所撰的中国历史上最大的一部农书，内容包括农本（经典与前人各种杂论）、田制、农事、水利、农器、树艺（谷蔬和果树）、蚕桑、蚕桑广、经济作物种植、牧养、制造（食品加工和房屋建造等）、荒政（准荒）共12个方面。《农政全书》已经远远超出农业生产技术的范畴，所述内容也涉及经济政策和政治安定。

六、野菜之书《救荒本草》

民以食为天，由于种种原因，当百姓的粮食不够吃的时候怎么办？图文并茂的《救荒本草》就是解决这个问题的，它在古代属于“荒政”的范畴，利用这部书，可以采集、加工野生植物的各部分以保命，进而维护社会安定。书名带“本草”两字，但它不同于以前各种本草书，它不是给人治病的，而是让人果腹的，用意在“食”而不在“药”。

《救荒本草》作者是朱橚（1361～1425），成书于明永乐四年，即1406年。李时珍、徐光启等人都搞错了，以为是朱橚的二儿子宪王朱有炖写的。朱橚是明太祖朱元璋的第五子。先被封为吴王，皇帝觉得不妥当，马上改封为周王，朱橚去世后谥号为定，故一般称朱橚为周定王。明成祖朱棣是朱橚的同母哥哥。

朱橚身为皇子，一生却并不顺利，曾两次被贬为庶人，被迫迁徙云南，但大部分时间生活在河南。那时候的官员与现在的官员不同，不允许随便到其他地方考察、观光。朱橚私自离开开封到凤阳看望重病的老丈人冯胜而被认为犯了大忌，被明太祖赶到云南。第二次“犯错误”被建文帝赶到云南是因儿子告密，说朱橚有僭越、谋反的嫌疑，几年后被调到首都应天看管。等朱棣上台后,朱橚才被平反,再次回到开封。

《救荒本草》全书收录可食植物 414 种,在旧本草著作中可找到 138 种,新增加 276 种。今存最早者为 1525 年山西太原重刻本。

《救荒本草》用图精准,原书以图为主,文字描述为辅,但如今能见到的大部分印刷版则刚好相反,这有违原书的宗旨。正因为原书插图幅面大而且绘制精细,与文字相配合,全书的多数植物能够鉴定到"属"的层面,有些能鉴定到"种"。

《救荒本草》作者没有随便外出考察植物的自由,朱橚请人把乡野植物栽种到一个花园中,在园中观察。1406 年的《救荒本草》序中说:"于是购田夫野老,得甲坼勾萌者四百余种,植于一圃,躬自阅视,俟其滋长成熟,乃召画工绘之为图,仍疏其花实根干皮叶之可食者,汇次为书一帙,名曰救荒本草。"其中"甲坼勾萌"指种子种下后萌发,从种壳中长出新芽,此处泛指植物幼芽初生。建立微型植物园,引种并研究野生植物,开辟了一个新的研究方法,以后多有效仿。

《救荒本草》的分类在大的层面分五部:草部 245 种、木部 80 种、米谷部 20 种、果部 23 种、菜部 46 种。除此之外,围绕可食这一目的,又分出叶可食、实可食、叶及实皆可食、根可食、根叶可食、花可食、叶皮及实可食、茎可食、笋可食等小类。具体到每一种植物,包括的内容有:①植物名。②植物图片。③对此植物的描述,此为重点,文字相对较多,一般 30 字到 60 字,个别可达 130 字以上。④"救饥"项。阐述野菜加工方法及味道、效应。用字不多,如谈野山药时,救饥一项只有简明的几个字:"采根,煮熟食之"。⑤"治病"项。此项并非都有,以前的本草著作中有记载者,此处会注明。新增者没有此项。以"刺蓟菜"为例具体看一下此书的写法:

[刺蓟菜]本草名小蓟,俗名青刺蓟,北人呼为千针草。出冀州,生平泽中,今处处有之。苗高尺余,叶似苦苣叶,茎叶俱有刺,而叶不皱。叶中心出花头,如红蓝花而青紫色。性凉,无毒。一云味甘,性温。**[救饥]**采嫩苗叶煠熟,水浸淘净,油盐调食,甚美。除风热。**[治病]**文具本草草部大小蓟条下。①

应当说,《救荒本草》文字相当简洁。描述部分信息丰富,通俗易懂。"救饥"中谈到野菜加工"煠"读"杂"音,同焯(音"超"),指把食物放入热水或油中烫熟。"煠熟"在《救荒本草》经常用到。综合描述和图片,可初步判断为刺菜儿(*Cirsium segetum*)。在北方,如今人们仍然普遍食用此植物的嫩茎叶。

书中提到的刺蓟菜、萱草花、灰菜、葛根、百合、歪头菜、碱蓬、费菜、风花菜、毛连菜、椿树芽、椒树、拐枣、枸杞、苍术、鸡头实(芡实)、野山药等,如今也经常食用。

书中也有一些问题,如马兜零(今作马兜铃)被认为无毒可食,而现在研究表明此植物对肾脏有损害,作为食物吃是不合适的。白屈菜也如此。当然,按《救荒本草》的加工办法"采叶煠熟,用水浸去苦,淘净,油盐调食",叶中所含的毒素已经大部分去除了。其中,煠和水洗的环节非常重要,对于一些菌类也如此。

《救荒本草》的价值体现在多个方面:①亲自观察,描写简明准确,实证性较强。此书受到贝勒(Emil Vasilievitch Bretschneider)、伊博恩(Bernard Emms Read)、利德(Howard Sprague Reed)、李约瑟等学者的高度评价。②注重实用,图文密切结合,在科学传播方面有突破。③它

① 王家葵等:《救荒本草校释与研究》,中医古籍出版社,2007年,第21~22页。

是重要的经济植物学著作，在国内外有广泛影响。本书内容曾被《本草纲目》、《野菜博录》、《农政全书》、《植物名实图考》等引用或节录。《救荒本草》成书 300 多年后的 1716 年日本人首次翻刻，加速了日本本草学的博物学化。日本的著名植物书《本草图谱》和《植学启源》均受此书影响。

七、纯粹植物学之《植物名实图考》

清代吴其濬(1789～1847)撰写的《植物名实图考》是中国古代最纯粹的植物学专著，与以前大量本草学著作相比，其突然特点是以描述植物本身为主要任务，弱化人类对植物的使用。用原序的评语讲，“此《植物名实图考》所由包孕万有，独出冠时，为本草特开生面也。”[①]

吴其濬字季深，别号古兰，自号雩娄农。(注意，吴其濬的“濬”字不能简写为“浚”，故白寿彝主编的《中国通史》写法“吴其浚”是错误的)，吴其濬有个堂兄名字就叫吴其浚(字淇瞻)。河南固始县城关人，远祖为江西南昌人。吴其濬出生于书香人家，是“吴门十进士”之一。雩，读“余”音。雩娄，地名，在今固始县黎集镇附近。“雩娄农”意思是“固始农夫”，是“谦恭之词”。

吴其濬被认为“具希世才”，1817 年中一甲一名进士，一生为官，“宦迹半天下”。30 岁时到广东为官，不久奔父丧回河南，在家守孝七年。这期间造花园“东墅”，栽种植物，读书著述。后来到湖北、江西、湖南、云南、福建、山西任职，广泛采集植物。从 1838 年到 1846 年主要从事《植物名实图考》的写作。《植物名实图考》是在《植物名实图考长编》的基础

① 张瑞贤等:《植物名实图考校释》，中医古籍出版社，2008 年，第 1 页。

上编订的。吴其濬与朱橚相比，一个重要优势是合法游历了大江南北，见多识广。

吴其濬曾与道光皇帝讨论过植物名称问题。皇帝问“王瓜”的指称，吴其濬将听说的与文献记载的一一告知。皇帝又问王瓜一名的缘起，吴其濬将始于前汉以及后来改名的原委讲清楚。君臣有闲情交流植物信息，也不失为一段佳话。

《植物名实图考》共 38 卷，著录植物 1 714 种，共分 12 类：谷类、蔬类、山草（注：唯独此类没有写作某某类）、隰草类、石草类、水草类、蔓草类、芳草类、毒草类、群芳类、果类、木类。全书附插图千余幅，绘制精美，十分有助于识别植物。

吴其濬生前并没有看到自己编写的这部大书，《植物名实图考》在其去世后第二年由山西巡抚陆应谷校刊印行。1880 年山西濬文书局利用初刻本原版重印。1915 年云南图书馆据日本明治初刻本石印，书首有龙云的序言。1919 年商务印书馆铅印，1957 年重印。

《尔雅》把旋覆花解释为“盗庚”。吴其濬在讨论菊科的旋覆花（*Inula japonica*）时说：盗庚，“未秋而有黄华，为盗金气”。接着引《列子》的话发了长篇议论。“人之于天地四时孰非盗，而况于小草？虽然造物者，亦何尝不时露其所藏，以待人之善盗哉？……而造物乃或慨而使之盗，或吝而拒之盗。其或使或拒者，非造物之有异于盗，而盗者之不能窥造物也。善为盗者，智察于未然，明烛于无形。商之善盗也，人弃而我取。农之善盗也，修防而潴水。工之善盗也，入山而度木。士之善盗也，谋道而获禄。方其盗也，无知其为盗也；知其为盗，则不足以言盗。”[①]好一个“盗论”。在他这里，“盗”的概念被扩大或者转义。实际上，在旋覆

① 张瑞贤等：《植物名实图考校释》，中医古籍出版社，2008 年，第 214～215 页。

花这一条中，吴其濬除了从文献上将其定位于《神农本草经》和《尔雅》外，没有做任何描述。不过，书中给出的旋覆花插图是一流的，特别是叶和花画得非常像，据此在野外很容易判断是哪种植物。菊科植物甚多，相似种类很难辨别，但《植物名实图考》中介绍旋覆花，却没有出现令读者分辨不清的情况，图片起了决定性作用。

上例中吴其濬在文字上不下功夫而借助于插图，并非他不擅长描述，看看作者对蔷薇科龙芽草(*Agrimonia pilosa*)的记述就知道他对植物的观察是如何仔细以及描写是如何精确了："苗高尺余，茎多涩毛。叶如地棠叶而宽大，叶头齐团，每五叶或七叶作一小茎排生。叶茎脚上又有小芽叶，两两对生。梢间出穗，开五瓣小圆黄花，结青毛蓇葖，有子大如黍粒。味甜。收子或捣或磨，作面食之。"①其中对茎毛、羽状复叶、托叶、总状花序顶出、花黄色五个圆瓣、蓇葖形状等描述，均与现代植物志中的描写相合。对托叶的刻画"叶茎脚上又有小芽叶，两两对生"非常形象而且准确。

再看一例，吴其濬对马鞭草科臭牡丹(*Clerodendrum bungei*)的描写："臭牡丹，江西、湖南田野废圃皆有之。一名臭枫根，一名大红袍。高可三四尺，圆叶有尖，如紫荆叶而薄，又似油桐叶而小，梢端叶颇红。就梢叶内开五瓣淡紫花成攒，颇似绣球而须长如聚针。南安人取其根，煎洗脚肿。其气近臭，京师呼为臭八宝。或伪为洋绣球售之。湖南俚医云煮乌鸡同食，去头昏。亦治毒疮，消肿止痛。"②此条目中，突出了叶形、花瓣的数目、雄蕊(须)的长度、花序的形状、植株的气味，应当说写得很准确。所附插图也精美，叶对生、心形，花序顶生、半球状，雄蕊如长针等

① 张瑞贤等:《植物名实图考校释》,中医古籍出版社,2008年,第232页。

② 同上,第296页。

等，绘制均十分准确。

《植物名实图考》所附插图也非个个都好。如贝母（128页）、紫花地丁（280页）、榼藤子（356页）、白敛（400页）、大黄（433页），均不令人满意。

《植物名实图考》的特点为：①实证性强，描述准确。作者足迹遍及大半个中国，见识的植物颇多。这一点非常关键，博物类知识很难从原理上推导出来，个人经验更显重要。②更多地引用了地方志材料，这也使得所述内容更为具体、可核验。《植物名实图考》重视历史文献，但更重视当下的经验材料，这与近代科学兴起的总思路是一致的。③突出第一人称的记述和议论，书中经常出现"雩娄农曰"，甚至穿插了许多自己的回忆。现代科学论著很少使用第一人称，据说这样会令文本看起来更客观！的确，只是看起来如此。科学是人做出来的，是特定人群或个体做出来的，作者要对内容负责任，因而以第几人称来书写只是习惯问题，故意不用第一人称写作反而让人觉得要隐匿什么似的。吴其濬的议论部分有些可取，有些则是掉书袋，文辞古奥、用典太多，状元老爷的架式时有显现。有些议论借题发挥，扯得太远。不过，这也正好保存了作者的思想面貌，让读者更清楚地知道吴其濬是怎样一个人，缺点也是优点！也许正好因为书中有这样一些"不大相干"的内容，这部名著读起来才不枯燥，让人觉得有味道。吴其濬是植物学家，更是传统文人。文人的气质不应当受到质疑。当下不正试图将科学与人文结合么？

八、与西方近代科学接轨的《植物学》

日本学者宇田川榕菴（1798～1846）早先将植物学（Botanica）音译为

“菩多尼诃经”，后来受李善兰（1811～1882）等译《植物学》的影响，才改译“植物学”。李善兰等人依据英国植物学家林德利（John Lindley，1799～1865）1841 年左右出版的著作《结构、生理、系统、药用植物学要义：植物学第一原理纲要》（第四版）（*Elements of Botany; Structural, Physiological, Systematical, and Medical: Being a Fourth Edition of the Outline of the First Principles of Botany*），创译了《植物学》一书，首次将 botany 译作“植物学”。

《植物学》一书在近代科学史和科学传播史中有重要地位：①中国植物学的现代篇始于此书，书中讲述的内容包括植物的形态学、分类学、解剖学、生态学等多方面的知识。②确定了科、细胞、萼、瓣、须、心、心皮、子房、胎座、胚、胚乳等专业术语。此前，瓣、须等就用来指称植物的器官，而“细胞”一词是从日文译法中学来的，在汉语世界到了这时它们与西方科学的相关术语才建立起直接对应关系。

就知识点而言，这部《植物学》最接近于当代中学、大学课堂所讲授之植物学，当然不会比现在的课本讲得更准确、充分，在此没必要再就知识点一一列举评述。此时有更重要的方面需要讨论，即诞生于 19 世纪中叶的《植物学》所体现的“科学以外”的信息。其实“科学以外”的描述并不准确，因为这些信息内在于那时的科学，与科学难解难分。

关于《植物学》之版本、意义、与国外同时期植物学作品的关系、在日本的传播等，已经有了一些评述，但对于其中的文化背景却少有讨论。这并不奇怪，长期以来，我们都比较重视自然科学著作中普适的、纯净的知识内容，要尽可能地把相关的文化背景、地方性知识剥离，宗教、神学背景更应当抹掉。去语境化、去价值化的后果是：①某项科学研究被从历史文化与境中摘出，其结果可能变得普适，但在外人、后人看来变得难以理解；②科学研究的动机、目标中，实用、功利的方面被突出，而情感、价值观、超越的方面被忽略；基础科学研究的价值判断往往只从技术功利的角度来加以评判；科学创新的动力被简化为单一的利益驱动；③追求纯客观的过程，导致工具理性与价值理性在科学探索的全过程中彻底分离，科学的航船失去了指引、目标，科学工作者不再关注本来内在于课题的伦理问题。与自然神学捆绑，是近代科学的一个突出特点，当今的科学发展未必一定要与自然神学再次捆绑，但它终究离不开某些价值理性的介入。

李善兰 1858 年在《植物学》序言中写道：

《植物学》八卷，前七卷，余与韦廉臣(注：Alexander Williamson，1829～1890)所译。未卒业，韦君因病反(注：同“返”)国。其第八卷，则与艾君约瑟(注：Joseph Edkins，1823～1905)续成之。凡为目十四，为图约二百，于内体、外体之精微，内长、外长、上长、通长、寄生之部类，梗概略具。中国格致士，能依法考察，举一反三，异日克臻赅备不难焉。

韦艾二君，皆泰西耶稣教士，事上帝甚勤。而顾以余暇译此书者，盖动植诸物，皆上帝所造。验器用之精，则知工匠之巧；见田野之治，则识农夫之勤；察植物之精美微妙，则可见上帝之聪明睿智。然则二君之汲汲译此书也固宜，学者读此书，恍然悟上帝之必有，因之寅畏(注：寅畏，通“夤畏”，即敬畏)恐惧。而内以治其身心，外以修其孝悌忠信，惴惴焉惟恐逆上帝之意，则此书之译，其益人岂浅鲜哉！

咸丰八年(注：1858 年)二月五日，刊既竣，书此，海宁李善兰。

从序言中可以看到很强的自然神学味道，书的正文也是如此。

作为中西文化交流的范例，《植物学》的出版首先是一种文化现象，其次才是科学史范围或者科学传播史范围的一个案例。科学也是一种文化，作为文化的科学，其边界是模糊的，界限划到何处取决于科学观、编史学理念和当下的兴趣。如果我们跳出就知识论知识的狭义知识史来看待《植物学》，植物学史可能会呈现出全新的面貌。

《植物学》中出现大量自然神学内容，它是科学作品还是神学作品？那段历史上存在着各自分离的神学和科学吗？自然神学与科学可否再次联姻？自然神学的主要动机是诉诸理性和经验证据，在大自然中发现上帝的作为，从而颂扬主的智慧和全能。近代自然科学的博物学传统一直与自然神学有着密切的关系。剑桥大学卡文迪什实验室 1874 年开张，9 天后新创刊的《自然》(*Nature*)杂志就报道说，实验室门口的铭文写着《圣经・诗篇》中的一句"耶和华的作为本为大，凡喜爱的都必考察。"[①]这句话体现了典型的自然神学思想，卡文迪什实验室把它用作铭文，清晰地表明近现代自然科学与宗教的关系。

"察植物之精美微妙，则可见上帝之聪明睿智"，可谓自然神学的名句。若将"上帝"两字换成"大自然"或"演化"，植物学爱好者当中又有谁会反对呢？《植物学》一书共 8 卷，自然神学的思想贯穿正文内容的始终，占了相当大的篇幅，其中有 6 卷直接涉及自然神学。

《植物学》卷 1 为"总论"，用了很多篇幅谈到"上帝玉成万物"的思想：

> 凡植物动物及诸石类，皆合诸元质而成。石无生命，其元质之合由化工。动植诸物有生命，其元质之合皆由生命。化工、生命二者，所以能合元质之故，乃造物主之妙用，非人所得而知也。

① 《圣经・诗篇》，和合本，第 552 页。

接下去有 4 段内容涉及自然神学：

> 欲明植物因何而生，造法若何，上帝生之造之作何用，须遍察地球之植物，乃能明之。
>
> 又火山喷石及流出石汁冷而复凝之地，一望皆石，亦必先生石藓，久而生草木，故造物主所生之物，虽至微，有大用焉。
>
> 七十二度稍南，虽有夏，甚短，故其地之草木，生叶作花结果，俱甚速；少缓，恐遽寒，不能成也，亦可证造物主之裁制，凡植物各与所生之地相宜。
>
> 温带之人体性宜肉，故草极肥，养牛羊以食人。寒带之人行冰雪面，恒乘无轮车，车驾鹿，鹿嗜苔，故多生苔以饱鹿，令服车。造物之生草木，因地制宜，皆为人谋也。

这 4 段的主要意思分别是：可以通过研究植物而理解上帝的作为；断言上帝的计划周密、精细；断言上帝聪明智慧；以神学目的论的口气阐述了食物链，以及上帝因地制宜创造万物都是为了人类。

卷 2 内容为“论内体”，谈的是植物的显微结构，没有自然神学的内容。

卷 3 为“论外体”，在讨论植物根的特点时，阐述了神学目的论的“科学说明”(SE，科学哲学中一个基本概念，也叫“科学解释”)思想，把植物演化生成的复杂适应性结构归结为上帝的妙用：

> 根之功用有二，一以固树之干，二根管之末有小口，吸食土中诸汁以养身。根管非由短渐生而长，乃管末逐节递生而增长。故能穿过石隙，以远吸土汁。根管之末最细，西国呼为微水绵。吸食之口恒

在管末者,盖口在粗根,则不能远穿石隙以吸土汁,此造物主之妙用也。

这种叙述口气,在博物学中十分常见,自然设计论的论证中也常举这样的例子,如有时以“钟表”为例,有时以“眼睛”为例,这里不过是以“根管”为例罢了。这一卷里,还通过图形展示了“显微镜映大根管末之图”。

吸食之口为什么总是在管末呢?其解释是,如果在粗根的话,则不能远穿石隙以吸土汁,而这种设计当然最终要归于造物主了。实际上,不信教的生物学家,在说明某种生物结构和功能时,也时常采用“为了某某”的句型,即也有目的论或目的性说明的痕迹。只不过再追问下去,这些学者会声称,这只是为了叙述方便,如果需要的话,原则上这些“为了”字样都可以消去,“目的”可以还原、约化为低层次的各种相互作用。也就是说,生物学中的“目的性说明”原则上可以还原为某种“演绎—律则(DN)说明”、某种自然的因果说明。要注意的是“原则上”3 个字,事实上完全的还原很难实现。

接着有一段讨论“上帝之大慈”的文字:

木根于土中四面远行,恒与上之枝叶相应,不差分寸。枝叶上雨露泄下,管口即吸食之。每叶若以线下垂,必遇一管口。管若略长,或略短,皆不能吸叶上之水,于此见上帝之大慈焉。

这段描述在现在看来,似乎并不是事实。植物地下的根与地面以上的枝叶,并不存在准确的对应关系,这几乎是常识,稍有生活经验的人都可以证实,并不需要很高深的学问和复杂的实验。“每叶若以线下垂,必遇一管口”,更是无稽之谈。也许是目的论的遐想简单地取代了实证的科学研究。由此也可推断,编译而来的《植物学》中个别知识并不可靠,也不代表当时国际植物学界的研究水准。当然,这并不意味着《植物学》对中国人不重要。

这一卷还有类似的描述:

> 干之功用所以持枝叶,令四面纷披以收热气及炭质,周行体内成新木。大树之干,必上下粗而中细,盖如此,中间更坚实牢固。若上中下如一,反易折矣,此造物主之妙用也。

接着,作者说:英国南部海上多礁石,妨碍行船,建造了灯塔导航,但因大风而屡建屡坏;人们考虑过用各种办法加固,都不奏效;据说有一日,有人“偶然见大橡树,其干上下大而中细,顿悟其理,如法建之,果不复圮,至今巍然高峙云”。用今天的自然科学来讲,这算仿生学的一例,但仿生学一般不讨论最终因。

卷3末尾谈到枝与刺的关系时,大谈创世记的故事:

> 枳类之刺,与蔷薇之刺不同。枳之刺即枝,而蔷薇之刺乃硬毛也。造物主初成地球,草木本皆无刺。《创世记》云,上帝谓亚当曰:“汝既犯令,土将丛生荆棘。”又曰:“若后代悔过迁善,荆棘不生。”故若人人为善以事上帝,各尽其分,勤于耕种,刺则尽为枝,或为软毛,而不复生焉。”

从知识论上分析这段文字已经没有太大意思,植物的变化及与人的行为之间的神秘关联很难确证。另外,刺的存在自有其演化论的依据或有

“为了某某”的通俗解释。但这段话表达的自然目的论和自然伦理的思想，作为一种文化现象，还是值得关注的。

关于松果种子的着生方式（涉及左旋右旋螺线及其交角）中存在复杂的斐波那契数列这种现象，《植物学》一书更是用自然神学式的反问“而云非造物为之耶?”加以无可置疑的解释。

> 一岁中所呼出之炭，自一百十斤至一百八十斤不等。以中国计之，约三亿六千万人，少长不齐，约以每人一年呼出八十斤计之，其得炭二百八十八亿斤，而禽兽昆虫所呼出者，约倍于人，为五百七十六亿斤。又火之所泄者约如人，亦为二百八十八亿斤。三者并之其得一千一百五十二亿斤，皆成草木之质。动物之食草者，以草之质养身，而炭肺中呼出；食肉者，以肉之质养身，肉中之油亦有炭，亦由肺中呼出。炭气在动植之间，周流不息，此造物主妙用，不可思议也。近赤道草木盛，所散养气多，近二极草木少，所散养气少，故造物主令风气上下流转，使动植咸若，此不可云由于自然也。赤道之北风恒东北，赤道之南风恒东南，俗名贸易风，此风近地面则然，高处反是。

这段描写非常有趣，估算了地球上的碳循环，也推测了大气循环的原因，其中还透露一个重要信息——1857 年时中国的总人口约为 3.6 亿。作者把大自然大规模的、复杂的物质循环归功于造物主的法力和精心设计，并加以赞叹，这既符合自然神学的思路，在一般的非科学的意义上，也容易被普通人所理解、默认。即使在现在，许多文学作品也有类似的表述，只是人们不太当真相信有基督教意义上的那种上帝。大自然背后的机制、动力，不管它是什么、叫什么，反正人们可以直观上猜测可能存在一种东西。

卷5讲花。当谈到花的绚丽颜色时，用反问的方式肯定了造物主的智慧设计：

> 花之艳色，呈露于瓣，辉耀夺目，光彩不定。瓣内有无数细胞，其中有汁，乃彩色之根。又有无数细丝，盘旋其中。其细胞密排而不相切。胞之色，或黄或白或黑不一，而光彩烂焉。用如此甚细之胞，排列工整，以成绝妙颜色，其理非画工所能知。而云本于自然，非造物主之所为，可乎？

《植物学》编译者在此反对花的自然发生，而强调花是上帝创造的、设计的。接着编译者介绍了光学的三元色原理。介绍完毕，话锋一转："造物于天地万物之色，皆默用此理，令相配合，以娱人目。"接着讨论植物的受粉机制，再次讽刺自然发生说：

> 又如松杉之类，枝分雌雄，其叶必如针，令雄花之粉从针隙散堕，故雌花之心能受之。若叶如常树，则粉为叶所隔，雌花不能受矣。又有枝分雌雄，而叶如常树者，则先花后叶，故花之雌雄，仍能相交，榛子是也。可见造物一一斟酌，无不恰好，而云本于自然者，真呓语矣。

在中国传统文化或者传统知识看来，抑或在达尔文演化论之后的西方学者、百姓看来，自然发生说是有道理的，现在已经成为常识。不过，在自然神学信仰者看来，植物能够自然精确授粉的想法，完全是在说梦话。

卷6在讨论植物的果实时，引用保罗的话，用类比的手法，讲了一番复活的一般神学，有明显的传教痕迹：

> 种子离树后,已无生命,若人之已死。种子入土必烂,乃复生,发枝干花叶。人身亦一种子也,死后入土亦必烂,乃复生。种子复生,有迟有速;人身最迟,必俟天地末日也。保罗曰:“尔所播之种,必化而复生;尔所播之体,与所生之体异。所播者,或麦或百谷,一粒而已。上帝随意赐体,各殊其形,复生之理亦然。播能坏,苏不能坏,播柔而苏强。播者,血气之身;苏者,神灵之体。”是也。

保罗所说的话,见《新约圣经·哥林多前书》15章36～45节:“无知的人哪!你所种的若不死就不能生。并且你所种的不是那将来的形体,不过是子粒,即如麦子,或是别样的谷;但神随自己的意思给他一个形体,并叫各等子粒各有自己的形体。……死人复活也是这样:所种的是必朽坏的,复活的是不朽坏的;所种的是羞辱的,复活的是荣耀的;所种的是软弱的,复活的是强壮的;所种的是血气的身体,复活的是灵性的身体。若有血气的身体,也必有灵性的身体。”①

卷7结尾处做了总结,反对儒家自然发生说,使用一连串的自然神学反问,证明上帝的存在:

> 俗儒之论曰,万物本乎太极;又曰,由于自然。夫自然则无主,太极则无知,何以能令子中之胚乳化糖以养苗?何以能令叶依螺线而生,巧合算理?何以能令根管吸引土汁及叶上泄下之雨露?何以能令根所吸之汁上升至叶,泄养气收炭质,以成木质?何以能令花瓣收日光中之色以悦目?何以能令须与心相为雌雄以孕果?何以能令或生纤棉或生刺以自护其子?一一细思之,自不能不确然知有造化主矣!

---

①《新旧约全书》,和合本,新马汶圣经公会,1989年,第181页。

卷8主要介绍植物分科信息,没有自然神学的内容。

综上所述,除卷2和卷8无神学内容外,其他各卷均有丰富的神学资料,而且仔细阅读会发现,自然神学的思想巧妙地镶嵌在通俗的植物学知识当中,编译者可谓用心良苦!

在一部约3.5万字的著作中,有如此多的自然神学内容,确实值得分析。

韦廉臣在翻译《植物学》后不久,与他人一道创办《六合丛谈》(1857年1月26日刊行)杂志。此杂志一共出版15期,历时2年。韦氏是此杂志重要的撰稿人,在杂志上连载了长文《真道实证》,发表了11篇科学与自然神学相结合的文章。这些文章后来收集在一起,成为6卷本《格物探原》的第2卷。1910年印行的《格物探原》扉页上印出的英文书名就是*Natural Theology in Six Books*(6卷本自然神学)。北京大学图书馆收藏此书,盖有燕京大学"神科"(School of Theology)的印章。

《格物探原》第1卷"凡例"中说:"自易言大哉乾元,万物资始,又云乾天也,世之儒者,遂以天为上帝,不知非也。上帝者,以穹苍为居所,日月星辰为明宫,地球为别馆,其奥妙之创造,皆布满二者之中。今所著书,正如小儿对客指点堂室陈设,使知主人之荣耀耳。"在这些具有自然神学特征的著作中韦氏谈到化学、地质学、生理学、心理学、哲学、神学,没有专门谈植物学问题(仅在个别地方提到植物),特别谈到了今日时髦的STS,即"科学、技术与社会",如韦氏在《六合丛谈》1卷6期《格物穷理论》中指出,国之强盛由于民,民之强盛由于心,而心之强盛由于格物穷理,即由于基础科学。

关于《六合丛谈》中的科学、自然神学,王扬宗、田勇、八耳俊文等均有一些研究。《六合丛谈》中的自然科学知识主要来源于《钱伯斯国民百科》(*Chambers's Information for the People*)。正如八耳俊文所指出的，那个时候，“科学正渐渐地脱离宗教”，此“百科”不断推出新版本，而新版本中自然神学的内容越来越少；考虑到科学技术对于国富民强的影响，“连韦廉臣这样的人，也在某种程度上赞成脱离宗教的科学的发展了”。[①] 但韦氏与傅兰雅的态度仍然有所区别，后者更极端一点，傅兰雅也许较早具有文化相对主义的思想，后来更热衷于传播科学而不是宗教。

总的看来，亦如八耳俊文所说，“在《六合丛谈》中自然神学与自然科学还勉强并存着，这也是当时英国科学的实际状况。”[②]

《植物学》与《真道实证》都包含大量的科学知识和自然神学，如果讨论二者的用功程度，前者更重视科学，后者更重视自然神学，像是在传教。《真道实证》特别强调了上帝的唯一性，并反复批评儒家的自然观念。

考虑到自然科学内容所占篇幅、科学知识的专业性和系统性等方面，韦氏的《真道实证》和《格物探原》，均无法与《植物学》相比。

《植物学》一书显然有丰富的自然神学内容，所占篇幅也相当大。那么这些自然神学内容来自何处？韦廉臣和艾约瑟是传教士，直觉上猜测他们起了很大作用。因为第8卷不涉及自然神学，可以暂时不考虑艾约瑟。初步猜测，《植物学》中的自然神学可能与林德利、韦廉臣、李善兰有关。从李善兰的序言可以合理推断，李善兰本人也可能故意加上了自然神学的点评。进一步分析，林德利和李善兰的作用也不大，重点是韦廉臣。

《植物学》编译自林德利的植物学著作，对此已有许多研究，如沈国

---

① 八耳俊文：“在自然神学与自然科学之间：《六合丛谈》的科学传道”。沈国威：《六合丛谈》（附解题·索引），上海辞书出版社，2006年，第130页。

② 同上，第133页。

威对英文底本进行了多方面的研究。林德利的原书显然是写给学生的，相当于植物学导论课程的知识要点汇编，对此林德利在第 4 版的前言中已经交代得很清楚。每个要点一般是一句话，皆有标号。例如，第一部分“结构植物学与生理植物学”，占 73 页，共 615 条。1841 年、1857 年、1859 年 3 个版本的“前言”中无一处提到上帝，也没有任何自然神学的表露。就能够找得到的正文而言，在书中也没有查到关于自然神学的语句。

从这一巨大反差可以看出，中文版《植物学》与所依据的英文原书有很大差别。插图全部来自原书（略有修改），文字内容则有大量删减和增补。那么《植物学》中的自然神学思想与林德利本人的思想是否相合呢？因为缺乏系统的资料，现在还不能回答这个问题。但可以明确的一点是，近代西方植物学以及更一般意义上的博物学研究，通常是在自然神学的传统下进行的。中文《植物学》在科学文化传播的意义上，倒是更接近于 19 世纪上半叶英国大众科学文化的本来面貌。

英国有十分典型的自然神学传统，《植物学》虽然没有从林德利那里直接借用自然神学的表述，但肯定从英国传统吸收了营养。

依照近代自然科学的两大传统类别来看，自然神学的风格也可以粗略划分两大类：①数理自然神学（与 natural philosophy 有关）：利用几何学＋牛顿力学，强调世界遵循数学法则，而数学秩序最终来源于上帝。上帝是“钟表”的设计者。佩利和道金斯（R. Dawkins）常提“钟表匠”隐喻，这两人也都提到眼睛等复杂器官的生成问题，而后者不属于数理传统。②博物自然神学（与 natural history 有关）：利用博物学，把观察到的精致结构与和谐归结为上帝的作为。上帝是“复杂性”的设计者。后一风格代表了真正的博物学。严格讲，上述的 natural philosophy 和 natural history 均不能直译成“自然哲学”和“自然历史”。

博物学研究的大量经验材料，最多只能用于“确证”上帝的存在和品性，而不可能解证上帝必定以某种形式存在。现在某种有趣的还原倾向与康德时代不同，不是试图尽可能把信仰变成知识，而是把知识变成信仰：一切均逃不脱信仰，包括自然科学成立的基本前提和自然科学的基本定律。这些为自然神学提供了新的复兴空间。

自然神学曾受到学者批评，特别是来自休谟和康德的批评。康德区分了知识与信仰。但是他“破”得严格，“立”得不严格。在今天 SSK（科学知识社会学）学者看来，知识（包括科学知识）也是一种信仰。

20 世纪以经验论为主的科学哲学，经深入研究一再声称有限的证据是不可能严格证明（即“解证”）全称自然科学定律之必然性的。经验证据并不能“证明”普遍假说，最多只能不断“确证”（confirm）假说。这样一来，人们何以相信普遍的自然规律？知识与信仰的严格界限已经不存在。

自然神学在科学史上曾经扮演了重要角色，在今天以及未来，它仍然可能与科学相结合，一方面为科学提供价值来源，另一方面为神学的发展提供机会。模仿布鲁克的说法，新的自然神学将以信仰上帝为出发点，将起到唤醒情感而非解证的作用，它并不企图利用自然科学的成就去构建上帝存在的某种新的证明，而是要以丰富的自然科学材料、新发现，表达对上帝临在的感觉，并希望在别人身上引起类似的反应。

至此，我们仍然在用传统的（也许略加修饰了的）科学观，来理解《植物学》这部作品。然而从今天日益多元化科学观和科学编史观念来考虑，还可以绘出另一幅图景。

长期以来，我们为什么不说《植物学》是一部文学作品？一件艺术品？为什么不直接说《植物学》是一部（自然）神学作品？以及我们为什么要把《植物学》中的科学与自然神学分离开来、区别对待？科学史、科学传播史关注的重点应当是文化，不应仅仅基于纯自然科学之知识点的多寡和坚实程度而分析一部古代作品。

如果说《植物学》是科学作品或者科普作品，那么它讲的都是科学吗？显然这种理解隐含着对科学的一种事后的划界，是以我们后来人的眼光、以后来自然科学发展的结果来判定历史上的现象。比如，今天的植物学教科书、科普书，不再讲神学内容，由此我们推断、裁定 19 世纪中叶中国的第一部现代意义上的植物学著作当中有的是科学、有的不是科学，并以此来估计那部历史作品的“科学价值”、“科学含金量”。以类似的套路，我们认定，开普勒从事的工作、撰写的著作也是杂合体：有科学内容也有占星术等迷信的内容。科学史的一个任务就是去伪存真、去粗取精。问题是，当时的作者、译者们也这样想吗？著名科学家钱学森极力支持人体科学研究，目前科学界有些人并不认可，认为人体科学并不是科学，而在钱本人看来，人体科学当然是科学，甚至是更重要的科学。他也许根本不想在传统科学与人体科学之间划出一条界限，指出这是科学、那是非科学等。未来人们如何看这段历史？在现实之外，是否真的存在或者我们是否真的有必要假定某种纯知识，是否在每一个历史阶段都存在着一种理想化的纯科学发展水平，而那时某个现实作品或活动的好坏都要与之相比而找出差距，从而判别优劣？

我们似乎有理由根据以下几点对《植物学》及其所包含的自然神学做出另一种非辉格式的解释。

(1) 韦廉臣 1855 年来华，1857 年回国治病，1855～1857 年两年间在墨海书馆工作，在此期间与李善兰合作译出《植物学》，翻译《植物学》前 7 卷时年纪还不到 30 岁(1829 年 9 月 5 日生)。在达尔文的《物种起源》于 1859 年出版之前，在西方国家，就博物类自然科学而言，自然科学与自然神学结合在一起是正常状态，分离反而是反常。

(2) 19 世纪中叶中华大地上诞生了一部叫作《植物学》的作品，除此之外在当时的中国并不存在其他形态的近代意义上的、纯净的植物科学著作。也可以极端地说，《植物学》中都是科学(当然从现在的眼光看，有的内容是错误的甚至荒唐的)，其中我们现在认定的自然神学也属于当时科学的一部分，毕竟当时所谓的“科学”还没有完全脱离自然神学。

(3) 与其说韦廉臣、艾约瑟与李善兰合作“翻译”出了一本重要的科学图书《植物学》，不如说他们 3 人在 19 世纪中叶的时代背景、知识背景下，在重点参考了林德利的著作之后(特别是利用其书中的插图)，合作“创作”出一部在中文世界可以说得上全新的一部作品。就行文和全书的组织来看，说“创作”一点不夸张。作品《植物学》是一文本，此文本本身并不会说话，并没有自己宣称为纯科学作品或者纯宗教作品，它可以服务于各种目的。它是科学与自然神学的有机混合物，不是两者简单的拼凑。即使在今天细读《植物学》，也会佩服作者把自然神学巧妙地融会于整体的叙述之中，一点不显得唐突，也不至于令热爱科学的今人生厌。

(4) 对历史的解释常受后来观念的影响，今日的中国人完全可以以开放的心态看待当年的科学传教活动。传教士从来都有自己的目的，这一点无须多说。我们不能因为今天人们喜爱科学，在他们的活动和作品中就只看到科学，不能因为不喜欢宗教而想从其中简单地把它分离出去。

(5) 历史上的科学作品从来就不只是后来才认定的有用、有效知识的堆积，而是承载着当时文化的复杂混合体，《植物学》也不例外。《植物学》中的自然神学是当时科学的一部分吗？还是其中的自然科学是自然神学的一部分？两种说法均可以成立。还可以有第三种说法：它是“科学-自然神学”作品。韦氏来华，做的第一件重要工作就是“创作”《植物学》，作为传教士他也许既非只要传播某种纯科学，也非只要传播纯粹的宗教。对于韦氏来说，传播纯知识自身可能违背他对科学、对宗教、对人类幸福的理解。他早就明确指出过，自然科学不能脱离价值观念的指导而独立发展，那样的话将是一个悲剧。韦氏郑重说过："科学和上帝分离，将是中国的灾难。""既不信仰上帝，不又相信魔鬼、圣贤和祖宗"，将会使中国陷入"崩溃"。[①] 只要不拘泥于"上帝"一词的字面解释，看看今日的中国社会、全球格局和现代性主导的文明取向，我们就不能不佩服韦氏的先见之明。工具理性如果没有价值理性的引导，会出现何种情况，20 世纪的历史已经做出了明确的回答。展望未来，难道我们不希望如脱缰的野马一般发展的科学技术受到价值理性的调节、制约吗？

(6) 科学作品负载了某种价值，未必都是坏事。根据科学哲学家波普尔的"形而上学研究纲领"或库恩的"范式"，科学是一个庞大的不断演变的信仰与实证知识相结合的体系。在同一时刻，可能有某种主流的体系(自然包含价值观和本体论假定)，也有若干支流。在某种程度上，恰恰由于价值观的不同成就了科学的多样性，为未来的科学创新提供了种子。基于此，我们虽然可以认定自然神学不应该以某种方式与植物学组合在一起，但不能因此得出结论：这种组合从来不成功或者永远是不可能的。更不能得出结论说，纯科学知识一旦捆绑了某种我们当下不认可的价值观、宗教观念，它在历史上就不曾或不会有出息，在对其进行研究时就应当对其加以限制或者一定要先将糟粕剔除才可。

即使在今天看来，像植物分类学、传粉学这类博物类科学，与自然神学并没有直接冲突。现在，人们倒是不担心某个植物学家有自然神学信仰、对植物生命有敬畏之心，相反倒是害怕某个植物学家天不怕、地不

① 转引自田勇："韦廉臣在华的西学传播与传教"，首都师范大学硕士学位论文，2006 年，第 14 页。

怕,或者仅仅看到了植物对人、对少数人的功利价值。我们今天观赏到某种美好的植物,研究它的某种精巧的组织结构等,也会情不自禁地发出类似自然神学的赞叹、感叹,虽然我们也许不相信“主”、“上帝”。真正爱植物的博物学家,对植物、对大自然都有一份敬畏之心,不容许因单纯功利的目的随意破坏植物、生物多样性和大自然的生态平衡,这一点与自然神学完全一致。当今学校课堂上的植物学恰好因为只讲知识,不讲情感、价值观,而使得受到科学教育的学生对真实的植物、对大自然十分冷漠,他们不会欣赏植物,对植物生命没有敬畏之情。北京大学生物系已经80多岁的著名植物分类学家汪劲武教授非常遗憾地告诉我,现在生物系的学生很少有真正喜欢植物的。现在国家层面倡导的中小学“新课标”,已经在强调,在传授知识的同时,要注意知识、情感和价值观三者并重。一个半世纪前的《植物学》,恰好就是这三者的结合。生态学不还原为生态工程学,植物学也不还原为关于植物的各种具体知识。不知道卢梭、梭罗、利奥波德、卡逊的伟大生态思想,懂再多知识和工程技巧也不能算合格的生态学家。同样,认识几千种植物,发表过几十篇植物学论文,但不会欣赏植物之美,不珍惜生物多样性,甚至充当植物掠夺、植物破坏的向导,这样的人物也不能算合格的植物学家。今日编写的真正适合中小学生甚至大学生使用的植物学入门教科书,也许可以考虑按《植物学》这个模式来撰写。

现代植物学从它进入中国的第一天开始,就与自然神学紧密联系在一起。今天,公众体验植物学,植物科学家研究植物学,除了功利的考虑外,多一点超越性,可能并不是坏事。只要用心,人们在植物界可以发现自然美、感受存在巨链、体验难以名状的和谐,成就有趣的生活方式。“自然神学在当今已难再承担科学与宗教间纽带的角色,科学与宗教间的渐行渐远将成定势。”①这是实话，也许我们内心还可以乐观一点，期望自然神学的某种变化形式仍可以担当重任，在科学领域与价值领域架起桥梁。

（7）“传福音”与“搞科普”在许多方面都有相似性。韦廉臣把两者结合在一起，称为“科学传教”。当我们高度肯定搞科普、“公众理解科学”、科学传播的正面价值时，不要忘记传统科普背后的意识形态和若干价值假定。搞科普也曾被理解为并且依然被理解为某种“传福音”。如果说有差别的话，其中之一是，我们做得还不够，还不如韦廉臣、傅兰雅等人，没有他们虔诚、敬业，就实际效果看也许也不如他们。

今天我们探讨有关《植物学》的科学史、科学传播史，要在思维中重构19世纪中叶的社会现场，要尽可能站在李善兰、韦廉臣、艾约瑟以及同时代的社会大众的立场上来理解这部《植物学》，要理性、公正地评价其人其事。《植物学》的确是一部重要的作品，它在19世纪中叶就开了一个好头。

现在小结一下。本章只简要介绍了博物学视角下与植物有关的《尔雅》、《神农本草经》、《南方草木状》、《齐民要术》、《救荒本草》、《植物名实图考》、《植物学》。实际上只选择若干类型加以点评，许多重要的著作没有讨论，如宋代唐慎微著《证类本草》、明代刘文泰等编制的《御制本草品汇精要》、明代李时珍著《本草纲目》、1736年刊印的丹增彭措著《晶珠本草》、清代郭佩兰著《本草汇》、清代吴继志著《质问本草》等均没有讨论。从所讨论的几种来看，这些植物学著作类型多样，多数强调实用性，也有

① 陈蓉霞：“对当代自然神学合理性依据的反思”。《上海交通大学学报》（哲学社会科学版），2006年，第14卷，第6期，第56页。

少量著作具有纯粹植物学的特征，如《南方草木状》和《植物名实图考》。这些著作中的描述和知识有些是不可靠的，但是它们基本上来源于生活实际，有扎实的经验基础，极少玄想臆造。作为优秀的博物学作品，它们代代传承，不断积累，稳步扩展，着眼于为中华民族各阶层民众的日常生活服务，并无为了某种抽象科学而穷追不舍的执着劲头，更无为攫取超额利润、全面操控外部世界而刻意创新的勃勃野心。19 世纪中叶，西方植物学传入中国，中西文化全面碰撞之际，李善兰等编译的《植物学》也讲究工具理性与价值理性的结合，这一特征值得关注。以本草学为核心的中国古代植物研究，也有明显的缺点，比如过分关注前人的书本知识，有时冗长的引证浪费了许多精力，并没有更多地增加实际知识。另外，过分的实用性考虑，也妨碍对大自然的观察、理解。综合起来考虑，中国古代鸟兽草木之学连绵不断，作为一种博物学传统构成了特有的文化遗产，如今它具有世界文化的意义，会受到越来越多的关注，它们对于未来中国社会的发展也必然有参考价值，因为任何一种文明都不能脱离自己的传统，仅靠照抄人家的东西而建立起来。

（吴　慧）

参考文献

[1] Lindley J. *Elements of Botany; Structural, Physiological, Systematical, and Medical; Being a Fourth Edition of the Outline of the First Principles of Botany*. London: Taylor and Walton, 1841.

[2] Polany M. Life's Irreducible Structure. *Science*, 1968,160(3834):1308－1312.

[3] 阿里巴巴:“伏地魔之子论纯科学推进的速度”。江晓原、刘兵主编:《我们的科学文化:科学的算计》,华东师范大学出版社,2009 年,第 256～260 页。

[4] 八耳俊文:“在自然神学与自然科学之间:《六合丛谈》的科学传道”。沈国威:《六合丛谈》(附解题・索引),上海辞书出版社,2006 年,第 117～137 页。

[5] 陈德懋:《中国植物分类学史》,华中师范大学出版社,1993 年,第 180～181 页。

正午时分

[6] 陈蓉霞:“对当代自然神学合理性依据的反思”。《上海交通大学学报》(哲学社会科学版),2006 年,第 14 卷,第 6 期,第 56～63 页。
[7] 陈重明、陈迎晖:“《南方草木状》一书中的民族植物学”。《中国野生植物资源》,2011 年,第 06 期。
[8] 范发迪:《清代在华的英国博物学家》,中国人民大学出版社,2011 年。
[9] 韩启德:“科学文化的核心是科学精神”。《民主与科学》,2012 年,第 05 期,第 2 页。
[10] 何频:《杂花生树:寻访古代草木圣贤》,河南文艺出版社,2012 年,第 28～32 页。
[11] 胡奇光、方环海:《尔雅译注》,上海古籍出版社,2012 年。
[12] 季羡林:《蔗糖史》,中国海关出版社,2009 年。
[13] 靳士英、靳朴、刘淑婷:“《南方草木状》作者、版本与学术贡献的研究”。《广州中医药大学学报》,2011 年,第 28 卷,第 3 期。
[14] 李时珍:《本草纲目》,人民卫生出版社,2012 年,2 版,第 1140～1144 页。
[15] 李约瑟:《中国科学技术史・植物学》,科学出版社、上海古籍出版社,2006 年,第 444～155 页。
[16] 缪启愉、缪桂龙:《齐民要术译注》,齐鲁书社,2009 年,第 2～4 页。
[17] 沈国威:《六合丛谈》(附解题・索引),上海辞书出版社,2006 年。
[18] 沈国威:《植学啓原と植物学の語彙:近代日中植物学用語の形成と交流》,関西大学出版部,2000 年。
[19] 斯科特:《国家的视角》,社会科学文献出版社,2011 年,第 430 页。
[20] 田勇:“韦廉臣在华的西学传播与传教”,首都师范大学硕士学位论文,2006 年,第 1～53页。
[21] 汪晓勤、艾约瑟:“致力于中西科技交流的传教士和学者”。《自然辩证法通讯》,2001 年,第 23 卷,第 5 期,第 74～83 页。
[22] 汪振儒:“关于植物学一词的来源问题”。《中国科技史料》,1988 年,第 9 卷,第 1 期,第 88 页。
[23] 汪子春:“李善兰和他的植物学”。《植物杂志》,1981 年,第 2 卷,第 28～29 页。
[24] 汪子春:“我国传播近代植物学知识的第一部译著《植物学》”。《自然科学史研究》,1984 年,第 3 卷,第 1 期,第 90～96 页。
[25] 汪子春:“中国早期传播植物学知识的著作《植物学》”。《中国科技史料》,1981 年,第 2 卷,第 1 期,第 86～87 页。
[26] 王家葵等:《救荒本草校释与研究》,中医古籍出版社,2007 年,第 21～22 页。
[27] 王扬宗:“《六合丛谈》中的近代科学知识及其在清末的影响”。《中国科技史料》,1999 年,第 20 卷,第 3 期,第 211～226 页。
[28] 王宗训:“中国近代植物学回顾”。《生命科学》,1988 年,第 4 卷,第 2～4 页。
[29] 韦廉臣、艾约瑟辑译,李善兰笔述:《植物学》,墨海书馆,1858 年。
[30] 韦廉臣:《格物探原》。Shanghai: Christian Literature Society. Printed at the American Presbyterian Mission Press, 1910.
[31] 吴征镒:“中国植物学历史发展的过程和现况”。《植物学报》,1953 年,第 2 卷,第 2

期,第335～348页。

[32] 夏纬瑛:“李善兰介绍”。《中国植物学杂志》,1950年,第2卷,第2期,第72页。

[33] 闫志佩:“李善兰和我国第一部《植物学》译著”。《生物学通报》,1998年,第33卷,第9期,第43～44页。

[34] 宇田川榕庵:“植學啓原”。《文明源流叢書》(第2卷),圖書刊行會第二工場,大正三年(1914年),第284～323页。

[35] 张登本:《全注全译神农本草经》,新世界出版社,2009年,第17～30页。

[36] 张瑞贤等:《植物名实图考校释》,中医古籍出版社,2008年,第1页。

廖育群

宋慈、《洗冤集录》与司法检验体系

一、宋慈其人

二、检验之史

三、《洗冤集录》之书

四、“成就”之评

五、版本流传及对后世的影响

宋慈、《洗冤集录》与司法检验体系

成书于宋代的《洗冤集录》，在中国科学史家、一些有兴趣研究中国法医学史的学者笔下，一直被称为“世界上第一部法医学著作”；而其作者宋慈，自然也就因此而享有“中国古代伟大的法医学家”之誉。甚至在西方著名的科学史家李约瑟的巨著《中国科学技术史·医学卷》中，其书其人也是以如此身份出现在所谓中国古代“法医学”中，并占据了相当大的篇幅。然而《洗冤集录》以及前此出现的一些相关之作，是否具有了“法医学”概念的基本内涵？宋慈和其他相关著作的作者是否应该被称为“法医学家”？确实值得认真思考。古人的聪明才智与伟大、古书的价值与成就，其实未必一定要冠以当代科学的属性或标签才能言得。

一、宋慈其人

《洗冤集录》的作者宋慈，字惠父，福建建阳人。其生卒年，有两说。一是据其友人刘克庄所撰《墓志铭》[①]记载，宋慈卒于南宋淳祐六年(1246)，享年64岁。据此可推知其生年当在淳熙十年(1183)。但宋慈所著《洗冤集录》的“自序”却署其时为“淳祐丁未”(1247)，因此两者间必有一误。查《南宋制抚年表》载：宋慈淳祐八年(1248)知广州，九年(1249)除广东提刑、直焕章阁、帅广东，致仕卒[②]。故现代述史者或宗刘克庄《墓志铭》定其生卒年为1183～1246，或作1186～1249，且以采用后

① 《墓志铭·宋经略》。《后村先生大全集》(卷一五九)，《四部丛刊》初编本。以下引文未注出处者，均系据此。

② 吴廷燮：《南宋制抚年表》。引自《二十五史补编》(第六册)，开明书店，1936年，第7988、7985页。

说者为多[①]。

宋慈出生于官宦之家，其父宋巩作过广州节度使。宋慈幼从朱熹弟子吴雉学儒，因而得与杨方、黄干、李方子等儒士名流交接，学识日渐长进。入太学后，时称西山先生的名儒真德秀赏其文，“谓有源流出肺腑”，故宋慈复又师事于真德秀。然而宋慈一生的仕进，并不全凭“文才”，在极大程度上实赖“武略”。

南宋嘉定十年(1217)宋慈中进士乙科后，开始步入官宦生涯。宝庆(1225～1227)中任赣州信丰(今江西省信丰)主簿[②]，虽只是个文籍管理之官，但因军帅郑性之的青睐，宋慈亦参与军事。在平定“三峒贼”，攻打“石门寨”、“高平寨”时，他采用先赈灾民以瓦解其众，再攻贼首的策略而大获全胜。“幕府上功，特授舍人”；同时也引起了他人的恚嫉，“魏有大怒，劾之再三，慈遂罢归”[③]。稍后，闽地又生乱事，真德秀荐宋慈于招捕史陈韡并为其洗清前诬。在攻打“老虎寨”的路上，宋慈“提孤军从竹洲进，且行且战三百余里，卒如期会寨下”，主将王祖忠不禁惊曰：“君忠勇过武将矣！”[④]自此之后，军中之事多咨访于宋慈，他“先计后战，所向克捷”[⑤]。陈铧赏其才，南宋绍定(1228～1233)年间，荐为长汀知县[⑥]。

南宋端平二年(1235)枢密使曾从龙督师江淮，特礼聘宋慈为从属，但人未至而从龙溘逝，改由荆襄督臣魏了翁兼其事，故宋慈成为他的属

① 宋大仁：“伟大法医学家宋慈传略”。《医学史与保健组织》，1957年，第2期，第116页。以及《中国大百科全书·法学卷·洗冤集录》和多种医学史专著均持此说。
② 《秩官》，《赣州府志》(卷七)，上海古籍书店，1962年影印天一阁藏明嘉靖刻本。
③ 陆心源辑：“宋慈”，《宋史翼》(卷二十二)，十万卷楼版《潜园总集》。
④ 陆心源辑：“宋慈”，《宋史翼》(卷二十二)，十万卷楼版《潜园总集》。
⑤ 陆心源辑：“宋慈”，《宋史翼》(卷二十二)，十万卷楼版《潜园总集》。
⑥ 《职官志七》，《福建通志》(总卷三十二)，1938年刊本。

下，此后的官宦生涯似乎便是一帆风顺了。嘉熙二年(1238)任邵武军通判[①]，“摄郡有遗爱”；“通判南辕剑州，未就”；提点广东刑狱；移任江西时，兼知赣州；除直秘阁[②]，提点湖南刑狱[③]；进直宝谟阁，拔直焕章阁，知广州为广东经略安抚使。

宋慈赴任广州时已年逾花甲。忽感“末疾”[④]，但仍坚持亲自处理公务。一日，当地学宫行“释菜”之礼(开学典礼)，同僚皆以为可由他人代理，而作为地方行政长官的宋慈还是躬亲而往，自此精神委顿，终于在这年三月初七逝于广州任所。

图1　宋慈墓碑
(和中浚、吴鸿洲主编:《中华医学文物图集》，四川人民出版社，2001年，第50页)

宋慈在各地为政期间，皆恪守其职，施惠于民。例如知长汀时，见当地盐价昂贵，民不堪其苦，乃因盐路是由福州溯闽江再转旱路运来，路途遥远，隔年方到。宋慈便改道从广东潮州方面沿韩江和汀江运输，水路直抵长汀，往返只需3个月，节省了运费与沿途官吏盘剥，故而盐价降低，“公私两便”。

浙右饥荒之时，斗米万钱，宋慈承诏处理其事。他按贫富程度分民为五等，赤贫者全济；较好一等的半济半卖；中等水平者自行解决；再上一等

① 《秩官》，《邵武府志》(卷四)，上海古籍书店，1962年影印天一阁藏明嘉靖刻本。

② 宋时以他官兼领诸阁学士等职名，如直秘阁、直宝谟阁、直焕章阁等均是如此，称为“贴职”。

③ 湖南:“荆湖南路”的简称。宋初置荆湖南路与荆湖北路，雍熙(984～987)中并为荆湖路，辖今湖南全省及湖北、广西部分地区。至道(995～997)之后又分南北两路，南路的治所在潭州(今湖南长沙)。

④ 末疾:所释不同。有认为是头眩之疾，但也有顾名思义以为是四肢之患。病因为“风”，故可推测为“中风前兆”的表现。

者使其卖存量；最上者的存粮则一半卖出，一半无偿济贫。由于宋慈能够“礼致其人”，故“济粜”之法得行，终收“众皆奉令，民无饿者”之功。

宋慈一生调任多次，晚年以司法刑狱之职为主。升任提点广东刑狱后，发现当地官吏多不奉法，有因于狱中数年尚未审理者，于是订立条约，限期结案。仅 8 个月时间就处理囚徒 200 余人。凡所到之处，以“雪冤禁暴”为己任，处理案情“审之又审，不敢萌一毫慢易心”，如果疑信未决，“必反复深思，惟恐率然而行，死者虚被涝漉”。[①] 后人追忆其风貌，谓之“听讼清明，决事刚果，抚善良甚恩，临豪猾甚威。属部官吏以至穷阎委巷、深山幽谷之民咸若有一宋提刑之临其前”。

宋慈在任提点湖南刑狱的时候，总结前人有关刑侦断案的事例，结合自己实践所获之经验，著成《洗冤集录》。他希望此书能够对自己的同行有所裨益，起到“参验互考”的作用，则功不异于医生据经典古法以起死回生。

需要说明的是，近人有关宋慈的评传多是从“伟大法医学家”的视角出发，故对其“武绩军功”皆避而不谈，或指摘为参与了镇压农民起义。这无疑是据今人“善恶”标准以绳墨古人，不符合著信史、述实事的基本原则，自然也不可能从中求得真正的“是”——客观把握宋慈的人生观、价值观及生平历史。在历史上，宋慈是被作为“循吏”（奉职守法、无大建树的官吏）而记述的；死后“赠朝议大夫，御书墓门以旌之”[②]。除前述平“三峒贼”，攻石门、老虎、高平诸寨外，还有平定长汀兵变、治理江西盐客挟兵械沿途剽掠等事，皆为当时朝野共知的“政绩”。也正是由于有这些政绩，宋慈才能步进高阶，居刑狱要职——因为宋代“提点刑狱”一职原本是由武职担任的[③]；南宋孝宗（1127～1194）后才改用文臣。而其在“雪

① 宋慈：《洗冤集录·自序》，商务印书馆，1936 年丛书集成初编本。
② 陆心源辑：“宋慈”，《宋史翼》（卷二十二），十万卷楼版《潜园总集》。
③ 详见“职官七·提点刑狱公事”，《宋史》（卷一六七）。

冤禁暴”、审慎治狱方面的所有行为，无疑同样还是秉承“循吏”道德与价值理念。在实现自己人生宗旨的过程中，宋慈能够较前人更为深刻地认识到尸体检验、物证搜集、现场勘验等在治狱断案中的重要意义，注意观察与总结这方面的知识，著成富含较多现代法医学所涉知识的检验专书，则实属功不可没。

二、检验之史

1. 悠久的检验制度

服务于司法、刑侦的检验工作，在我国历史上可以追溯到先秦时代。当时的治狱之官根据“瞻伤、察创、视折、审断”的结果判案，以期达到“决狱讼，必端平”[①]之目的。稍后，在以重“刑法”著称的秦王朝，已能看到有关现场勘验、验尸的记录；又有指令医生对被告进行检验，以确定其是否属于应被送往隔离区的麻风病患者；或对殴斗流产者所持胎儿的检验，及原告阴部出血是否为流产所致的辨认等。随着时间的推移，检验制度不断严格化，有了损伤的定义与分类、制定了专用的验尸格目、明确了验尸者的职责等，由此促进了检验质量的不断提高。同时，注重司法官员的选拔——自唐代开始大都由科举出身，故每岁贡举有“明法”一科。唐太宗还特置律学博士 1 人、学生 50 人，以培养司法官[②]。

以唐制为基础，两宋朝廷对于检验人员、检验实施、验尸文件等均有

① 郑氏注、孔颖达疏：《月令》，《礼记注疏》（卷十六）。
② 杨廷福：《唐律初探》，天津人民出版社，1982 年，第 113 页。

所规定,并不断修改补充,使宋代的检验制度日臻完善。宋法明确规定,除病死等一些死因明确者可在有关人员保明无他故、官司审察明白的前提下免除尸检外,均要经历初检、复检的程序。又因唐宋时期对于检验失误有极严格的处罚规定,所以使得司法检验的水平亦不断提高。“唐宋的检验制度是中世纪世界上最先进、最完备的检验制度,当时的欧洲还处在宗教统治的黑暗时代,没有一个国家能够建立像我国那样系统严密的检验制度。”[①]这种制度的本质是要求为法律的实施提供质量较好的证据,客观上则提高了检验质量,促进了检验技术的进步,构成了催生体系化检验著作的基本动力。

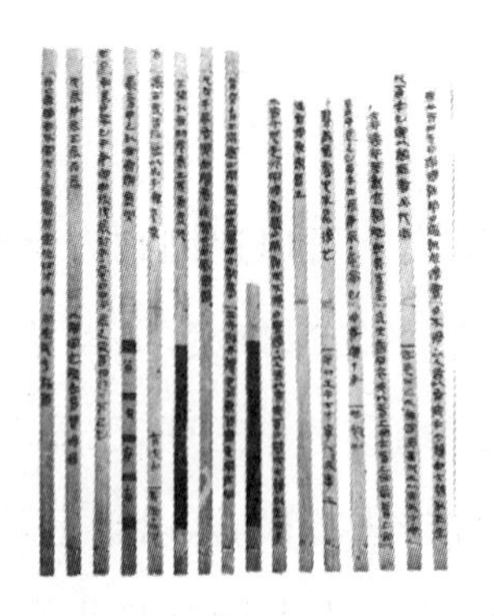

图 2　云梦睡虎地秦墓竹简
(中国社会科学院考古研究所编著:《考古精华——中国社会科学院考古研究所建所四十年纪念》,科学出版社,1993 年,第 374 页)

2. 医家参与司法检验

秦自商鞅开始注重法治,李斯继之。于是“法大用,秦人治”[②],但究竟有多少法,又是如何实施的,后人并不太清楚。1976 年从湖北省云梦县睡虎地的秦墓中出土了一批竹简,共 1 150 余枚,内容大部分与秦国的法律有关(图 2),涉及“医学”问题的内容主要集中于名曰《封诊式》的部分。“封”有密闭、拘限之义,可以理解为是对现场、物证、相关人等的范围限定与有意识地加以保护;“诊”是勘查、检验的意思,因而有现场勘验与尸检的具体记录;“式”为执行政务的标准,即“式样”(程序)的意思。研究者认为这批

---

① 贾静涛:《中国古代法医学史》,群众出版社,1984 年,第 70 页。
②《史记·秦本纪第五》。

秦简中的法律文件有一个共性，即都是举一个事例来说明具体应该遵循的有关制度，以供各级官吏在类似情况下照“式”实施。

在一个需要确认被告是否属于应被送往隔离区的麻风病患者的案例中，可以明确看到指令医者对被告进行检查的记述。即因某人被告疑似是“疠”病患者，故有司对其进行讯问；被告回答说：“我三岁患‘疕’，眉秃，但不知究为何病”；遂令医者诊之；检查之后医者回禀说：“被告无眉，根本已绝；鼻腔损坏，刺其鼻没有喷嚏反应；手足有溃破之处；让他喊叫，不能正常发声。的确是‘疠’。”但述史者往往不自觉出现的一个问题是：在举出如此之例后便以偏概全地大言医家在司法检验中的作用，然而客观事实却是多项尸检均是由称之为“令史”的人完成的；对殴斗致流产者所持胎儿及原告阴部出血的检查与性质判定，也是由“令史”及具有丰富孕产经历的“隶妾”来执行的[①]。

特别值得强调的一点是，在《洗冤集录》中规定：在接受了检验任务后不得接触的各类人等中包括“术人”。虽然没有明确指出医家属于“术人”范畴，但纵观整个中国历史，医家的地位通常总是十分低下的，或隶“百工”，或“医巫”并称、“医卜星相”联属，基本可以认为是“方士”或“术士”之一种。这是因为只有儒学出身且有一定功名者才是可以信赖之人，读者可能断然不会想到：清光绪六年(1880)慈禧太后身体不适，经太医多方调治数月仍不能康复时，曾谕军机大臣知会各地巡抚访求“讲求岐黄、脉理精细者”进京为慈禧诊治。直隶总督李鸿章保送的是山东泰武临道薛福辰，同时被举荐入京的还有山西阳曲知县汪守正、浙江上元县学官薛宝田、淳安县教谕仲学辂、江西县丞赵天向、湖南新宁知县连自华、湖北候补道程春藻，真正的职业医家唯有江苏巡抚吴元炳举荐的武进马文植。同样，光

① 睡虎地秦墓竹简整理小组：《睡虎地秦墓竹简》，文物出版社，1978 年，第 263、275 页。

绪帝病危时，军机处致电直隶、两江、湖广等地巡抚精选名医来京，遂有江西玉山知县吕用宾、刑部主事陈秉钧、分部郎中曹元恒、江苏阜宁知县周景涛、浙江候补知县杜钟骏、江苏候补知县施焕、候补道张鹏年等被保送进京。[①] 再看一个儒臣深受圣上信任、取代专职太医处理医学问题的典型之例：乾隆皇帝的惇妃疑似有孕，但太医们的奏报总是模棱两可。于是乾隆乃命刑部尚书余文仪前往诊治，期间用药虽与他人意见不合，但乾隆爷对余文仪却是百分之百信任："照他调治，钦此。"[②]详细过程毋庸赘述，事情至此已足以令当今之人不大能够想象与理解了：看病乃是医家之职与专长，怎么遇到棘手之事时，反倒要委派文官出场呢？

举出这些有趣的例子，无非是想通过古今之异使读者能够理解医家在历史上的地位究竟如何，理解他们不可能在司法检验中扮演重要角色的内在原因何在。实际上，除了睡虎地秦简中的"麻风鉴定"之例外，在此后不同时代形成的种种所谓"法医学著作"中，不仅没有看到类似此等医家参与检验与鉴定的事例渐次增多，甚至可以说基本不见。

3. 检验经验的积累

中国古代有不少记录执法案例的书籍，《四库全书》将其编入"法家类"。近人因见其中有些检验内容，便将这些书籍统统称之为中国古代的"法医典籍"[③]，显然是未中肯綮——因为在这些著作中，"检验"实际上仅仅占据极小的篇幅，大部分内容皆系记述断案的推理过程，以资来

---

① 关雪玲：《清代宫廷医学与医药文物》，紫禁城出版社，2008 年，第 63～67 页。

② 此惇妃"似妊治案"的过程，详见陈可冀主编：《清宫医案研究》（上册），中医古籍出版社，2006 年第二版，第 88～94 页。

③ 宋大仁："中国法医典籍版本考"。《医学史与保健组织》，1957 年，第 4 期，第 278 页。

者。例如五代和凝所著《疑狱集》中载有著名的"张举辨烧猪"案——将死、活两猪同置烟火中，死于烟火者鼻中有灰；死后置烟火中则鼻中无灰，以此示人如何识破伪造火灾致人身死的案情。然该书所在案例79则中，涉及此类检验内容者不过3例。

在这些著作中，又有不少案例是以示人如何灵活调整"情"、"理"关系。例如明代张景《补疑狱集》载："苏寀为大理寺详断官时，有父卒而母嫁，后闻母死已葬，乃盗其柩而纳于父。法当死，寀独曰：子盗母柩纳于父墓，岂可与发塚取财者比？上请得减死。"

甚至毫无刑侦、检验情节，只不过是颂扬循吏德性而已。如郑克《折狱龟鉴》卷四中例："唐柳浑相德宗，玉工为帝做带误毁一銙。工不敢闻，私市他玉足之。及献，帝识不类，摘之工人，服罪。帝怒其欺，诏京兆府论死。浑曰：陛下遽杀之则已，若委有司须详谳乃可。于法，误伤乘舆器服罪当杖，请论如律，由是工不死。"

尽管不宜将这些"断狱"之作径视为法医经典，但其中所记载的宝贵的检验经验却不容忽视。例如前已提到之张景《补疑狱集》载，宋提举杨公验一肋下致命伤痕"长一村二分，中有白路"，认定为杖击。这就是后世所说"竹打中空"，即圆形棍棒作用于身体软组织时，会形成两条平行的皮下出血带，其间的皮肤反呈白色——在现代西方法医学检验中名之曰"二重条痕"。

又如宋代桂万荣《棠阴比事》记载"李公验榉"一案，说的是二人争斗，甲强乙弱，但身上均有伤痕。李公以手捏过伤处之后，断定乙为真伤，而甲则是用某种树叶着色伪造的棒伤。其根据是："欧伤者血聚而硬，伪则不硬"。这是检验活体造作伤的一个著名案例，"血聚而硬"是对皮下血肿的正确描述；伪者没有皮下出血，故只是眼色相似而已。《洗冤集录》吸收了这一宝贵经验。

据宋慈"序言"说，《洗冤集录》乃是"博采近世所传诸书，自《内恕录》

以下凡数家，会而粹之，厘而正之，增以己说，总为一编”。足见前人经验的重要性。

三、《洗冤集录》之书

对于《洗冤集录》一书历史价值的评判，可以从两方面着眼。一是对于检验制度的格外重视；二是通过汇集检验方面的经验，构成了技术层面的进步。

1. 尊重生命、力求公正

文明，是由多方面要素构成的。社会秩序的建立，物质财富的积累，认识与利用自然的能力，乃至睿智圣贤的思想、平民百姓的习俗等，无不在文明的盛宴中各据一席。而人的地位——对其生命与基本权力的尊重，也是文明构成的重要组成部分与衡量文明程度的重要指征。尊重生命，一方面需要在思想层面上有此意识，同时需要制度的保障。具体到司法方面，由于人死不能复生——一旦错误地判处并执行了死刑，则无法悔改纠正，因而宋慈在《洗冤集录》中首先就强调了握有生杀权柄者对于“死刑”需持审慎态度；而要想做到这一点，至关重要的便是应有规范的检验制度作保障。

《洗冤集录》的序言(图 3)虽然不长，但却开宗明义地说明了编撰此书的动机、目的与过程。为阅读之便，在抄录过程中酌加白话文式改写①。

① 序言的白话文及相关注释，参考了辽宁教育出版社 1996 年版“中国古代科技名著译丛”中所收、姜丽蓉译注的《洗冤集录》。

宋慈、《洗冤集录》
与司法检验体系

断狱之事莫重于“大辟”①;判处“大辟”之前最重要的弄清案情缘由;弄清案情缘由最关键的第一步在于检验。因为判处死生或有罪与否、罪行轻重,或含冤受屈都取决于此。司法中所以要求务必差遣在任的“理、掾”②担当其事,恰是谨慎之至的需要。然近些年来,屡见州县委派其事于入仕不久的人或是武夫,他们资历不深,初尝乍试,自然难辨虚无缥缈之案情中仵作③的欺伪、吏胥④的奸巧。纵然是聪慧之人,凭其一心、两目,尚难以发挥自己的才智,更何况是遥望而不亲为、掩鼻而不屑其事之辈呢?!宋慈我四次被委派职掌司法刑狱之职,别无所长,唯独对于狱案是审之又审,从不敢萌生丝毫轻慢疏忽之心。如果确实知道案件有欺诈情节,则立即予以驳下;如有疑信参半、难于决断,必要反复深思,唯恐草率行事,使死者无端被折腾。每每想到判案的错误与过失,大多起源于初始已入歧途;定案与检验的错误,皆由于历涉太浅、经验不足。于是广泛采取近世所传诸书,自《内恕录》⑤以下凡数家,汇其精要、考订校正,增补入自己的见解,总纂为一编,名曰《洗冤集录》,刊于湖南提刑官署,供我的同行互相参考验证。就像医生讨论经典古法一样,对于人体的脉络表里先已洞彻于心,一旦照此临证治病,自然百发百中。那么本书之于洗冤泽物,岂不功同起死回生。

淳祐丁未(1247)腊月节前十日,朝散大夫、新任直秘阁、湖南提刑、充任大使行府参议官宋慈惠父序。

---

① 大辟:古代五刑之一。隋以前为死刑的通称,宋代死刑分绞、斩。

② 理、掾:《礼记·月令》郑玄注“理,治狱官也。”“掾”为属官的通称。

③ 仵作:又称“仵作行人”,亦简称“行人”,是地方官府中担任刑事损伤或尸体检验的杂役。而民间往往以此指称殡葬业者。

④ 吏胥:亦称“胥吏”或“庶吏”,泛指古时地方官府中没有官职而掌管案牍、帮办公务的小吏。

⑤《内恕录》:已佚,作者、年代、内容均不可考。

贤士大夫,若有得于见闻及亲身经历之事,不在此书所辑范围之内者,恳切希望以片纸笔录赐我,以补本书之未备。宋慈拜禀。

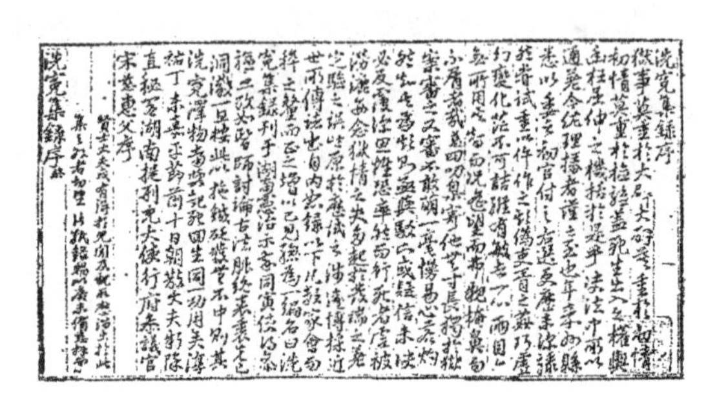

图 3　元刻本《宋提刑洗冤集录》序言全文
(北京大学图书馆藏)

进入正文,首先是严肃检验制度的“条令”。如“应验而不验”、“受差过两时不发”、“或不亲临”、“或不定致死之因”、“或定而不当”,均按“违制”论处,大多要被“杖一百”。在按照规定完成尸体的初检、复检后,要如实填写“提点刑狱司依式印造”的《检尸格目》各一式三份,一份给所属州县、一份给被害之家,一份通过“急递”①上报。

其后则是如何从头至脚仔细勘验尸体、各种损伤的检验,以及如何定罪处罚的详细内容,由此构成了《洗冤集录》一书的丰富内容。

2. 检验技术的特点

如同科学研究需要仪器、问题的实证需要能够设计必要的实验一样,洗冤或查明真凶,同样需要以知识、技术与手段作基础,否则没有的愿望、司法的公正便只是一句空话。《洗冤集录》的内容基本上包括了现

① 急递:日行四百里的驿传快递。

代法医学在尸体外表检验方面的大部分内容。由于社会历史条件所限,以及自然科学发展水平的制约,在宋慈生活的时代,尚不可能产生尸体解剖、病理学分析、毒物化学性质测定等现代法医学所包含的内容。因而就检验的技术层面而论,可以认为《洗冤集录》是一部较为全面、系统总结尸体外表检验经验的著作。正如专事法医学史研究的学者所言:"《洗冤集录》的本质,就是指导尸体外表检验的法医学。"[①]其主要成就表现在以下一些方面:

(1) 尸体现象

尸体现象是指人死亡后,由于客观物质仍在不断地运动、变化,因而呈现出种种与死亡之时不同的现象。据此可对死亡原因、死亡时间等给出推断。例如,当时已经基本上认识到了"尸斑"的发生机制与分布特点:

> 凡死人项后、背上、两肋、后腰、腿内、两臂上、两腿后、两曲脉、两腿肚子上、下有微赤色,验是本人身死后,一向仰卧停泊,血脉坠下致有此微赤色,即不是别致他故身死。[②]

一般在死亡后1~3小时,由于血液循环停止、血液逐渐下沉、毛细血管扩张,血液积聚而在尸体低下部位形成色斑。尸斑的出现,是现代临床医学判定不可逆性死亡的指征之一;而且其颜色随血红蛋白的颜色不同可呈多样性。例如一般为暗紫红色,一氧化碳中毒死者呈樱红色,苯胺中毒者呈灰蓝色等。但从上述引文中可以看出,在《洗冤集录》中虽然对尸斑现象有所描述,并正确地分析了产生原因,然其意义尚仅限于阐明尸斑是一

① 贾静涛:《中国古代法医学史》,群众出版社,1984年,第79页。

② 宋慈:"四十七·死后仰卧停泊有微赤色",《洗冤集录》(卷五),商务印书馆,1936年丛书集成初编本。

种自然现象，不是殴打等原因所致。

对于尸体腐败现象的描述，该书指出：首先会在口鼻、肚皮、两胁、胸前呈现"肉色微青"的变化，这就是现代所说的"尸绿"(因细菌分解作用所产生的硫化氢，与血红蛋白结合成硫化血红蛋白，以致尸体表面出现绿色斑)。然后会有耳鼻内恶汁流出、蛆出、遍身胖胀、口唇翻、皮肤脱烂、疱疹起、头发落等现象相继发生。对于这些腐败现象出现的时间，以及季节、体质、地域等因素的影响作用，均有论说(表 1)①。表明当时已然有可能依据尸体的腐败程度，估算死亡时间。

表 1　腐败现象与死亡时间的关系

<table>
<tr><th>季节</th><th>时间</th><th>现象</th><th>影响因素</th></tr>
<tr><td rowspan="2">春</td><td>2～3 日</td><td>口鼻、肚皮、两胁、胸前肉色微青</td><td rowspan="7">1. 肥胖人变化快
2. 因存放地不同而受影响
3. 南北方气候不同有影响
4. 山区不同于平原</td></tr>
<tr><td>10 日</td><td>鼻、耳内有恶汁流出，膨胀</td></tr>
<tr><td rowspan="3">夏</td><td>1～2 日</td><td>先从面上。肚皮、两胁、胸前肉色变动</td></tr>
<tr><td>3 日</td><td>口鼻内汁流、蛆出、遍身胖胀、口唇翻、皮肤脱烂</td></tr>
<tr><td>4～5 日</td><td>发落</td></tr>
<tr><td rowspan="3">秋</td><td>2～3 日</td><td>先从面上。肚皮、两胁、胸前肉色变动</td></tr>
<tr><td>4～5 日</td><td>口鼻内汁流、蛆出、遍身胖胀、口唇翻</td></tr>
<tr><td>6～7 日</td><td>发落</td><td rowspan="3"></td></tr>
<tr><td rowspan="2">冬</td><td>4～5 日</td><td>身体肉色黄紧，微变</td></tr>
<tr><td>半月以后</td><td>先从面上。肚皮、两胁、胸前肉色变动</td></tr>
</table>

此外，在有关检验妇人尸体的论述中，宋慈还提到了"棺内分娩"的现象：

① 宋慈："十・四时变动"，《洗冤集录》(卷二)，商务印书馆，1936 年丛书集成初编本。

> 有孕妇人被杀或因产子不下身死，尸经埋地窖，至检时却有死孩儿。推详其故，盖尸埋顿地窖，因地水火风吹私人，尸首胀满、骨节缝开，故逐出腹内胎孕孩子。亦有脐带之类，皆在尸脚下；产门有血水恶物流出。①

这段文字被认为是世界法医学上对棺内分娩的最早记载。

（2）机械性窒息

现代法医学论述窒息，分为“外窒息”与“内窒息”两种。前者是指空气中的氧不能进入肺泡，体内的二氧化碳不能呼出；后者是指血液缺氧，或组织不能利用，主要见于疾病、中毒等。在窒息中，以机械性窒息所占比例最大，其原因不外压迫（颈部或胸腹部）与堵塞（呼吸孔、呼吸道）。《洗冤集录》对于造成机械性窒息的各种原因基本都有论述，包括自缢、勒死、溺死、外物压塞口鼻死、扼死。

由于缢死占自杀的首位②，因而是极为常见的，所以检验中经常会涉及自缢与勒死的鉴别问题。《洗冤集录》中对于自缢身亡的各种情况有极详尽的描述，其要点是指出对自缢者所用绳索、结扣方式、悬挂位置、体位与索沟等均要仔细勘验，并寻访邻里，弄清原委后方能定下自缢身死的结论。稍有可疑之处，即要考虑他杀的可能性。例如注意检查“大小便二处，恐有踏肿痕”③，这在现代法医学中亦属被强调的内容，因为许多他杀案例常见采用先袭击外阴部使人丧失防御能力的手段。

（3）机械性损伤

在检验方面，《洗冤集录》基本是遵从唐代以来划分为手足、他物、兵

① 宋慈：“九・妇人”，《洗冤集录》（卷二），商务印书馆，1936 年丛书集成初编本。
② 仲许：《机械性窒息》，群众出版社，1980 年，第 40 页。
③ 宋慈：“四・疑难杂说上”，《洗冤集录》（卷一），商务印书馆，1936 年丛书集成初编本。

刃三类损伤的法典之规。对于损伤的检验，该书较为注重究为“生前”还是“死后”之伤的鉴别，是检验方面的重要成就之一。例如：

如生前被刀刃，其痕肉阔，花文交出；若肉痕齐截，只是死后假作刃伤痕。

活人被刃杀伤死者，其被刃处皮肉紧缩，有血荫四畔；死人被割截尸首，皮肉如旧，血不灌荫，被割处皮不紧缩，刃尽处无血流，其色白。[①]

即便是手足损伤，亦需“其痕周匝有血荫，方是生前打损。”[②]

对于自他伤的鉴别，书中除注意到如有搏斗痕迹必是他杀，他杀而无搏斗痕迹则必是伤于要害之处，且创伤必重。而自杀者，则有“其痕起手重、收手轻”[③]之特点。

“验骨”是当时尸体检验中的一项重要内容，主要应用于日久尸腐，唯存骸骨的情况时。在《洗冤集录》有关人体骨骼的记载中，既能看到显然是通过实际观察而获得的正确认识，但有掺杂有许多不应出现的谬误。例如书中说“男女腰间各有一骨，大如手掌，有八孔，作四行”并绘有其图形。这显然是对骶骨形态的正确描述，但何以从事尸体检验多年的人会说：“男子骨白，妇人骨黑”；“左右肋骨，男子各十二条，妇人各十四条”？又说蔡州人的颅骨比别地人多一片[④]。诸如此类错误产生的原因是什么？迄今未见有能够令人满意的分析。

---

① 宋慈：“二十四·杀伤”，《洗冤集录》（卷四），商务印书馆，1936年丛书集成初编本。
② 宋慈：“二十二·验他物及手足伤死”，《洗冤集录》（卷四），商务印书馆，1936年丛书集成初编本。
③ 宋慈：“二十三·自刑”，《洗冤集录》（卷四），商务印书馆，1936年丛书集成初编本。
④ 宋慈：“十七·验骨”，《洗冤集录》（卷三），商务印书馆，1936年丛书集成初编本。

在验骨过程中，先要对骨骼进行蒸或煮的处理，对此有不同评价。贾静涛氏以为属“污骨的清洗法”[1]；而纪清漪氏在为《中国大百科全书·法学卷》所撰写的“洗冤集录”条目中则批评此法为“不科学”。其后，用“红油伞遮尸骨”进行检验，“若骨上有被打处，即有红色路微荫；骨断处，其接续两头各有血晕色；再以有痕骨照日看，红活乃是生前被打。”[2]对此贾静涛氏仅是评价说：“提出了至今仍有研究价值的骨荫的概念”[3]；蔡景峰氏则认为：“雨伞能吸收阳光中的某些光波，因而透过雨伞的光波就具有选择性，对于检查尸骨的伤残情况有较大的作用。”[4]此外，书中还提到用油、墨、棉等检查骨骼是否有损伤处；以及“检滴骨亲法”（即众所周知的所谓“滴血验亲”之法——如有血缘关系，生者鲜血可渗入死者之骨；若非血亲，则滴之不入）等。需要说明的是，迄今的研究者在评说《洗冤集录》所载这些检验之法时，除“银钗验毒法”能够被实证且有原理解释外，或谓某法有道理，或指责某法不科学，但无论是褒还是贬，似乎都不是源自实验证明。故真正通过实证手段对这些方法是否能够成立的判定，还有待来者。

总而言之，《洗冤集录》在尸体外表及某些活体检验中，确实是充分考虑到了某一现象形成的多种可能。所以力戒轻下断语，而是要求检验者尽可能地全面勘察现场、访问知情者，再结合检验所得综合分析，以期得出正确的判断。只有阅读全书，自然可以对这一点产生深刻的体会。

---

① 贾静涛：《中国古代法医学史》，群众出版社，1984 年，第 75 页。

② 宋慈：“十八·论沿身骨脉及要害去处”，《洗冤集录》（卷三），商务印书馆，1936 年丛书集成初编本。

③ 贾静涛：《中国古代法医学史》，群众出版社，1984 年，第 75 页。

④ 蔡景峰：《中国医学史上的世界纪录》，湖南科学技术出版社，1983 年，第 38 页。

四、“成就”之评

法医学(medical jurisprudence)是指运用医学、生物学和其他自然科学的理论与技术,研究解决司法工作中遇到的暴力死亡或伤害等各种问题,从而形成的一门科学、相对独立的学科。法医检验的基本内容与目的,是通过现场勘验,尸体、活体、物证等的检验,为侦查和审案提供科学依据。

现代法医学独立体系的形成,一般认为肇始于16世纪时德王卡尔(Karl)五世于1532年颁布犯罪条令,规定依损伤轻重量刑、明确要求医生作为鉴定人参与检验、准许医生进行尸体解剖。然后大学的医师会讨论和评价参检医生的鉴定,并将结果公开发表,使得医学性的检验在与医学各科发展紧密结合的基础上,逐渐形成了一个独特的知识体系。然而在中国古代,情况当然有所不同,司法“检验”的历史非常悠久,但始终是在基本没有医生参与的情况下进行的。因而在13世纪中叶能够产生出一部较为系统,包含较为丰富相当于法医检验内容的著作《洗冤集录》,除了宋慈个人的贡献之外,与中国古代悠久的检验制度、经验积累、客观需要等均有密切的关系。该书从内容到编写形式,均相当明确的是以“检验”为主旨。换言之,《洗冤集录》与其他被称之为“古代法医学著作”,实际不过是案例汇编之作的根本区别即在于此。可以说,《洗冤集录》的成立,标志着中国古代司法检验体系达到了成熟的水平。这个司法检验体系具备以下一些基本特征。

1. “检验体系”并非“法医学”

虽然在《睡虎地秦墓竹简》中出现了令医者鉴定病人的记载，但这其实只是一个较为特殊的个例——因为确实需要非常专业的医学知识，所以才会想到需要令医家介入。而且就这一具体事例而言，其所具、所用医疗专业知识，乃至在整个断案过程中的行为，皆与日常诊疗没有任何区别——如果医者参与了尸检、血迹性质的鉴定等，那么性质就完全不同了，此类工作的性质才能名副其实地说明当时的确具有了“法医学”固有定义的内涵。因而从总体上讲，中国古代的司法检验（尤其是验尸）基本都是由官吏与专职检验人员——“仵作”来完成的。所以尽管从现代“法科学”（forensic science）的角度出发，只能将这一知识体系纳入法医学的范畴，但就中国古代的实际情况看，无论是司法人员的主观意识中，还是客观上，都没有与医学发生较为直接、明确的形式或内容的联系。一些涉及人体生理、尸体变化的知识，均是在“检验”体系中独立发展、逐渐积累而成。继研究者将《洗冤集录》誉为世界上第一部法医学著作以来，所有的古代断案之作、案例汇编类著作均被纳入“法医典籍”之列，实有牵强之嫌。如果我们总是以近代西方自然科学的范畴划分为规矩，去分析研究中国古代的史料，自然看到的是一条“法医学”的发展脉络；但如果是站在从总体上把握、认识中国固有文化体系的角度上，则不难看清这个司法检验体系的基本特征。尽管司法检验经验日渐丰富，且实际上已然涉及一些人体解剖、生理、病理知识，但这些仅仅是来源于司法检验人员的常识积累，与以治疗为追求目标的医学体系互不相涉。所以在司法检验者的头脑中，亦不可能产生要将两个体系融合、建立一个新的知识体系的愿望与动机。

2. 局限“体表检验”非“礼教制约”

中国古代司法检验体系是以外表检验为主，虽然极重视骨骼检验，但这是在尸体腐烂之后。所以就此而言，仍旧是外表迹象的搜集。一般认为这是受传统封建礼教的束缚制约，其实这并不是问题的根本所在。在有关司法检验的论述中，从未见有尊重尸体、不可妄动损伤之类观念的表露，既然可对骨骼进行煮熬以资检验，如此又何以还有什么“礼教”制约可言？再者，“礼教”的准确含义也不是“服饰掩体”如此浅薄就能表达的；反而应该看到：从严格的检验到“洗冤惩恶”的司法实施，才是“礼教”的真正落实。再者，即或是在《洗冤集录》这种处处强调仔细、亲验、动手的代表作中，亦仍旧存留着对骨骼基本形态描述的种种错误！例如“男子骨白，妇人骨黑”；“左右肋骨，男子各十二条，妇人各十四条”；又说蔡州人的颅骨比别人多一片，等等。对于开棺验骨乃寻常之事的检验人员来说，何致会有这类错误，实属耐人寻味之事。这亦说明中国传统文化思维特点的潜在影响，即多注重外表之“象”，以为“有诸内必形于外”；注重与结果（死因）直接相关之原因（损伤）的查找，而不注重类似解剖学那样纯以形态学基础研究为目的的知识体系——这才是决定历代司法检验都是以“体表检验”为主的根本原因。

3. 对“有罪推定”的自觉修正

这个司法检验体系的发展，隐含着对于司法断案中“有罪推定”的修正倾向。所谓“有罪推定”，即断案人员的主观意识从一开始就认定被告有罪，故审谳过程无非是想尽办法使被告承认犯了罪，即便“屈打成招”

亦被认为是极其合理的、是审案的圆满结束。西方资产阶级革命初期，针对封建法官、宗教法庭的武断与专横，提出了“无罪推定”，即刑事诉讼中被告人未经法庭终审判决确定罪名前，应暂被视为无罪的原则。自《疑狱集》以降，诸如《内恕录》、《洗冤录》、《平冤录》、《无冤录》等，这些断狱之作的书名均极为明显地是与“有罪推定”相对立的，表明了作者要求与警诲办案者应该通过细致的检验、确凿的证据来论证罪名，达到惩处犯罪元凶、洗清不白之冤的意图。这也就是说，中国古代司法对于“屈打成招”、“有罪推定”的修正，不像西方世界那样是来源于外部革命的压力，而是通过司法检验体系的逐步建立、完善、科学化而实现的。这恰是中国古代司法检验体系在社会进步、文明发展方面最根本的价值所在。

4. “顶峰”之后的发展，有待“革命”

由于宋以后的各种相关之作，基本上都是以《洗冤集录》为蓝本，故褒誉宋慈对中国元、明、清三代司法检验的贡献绝对是言之有理的。这一现象说明两个问题：第一，《洗冤集录》的成立，标志着中国古代“司法检验科学”独立知识体系的形成；这些经验由宋慈整理后，已然不再是作为案例记述中的零散经验而存在，因而宋代之后才会不断地有司法检验专书问世。第二，《洗冤集录》之所以成为后世司法检验专著的基本内容主体，是由于该书代表了中国古代司法检验技术沿着自身轨迹发展，所能达到的顶峰。如不突破外表检验的藩篱，没有真正具

图 4　清代的几种注释本《洗冤录》

(中国科学院自然科学史研究所图书馆藏)

备“法医学”固有含义与定义之西方近代法医知识的传入，即没有近代医学解剖、生理、病理、药物化学知识的渗入，则已然没有“更上一层楼”的可能。因此虽然清代有各种集证、详义、义证、补注，以及歌诀、录表之类的整理之作，且在一些具体问题上不乏新见，但其基本模式均是宗《洗冤集录》而成。

五、版本流传及对后世的影响

《洗冤集录》成书后，于淳祐七年(1247)初刊于湖南。然宋刊本早已佚而不传，北京大学图书馆所藏元刻本《宋提刑洗冤集录》是现存最古的版本。另外，清代孙星衍于嘉庆十二年(1807)据元刻本影刊该书，编入“岱南阁丛书”。此本于1937年经商务印书馆重刊，编入“丛书集成初编”，成为流传较广且易得到的版本。

清代吴鼒于嘉庆十七年(1812)所刊《宋元检验三录》中，以包含有《洗冤集录》，其底本也是来源于孙星衍处。1981年上海科学技术出版社曾出版贾静涛氏据元刻本所做的繁体字校注本。以上均是研究《洗冤集录》的可读之本。此处对于版本问题稍作赘说的原因是：由于清康熙三十三年(1694)颁发的《律例馆校正洗冤录》(又称《校正本洗冤录》或《洗冤录》)虽然是以《洗冤集录》为主，但在内容上实有所不同，往往被误作宋慈的著作加以引用。最常见的错误是大谈《洗冤集录》在毒物学与急救方面的成就[1]，实际上在宋慈的著作中原本并无这些内容。

[1] 例如自然科学史研究所主编：《中国古代科技成就》，中国青年出版社，1978年，第476～478页。

关于《洗冤集录》对于后世的影响,可分国内与海外两途言之。在国内,宋元间有赵逸斋《平冤录》问世;元代有王与的《无冤录》付梓(1308)。据今人考证,《无冤录》下卷的43项内容中注明"出《洗冤录》《平冤录》同"字样的多达272处①。由此可知,《平冤录》无疑是以《洗冤集录》为蓝本;当然《无冤录》中也就同样包含了大量《洗冤集录》的内容。明代出现了各种各样以《洗冤集录》为主,《无冤录》为辅的检验著作。清代《律例馆校正洗冤录》以《洗冤集录》为基础,增补了宋慈以后各家的经验,成为朝廷正式颁发的官书。

在国外,虽然有多种文字的《洗冤录》译本,但这些译本所采用的基本上是清代王又槐以《校正洗冤录》为主体,增辑而成的《洗冤录集证》(1796)。因而宋慈所著《洗冤集录》在国外的传播,并不像许多医学史著作或文章中说得那样直接。前贤对此早已做过较为详细的考证论述,现摘录贾静涛氏"中国古代法医学在国外"②之文以飨读者,且可免去叠床架屋之劳。

> 祖国法医学著作的外传,最早在明代。羊角山叟重刊本(明洪武十七年,1384)的《无冤录》首先传入朝鲜。由于文字关系,李朝第三代世宗命文臣崔致云等加以音注,于正统三年(1438)完成,这就是朝鲜版《新注无冤录》,该书在朝鲜法医检验中应用了三百余年。英祖二十年(1744)又由具宅奎结合《律例馆校正洗冤录》加以增删训注,名为《增修无冤录》。正祖十六年(1792)又有除有邻用谚文(朝鲜文)翻译的《增修无冤录谚解》。正祖二十年(1796)又由具允明等将《增

① 贾静涛:《中国古代法医学史》,群众出版社,1984年,第181页。

② 引自贾静涛点校本《洗冤集录》的"后记",上海科学技术出版社,1981年,第101~102页。

修无冤录》重订刊行。《无冤录》在朝鲜不仅为检验专书，并且是任用司法官吏的考试科目。自太宗五年（1405）开设考试科目起，至隆熙元年（1908）将《无冤录》列为失效法令时止，其间约历五百余年。

日本法医学的发展比朝鲜晚，它是通过朝鲜间接受到我国影响的。《新注无冤录》约在德川时代传入日本。日本人撰的最早法医学书籍是在明和五年（1768）刊出的，这就是河合甚兵卫源尚久译述的《无冤录述》。其后迭经再版，并于明治二十四年（1891）更名为《辨死伤检视必携无冤录述》。当时日本已经有许多欧洲法医学著作出版，但该书至明治三十四年的十年间，竟再版六次之多。日本法医学史家山崎佐（1941）指出，《无冤录述》是"日本法医学史上重要的著书，在裁判史上起了重大的作用。"《无冤录》还有由日本检验人员（检使）传写的译述本在民间流传，最著名的就是《检使辨疑》，约写于元文年代（1736～1740）。与《无冤录》不同，《律例馆校正洗冤录》是直接传入日本的，明治十年（1877）出版日译本，名曰《检尸考》。日译本尚有小畑行简训译的《福惠全书》（1850），近藤圭造译的《福惠全书和解》（1874）和董炳然译述的《平冤录》（1931）。后者是根据《宋元检验三录》中的《平冤录》翻译的，实际是《无冤录》的下卷。

中国古代法医学著作传入欧洲的主要是《洗冤录》，并且多是在鸦片战争之后，来华欧人根据王又槐（1796）的《洗冤录集证》或《补注洗冤录集证》加以翻译或介绍的。其中有荷兰（De Grijs 译本，1862）；德国（Breitenstein 译本，1908；Hoffmann 译本）；法国（节译本，1779；Martin 译本，1882）；英国（Giles 译本，1873）等共有四国六种译本。加上前述的朝鲜三种版本，日本七种版本，我国法医学书籍在国外共有六国十六种版本及译本。

需要提请注意的一个问题是：汉字文化圈中的朝鲜、日本翻译中国书籍的目的，与鸦片战争后欧洲人翻译此类著作的目的恐怕是有极大不同的。前者，为学习与使用；后者，则主要是对东方文化的介绍。

（吴　慧）

刘树勇
关增建

中国古代物理知识与物理实验

一、力学方面

二、声学方面

三、光学方面

四、电磁与热学

中国古代物理知识与物理实验

中国古代没有当代意义上的物理学。但古人在漫长的探索自然的过程中，逐渐发展起了与今言之物理相关的一些技术，还做出了一些颇具特色的实验工作，促进了相关知识的发展，加深了人们对自然的认识。这些技术和实验，在近代物理学所对应的研究领域中，有不同的表现。本篇依据近代物理学研究领域分类，对之做简要介绍。

一、力学方面

1. 对弓体弹力的测试

弓(包括弩)是古代一种重要武器，对弓弩的重视，使得古人孜孜不倦地探求其制作之道，并由此形成了定量测试弓体弹力的方法。这些方法，包含了丰富的物理知识。

古人测弓体弹力，目的有二，一是得到弓体的额定弹力(即弓弦拉到规定长度时弓体所产生的弹力)，以之作为表征弓的性能的定量标准。古人经常以钧石这些重量单位表示弓的弹力。宋人沈括说："挽蹶弓弩，古人以钧石率之。"[1]另一目的是利用弓力测定来保证弓弩的制作符合要求。《考工记》中已经涉及对弓弹力的测量问题，其"弓人为弓"条说："角不胜干，干不胜筋，谓之叁均。量其力，有三均，均者三，谓之九和。"所谓角、干、筋，都是制作弓体的材料。制作要以坚韧之木或竹为干，内衬以角，外附以筋，张以丝弦而成。角、干、筋对弓的弹性都有影响。角不胜干，干不胜筋，指的是三者均等的理想情况("三均")。在这三者对

① 沈括:《梦溪笔谈》(卷三)。

弓的弹力贡献一样大的情况下,弓的性能最好。这就要通过测量来确保对弓的制作能够实现这一点。“量其力”表明当时人们已经掌握了测试弓体弹力的方法。

如何通过测定弓的弹力来确保弓的制作能够达到上述两个目的呢?东汉郑玄在注解《考工记》的这一条时,提供了解答第一个问题的线索:“参均者,谓若干胜一石,加角而胜二石,被筋而胜三石,引之中三尺。假令弓力胜三石,引之中三尺,弛其弦,以绳缓擐之,每加物一石,则张一尺,故书胜。”根据郑玄的注,古人在测定弓体弹力时,首先松开张紧在弓上的弦,让弓处于松弛状态,再用绳系在弓的两箫(即弓两端架弦之处,也叫峻),保持弓不受力,然后在绳上悬吊重物,调节物体重量,使得弓被拉开的长度为三尺,这时物体的重量就反映了弓的弹力的大小。若物体重为三石,则该弓弹力为三石,此即郑玄所谓之“三石力弓”。这样就能保证弓达到额定弹力。

唐代贾公彦在郑玄注之后对之又作了进一步疏解:“此言谓弓未成时,干未有角,称之胜一石;后又按角,胜二石;后更被筋,称之即胜三石。引之中三尺者,此据干角筋三者具总,称物三石,得三尺。若据初空干时,称物一石,亦三尺;更加角,称物二石,亦三尺;又被筋,称物三石,亦三尺。郑又云假令弓力胜三石,引之中三尺者,此即三石力弓也。必知弓力三石者,当弛其弦,以绳缓擐之者,谓不张之,别以一条绳系两箫,乃加物,一石张一尺,二石张二尺,三石张三尺。”根据贾公彦的疏解,测定过程是这样的:开始要先选择合适的弓干,使其在悬一石重的物体时,恰被引至三尺。然后在弓干上衬角,衬后悬二石重物体,使其亦被引至三尺,之后,在弓干上附筋,然后悬三石重物体,如果这时也恰被引至三尺,则说明角、筋、干三者对弓刚性系数的作用相等,这就达到了古人所说的“三均”,也就确保了最后制成的弓符合质量要求。

这种做法是有道理的。我们知道，物体在发生弹性形变时，它所受的外力在量值上等于其刚性系数与形变的乘积，而在上述测量中，弓的形变量是保持不变的，这样通过衬角、附筋以后，弓的刚性系数的改变就唯一地与所悬外物的重量成比例了，因此可以通过所悬外物重量直接判定角、筋、干三者的组合是否符合要求，从而确保制成的弓满足规定性能。按照这种程序制做的弓额定弹力是一定的，这就使得它符合标准化的要求，具有通用性。对于古代战争而言，这是非常重要的。

从物理学史角度来看，古人对弓体弹力的测定很有意义。在一般情况下，用衡器测物重，实际上测出的是质量，而这里测出来的却是实实在在的力。衡器测重依据的是杠杆原理，弹力测定则遵从的是弹性定律（也叫胡克定律），这是不一样的。

另外，古人在测量时限定把弓引长至三尺的做法也十分巧妙，这一方面可以直接得到弓的额定弹力，另一方面，也省去了制做弓弩时每次测量中烦琐的形变量的计算，还不必考虑形变是否在弹性限度之内，而且能够保证制做出来的弓弩符合要求，这是很科学的。

尤为有意义的是，郑玄注提出："每加物一石，则张一尺。"贾公彦的疏解又进一步对之加以说明："加物一石，张一尺；二石张二尺，三石张三尺。"这些注疏意味着他们已经把弓所悬物重与其被拉开的程度联系起来，沿着这条路发展下去，不排除有发现弹性定律的可能。只是，由于中国传统文化中缺乏探究定量化的自然规律的传统，古人未能沿着这个方向发展下去。

值得提出的是，古人还把弓体弹力测试作为一种手段，用于弓弩的设计之中。具体例子是这样的：

> 魏丕作场使，旧制床子弩止七百步，上令丕增造至千步，求规于

> 信。信令悬弩于架,以重坠其两端,弩势圆,取所坠之物较之,但于二分中增一分,以坠新弩,则自可千步矣。如其制造,果至千步,虽百试不差。①

这是南宋江少虞在其《事实类苑》中记载的北宋时期的一则轶闻,它反映了古人通过测定弓体弹力来定量改进弓弩射程的一次尝试。这种尝试是合乎逻辑的,因为弩的射程远近当然与其弹力的大小有关,要提高射程,只有从增加弹力着手。这里我们来分析一下古人的这种尝试是否合理。

在这条史料中,原床子弩的射程为 700 步,皇帝命令要将其增加至 1 000步,即射程要达到原来的 1.43 倍,近似于 1.5 倍。对此,设计者采取的解决办法是,使弩的弹力“于二分中增一分”,也达到原来的 1.5 倍。这就是说,在设计者的心目中,弩的射程与其弹力是有线性关系的。

实际情况怎么样呢?我们知道,弩的射程主要取决于弩箭的初始速度 v,v 的获得是由于弩的弹性势能在发射过程中转化成了箭的动能所致。若弩的刚性系数为 k,额定形变量为 x,箭的质量为 m,则其额定弹性势能为 $W=\frac{1}{2}kx^2$ (假设弩的形变完全是弹性的),可以认为这一势能在发射时完全转化为箭的动能 $E=\frac{1}{2}mv^2$。显然,在弩的形变量 x 固定不变的情况下(因为弩箭长度是不变的),箭的动能与弩的刚性系数 k 成正比,即箭的初始速度 v 与弩的刚性系数 k 的平方根 $1/k$ 成正比。由此,知道了弩的射程与箭初始速度的关系,也就可以得出弹力与射程的关系了。

① 江少虞:“德量智识”,《事实类苑》(卷十四)。

从古人测试的基本条件来看，应该是将弩在地平面上，以仰角 α 向前，然后测试其射程。从物理学上我们知道，这时弩箭的理论射程为：

$$S = \frac{v^2}{g}\sin 2\alpha$$

即在发射角固定的情况下，射程 S 唯一地与箭初始速度 v 的二次方成正比，亦即 S 与箭的初始动能成正比。而根据前面的分析，在弩的形变量固定的情况下，箭的动能 E 与弩的刚性系数 k 具有线性关系，由此，射程 S 与刚性系数 k 也具有线性关系。显然，如果使弩的弹力在形变量不变情况下提高到原来的 1.5 倍，这意味着 k 提高到了原来的 1.5 倍，于是射程 S 也就自然达到了同样的 1.5 倍。在这种情况下，本条史料所述之设计就成为切实可行的了。

在上述讨论中，我们没有考虑空气阻力及弩的非弹性形变因素。在这类粗略估算中，这样做是可以的。通过对上述情况的分析，我们得知，尽管古人对于弩的射程与其弹力之间关系的认识未能明确表达并记录下来，但他们毕竟从定量角度对之做了探讨，找到了弩做斜上抛发射时弹力与射程之间的正确联系，并在实践中得到了验证，这是应予肯定的。这也是中国古人测定弓体弹力所得到的一个重要理论成果。

2. 对杠杆原理的把握

中国古代力学知识发展过程中，古人通过大量实验，最终实现了对物理学上非常重要的杠杆原理的把握，这是值得一提的。我们这里所要考证的，是古人何时实现了对这一重要原理的把握。

古人很早就开始使用杠杆了，并且从经验中知道使用杠杆可以省力。他们把杠杆叫作桔槔。先秦著作《庄子》记载了这样一件事：

正午时分

> 子贡南游于楚，反于晋，过汉阴，见一丈人方将为圃畦，凿隧而入井，抱瓮而出灌，搰搰然用力甚多而见功寡。子贡曰："有械于此，一日浸百畦，用力甚寡而见功多，夫子不欲乎？"为圃者仰而视之曰："奈何？"曰："凿木为机，后重前轻，挈水若抽，数如泆汤，其名为槔。"①

这里说的"槔"就是桔槔。从子贡所说的"用力甚寡"来看，当时的人对杠杆省力有很清晰的认识。但知道杠杆省力，会使用杠杆，并不意味着掌握了杠杆原理。杠杆原理是一条定量化了的物理原理，必须了解了其中的定量关系，才能认为掌握了它。中国古人是在大量称重的实践中把握了杠杆原理了的。

古人称重，所用仪器最早是天平，后来又用杆秤。用这些衡器称重，所得结果实际是物质的质量，但人们在习惯上总是把称得的质量认为是物体的重量。为与古人知识状态相应，我们在叙述中对此二者也不加区分。

古人把各种测重仪器都叫作衡。《汉书·律历志》说："衡权者，衡，平也；权，重也。衡所以任权而均物平轻重也。"衡的形式包括等臂天平、不等臂天平和杆秤。相应地，权就是砝码或秤砣。衡器的三种形式有一个演变过程，这一过程与人们对杠杆原理认识的深化及巧妙应用分不开。

衡器出现的时间很早，最初的形式是等臂天平。目前，考古发掘的较早而且完整的权衡器是湖南长沙左家公山一座战国时代楚墓中的木衡铜环权，那是个等臂天平。环权制作精细，大小成套，显然是作为砝码来用。这反映春秋战国时期，等臂天平是得到普遍应用的。《汉书·律历志》说："权与物钧而生衡。"权与物等重，衡器就平而不斜，这只能指等

---

①《庄子·外篇·天地第十二》。

臂天平。

《淮南子·主术训》说："衡之于左右，无私轻重，故可以为平。……夫权轻重，不差蟁首。"这也是指精度很高的等臂天平。在左家公山出土的铜环权中，最小的重不足一克，这表明当时天平的确达到很高精度。

等臂天平的出现，是基于直观思辨的结果。等臂天平支(或悬)点在中央，两臂等长；若两端悬挂重物不等，它必然会向重的一侧倾斜。这是很直观的。《淮南子·说山训》说"重钧则衡不倾"，指的就是这种现象。《慎子》说："权左轻则右重，右重则左轻，轻重迭相橛，天地之理也。""右重则左轻"，应为"左重则右轻"之误。"天地之理"是自然而然之意。古人制作天平依据的就是这种"天地之理"。显然，等臂天平的出现，不能作为古人已经掌握了杠杆原理的依据。只有当古人能够用不等臂天平或杆秤进行称重的时候，我们才可以断定他们掌握了杠杆原理。

等臂天平使用时间很长，直到《汉书·律历志》还要把它作为衡器主要形式加以记载，此即"五权制"："权者，铢、两、斤、钧、石也，所以称物平施，知轻重也。……五权之制，以义立之，以物钧之，其余小大之差，以轻重为宜。"这种五权制是一种大天平制度，它的砝码可以大到以石相论。

古人在探索衡器新的形式时，作为这种探索的初级产物，不等臂天平应运而生。最早从理论上探讨不等臂天平的，当属《墨经》，《墨经》中有下述记载：

> 《经》：衡而必正，说在得。
>
> 《说》：衡：加重于其一旁，必捶，权重相若也相衡。则本短标长，两加焉，重相若，则标必下，标得权也。

引文中"则本短标长"中的"则"，作如果讲。"则"的这种用法，在古书中是又旁证的。例如,《左传·定公八年》有“公子则往,群臣之子,敢不皆负羁绁以从!”这里的“则”即为“如果”之意。《墨经》这段话大意是说,在称衡物体时,天平一定要平正,这是由于物和权要相当。《经说》的意思是说:在天平一侧放置重物,天平必然倾斜,只有当物重和砝码重相等时天平才可能平衡。如果衡器两臂不等长,同时在两侧放置等重的砝码和重物,则臂长的一侧必然向下倾斜,这是因为它多得了权重的缘故。这一条后半段涉及不等臂天平的工作原理,而能够运用不等臂天平称重,必然掌握了杠杆原理,这是不言而喻的。

对《墨经》的上述理解,最好能有其他文献的旁证。我们在别的文献中也确实发现了古人用不等臂天平称重的信息。两宋之际吴曾《能改斋漫录》引《符子》的一段话,就与不等臂天平测重有关。原文为:“《符子》曰:朔人献燕昭王以大豖,曰养奚若。……王乃命豖宰养之。十五年,大如沙坟,足如不胜其体。王异之,令衡官桥而量之,折十桥,豖不量,命水官浮舟而量之,其重千钧。”“衡官”,专职称重的官员。“桥”,即战国时代所谓之桔槔。刘向《说苑·反质》载曰:“为机,重其后,轻其前,命曰桥。”由此,“桥而量之”,即利用杠杆方式称重。这一记载与《墨经》相互参校,说明当时人们已经知晓杠杆原理。

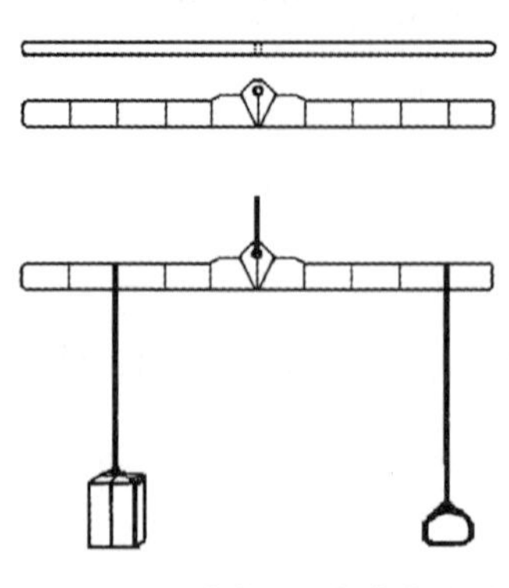
图1 “王”铜衡与“王”铜衡称重示意图

最有力的证据应该来自考古发现。在我国现存的古代衡器中,中国国家博物馆藏的两件战国铜衡,就是作为不等臂天平使用的。这两件衡的衡体扁平,衡长相当于战国时一尺,正中有鼻纽,可以悬吊使用。纽孔内有沟状磨损,显示它是经过长期使用的。衡正面有纵贯衡面的十等分刻度线。衡上刻有“王”字,因此人们称其为“王”铜衡。

“王”铜衡的鼻纽孔在正中,这符合等臂天平的特点。但等臂天平不需要在衡面上标出刻度线,纵贯衡面的十等分刻度线,使它具有了不等臂天平的功用。在使用时,物和权分别悬挂在两臂,找得一定的位置使之平衡,从悬挂位置的刻度和权的标重,就可以计算出所称物的重量(如图 1 所示)。文物专家刘东瑞对之做过研究,证明这两件衡器可以作为不等臂天平使用。[①]

“王”铜衡与上述文献记载相互参校,可证我国先民至晚在战国时期已经掌握了杠杆原理。

运用不等臂天平进行测量,较之等臂天平,有一定的优越性。首先,这在原理上是一种突破。它标志着古人已经掌握了杠杆原理,这为称重仪器的改进奠定了科学基础;其次,测量数据由离散的变为连续的;最后,测量范围有了大幅度增加,不再仅限于砝码的量级。但是这种方法也有其不便之处,主要是它每次都需要经过运算才能得出结果,这就限制了它的被推广使用。经过长时间的探索,一种新形式的衡器——提系杆秤出现了。这种衡器的出现,标志着古人对杠杆原理的运用,已经达到炉火纯青的地步。对于衡器而言,表达杠杆原理的数学公式可以通俗地写成:

$$权重 \times 权臂 = 物重 \times 物臂$$

就“王”铜衡而言,权重是固定的,其余的 3 个因素是可变的,由此,要确定物重,就必须经过运算。而在提系杆秤中,权重是固定的,物臂长也是固定的,这样,物重变化与权臂长变化就有一个正比关系,因此,物体的重量可以单一地由权臂相应长度表示出来,即对重量的测量转化成

① 刘东瑞:“谈战国时期的不等臂秤‘王’铜衡”。《文物》,1979 年,第 4 期。

了对相应权臂长度的测量，这就带来了莫大的优越性。南宋陈淳对提系杆秤的使用有个形象的说明："权字乃就秤锤上取义。秤锤之为物，能权轻重以取平，故名之曰权。权者，变也。在衡有星两之不齐，权便移来移去，随物以取平。"[①]移来移去，这正是变重量测量为长度测量的特征。这一特征使得称重变成简单易行之事。

天平的测量数据是离散的，而提系杆秤不需经过换算即可得到所需要的连续分布的测量数据，这是它较之天平优越的另一特点。但是，提系杆秤的灵敏度比之精心设计的天平要逊色些，但这对一般的民用而言并不重要。因为提系杆秤具有如此诸多长处，在它出现后，很快得到普及，成为中国古代最常见的衡器。提系杆秤是古人成功运用杠杆原理的范例，是古人智慧的结晶。

3. 浮力实验和技术

早在先秦时期，古人就对物体的浮沉特性有所认识，并在生产实践中有十分巧妙的应用。如在《考工记·矢人》篇中，"矢人"在确定箭杆各部分的比例时，采用的方法是："水之，以辨其阴阳；夹其阴阳，以设其比；夹其比，以设其羽。"就是说，把削好的箭杆投入水中，根据箭杆各部分在水中浮沉情况，判定出其相应的密度分布，根据这一分布来决定箭的各部分的比例，再按这个比例来装设箭尾的羽毛。

《考工记·轮人》篇在规定车轮制作规范时，也应用了浮力。车轮要"揉辐必齐，平沈必均"，"轮人"的办法是："水之，以眡其平沈之均也。"意思是说，要测量木制轮子是否均匀，要把它放在水中，看浮沉程度是否一

① 陈淳：《北溪字义·卷下·经权》。

致。如果浮沉程度一致（“平沈”），轮子各处质量分布必然均匀（“必均”）。

先秦时期人们还能应用浮力定量测定物体的重量。前引晋代《符子》一书记载的“浮舟量之”故事，其本意就是利用水的浮力来测定朔人进献给燕昭王的那头其重无比的大猪的重量。如果《符子》的记载真实，这是古人定量利用水的浮力的一个绝妙的例子。由此发展下去，就是脍炙人口的曹冲称象的故事了。

古人不但从经验的角度利用浮力，也从理论上对物体浮沉条件加以探讨，《墨经》中就有这方面的内容：

《经下》：荆之大，其沈浅也。说在具。

《经说下》：荆：沈，荆之贝也，则沈浅，非荆浅也。若易，五之一。

这里的“荆”同形，指形体。“沈”即沉。“具”为器具，可泛指中空而有容积的物体。“贝”当为“具”之误。《经》指出：物体的形体虽然很大，但因其中空，所以在水中下沉较浅。《经说》则解释道：中空的物体在水中沉下的部分浅，这并非物体本身浅，而是沉下水的部分所受的浮力等于全部物体的重量，这就像在市场上交换东西，5件甲物可以换来1件乙物一样。当然，由于《墨经》用词的简略，对这一条也还存在不同的解释，但无论如何，我们说墨家已认识到物体所受浮力跟它沉入水下部分的体积有关，这总是可以成立的。

《淮南子·齐俗训》以竹子为例论述：“夫竹之性浮，残以为牒，束而投之水则沈，失其体也。”竹子中空，投水中自然浮起，故说“竹之性浮”。把完整的竹子破开，削成竹牒，束成一捆，投入水中，则下沉，原因在于“失其体也”。即竹子重量不变，但制作成竹牒后，其体积比起原来大为减少，投入水中以后所受浮力也大为减少，于是就不能浮起。显然，《淮南子》已经意识到物体所受浮力与其排水体积之间有密切关系。

古人还能巧妙地利用浮力。《宋史・方技传下》记载了怀丙和尚利用浮力的例子："河中府浮梁，用铁牛八维之，一牛且数万斤。后水暴涨绝梁，牵牛没于河。募能出之者，怀丙以二大舟实土，夹牛维之。用大木为权衡状钓牛。徐去其土，舟浮牛出。"怀丙所为是利用浮力起重，可谓构思巧妙。

古人还利用浮力判定液体比重。同一物体浸在不同的液体中，它所受的浮力也不一样。唐代段成式在《酉阳杂俎》中提到："莲实，莲入水必沉，唯煎盐碱卤能浮之。"这显然是由于水和盐卤的浓度不同。受此启发，古人发明了观察莲子的浮沉情况来判定液体浓度的方法。李约瑟在考证盐水浓度的测定法时，引用了 11 世纪姚宽所写的一段记事。姚宽在台州做官时，曾因调查盐商舞弊，每日用莲子确定盐卤浓淡。他选择较重的莲子供用。倘若十粒莲子，能由盐卤中浮出三四粒，就是浓盐卤。若浮起的数目不足三粒，则这盐卤稀薄。若全体莲子都沉在卤底，则该盐卤稀薄至极，即使经过蒸发，也得不到多少盐。这种方法不但巧妙利用浮力，而且还包含了一定的数理统计思想。

元代陈椿在《熬波图咏》中记载了一种专门用于测盐卤的器具。所用莲子叫作"莲管"：

莲管之法，采石莲，先于淤泥内浸过，用四等卤分浸四处：最咸勫卤浸一处，三分卤浸一分水浸一处，一半水浸一半卤浸一处，一分卤浸二分水浸一处。后用一竹管盛此四等所浸莲子四枚于竹管内，上用竹丝隔定竹管口，不令莲子漾出。以莲管吸卤试之，视四莲子之浮沉,以别卤咸淡之等。

用这种仪器可以对盐卤浓度进行分等。这种“莲管”与现代的浮子式比重计相近,其中 4 枚莲子相当于比重不同的色球,根据这些小球的浮沉情况便可判断液体的比重。

明末方以智记载了他的老师王虚舟对金、银、铜、铁在汞液中浮沉情况的观察:“虚舟子曰:《本草》言金银铜铁置汞上则浮,此非也。铜铁则浮,金银则沉。金银取出必轻耗,以其蚀也。”①王虚舟的观察是准确的,这反映了古人对不同比重物体沉浮状态研究的深入。这段话还记述了汞对金、银的腐蚀作用,在化学史上也是有价值的。

4. 喷水鱼洗

喷水鱼洗是一种类似现今洗脸盆一样的古代铜盆。盆内刻有 4 条鱼,盆的上沿两侧有一对提耳。提耳的设置,便于提动鱼洗,但它同时又有另外一个功用,即当手掌跟它摩擦时,会发出嗡嗡地响声,就像用弓拉弦能产生声音一样,因此人们又把它称为两弦。这种鱼洗有个特点,就是当里边盛有水时,以手摩擦其两弦,除发出嗡嗡地响声外,盆内还能喷射出水柱,在水面形成浪花,显得十分神奇。喷水鱼洗实物,在今杭州、大连、重庆等地的博物馆里,仍可见到。② 图 2 所示就是重庆博物馆藏喷水鱼洗(据李约瑟)示意图,洗的底部塑有 4 条鱼,鱼的口部刻有流线,流线至盆壁后沿盆壁一直延伸至盆的上沿。当用手摩擦盆的两弦时,水柱

① 方以智:《物理小识》(卷七)。

② 戴念祖:“喷水鱼洗起源初探”。《自然科学史研究》,1983 年。

会沿着鱼口的流线喷涌而上，所以人们将其称为喷水鱼洗。

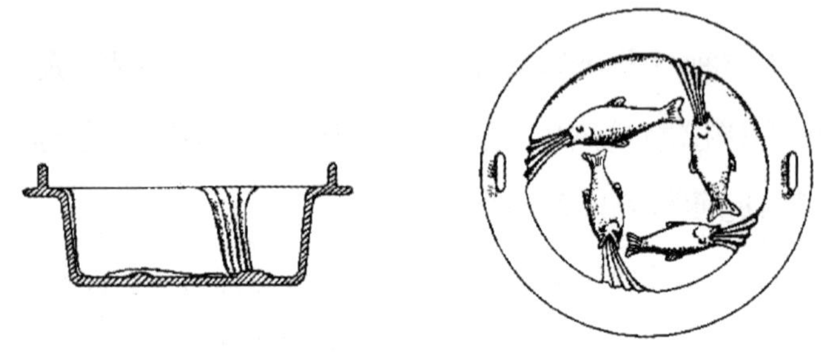

图 2　重庆博物馆藏喷水鱼洗

在宋代文献中，出现了一些可能与喷水鱼洗有关的记载。例如王明清所撰的《挥麈前录》卷三就曾提到后晋石重贵向辽朝进献的两件宝物，其中有瓷盆一枚，“画双鲤存焉，水满则跳跃如生，覆之无它矣。”我们知道，喷水鱼洗在受到摩擦时，洗内的水因受迫振动而喷涌，恰似被其中的鱼搅动一般，这与《挥麈前录》的描写十分相似，由此基本上可以断定该器是一个喷水鱼洗。

宋代何薳在其《春渚纪闻》卷九引述《虏庭杂记》，也提到了石重贵向辽主进献的那个鱼盆，但说它是木制的，云：“鱼盆则一木素盆也，方圆二尺，中有木纹，成二鱼状，鳞鬣毕俱，长五寸许。若贮水用，则双鱼隐然涌起，顷之，遂成真鱼；覆水，则宛然木纹之鱼也。至今句容人铸铜为洗，名双鱼者，用其遗制也。”“隐然涌起”，似指在刚开始摩擦时水纹涌现的情形；“遂成真鱼”，则应指摩擦进行到一定程度，水柱喷出，就像水中真有鱼在喷水一样。这样的描述，应该能用喷水鱼洗作解。但是引文中说是木盆，当为误记，因为木盆很难有因震动而喷水的效果，而传世的实物也确实没有木制的。

这里需要强调的是，引文中提到，“至今句容人铸铜为洗，名双鱼者，用其遗制也”。它明确道出了喷水铜洗的传承。何薳生活于北宋末年，那时江苏句容一带已有人能制造喷水的铜质鱼洗,其源起正是晋出帝的瓷鱼盆。

它的名称最初称为盆,后来才叫铜洗或双鱼铜洗。再后来由刻画双鱼发展成刻画4条鱼,这表明人们对鱼洗振动的认识加深了。因为喷水鱼洗最基本的是喷起4道水柱,4条鱼配4道水柱,构思巧妙,富有艺术美形式。

需要说明的是,在《挥麈前录》和《春渚纪闻》的描写中,都没有提及需有人用手摩擦一事。这究竟是出于记载的疏忽,还是由于别的原因?比如说,该瓷盆原本就不是喷水鱼洗,它是根据某种光学成像原理制成的。这里我们做些分析。同样是在《春渚纪闻》卷九,何薳还记述了一个玛瑙盂,说该盂"圆净无雕镂纹",其主人"用以贮水注砚,因闲砚(视)之,中有一鲫,长寸许,游泳可爱。意为偶汲池水得之,不以为异也。后或疑之,取置缶中,尽出余水验之,鱼不复见。复酌水满中,须臾一鱼泛然而起,以手取之,终无形体可拘。"这里提及的玛瑙盂,就引文对其描述而言,只能是依据光学原理制成的,因为它与摩擦和震动无关。可以看出,玛瑙盂有2个特点,一是无水时无鱼,注水后才能见到鱼,这主要是为了增加其神秘性;另一特点是虽然引文中也提"游泳可爱"、"泛然而起"字样,但总的来讲给人以静态感觉。这是因为人们看到的是鱼的像,自然不会感到盂中的水也在波动。相反,在前边提到的双鲤瓷盆则是"画双鲤存焉",原来就雕刻双鱼在内。加水之后,"则双鱼隐然涌起","跳跃如生",显得满盆都是浪花。这种效果非光学成像所能造成,只能是力学作用所致,所以我们认为该段描写讲的是喷水鱼洗。

鱼洗能够喷水,其道理何在?这当然与人手摩擦引起的洗的振动有关系。研究者发现,洗的振动属于板振动,是一种规则的类似圆柱形板的振动。人手摩擦洗的两弦,引起洗的周壁发生振动,手掌和两弦的摩擦就是洗发生振动的激励源，通过摩擦，赋予洗周面振动的能量。因为手掌和两弦的接触，使得该处总是处在振动波节位置。两弦对于洗中心是对称分布的，因此摩擦两弦引起的洗的振动只能是偶数节线（如 4、6、8 节线）振动。其振动情形如图 3 所示。

洗的周壁振动时，对洗内的水产生拍击作用，迫使水发生相应的和谐振动。在洗的振动波腹处，水的振动也最强烈，甚至由于受到波腹的拍击而喷起水柱，并在水面形成定向波浪。在洗的振动波节处，水不发生振动，浪花停止在波节线上，水面气泡和水珠也停泊在这些不振动的水面径线上（如图 3 所示）。这样，通过以手摩擦洗的两弦，就在洗内的水面上形成了有规则的波纹分布和水柱喷起。

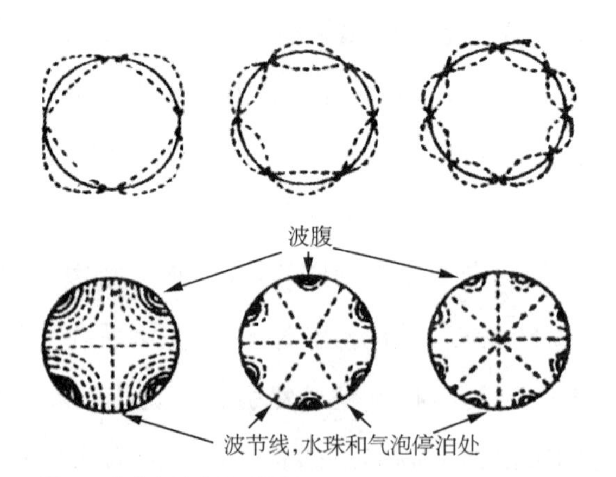

图 3　喷水鱼洗的振动图案

水是鱼洗振动的负荷体，水量的多少也影响到鱼洗振动节线的形成。因此，为使鱼洗产生不同数量的波浪和水花，必须适当控制注水量。从浙江省博物馆所藏的喷水鱼洗情形来看，大约注入鱼洗容量 9/10、7/10 和 1/2 的水，会使鱼洗分别产生 4、6、8 个驻波，即鱼洗分别做 4、6、8 节线的振动。其中 4 节线振动是鱼洗的基频振动，它激起的水柱最高，浪花最大。在鱼洗振动时，通过观察水面的波纹分布，可以看出水面不振动的节线，从而推知洗壁的节线位置。这样，喷水鱼洗就使弯曲板的振动成为可见。这在科学史上，的确是一重大发明。当然，还可以用干细沙代替水，这样观察起来效果更好。

应予指出的是，类似喷水鱼洗的器皿，在我国少数民族也曾被发现过。近人徐珂收集大量清代资料，编成《清稗类钞》一书，其中有一条名为“李子明藏古苗王铜锅”，原文如下：

> 古州城外河街，有陈顺昌者，以钱二千向苗人购一铜锅，重十余斤。贮冷水于中，摩其两耳，即发声如风琴、如芦笙、如吹牛角，其声嘹亮，可闻里余。锅中冷水即起细沫如沸水，溅跳甚高。水面四围成八角形，中心不动。传闻为古代苗王遗物。锅上大下小，遍体青绿，两耳有鱼形纹。后归李子明。

这段话，大概是历史上最早明确而又全面记录喷水鱼洗类器物的文字，它记述了该器物的形制：外形像一个平底锅，重十余斤，上大下小，两耳有鱼形纹；还说明了其声学性能：摩其两耳，会发出响亮的声音，可以传到一里以外。把喷水性能与声学效果相联系，这是以前文献所没有过的。“可闻里余”的说法，不管是否含有夸张成分，该铜锅声学性能良好，则是可以肯定的。声音嘹亮说明它的振动性能好，振动性能好则喷水功能强。引文接下去对铜锅喷水性能的描写，就证明了这一点。“水面四围成八角形，中心不动”一语，表明作者看到的该铜锅的振动模式是八节线振动。特别应予指出的是，这段话明确提到该铜锅是得自于苗人。“传闻为古代苗王遗物”，表明苗族同胞对该器的珍重；“遍体青绿”，说明其传世时间之久。苗族同胞在很久以前就制造出了具有如此良好喷水性能的铜锅，这是值得一提的。

二、声学方面

在中国科技史上，声学包括两个方面，一是关于声音本质及其相关现象的解释及相关技术，另一是音律学知识及实践。有关音律方面的内容，我们另行讨论，这里侧重于介绍古人在第一个方面所做过的探讨。

1. 声音的本性与传播

中国古代对声音波动性的认识，远未达到近代科学的水平。古人对声音本性的探讨，从物理学角度来看，还处于对各类发声现象的描述和思辨的状态。但在这些描述和思辨中，不乏真知灼见，对声音的波动性，也有所触及。

古人探讨声的本质，有一个显著特点，就是与气的学说密切相关。这一方面是由于元气学说作为宇宙万物本原理论，广泛影响并深入到各门具体科学，另一方面也是由于古人在长期的观察实践中，体会到声音的产生、传播的确与气的存在分不开。这两方面的结合，有助于人们向正确认识声音的波动性方面发展。

早在先秦，《庄子》一书就已涉及自然界空气流动造成的发声现象，《齐物论》篇说：

> 夫大块噫气，其名为风。是唯无作，作则万窍怒号。……大木百围之窍穴，似鼻、似口、似耳、似枅、似圈、似臼、似洼者、似污者、激者、謞者、叱者、吸者、叫者、譹者、宎者、咬者，前者唱于，而随者唱喁。泠风则小和，飘风则大和。厉风济，则众窍为虚。

这一段，就列举了树木上各种各样的窍穴，说当它们受到风的吹击时，就会发出各种各样不同的声音。风有大小不同，声音也随之变化。当烈风止息时(济，作停止讲)，由这些窍穴发出的声音也同时停止，万籁俱寂，同处于虚静状态。

这段话把自然界一些声现象与空气流动结合了起来，是对这些声现象产生原因的一种解释，但这一解释与声的波动说无涉，因为流动、振动、波动毕竟是完全不同的概念。

《齐物论》篇又提到："夫言非吹也，言者有言，其所言者特未定也。果有言邪？其未尝有言邪？其以为异于鷇音，亦有辨乎？其无辨乎？"鷇音，注者以为将要破壳而出之鸟音。吹，指上段空气的吹动。人讲话不同于风刮动时发出的声音，自然是因为话带有信息，可以起到交流作用。但语言的本质到底是什么？人讲话与刚破壳而出的小鸟的唧唧声究竟有什么不同？庄子此论，本意是要说明语言作为人们相互交流的工具，彼此间的差别是相对的，但它在无意中却可以启发人们想到：各种声音现象背后，有没有共同的本质存在？从今天的知识出发，我们可以肯定回答：各类声音，无不表现为空气的振动，这就是它们的共同本质。那么古人对此有什么样的认识呢？

东汉王充认识到声音现象是空气的一种特殊运动形式，他称其为"括"，说：

> 生人所以言语吁呼者，气括口喉之中，动摇其舌，张歙其口，故能成言。譬犹吹箫笙，箫笙折破，气越不括，手无所弄，则不成音。夫箫笙之管，扰人之口喉也；手弄其孔，犹人之动舌也。①

① 王充：《论衡・论死篇》。

生人，指活着的人。王充认为人的说话与箫笙之类乐器发音有内在的同一性，都表现为气的“括越”。这里的“括越”，应该理解为气的振动。

王充还谈到了声音的传播，他说：“人坐楼台之上，察地之蚁蝼，尚不见其体，安能闻其声。何则，蝼蚁之体细，不若人形大，声音孔气不能达也。”这是说，蝼蚁身体小，即使有声音，离人稍远也就不能听到，因为它传播的距离近。王充接着又说：“鱼长一尺，动于水中，振旁侧之水，不过数尺，大若不过与人同，所振荡者不过百步，而一里之外澹然澄清，离之远也。今人操行变气，远近宜与鱼等，气应而变，宜与水均。”[①]一尺长的鱼，在水中游动，振起的水波，也不过向外传播百步远，一里之外，水面依然清澈平静。同样，人的行为（当然也包括说话）使周围气的状态改变，这一变化向外传播的范围，与鱼振荡水引起的水波向外传播情况也是类似的。值得注意的是：王充不仅用水波来比拟声音的向外传播，而且明确指出声音向外传播的方式是“气应而变”，即通过气与气之间的相互作用向外传播出去。这与我们今天对声波向外传播方式的认识是相通的。

既然声音是“气”的特殊运动方式，那么，如何让“气”通过其运动导致发出声音呢？《考工记・凫氏》记载人们制作乐器的方法，其中提到：

薄厚之所振动，清浊之所由出。

看来，人们已经知道钟体的振动是钟的声音的来源。钟所发出的音调的高低也决定于钟的振动。这种认识，就古人而言，是一种常识。从现代科学角度来看，毫无疑问也是正确的。

但是，《考工记》所言，只是古人经验的总结，如果深究起来，他们就

① 王充：《论衡・变虚篇》。

难以说出所以然了。对此，北宋文学家欧阳修曾记载了这样一段诘难：

> 甲问于乙曰：铸铜为钟，削木为梃，叩钟则铿然而鸣，然则声在木乎？在铜乎？
>
> 乙曰：以梃叩垣墙则不鸣，叩钟则鸣，是声在铜。
>
> 甲曰：以梃叩钱积，则不鸣。声果在铜乎？
>
> 乙曰：钱积实，钟虚中，是声在虚器之中。
>
> 甲曰：以木若泥为钟，则无声。声果在虚器之中乎？①

在欧阳修的文中，未见对甲所问问题的解答。就近代物理学而言，这些问题是不难得到解答的，而在古代经验知识的背景下，要说清这些问题，就难乎其难了。这个例子表明，古人对物体发声机制的认识，距离近代物理学，尚有相当大的距离。

唐末谭峭对声音特性的认识，在古代知识的范围内，值得一提。他在评价音乐的作用时说：

> 以其和也，召阳气，化融风，生万物也；其不和也，作以气，化厉风，辱万物也。气由声也，声由气也，气动则声发，声发则气振，气振则风行而万物变化也。②

“气由声也”，是说音乐的作用决定于它所发出的声音。“声由气也”，则说声音本身的发出则决定于气。这两句话中的“气”含义不同，前者系指人之德行、操化之气，后者则指自然之气，可以理解为空气。谭峭

---

① 欧阳修：《六一笔记》。《说郛三种》，上海古籍出版社，1988 年。

② 谭峭：《化书·声气》。

明确指出,“气动则声发,声发则气振”,他把声音的产生及传播与气的振动联系起来,有助于人们对声音本质的认识。进一步,谭峭还对声音信息分布的弥散性做了描述,他说:

> 形气相乖而成声。耳非听声也,而声自投之;谷非应响也,而响自满之。耳,小窍也;谷,大窍也;山泽,小谷也;天地,大谷也。一窍鸣,万窍皆鸣;一谷闻,万谷皆闻。声导气,……气含声,相导相含,虽秋蚊之翾翾、苍蝇之营营,无所不至也。①

形,指有一定形状一定质地的物体,它与空气相互作用而产生声音,“声发则气振”,而气是弥漫充斥于所有空间的,这样它势必以振动这种形式,将声音向四面八方传播开去,造成声音的弥漫分布。王充之论,涉及声音传播范围的有限;谭峭所言,则强调声音分布的弥散性。合二者而观之,可以获得对这一问题比较完整的认识。

明末科学家宋应星对于声音本质也做了内容较为广泛的探讨。和前人一样,他也是在气的学说基础上讨论声音的发生和传播等问题。他认为,气在空间中的弥漫分布,是造成声音现象的必要条件,但不是充分条件。他说:“气本浑沦之物,分寸之间,亦具生声之理,然而不能自为生。”②要形成声音,必须对弥漫分布的气施以剧烈作用方可。这可以是“两气相轧而成声”,如风声;也可以是“人气轧气而成声”,如笙簧之类;还可以是“以形破气而为声”。对于后者,宋应星列举了飞矢、跃鞭、弹弦、裂缯、鼓掌、持物击物等发声现象进行论证,认为所有这些声音现象都是由于物体急速运动冲击空气而产生的。他特别强调说:“凡以形破

① 谭峭:《化书 · 大含》。
② 宋应星:《论气 · 气声二》。

气而为声也，急则成，缓则否；劲则成，懦则否。”（引文同上）理由是，“盖浑沦之气，其偶逢逼轧，而旋复静满之位，曾不移刻。故急冲急破，归措无方，而其声方起。”（引文同上）他这是从空气中之所以能形成声音的内部机制上去进行分析，所用语言尽管与近代科学相距还远，结论也未说到点子上，但他毕竟是从空气内部运动模式出发进行分析，标志着古人对声音本性的探讨进一步物理化了。

宋应星还讨论了声音的传播，他说：

> 物之冲气也，如其激水然。气与水，同一易动之物。以石投水，水面迎石之位，一拳而止，而其文浪以次而开，至纵横寻丈而犹未歇。其荡气也亦犹是焉，特微渺而不得闻耳。①

将声音的向外传播比喻成水波的传播，这当然不够确切，因为声波是纵波，而水波则是由于表面张力和重力联合作用而产生的较复杂的波。但无论如何，这种类比是古人对声音波动性认识的自然表露，在当时历史背景下，也是一种比较好的说明，因而是有其一定历史价值的。

最后，我们考察一下古人对有关声音独立传播现象的记述和认识。清初揭暄在为《物理小识》卷一“气论”所作的注解中，对这一现象有所涉及，他说：

> 气既包虚实而为体，原不碍万物之鼓其中，而依附以为用也。凡诸有形色、有声闻，莫不赅而存之。天地之间，岂有丝毫空隙哉！……如风声、水声、人声、鸟声，诸乐作声，一时异响杂奏，历历伦类，

① 宋应星：《论气·气声七》。

不相蒙掩。即重垣昏夜间,十方一耳,可使达也。

这是说,空气是弥散分布的,声音在空气中的传播,当然也是弥散的,向四面八方,到处都有。但是这些弥散传播的声音,彼此之间都互不影响。在同一地点,由四面八方传来的声音可谓"异响杂奏",但却"历历伦类,不相蒙掩"。揭暄所说的,实际就是声波的独立传播现象。至于这一现象被冠以原理二字,并从机制上得到阐明,则是人们对声音波动性的认识步入近代科学之后的事情了。

2. 共鸣实验

共鸣,物理学上也叫共振,是指一个物体振动时,另一个物体也随之振动的现象。发生共鸣的两个物体,它们的固有频率一定相同或成简单的整数比。

我国古人很早就发现并记载了共振现象。公元前三四世纪,《庄子·徐无鬼》中记载了调瑟时发生的共振现象:

为之调瑟,废于一堂,废于一室。鼓宫宫动,鼓角角动,音律同矣。夫改调一弦,于五音无当也,鼓之,二十五弦皆动。

引文中的"废",是放置的意思。这段话讲述了两种现象,前者是说在弹宫、角等基音时,置于一室的诸瑟相应的弦也发生振动。这是基音与基音之间的共振。后者是说如果调一弦,使它和宫、商、角、徵、羽五声中任何一声都不相当,弹动它时,另一个瑟上 25 根弦都动了起来。这是基音与泛音之间的共振。第二种现象一般情况下较难以察觉到,古人能发现这一点，说明他们的观察是很细致的。

西汉董仲舒还试图解释共振现象，他在《春秋繁露・同类相动篇》中写道：

> 百物去其所与异，而从其所与同，故气同则会，声比则应，其验皦然也。试调琴瑟而错之，鼓其宫则他宫应之，鼓其商则他商应之，五声比而自鸣，非有神，其数然也。

董仲舒认为，具有相同性质的物体可以相互感应，之所以会鼓宫宫动，鼓商商应，是由于它们声调一样，这是必然现象，没有任何神奇之处。董仲舒能正确认识到这是一种自然现象，打破了笼罩在其上的神秘气氛，是值得肯定的。“声比则应”的提出，有助于人们对于正确认识共鸣现象。

对共鸣现象做进一步探索的是晋朝的张华，他把共鸣现象范围推广到了乐器之外。据传当时殿前有一大钟，有一天钟忽然无故作响，人们十分惊异，去问张华，张华回答说这是蜀郡有铜山崩塌，所以钟会响。不久，蜀郡上报，果然如此。张华把铜山崩与洛钟应联系起来，这未必意味着他从共振的角度出发考虑这件事，用董仲舒“同类相动”学说也能解释：钟是铜铸的，铜山崩、洛钟应，是由于“同类相动”的缘故。可是，南北朝时宋人刘敬叔著的《异苑》中提及张华的另一件事，事情的原委如下：“晋中朝有人蓄铜洗澡盘，晨夕恒鸣如人叩。乃问张华。华曰：‘此盘与洛钟宫商相应，宫中朝暮撞钟，故声相应耳。可错(鑢)令轻，则韵乖，鸣自止也。’如其言，后不复鸣。”这就明明白白是从共鸣角度作解的。

这里，张华不仅认定这是共鸣现象，还找到了共鸣源，提出了消除共鸣的方法。我们知道，用鑢子鑢去铜盆的一部分，就能改变其固有频率，使它不再和原来的声音成某种频率比关系，这就终止了共鸣的发生。可见，张华提出的消除共鸣的办法是有道理的。这种方法的提出，一定是建立在他对产生共鸣现象原因的正确认识的基础上的。

一些有经验的乐师也掌握了这种消除共鸣的方法。韦绚的《刘宾客嘉话录》就记载了唐朝曹绍夔消除共鸣的故事。曹绍夔开元年间曾任管理朝廷音乐的“太乐令”，他有一个朋友是僧人，该僧房中有一磬，经常不击自鸣，僧人忧惧成疾。曹绍夔闻知，前去探问，发觉斋钟叩鸣时磬也嗡嗡作响，于是告诉僧人他有办法，并要僧人次日设宴款待。次日饭毕，曹“出怀中错（锉），鑢磬数处而去，其声遂绝。僧问其所以，绍夔曰：‘此磬与钟律合，故击彼应此。’僧大喜，其疾便愈。”曹绍夔消除共鸣的方法与张华如出一辙。

到了宋朝，沈括开始用实验手段探讨共鸣现象，推进了古人对共振现象的研究。他在其《梦溪笔谈·补笔谈》卷一说：

> 琴瑟弦皆有应声：宫弦则应少宫，商弦则应少商，其余皆隔四相应。今曲中有声者，须依此用之。欲知其应者，先调诸弦令声和，乃剪纸人加弦上，鼓其应弦，则纸人跃，他弦即不动。声律高下苟同，虽在他琴鼓之，应弦亦震，此之谓正声。

“正声”，指合乎声律中频率要求的声，在此指音高相差整八度的音，即基音和泛音。在乐器中，二者也存在共振关系，但不易发现。沈括的实验就是为了证明这一关系。为此，他剪了一个小纸人，放在基音弦线上，拨动相应的泛音弦线，纸人就跳动，弹别的弦线，纸人则不动。这样，他就用实验方法，把音高相差八度时二弦的谐振现象直观形象地表现了出来。沈括的这个实验，比起欧洲类似的纸游码实验，要早好几个世纪。

沈括之所以能够成功地完成纸人共振实验，源于他对乐器共鸣现象的透彻了解。他在其《梦溪笔谈》卷六中也谈论过乐器的共鸣，说：

> 予友人家有一琵琶，置之虚室，以管色奏双调，琵琶弦辄有声应之，奏他调则不应。宝之以为异物，殊不知此乃常理。二十八调但有声同者即应，若遍二十八调而不应，则是逸调声也。……逸调至多，偶在二十八调中，人见其应，则以为怪，此常理耳。

二十八调，指当时民间燕乐常用的 28 种调式。逸调指在通用调式以外的调式。沈括指出："二十八调但有声同者即应。"应的原因在于"声同"，这是常理。正是由于有了这种认识基础，他才能够设计并完成纸人共振演示实验。

明末学者方以智在其《物理小识》卷一中记述并发展了沈括的方法，他说："今和琴瑟者，分门内外，外弹仙翁，则内弦亦动。如定三弦子为梅花调，以小纸每弦贴之，旁吹笛中梅花调一字，此弦之纸亦动。曹师夔（按：即曹绍夔）鑢磬，声不应钟，犹之茂先（按：张华）知铜山崩也。声音之和，足感异类，岂诬也者。"这里已经把共振与否作为"和琴瑟"的一种标志了。方以智还概括道：声音之和，足感异类，即只要声音特性一致（频率相同或成简单整数比），在不同器物上也能发生共鸣。张华、曹绍夔的实践已经证明了这一点，方以智则明确指出他们的发现与乐器上的共鸣具有同样的本质，都是由于"声音相和"引起的。方以智的这些话，标志着人们对共鸣现象本质的认识又深入了一步。

3. 固体传声技术

声音的传播可以在空气中进行，也可以在固体例如大地中进行。古人早就发现了声音能够在大地中传播的现象，并对之加以有效利用。古人对大地传声现象的利用，主要表现在军事领域。先秦著作《墨子》记载的埋坛入地以判断地下声源的方法，就是一个比较典型的例子。该书《备穴篇》在谈到防守敌军挖坑道攻城的办法时说：

> 穿井城内，五步一井，傅城足，高地，丈五尺；下地，得泉三尺而止。令陶者为罂，容四十斗以上，固幎之以薄皮革，置井中，使聪耳者伏罂而听之，审知穴之所在，凿穴迎之。

这段话大意是：如果敌军用挖坑道方式攻城，那么守军就应在城中挖井，沿城墙每 5 步挖一口井，紧挨着墙根挖。遇到高地挖 1 丈 5 尺深，低地则挖到水位下 3 尺。让陶工烧制大坛子，每个容积在 40 斗以上，坛口紧绷一层薄皮革，放置井中。使听觉灵敏者伏在坛口谛听，就可以判断出敌方挖坑道的方位，这样，守军就能够也挖坑道针锋相对迎击了。

《备穴篇》还介绍了另一种听声定位的方法，也是利用大地传声特点。具体办法是：

> 埋两罂，深平城，置板亓上，连板以井听。五步一密。

这段文字是说，在一口井里埋 2 个坛子，坛口跟城基相平，其上放板（亓，音 qí，“其”的古体），使人侧耳伏板谛听。井的密度也是大约每 5 步一口。这种方法坛子埋设稍浅，易受干扰，传声效果不及前者。但因为是一口井里埋 2 个坛子，2 个坛子之间稍有距离，根据它们的响度差可以大致判定声源的方向，再与相邻 2 个井里的坛声相比较，就可以比较准确地确定声源所处方位。所以这种方法在定向准确性方面要优于前者，而且操作简便。

地下声源定向装置在古代战争中常被采用，例如，宋代曾公亮在《武经总要》中，就图文并茂地介绍了“瓮听”与“地听”两种设施。该书卷十二《守城篇》说：

> 瓮听：用七石瓮，覆于地道中，择耳聪人坐听于瓮下，以防城中凿地道迎我。……地听：于地中八方，穴地如井，各深二丈，勿及泉，令听事聪审者，以新瓮自覆于井处，则凿地迎之，用熏灼法。

这些方法，史载者甚多，杜佑《通典》、茅元仪《武备志》等均有述及，是古代战争的传统方法。

古人还利用大地传声特点进行侦听。《武经总要》卷六《警备篇》记载了相应的侦察方法：

> 选聪耳少睡者，令卧枕空胡鹿，其胡鹿必以野猪皮为之，凡人马行在三十里外，东西南北皆响闻。其中每营置一二所，营中阔者置三四所，若孤镇铺栅各置一所，听子必频改易四，勿常定处所，仍以子将一人斡当，每日一替。

所谓“空胡鹿”，实际是用野猪皮绷起来的硬空筒，它相当于一个“拾音器”，当周围二三十里内有军马活动时，声响沿地面传来，在空筒内产生回响，被枕者感知，发出警报，就可以起到警备作用。因为声波沿大地传播时，其能量传输比在空气中要大得多，因此用这种方法监听的范围比直接在空气中监听也要大得多。

沈括在其《梦溪笔谈》卷十九中说：

正午时分

古法以牛革为矢服，卧则以为枕。取其中虚，附地枕之，数里内有人马声，则皆闻之。盖虚能纳声也。

“矢服”是指盛箭的箭筒。头枕箭筒睡觉，远处人马行动，可以听到，从而预做准备。沈括认为这是由于箭筒中间是空的，“虚能纳声”。这种说法，在某种程度上是对的。箭筒的功用，相当于一个“拾音器”，“中虚”是它能够“拾音”的主要原因。所谓“纳声”，包括两种情况，一是人马行动声音中总有与筒内空气柱相当的声波波长，从而与筒内空气柱发生共振。另外，对于大量不能发生共振的声音，光滑的箭筒内壁具有良好的声反射性能，这就使得在筒内形成较强的余音效果，便于为人耳所感知。但是这一切，都是以有声音传来为前提条件，沈括是用“虚能纳声”来解释为什么士兵睡觉时要头枕箭筒，“附地”二字表明他已经认识到这个问题的关键在于大地能够传声。

“虚能纳声”现象不但被古人用以接收大地传播的声音，而且还被用于消声或隔音。我国曾经出土过战国时期的空心砖，用这种砖砌成的建筑物就可以隔音。至于战国时人们是否已经有意识地这么做，现在还不能肯定，但是明末方以智《物理小识》卷一则明明白白地记载了这项技术。

私铸者匿于湖中，人犹闻其锯锉之声，乃以瓮为甃，累而墙之，其口向内，则外过者不闻其声。何也？声为瓮所收也。

这是说，私自铸钱的人，怕被人发觉，藏匿于地洞（湖）之中，但锯锉之声仍然会传出来，于是以瓮为墙，瓮口向室内，从室外路过者就听不到室内的动静了。方以智认为这是由于声音被瓮吸收了的缘故。《物理小识》的记载是切实可行的。由于叠砌的瓮墙具有多孔结构，其孔腔可以吸收声能，因此这种结构可以达到消声目的。方以智的学生揭暄在为此条作的注中，专门将此与枕地听声相提并论，表明他们也许窥到了这二者之间的某种联系。

三、光学方面

在中国古代，光学研究受到了持久的重视。在这些研究中，有对自然界光现象进行观察解释的，有对光的本性进行分析解说的，有探究各种光学成像的，也有动手制作各种光学设备开展光学实验的。研究的特点是理论探索与实验解析并举。在中国古代物理学诸多分支中，光学是最有特色的一门。

1. 对自然界光现象的观察与解说

古人光学知识的产生，首先建立在对自然界光现象的观察和解说上。这里我们主要讨论古人对色散现象和海市蜃楼的认识。

所谓色散，是指复色光分解为单色而形成光谱的现象。导致色散的原因，可以是复色光在通过介质时，由于介质对不同频率的光具有不同的折射率，使得各种色光的传播方向有不同程度的偏折，从而在穿过介质后，形成光谱排列。也可以是复色光在通过光学系统时，由于衍射和干涉作用，使得复色光分解。色散现象甚为常见，古人对之多有记述和探讨。一般说来，他们记述下来的，多属于大气光象和晶体色散的范围。

在古人观察到的色散现象中，虹是最常见的。他们很早就记录了虹的存在，不但用虹来预测天气变化，并赋予虹很强的社会意义。例如，他们把社会风气的好坏与虹出现与否相联系，同时，也用虹作为占卜素材来预言战争的胜负，等等。这些，虽然属于迷信的范围，但它促使古人重视对虹的观察研究，从而在客观上促进了有关虹的知识的不断增加。

古人在观察和研究虹的过程中，依据虹的颜色和形状对虹作了分类。蔡邕《月令章句》说："虹，螮蝀也。阴阳交接之气，着于形色者也。雄曰虹，雌曰蜺。"唐代孔颖达在疏解《礼记・月令》篇时，对这种分类有具体说明："雄谓明盛者，雌谓暗微者。"可见，古人把虹分作两类，一类色彩鲜艳明亮，叫虹；另一类色彩较为暗淡，叫蜺。这种分类，在某种程度上与现代所说的主虹副虹相当。所谓主虹，是指阳光射入水滴后，经过一次反射和两次折射所形成的光谱排列，它的色彩鲜艳，色带排列外红内紫，这叫作虹。所谓副虹，也叫作霓，是由阳光射入水滴经两次折射和两次反射所致，其色带排列方式与主虹相反。因为多了一次反射，所以光带色彩不如主虹鲜明。主虹副虹可以分别出现，也可以同时出现。《月令章句》说："螮蝀在于东，蜺常在于旁。"就是指的二者并出的情况。由此可见，古人的这种分类方式，是有其实实在在的观测内容的。

另外，有一种在雾上出现的虹，因为雾滴很小，所以虹色很淡，一般呈淡白色。古人把这也归类于蜺的范围。《说文解字》说："霓，屈虹，青赤或白色，阴气也。"这里的定义，就包括了雾虹在内。

古人在观察中发现，虹的出现，需要一定的条件，而且必然是在与太阳相对的方位上。《礼记・月令》篇提到："季春之月，虹始见；孟冬之月，虹藏不见。"这大致指明了虹出现的季节。《月令章句》的描写则更进了一步：虹蜺"常依阴云而昼见于日冲，无云不见，大阴亦不见。"这一描写是正确的。

在对虹生成原因的认识上，古人有多种说法。这些说法一开始都充满了臆测和想象，距虹的真实生成原因相去甚远。但经过长期探讨，到了唐代，人们对虹生成原因的认识有了巨大飞跃。唐初孔颖达为《礼记·月令》作疏时指出："云薄漏日，日照雨滴则虹生。"这一条描写十分正确：日光从云缝里透出，照射在雨滴上，就生成彩虹。这里特别提出雨滴来，而不是一般的雨或水汽，也表现了其认识的深化。到了8世纪中叶，张志和在其《玄真子·涛之灵》中，除了指出"雨色映日而为虹"以外，还特别用模拟实验的方法来验证：

> 背日喷乎水，成虹霓之状，而不可直者，齐乎影也。

这里用实验方法，人为模拟了虹霓现象，直接揭示了虹霓的生成原因。在古人没有光的反射、折射及色散理论知识情况下，这是揭示虹生成原因的最佳方法。

《玄真子》提出的"而不可直者，齐乎影也"，具有深刻的科学内容。这是对虹呈现圆弧形原因的解说。"齐乎影也"，是指虹的色带每一点距观察者影子的方向都相等，要满足这一点，它只能呈圆弧形。这一说法是有道理的。在太阳光照射到雨滴上生成彩虹时，虹所在的平面与入射光垂直。换言之，太阳光的方向与虹圆弧的轴线平行。而人影子的方向也就是太阳光的投射方向，由此，《玄真子》的说法是成立的。

在西方近代科学传入中国之前，人们对虹的认识，以张志和最具代表性。之后，人们无非是进一步去重复这个实验，观察得更为细致而已。

造成色散的原因很多，例如日光照射晶体也能导致色散。这一现象，远在晋朝时就已经为人们所发现。例如葛洪《抱朴子·内篇》卷十一就记载了五种云母，说它们在太阳光线照射下可以看到各种颜色。到了宋代，有关发现和记载就更多，例如北宋杨亿的《杨文公说苑》里，记载峨嵋山的菩萨石，说："色莹白如玉，如上饶水晶之类，日射之，有五色。"这里所说的，实际就是天然晶体色散。但杨亿认为这种现象是由于峨嵋山有佛所致，则是错误的。南宋程大昌《演繁露》纠正了这一错误。程大昌认真观察了单个水滴的色散现象，体会到菩萨石的五色光形成原因与之是类似的，他说：

> 凡雨初霁，或露之未晞，其余点缀于草木枝叶之末，欲坠不坠，则皆聚为圆点，光莹可喜。日光入之，五色俱足，闪烁不定，是乃日之光品着色于水，而非雨露有此五色也。……此之五色，无日不能自见，则非因峨嵋有佛所致也。

日之光品着色于水，是说五色光彩源于日光，这是在向揭示色散本质靠近。由此将其与晶体色散相联系，认为二者本质上一致，这也有其合理成分。

对于晶体色散现象，古人记述很多，但限于古代科学发展水平的限制，在对其本质的解说上，长期以来并未逾越《演繁露》的水平。

明代晚期，我国对于色散的研究，开始受到西学影响。传教士利玛窦来华，他所携带的物件中就有三棱镜，并用其作过色散表演。这比起我国古人用"背日喷水"模拟虹霓的实验，当然要先进些。因为它可以稳定实验条件，控制实验过程，这有利于人们去探讨色散本质。即使如此，人们依然未能正确说明色散现象。例如传教士对色散现象的解释，就是从光所通过介质的厚薄立论的，这当然是错误的。

在前人探索的基础上，明末科学家方以智对古代色散知识作了总结性记载，他说：

凡宝石面凸，则光成一条，有数棱则必有一面五色。如峨嵋放光石，六面也；水晶压纸，三面也；烧料三面水晶，亦五色。峡日射飞泉成五色，人于回墙间向日喷水，亦成五色。故知虹霓之彩、星月之晕、五色之云，皆同此理。①

他全面罗列了各种色散现象，包括天然晶体、人造透明体及虹霓、日月晕等，认为它们本质上相同。这种说法是有道理的，因为上述现象，今天看来都是白光的色散。

进入清代以后，人们对色散现象依然进行着探讨，有关色散的知识继续在积累，但对色散的解说仍然不大明白。一直到了19世纪中叶，张福僖翻译《光论》，以光的折射、反射原理去说明色散，我国人民才正确掌握了有关色散的一些基本知识。

相对于色散研究而言，古人对海市蜃楼现象的观测和解释，更是丰富多彩。

海市蜃楼，简称蜃景，是一种大气光学现象。当光线经过不同密度的空气层，发生显著折射或全反射时，把远处景物映现在空中、海面或地面，从而形成各种光怪陆离的奇异景象。对于海市蜃楼成因，现代科学已有完备解释，但是在古代，人们对之有什么样的认识呢？

海市蜃楼以其奇异的景观，引人注目，因而很早就被人们所发现，并记录了下来。《史记·天官书》说："海旁蜃气象楼台，广野气成宫阙。"《汉书·天文志》也有类似说法。后世对海市蜃楼进行观察和记载的人员更多，有关古籍比比皆是。从而为我们得以窥视大自然昔日的风貌，留下了可信的记录。

① 方以智：《物理小识》(卷八)。

古人不但记载了他们看到的海市蜃楼，还试图对海市蜃楼的形成原因加以解释。综观古人有关论述，他们的认识主要可分为5类。①

一类是蛟蜃吐气说。"蛟"指传说中的蛟龙，"蜃"指海中一种蚌蛤。这种说法在汉晋书中常可见到，是古代的传统观念，信奉者很多。例如《博物志》即曾提到，"海中有蜃，能吐气成楼台"。后世文人引述这一说法者甚多。古人缺乏相应的科学知识，提出这种解释是可以理解的，而且此说隐喻海市蜃楼与水有关，并非没有一点合理成分。但无论如何，它毕竟是一种虚构的学说，经不起时间的检验。人们经过长期观察与研究，逐渐对这种说法产生了怀疑。宋朝苏轼有《登州海市》诗，内容为：

> 东方云海空复空，群山出没空明中。荡摇浮世生万象，岂有贝阙藏珠宫？心知所见皆幻影，敢以耳目烦神工。

这里描述了海市蜃楼景观，指出它是幻景，"岂有贝阙藏珠宫"一句特别说到蜃气不能成宫殿。沈括《梦溪笔谈》也详细记述了登州海市蜃楼情景，最后指出："或曰蛟蜃之气所为，疑不然也。"正是在对海市蜃楼不断观察和研究过程中，蛟蜃吐气说逐渐被人们放弃了。

另一类是沉物再现说。此说依据桑田变海理论，认为由于岁月变迁，某些城池、物体沉沦于地下或海中，没有散开，一旦遇到合适条件，它们还会在原地显现出旧时风貌来。明代郎瑛《七修类稿》卷四十一云：

> 登州海市，世以为怪，不知有可格之理。第人碍于闻见之不广，故于理有难穷。观其所见之地有常，而所见之物亦有常，又独见于春

① 王赛时："中国古代对海市蜃楼的记载与探索"。《中国科技史料》，1988年，第4期。

夏之时,是可知也。古云桑田变海,安知海市之地,原非城郭山林之所?春夏之时,地气发生,则于水下积久之物而不散者,熏蒸以呈其象也。故秋冬寂然,无烟无雾之时,又不然矣。观今所图海市之形,不过城郭山林而已,岂有怪异也哉!

郎瑛是从桑田变海的学说和海市蜃楼多发生于春夏之时的观测经验出发提出这一主张的。他认为"春夏之时,地气发生",把沉积于水下城池物体的像携带了出来。清钱泳《履园丛话》卷三谈到高邮湖市,也有类似看法:"按高邮湖本宋承州城陷而为湖者,即如泗州旧城亦为洪泽湖矣,近湖人亦见有城郭楼台人马往来之状。因悟蓬莱之海市,又安知非上古之楼台城郭乎?则所现者,盖其精气云。"这些解释,从今天科学的观点来看,当然是不能成立的,但它毕竟是古人为探究海市蜃楼成因所做的一种猜测,有它自己的推理依据,不可简单视其为荒唐。

再一类是风气凝结说。此说认为海市蜃楼是自然的风和海上的气凝结而成。明徐应秋《玉芝堂谈荟》卷二十三说:"海市,海气所结,非蜃气。"叶盛《水东日记》卷三十一说:"海市惟春三月微微吹东南风时为盛。……其色类水,惟青绿色,大率风水气旋而成。"陈霆在《两山墨谈》卷十八中说:"城郭人马之状,疑塘水浩漫时,为阳焰与地气蒸郁,偶尔变幻。"阳焰,指在日光中浮动的水气和尘埃。这些说法把海市蜃楼的形成与气的作用联系,摆脱了传统神化的圈囿,向科学的边缘迈进了一步。古人没有空气密度的概念,也不知道光线通过不同密度的空气会发生折射,因而不可能提出科学的海市蜃楼成因理论。他们能提出风气凝结说,已经不容易了。

还有一类是光气映射说。此说主张海市蜃楼是大气与日光映射所致。明王士性在《广志绎》中描述了他对海市蜃楼的了解:"近看则无,止是霞光;远看乃有,真成市肆。”他已经将海市蜃楼的形成与光的作用相联系了起来。而陆容在《菽园杂记》卷九中则进一步明确提出了这一学说:“登莱海市,谓之神物幻化,岂亦山川灵淑之气致然邪? 观此,则所谓楼台、所谓海市,大抵皆山川之气,掩映日光而成,固非蜃气,亦非神物。”这种解释,把气与光联系了起来,比起风气凝结说来,又前进了一步。

最后一类是水气映照说。明末方以智在其《物理小识》卷二“海市山市”条讨论过蜃景,说:“泰山之市,因雾而成,或月一见。……海市或以为蜃气,非也。”张瑶星曰:“登州镇城署后太平楼,其下即海也。楼前对数岛,海市之起,必由于此。每春秋之际,天色微阴则见,顷刻变幻。鹿征亲见之。岛下先涌白气,状如奔潮,河亭水榭,应目而具。”揭暄在方以智、张瑶星这些描述基础上,提出了水气映照说。他注解《物理小识》此条说:

气映而物见。雾气白涌,即水气上升也。水能照物,故其清明上升者亦能照物。气变幻,则所照之形亦变幻。

揭暄提出这一见解,与他的形象信息弥散分布说(参见本书相关篇目)分不开。他认为,“地上人物,空中无时不有”,其形象信息遍布于空中,“空中一大镜,水沤窗隙,则转映之小镜也。”即水面窗孔等,可以将散布于空气中的地面物体的形象映照出来,水气与水性能一样,因此也能照出物来。被水气照出的物,就是海市蜃楼。揭暄、游艺在《天经或问后集》中,对水气映照说做了更清楚的说明:

水在涯埃,倒照人物如镜;水气上升,悬照人物亦如镜。或以为山市海市蜃气,而不知为湿气遥映也。

揭暄等提出的水气映照说，距近代科学所认识到的海市蜃楼成因理论，相去还远。但与古代其他学说相比，则最为科学。揭暄等解释的是上现蜃景。我们知道，在海洋上，由于海水蒸发以及冷水流经过等因素影响，会使得海面上大气形成上暖下冷的逆温现象，这加剧了空气层的下密上稀，这时上面密度小的空气层的确就像一面镜子一样，将远处的景物反射出来，形成海市蜃楼。所以，揭暄等人的理论在某种程度上来说是比较接近于近代科学的认识的。

中国古代对海市蜃楼成因的解说，除此五类之外，尚有其他一些说法，但都没有达到近代科学的认识水平。19 世纪中晚期，系统的西方光学知识逐渐传入我国，其中对海市蜃楼的解说建立在光的折射知识基础之上，与近代科学的认识相一致，为我国科学界所接受。至此，我国传统的海市蜃楼成因学说，也就最终只剩下其永久的历史价值了。

2. 日体远近大小之辩

古人对自然界光现象的观察与解说，最吸引人的一幕是关于日体远近大小的辩论。这一辩论的起源是众所周知的“小儿辩日”故事，据《列子·汤问》记载，故事梗概是这样的：

> 孔子东游，见两小儿辩斗。问其故，一儿曰：“我以日始出时去人近，而日中时远也。”一儿以日初出远，而日中时近也。一儿曰：“日初出大如车盖，及日中，则如盘盂，此不为远者小近者大乎？”一儿曰：“日初出沧沧凉凉，及其日中，如探汤，此不为近者热而远者凉乎？”孔子不能决也。两小儿笑曰：“孰为汝多知乎！”

正午时分

一般认为,《列子》成书于晋朝,但其所取之材多系周秦旧事,就本条而言,桓谭《新论》亦述及此事,因而我们可以相信,先秦时期人们已经提出了这一问题。

孔子是人文学者,对这一问题不发表意见,是可以理解的。但他的缄默并没有影响到天文学家的热情,从西汉开始,就有人发表意见了。《隋书·天文志》系统记载了隋之前人们对此问题的讨论,这一讨论首先由汉代的关子阳开始的:

> 桓谭《新论》云:汉长水校尉平陵关子阳,以为日之去人,上方远而四傍近。何以知之?星宿昏时出东方,其间甚疏,相离丈余。及夜半在上方,视之甚数,相离一二尺。以准度望之,逾益明白,故知天上之远于傍也。日为天阳,火为地阳,地阳上升,天阳下降。今置火于地,从旁与上诊其热,远近殊不同焉。日中正在上,覆盖人,人当天阳之冲,故热于始出时。又新从太阴中来,故复凉于其西在桑榆间也。

两小儿辩日,各依据不同物理原理,一方持视物近则大、远则小之说,另一方则执距火近者热而远者凉之论。关子阳赞成前者,而对后者作了修改。他说太阳在中午确实比早上离人远,但"日为天阳",不比地上凡火,凡火上升,"天阳下降","日中正在上,覆盖人,人当天阳之冲,故热于始出时。"文中提到的"以准度望之",或者是关子阳的想象,或者是他测量不确,因为以仪器实测的结果,与关子阳之论是相矛盾的。

东汉王充则支持第二个小儿的观点,主张"日中近而日出入远"。在天文学上,王充赞成平天说,认为天与地是两个平行平面,太阳依附在天平面上运动。中午时,日正在人之上,就像直角三角形的直角边;而早晨傍晚之际,日斜在两侧,相当于三角形的斜边,故此"日中近而日出入远”。至于视像大小的变化，是由于“日中光明，故小；其出入时光暗，故大。犹昼日察火光小，夜察之火光大也。”①

关子阳、王充都认为太阳早晨中午与人的距离有变化，这与浑天说者不同。浑天说主张“日月星辰，不问春秋冬夏，昼夜晨昏，上下去地中皆同，无远近。”②这样，浑天家们对这个问题的解说，就只能立足于太阳与人距离不变这一前提之上。这与现代科学的认识，倒是有一致之处。

浑天家张衡对此提出了自己的见解，《隋书 · 天文志》引其《灵宪》云：

> 日之薄地，暗其明也。由暗视明，明无所屈，是以望之若大。方其中，天地同明，明还自夺，故望之若小。火当夜而扬光，在昼则不明也。月之于夜，与日同而差微。

张衡与王充的立论依据一样，都是着眼于亮度及反差的变化。他们注意到的这个因素，的确是造成日月视像变化的一个重要原因。从物理学上我们知道，同样大小的物体，亮度大的看上去体积也要大一些，这种光学上的错觉，叫作光渗作用。张衡与王充所注意到的，就是光渗作用对这一问题的影响。他们二人结论的不同，则是由于他们所信奉的宇宙结构学说不同所致。

晋朝束皙进一步探究了这一问题，他认为太阳在旁边与在人头顶上方大小没有变化，之所以看上去大小不同，是由于各种原因造成的。他说：

---

① 王充：《论衡 · 说日篇》。
②《晋书 · 天文志》。

……旁方与上方等。旁视则天体存于侧,故日出时视日大也。日无小大,而所存者有伸厌,厌而形小,伸而体大,盖其理也。又日始出时色白者,虽大不甚;始出时色赤者,其大则甚;此终以人目之惑,无远近也。且夫置器广庭,则函牛之鼎如釜;堂崇十仞,则八尺之人犹短;物有陵之,非形异也。夫物有惑心,形有乱目,诚非断疑定理之主。①

束皙的论述,涉及3种因素的作用。"旁视则天体存于侧,故日出时视日大。"说的是旁视与仰视的差别,是生理原因;"日始出时色白者,虽大不甚;始出时色赤者,其大则甚",这是亮度与反差的不同,是光渗作用;"物有陵之,非形异也",指的是视觉背景上景物的陪衬作用,属于比衬原因。现代有关方面的研究表明,造成晨午视像大小变化的原因,基本上也就是这3条。由此可见,束皙的论述是相当完备的,他的结论"物有惑心,形有乱目,诚非断疑定理之主",是完全正确的。

束皙之后,梁代祖暅对这一问题也做了探讨,他说:

视日在旁而大,居上而小者,仰瞩为难,平观为易也。由视有夷险,非远近之效也。今悬珠于百仞之上,或置之于百仞之前,从而观之,则大小殊矣。

祖暅的阐发,并未逾越束皙的论述,但他把傍视与仰视的差别讲清楚了。至于早晨中午太阳凉热的不同,祖暅的解释与关子阳相类似。这种解释实际上是对太阳入射角变化的涉及,因而也潜含了合理成分。祖

①《隋书·天文志》。

晒在解释中还提到了热量的累积效应,这也是正确的。

后秦姜岌的论述,把古人对这一问题的研究,提到了一个新的高度。他说:

> 余以为子阳言天阳下降,日下热,束晳言天体存于目则日大,颇近之矣。浑天之体,圆周之径,详之于天度,验之于晷影,而纷然之说,由人目也。参伐初出,在旁则其间疏,在上则间数。以浑检之,度则均也。旁之与上,理无有殊也。夫日者纯阳之精也,光明外曜,以眩人目,故人视日如小。及其初出,地有游气,以厌日光,不眩人目,即日赤而大也。无游气则色白,大不甚矣。地气不及天,故一日之中,晨夕日色赤,而中时日色白。地气上升,蒙蒙四合,与天连者,虽中时亦赤矣。

姜岌的贡献主要体现在两个方面,其一,他把理论探讨与仪器观测结合了起来,“以浑检之,度则均也”,通过仪器观测证实了天体早晨与中午其角距离没有变化这一事实,纠正了关子阳在这个问题上的误导。其二,他用“地有游气以厌日光”的原理,解释了“晨夕日色赤,中时日色白”的原因。这里所涉及的是大气吸收与消光现象。从物理学上我们知道,大气中所含有的气体分子、灰尘、小水滴等对太阳光有一定的散射作用。清晨和傍晚,太阳光是斜射在地面上的,它所通过的大气层比起中午时候要厚得多,这时散射作用也就强得多,能够到达地面的主要是那些穿透能力强的长波长光,即红光和橙光。这就是姜岌所说的“晨夕日色赤,中时日色白”。姜岌用“地有游气,以厌日光”之说解释这种现象,虽然未能具体揭示其形成机制,但他的做法,无疑为走向正确认识这一现象的道路架起了一座桥梁。

姜岌之后，清初学者方中通对日体晨午远近大小之辩的解释值得一提，对姜岌所说的地气，他有了新的解释：

> 日初出大而不热者，地气横映，故大；气厚隔远，故不热也。日午热而不大者，地上气浅，故不大；气浅易透，故热也。又日初出，光切地圆之界，力轻，故不热；日午，光直射地平，力重，故热。日初出，人目力横视远，故大；日午，人目力上视短，故小。①

方中通的解释，是西方地球观念传入中国后中国人对这一传统问题所做的新的解答。该解答是建立在地球观念基础上的，所以有"日初出，……气厚隔远，……光切地圆之界"等的说法。方中通把地球观念引入到对日体远近大小这个传统问题的讨论中，以之来说明不同方向空气层的厚薄也不同及其对日光穿透所起的作用，从而把中国人对该问题的讨论推进到了一个新的高度。

3. 对光本性与光传播问题的认识

中国古人对光的本性的认识，经历了一个演变过程。一开始，古人是用传统的元气学说来解释光是什么这一问题的。

根据元气学说，气是宇宙万物本原，光当然亦不例外。所以，在本质上，光应该是一种气。古人也确实是这么认识的，例如，春秋时医和提到："天有六气……六气曰阴阳风雨晦明也。"②晦、明同为光的表现形式，差别在于光强的不同，医和将晦、明并列，显示出他没有觉察到二者

① 方以智：《天类・气暎差》方中通注文，《物理小识》(卷一)。
② 《左传・昭公元年》。

的统一性。但无论如何，“明”可以视为光的表现形式，所以他无疑是主张光是气的。

《淮南子·原道训》从万物化生角度提出了同样认识：

> 夫无形者，物之大祖也；无音者，声之大宗也。其子为光，其孙为水，皆出于无形乎？

无形，指的就是元气。这一段告诉我们：光是元气的直接产物，它本身也应该是气。后人有许多说法，直接把光说成气。例如，《朱子语类辑略》卷一记述蔡元定的话说：

> 日在地中，月行天上，所以光者，以日气从地四旁周围空处迸出，故月受其光。

此处蔡元定就直接把日光说成了日气。明代医学家张介宾说得更为清楚：

> 盖明者，光也，火之气也；位者，形也，火之质也。如一寸之灯，光被满室，此气之为然也；盈炉之炭，有热无焰，此质之为然也。①

他不仅明确表达了光为气的思想，而且还论述了光源与光的差别。

在光是一种气的思想基础上，古人进一步讨论了与光的传播相关的一些问题。

---

① 张介宾：《类经·素问·天元纪》。

光既然为气，那么光源向外发光的过程就是光之气离开光源向外传播的过程，古人把这叫作外景。景就是光的意思。与外景相应有内景，表示物体被照而反光。外景、内景的说法在先秦文献中已可见到，《曾子・天圆》有"火日外景而金水内景"，《荀子・解蔽》有"浊明外景，清明内景"，都属于此类用法。到了汉代，《淮南子・天文训》用气的学说对"外景"、"内景"做了解释：

> 天道曰圆，地道曰方。方者主幽，圆者主明。明者吐气者也，是故火曰外景；幽者含气者也，是故水曰内景。

"明者"指光源，例如火，它向外发光，叫吐气，是为外景；"幽者"指反射物，例如水，它能接受外来光线，反射成像，看上去如同物在其内，故此叫含气，是为内景。亦即外景、内景的区别在于吐气、含气的不同。

"外景"、"内景"也有不同的叫法。张衡《灵宪》说："夫日譬犹火，月譬犹水，火则外光，水则含景。"这里就用"外光"代替了"外景"，用"含景"代替了"内景"。葛洪说："羲和外景而热，望舒内鉴而寒。"[①]羲和指日，望舒指月，内鉴指内景。所有这些叫法，本质上是一致的，都不出《淮南子》论述的范围。而这些论述的最终依据，都是"光是一种气"的共同认识。

与光是气的观点相应的是光行极限说，认为光的传播有一定范围。这类说法在古代甚为常见，例如《周髀算经》卷上说："日照四旁各十六万七千里，人望所见远近宜如日光所照。"《淮南子・地形训》："宵明烛光在河洲，所照方千里。"唐《开元占经》引石申说："日光旁照十六万二千里，径三十二万四千里。"《尚书纬・考灵曜》说："日光照三十万六千里。"这

① 葛洪：《抱朴子・内篇・释滞》。

些数据，各不相同，但有一个共同特点，都主张光行有限。

光行有限观念的提出，是古人光为气认识的自然推论。光既然为气，那么由光源发出的光就只能在有限的范围内传播，不能设想有限量的气会传播到无穷远的空间中去。另外，光传播过程中近则亮、远则暗的现象，也易于使人想到它只能在有限的范围内传播。据此，古人提出光行有限说，也有其一定的内在依据，并非全出于臆想。即使以今天的知识来看，光行有限的思想，也不是全无道理。设想一个点光源，它以球面波形式向外辐射光能，在距光源一定距离之处单位面积接受到的光能与距离的平方成反比，这样，当距离增加到一定程度，单位面积上接受的光能就会低于接收器的感知阈值，这个距离就可以视为光线传播的极限距离。从这个意义上来说，光的传播范围是有限的。

另一个相关的问题是光速：光的传播是即时的，还是需要一定时间？中国古人没有超距作用观念，他们先验地认为光的传播需要一定时间，即光速是有限的。古人没有就这一问题展开过专门意义的讨论，但我们可以从一些相关的材料中，间接窥知他们的态度。

《墨经·经下》记述小孔成像，《经说》在解释该实验时提到："光之人，煦若射。"一个"射"字，就隐含了光有速度的观念。晋蔡谟《与弟书》，也明确涉及光速，原文为：

> 军中耳目，当用鼓烽。烽可遥见，鼓可遥闻，形声相传，须臾百里，非人所及，想得先知耳。

形声相传，是说光与声一样，都有一个传播过程，即是有速度的。须臾百里，则言速度甚快。

唐甘子布作《光赋》，畅论光的性质，其中提到：

从盈空而不积，虽骏奔其如静。

意为：光的传播纵然充盈太空，但并无质的堆积滞塞，光速极快但人们却不能直接感受。这两句话很形象地说明了光的特点，表述了古人认为光有速度的见解。

光速观念的产生，从逻辑上讲，与古人对光本性的认识有关：光既然为气，受光处被光照亮的过程，就是光之气由光源到达受光处的过程，它当然需要一个传播过程。这样，光有速度观念的产生，是十分自然的。

本篇所要讨论的最后一个问题，是古人对光传播方式的认识：光是走直线还是走曲线？光行直线有直接观察依据，生活中也易于积累起这样的经验，古人不难掌握这方面的知识。晋朝葛洪说："日月不能摛光于曲穴。"[①]又说："震雷不能细其音以协金石之和，日月不能私其耀以就曲照之惠。"[②]北宋张载说："火日外光，能直而施。"[③]这些，都是谈的光走直线。

另一方面，古人也有光行曲线的思想，这主要表现在与天文学有关的论述上。例如，晋朝杜预解释日环食，提出：

日月同会，月奄日，故日蚀。……日光轮存而中食者，相奄密，故日光溢出。[④]

依据古人的认识，日月等大，若光依直线传播，则不可能发生日环

① 葛洪：《抱朴子·外篇·备阙》。
② 葛洪：《抱朴子·外篇·广譬》。
③ 张载：《正蒙·参两篇》。
④ 《后汉书》(卷二十八)，刘昭注引。

食。杜预解释说：之所以会发生日环食，是由于月掩日时，有时因相距近，日光由四周溢入月之背影中一些的缘故。他的话，显然表现了一种光可弯曲行进的认识。

后秦姜岌解释月食，也运用了光行曲线思想：

> 日之曜也，不以幽而不至，不以行而不及，赫烈照于四极之中，而光曜焕乎宇宙之内。循天而曜星月，犹火之循炎而升，及其光曜，惟冲不照，名曰暗虚。举日及天体，犹满面之贲鼓矣。①

这是说，日光在行进过程中，受到天球的局限，于是就沿着天球曲面向日的对冲传播，唯有正对冲之处不能照及，形成暗虚，月亮从那里经过，就产生月食。光沿着天球曲面传播，当然是走的曲线。

南宋朱熹对月亮中阴影成因的解释，也潜含了光行曲线思想。他认为月中黑影是地在月亮上的投影，指出：

> 日以其光加月之魄，中间地是一块实底物事，故光照不透，而有些黑晕也。②

根据古人认识，日月的尺度要远小于地，这样，大地在日光照耀下所成之阴影，不可能沿直线按几何关系投至月面上。要保持朱熹说法的成立，就必须认为日光是绕地沿曲线进行的。

综上所述，中国古人确实存在着光在远程传播，受物阻挡时，可沿曲线行进的认识。这与古人对光本性的猜测一致：光既然为气，当然不能

---

① 姜岌："浑天论答难"。孙星衍辑：《续古文苑》（卷九）。
② 《朱子语类辑略》（卷一）。

排除它遇物阻挡时可以绕物曲行。但需要指出的是，中国古代的光行曲线之说，与现代波动光学认为光循波动规律传播的说法有本质不同，切不可将二者混为一谈。

4. 方以智的气光波动说

在古人对光的本质的猜测方面，曾经出现过一支奇葩，那就是明末学者方以智在其《物理小识》中提出的光的波动学说。

方以智在对光本性的认识上，修改了前人的学说。上一节提到，中国古代讨论光的本性，通常认为光本身是一种特殊的气，发光过程就是光之气由光源到达接受者的过程。方以智则认为，光是气的表现，是气的一种特殊运动形式，他说："光理贯明暗，犹阳之统阴阳也，火无体，而因物见光以为体。"[①]他的学生揭暄注解说："气本有光，借日火而发，以气为体，非以日火为体也。故日火所不及处，虚窗空中皆有之，则余映也。"[②]即是说，光源的作用在于激发气中本来已经蕴含的光，光以气为体，它不是直接由光源发出的，这与前人主张光为气的学说显然不一样。

那么，气究竟如何表现为光呢？在其《物理小识》卷一《光论》中，方以智描述道：

> 气凝为形，发为光声，犹有未凝形之空气与之摩荡嘘吸，故形之用，止于其分，而光声之用，常溢于其余。气无空隙，互相转应也。

---

① 方以智:《光论》,《物理小识》(卷一)。
② 方以智:《光论》揭暄注语,《物理小识》(卷一)。

形，指有一定形体质地的物质；分，指“形”所占据的空间。方氏意为光声的发出是空气被激发的结果。有形之物，固定占有相当于其体积的空间，无形的光声，则由其激发之处向四外传播。按方氏看法，“空皆气所实也”①，即气体弥漫整个空间，毫无间隙，这样，倘一处受激，必致处处牵动，“摩荡嘘吸”、“互相转应”，空气一层一层地将扰动由内向外传播开去。这有如水上投石，石激水荡，纹漪既生，连环不断。方以智的描述，显然是一幅清晰的波动图像，我们姑且名之为气光波动说。

方以智的气光波动说十分原始，因为它不讲周期，也缺乏明确的对振动的描述，但它确确实实是波动说。有一种较普遍但不正确的观念，认为非周期性振动的传播便不是波。其实，依据物理学的定义，波是在介质中传播的一种扰动，进一步，状态变化的传播即为波。周期性并非形成波的必要条件，脉冲波也是波。现代数理方程教科书中在波动方程部分给出的普遍解是：$f1(x+vt)+f2(x-vt)$，它并不规定周期性。不谈周期性才是抓住了波的共性，说“没有周期性便不是波”，倒是错误的。大学物理中讲的简谐振动传播，只是波的理想形式，并非其一般形式。西方光波动说的早期提倡者如笛卡儿（Descartes，1596～1650）、惠更斯（Huygens，1629～1695）等，亦未曾提到光的周期性问题，不能唯独要求方以智做到这一点。

中国古人对声的波动性认识较为深入，如王充、宋应星皆然。今人对此没有什么异议。在《物理小识》中，方以智多处将光、声并论，认为二者以同样方式发生、传播，这是其光波动思想的自然表露。既然认为古人对声的认识是一种朴素的波动理论，那么对于具有同样形态的方以智的光学理论，为什么就不愿意承认它是一种波动学说呢？当然，方以智

① 方以智：《气论》，《物理小识》（卷一）。

的光波动说与今所言之波动光学不可同日而语,在方氏理论中,光是气之间相互作用的传播,是纵波;而近代光学则认为光是电磁作用在空间的传播,是横波。方以智对光的描述,更类似于近人对声波动性的认识,这从一个侧面证实了它确为波动学说。

从光的波动性出发,方以智等人还对光的传播方式作了独具特色的探讨。根据气光波动说,光依靠"摩荡嘘吸"、"互相转应"的方式向外传播,这样,一旦遇到障碍,光自然会向阴影区弥漫。据此,方以智提出了一个极其重要的概念——光肥影瘦,其意为光总向几何光学的阴影范围内侵入,使有光区扩大、阴影区缩小。即光线可以循曲线传播。这是方氏气光波动说的自然推论。

方以智是在评论西学测算日径的方法时提出这一概念的。不知何故,他误解了利玛窦讲的太阳直径数,说人家讲的是:太阳到地球距离约为太阳直径的 3 倍多,这样违反常识的说法当然是方以智所不能接受的。他经过分析,认为是传教士未曾考虑光肥影瘦因素,因而测算结果大于太阳实际直径。他说:

> 皆因西学不一家,各以术取捷算,于理尚膜,讵可据乎?细考则以圭角长直线夹地于中,而取日影之尽处,故日大如此耳。不知日光常肥,地影自瘦,不可以圭角直线取也。何也?物为形碍,其影易尽,声与光常溢于物之数,声不可见矣,光可见、测,而测不准也。①

方以智提出的"日光常肥,地影自瘦",是说太阳光在受到地球遮蔽时,要向其几何投影处弯进去一些,从而使得地的投影变小了,如图 4 所

① 方以智:《光肥影瘦之论可以破日大于地百十六余倍之疑》,《物理小识》(卷一)。

示。他特别提到，光的这一性质与声音相同，声音遇到障碍物阻挡时，会绕到障碍物后面，光亦如此。声音不能看到，光却是可以看见，并能加以测量的，但这种基于光线直进性质对发光体方向进行的测量是“测不准”的。

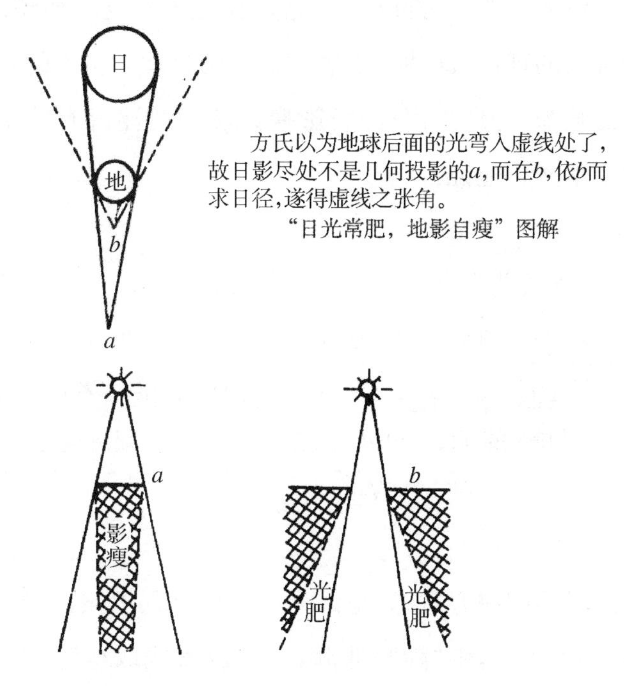

a为屏，屏影暗区小于几何投影；b为孔，亮区则大。

图 4 “光肥影瘦”图解

为验证“光肥影瘦”理论，方以智进一步做了小孔成像实验。紧接着上述引文，他说：

> 尝以纸徵之，刺一小孔，使日穿照一石，适如其分也。手渐移而高，光渐大于石矣；刺四、五穴，就地照之，四五各为光影也；手渐移而高，光合为一，而四五穴之影，不可复得矣。光常肥而影瘦也。

方以智认为，在实验中，他在纸上刺四五个小孔，让太阳光穿过小孔，就地照之，这时地上有四五个亮斑；手持纸张“渐移而高”四五个亮斑就会融合到一起，这就证明了“光肥影瘦”之说是正确的。实际上，造成“四五穴之影，不可复得”的原因很多，很难说该现象是否为“光肥影瘦”所致。但无论如何，方以智毕竟是在提出了这一假说之后，要用实验来检验自己的理论，这种做法堪称是中国物理学史上的一个亮点。

揭暄为《物理小识》光肥影瘦说所做的注解有助于我们正确理解这一学说本义。他说：

> 日之为光者，火也。火气恒散，天圆体，散之不得，则必循天而转，以合于对极。中亦抱地而转，以合于前冲，若水流包砥而后合也。余尝于日没时，观其影射气中，自西徂东，抱地若环桥，始知其影非直行，能随物曲附，不可以直线取也。……光肥影瘦亦然，光小于物，光亦肥，仍不可以直线取也。①

这段话的中心意思，是说光在传播过程中，若无物阻碍，则沿直线进行；若遇物阻挡，则“随物曲附，不可以直线取也”。光沿曲线传播，这是造成光肥影瘦的主要原因。

方以智等人还运用光的波动学说对一些常见光学现象如海市蜃楼等做了解释。今天看来，这些解释大都牵强，但它反映了方氏学派为坚持其理论体系一贯性所作的努力，也是值得一提的。

方以智提出的气光波动学说，除了其光肥影瘦之论对后世历法推算有所影响之外，就整体而言是被湮没了的。这既与外部因素有关，也与

---

① 方以智：《光肥影瘦之论可以破日大于地百十六余倍之疑》揭暄注语，《物理小识》（卷一）。

其本身先天不足分不开。这一理论基本上未脱离思辨形态,加之数学手段缺乏,对常见光学现象的解释也很难令人信服。与西方传进来的几何光学相比较,它的不足显而易见,被人们所遗忘是理所当然的。

5. 反射镜成像

成像问题是光学研究的重要对象,中国古人也不例外。古人对成像问题的研究,大致可分为3类:反射镜成像、透射镜成像和小孔成像。这里先说反射镜成像。

反射镜成像包括平面镜成像、凸面镜成像和凹面镜成像3种。

平面镜成像的起源最早。最初应该是"以水鉴面",受这种现象的启发,人们意识到具有光滑表面的物体都能映出像来,进而导致铜镜的产生。早在商代,就出现了一定水平的铜镜。

对于反射成像机理,《淮南子·原道训》说:"夫镜水之与形接也,不设智故,而方圆曲直弗能逃也。""与形接",说明镜子成像是对外部的反映;"不设智故",说明这种反映完全是客观的,因而是可信的。古人还对反射成像规律及应用的研究,内容是比较丰富的。对于平面镜成像特征,《墨经》中曾有所涉及。墨家称平面镜为"正鉴",认为正鉴所成之像是单一的,不像曲面镜那样,存在放大、缩小、正立、倒立等多种情况。平面镜成像,物与像于镜面是对称的。物体移动,像也移动,二者始终对称。物在镜前,像在镜后,像与物是全同的。《墨经》对于平面镜成像特征的记述,文字比较简朴,与平面镜成像的实际情形也一致。

利用平面镜对光的反射作用,可以生成复像。这对古人来说,是不难办到的,只要有两块平面镜在手,便能轻易实现。由此,我们需要了解的是,古人究竟如何记载并解释此事。唐代陆德明《经典释文》在注解

《庄子·天下篇》有关内容时有这样一段话:“鉴以鉴影,而鉴亦有影,两鉴相鉴,其影无穷。”这对成复像问题做了相当直观的解释。南唐道士谭峭则更进了一步:“以一镜照形,以余镜照影,镜镜相照,影影相传,不变冠剑之状,不夺黼黻之色。是形也,与影无殊;是影也,与形无异:乃知形以非实,影以非虚,无实无虚,可与道俱。”“黼黻”,指古代礼服上绣的花纹。这段话指出,成于一个镜中的像可以在另一镜子中再成像,像所成的像与原来的物是一样的。即是说,多个平面镜能够成复像的原因,一方面是由于平面镜生成的像与原物全同;另一方面,像又能生像,所以,可以做到“镜镜相照,影影相传”,乃至无穷。

与平面镜成像相比,凸面镜成像另有景致。

凸面镜在我国出现时间非常早。在现存的早期铜镜中,属于商周时期的凸面镜已经发现了不止一枚。凸面镜是发散镜,它所成的像是正立缩小的像。古人对此有清楚的认识,《墨经》说:“鉴团,景一”,就很准确地揭示了这一特征。由于凸面镜(“鉴团”)成缩小正像,它所能照到的景物范围也就比平面镜大,古人利用这一特点,巧妙地选择镜面曲率,使一枚小凸面镜也能照出人的全貌来。北宋沈括对此有清晰的说明:“古人铸鉴,鉴大则平,鉴小则凸。凡鉴洼则照人面大,凸则照人面小。小鉴不能全观人面,故令微凸,收人面令小,则鉴虽小而能全纳人面。仍复量鉴之小大,增损高下,常令人面与鉴大小相若。此工之巧智,后人不能造,比得古鉴,皆刮磨令平,此师旷所以伤知音也。”[①]沈括正确说明了镜面凸起程度与其成像大小之关系,虽然他慨叹当时一些制镜工人不懂其中道理,但他的说明则无疑有助于让公众了解凸镜成像这一规律。

在应用上,古人除了用凸面镜(或平面镜)作为鉴形之器,还以之作

① 沈括:《梦溪笔谈》(卷十九)。

为光路转换装置。《淮南万毕术》说:"高悬大镜,坐见四邻。"这里所说的大镜,指的是凸面镜,因为只有凸面镜,才能具有"坐见四邻"的效果。平面镜只能窥见邻家某一特定角度的情景。但东汉高诱对这一条的注解则无疑涉及平面镜的反射作用:"取大镜高悬,置水盆于其下,则见四邻矣。"这里水盆的作用就相当于一个平面镜,它把高悬着的凸面镜上的四邻景象,反射给视者。本来,要"坐见四邻",只需抬头仰视凸面镜即可,但仰视不便,故通过水盆中水的反射而转为俯视。这里水盆的作用就是一个光路转换器,通过它的转换,使得视者能够从比较舒适的角度出发进行观察。

与平面镜和凸面镜相比,凹面镜成像情况最为复杂:当物位于球心之外时,生成倒立缩小的实像,像的位置在球心与焦点之间;当物位于球心与焦点之间时,生成倒立放大的实像,像在球心之外;当物位于焦点之内时,生成正立放大的虚像,像位于镜后。古人不知道像有实像虚像之别,也没有对成像位置做过探究,但他们注意到了物的位置对成像结果的影响。他们观察凹镜成像,非常注意物的位置的变化对成像的倒正和大小的影响。墨家学派即是如此,《墨经》记载了墨家对凹面镜成像所做的实验及其理论解释:

> 《经》:鉴洼,景一小而易,一大而正。说在中之外内。
>
> 《说》:鉴:中之内,鉴者近中,则所鉴大,景亦大;远中,则所鉴小,景亦小,而必正:起于中缘正而长其直也。中之外,鉴者近中,则所鉴大,景亦大;远中,则所鉴小,景亦小,而必易:合于中而长其直也。

《经》文的记载未能将成像3种情况完全记录下来,但《经说》的描述则涵盖了这3种情况。这表明墨家的观察还是很细致的。墨家已经认识到，当物体位于凹面镜前面不同位置时，对应所生成的像也有不同。当物体位于凹面镜的焦点即所谓的“中”之外时，会生成一个倒立的小于原物的像；当物体由远处向镜面移动时，生成的像会慢慢变大；当物体的位置在到焦点与镜面之间时，生成放大的正像。这时当物体向焦点处（即离开镜面方向）移动时，像也会越来越大。即是说，不管物体是在焦点外还是在焦点内，只要靠近焦点，像就会变大，反之则变小。墨家将这种现象解释为“说在中之外内”。“起于中缘正”和“合于中”的说法，则表现了墨家对生成正像和倒像机制的认识。墨家所言之“中”只能是我们今天所说的焦点，因为它决定了像的倒正。墨家解说的内涵与后世沈括所说的格术，本质上是一致的。对此，我们在后文再做讨论。

6. 透镜成像及其应用

透镜成像是基于光的折射性质，而折射是几何光学的重要研究内容，这样，透镜成像在几何光学中也就占有极其重要的地位，而古人对透镜成像所做的探讨，也就成了光学史不可或缺的内容。

中国古代对透镜成像的研究起步较晚，这大概与古人未曾发展出成熟的玻璃制作技术有关。时至今日，玻璃透镜在中国出现的最早时间尚不能确定。已经出土的汉代一些玻璃器物，有些具有透镜的放大功能，但在当时，它们是否就是作为透镜来用，学术界还有争论。争论还涉及它们究竟是中国人发明的，还是国外传入的。这些问题固然重要，但对光学史来说，更重要的则在于，这些器件对于古代光学的发展，究竟起了多大作用？

很遗憾，现在明确见到古人在成像意义上谈论透镜的文献，都较为晚近。年代早些的文献,虽然也有可以从透镜成像角度作解的,但都在疑似之间,难以定论。南唐谭峭《化书・四镜》提到:"小人常有四镜,一名圭、一名珠、一名砥、一名盂。圭视者大,珠视者小,砥视者正,盂视者倒。"谭峭的"四镜",李约瑟曾将其解释为4种透镜,圭是双凹透镜,珠是双凸透镜,砥是平凹透镜,盂是平凸透镜。① 但也有学者提出异议,认为它们都是曲面反射镜,因为曲面镜也能反射成像,而且"大、小、正、倒"更适用。② 因此,还不能断定这里的"四镜"就是透镜。

但是,我们更不能由此肯定唐人不知透镜成像。另一方面,中国古人具有透镜知识的时间是比较早的,西汉时期的冰透镜取火就是一个有说服力的例子。晋隋以降,国外传入的透镜逐渐增多,史书常有记载,关于火珠的记述也更为普遍。所谓火珠,就是指凸透镜,它具有会聚功能,可以向日取火。凸透镜的放大性能是比较容易被发现的,仅仅是在向日取火的实践中,就可以发现。一旦人们利用其放大性能去观察物体,这就与成像联系起来了。在唐代,人们具有这种知识是完全可能的。也是在《化书》中,谭峭说:"目所不见,设明镜而见之。"这里的"明镜",就应该指的是透镜。这句话说的是利用透镜的放大作用使眼睛看到原来看不到或看不清的东西。

以透镜辅助视物,看到的应该是大而正的像,这只能是虚像。那么,古人对于透镜成实像的情况是否有所知呢?宋代储泳《祛疑说》,揭露一些术士装神弄鬼的欺骗活动,其中有一条就与光学有关,叫作"移景法"。他说:"移景之法,类多仿佛,惟一法如烈日中影,人无不见。视诸家移景

① 李约瑟著、陆学善译:《中国科学技术史》(第四卷)《物理学及相关技术》(第一分册)《物理学》,科学出版社,2003年,第111~112页。

② 王锦光、余善玲:"《谭子化书》中的光学知识"。方励之主编:《科学史论集》,中国科学技术大学出版社,1987年,第213~220页。

之法特异，及得其说，乃隐像于镜，设灯于旁，灯镜交辉，传影于纸。此术近多施之摄召，良可笑也。”这样的“移景法”，毫无疑问是一种光学成像活动，而且成的是实像。“传影于纸”一语，揭示了像屏的存在，这样的像，只能是实像。但是，这种实像既可以利用透镜的折射来实现，也可以利用凹面镜的反射来完成，考虑到中国古籍记载的凹面镜成像实验，未曾见有用像屏来显示像的，则本条之记载，更可能属于透镜成像的范围。

宋代何薳《春渚纪闻》记载的一件事情与透镜成像不无关系。何薳说，有一个叫陈皋的人，得到一只从古墓中出土的“玛瑙盂”，用它贮水研墨。一天偶然发现其中有一条长约一寸的鲫鱼，把水倒去，鱼就不见了。再倒进去水，鱼又出来了，用手去捉，什么也捉不到，不知是何宝物。这段记述看上去很神奇，但古代类似这样的记载还有一些，有的见到一朵花，有的见到别的东西。例如，清代朱琰《陶说》卷五《夷坚志》记载道：“周益公以汤琖赠贫友。归以点茶，才注汤其中，辄有双鹤飞舞，啜尽乃灭。”这里看到的是双鹤。戏剧中甚至也涉及此类内容。传统戏剧中有一出流传很广的剧目《蝴蝶杯》，剧中男主角有一奇妙的“蝴蝶杯”，只要斟酒入杯，就见蝴蝶在杯中起舞，杯中无酒，蝴蝶也就消失。蝴蝶杯与陈皋得到的玛瑙盂，均属同类器物。它们既然与人们视觉有关，也就只能从光学角度去解释了。

蝴蝶杯已于1970年代末在山西省侯马市被复制成功，其原理是这样的：杯子分为上下两部分，上半部分是杯体，杯体底部做成凸透镜形状，安在下半部分的杯脚上。杯脚里以细弹簧（游丝）装上一个彩蝶，只要杯稍受骚扰，彩蝶就能舞动。彩蝶位于透镜的焦点上或焦点外靠近焦点之处，这样当杯中无酒时，彩蝶生成一个与人眼同侧而像距很大的实像，当人注视杯中时，像落在视者的脑后，自然就看不见了。当斟酒入杯时，由于酒对杯壁的润湿作用，酒面呈下凹形，相当于一枚凹透镜，凹透镜与凸透镜组成一个复合透镜，复合透镜焦距大于凸透镜。同时，酒与玻璃之间折射率的差异也小于空气与玻璃之间折射率的差，这进一步增加了复合透镜的焦距，使得蝴蝶落在复合透镜焦距之内，生成放大的虚像。复合透镜起到了放大镜的作用，所以人眼能清清楚楚地看到放大了的蝴蝶(见图 5)。杯拿在手里，总要受到一点骚扰，蝴蝶就翩翩起舞了。[①]

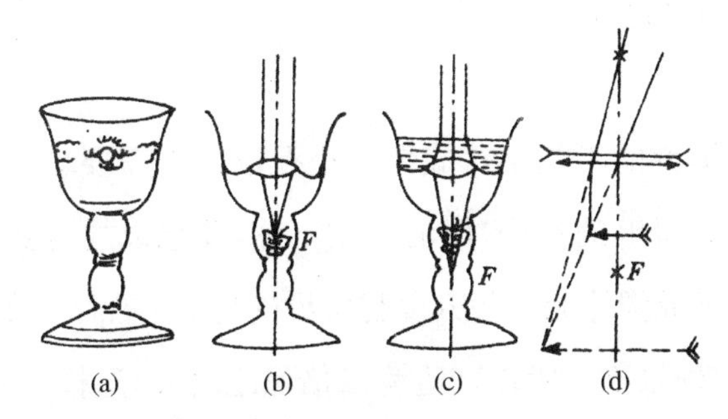

(a) 外表 (b) 没酒(水)时蝴蝶在透镜焦点上 (c) 盛酒(水)时蝴蝶在透镜焦点之内 (d) 光路图

图 5 蝴蝶杯示意图

古人在制作蝴蝶杯、玛瑙盂之类器物时，未必懂得我们上面所说的这些道理，他们是在实践中摸索出了这些器物的制造方法。另外，这些器物所遵从的原理也未必相同。但无论如何，利用透镜成像，是可以实现上述效果的。

明朝末年，传教士进入我国，带来了西方的科技知识，其中也涉及光学。在西方科学影响下，我国学者不但对透镜成像现象有所认识，还对其成像机制做了探讨。明末学者方以智引述其座师杨观光的话说："凹

---

① 王锦光、洪震寰:《中国光学史》，湖南教育出版社，1986 年版，第 54～56 页。

者光交在前，凸者光交在后。”[①]凹者，指凹透镜；凸者，指凸透镜。这里明明白白用光路概念去解说凹透镜的发散性和凸透镜的会聚性，标志着对透镜成像研究的深化。

方以智在其《物理小识》卷十二还记述了利用透镜成像作画的方法：

> 置玻璃镜于暗室之窗版，则物形小缩，透入几上之纸，可细描也。写真甚肖，花木虫物皆可。

这里说的不是小孔成像。小孔成像不需要玻璃镜，此其一；再者，小孔成像有足够的景深，但清晰度不够，要想以之写真，“花木虫物皆不可”。只有透镜成像才能具备方以智所说的特征。在暗室的窗板上开一洞，镶入透镜，室外景物一般在该透镜二倍焦距之外，这样在室内就生成倒立的缩小实像，以纸为像屏，可以用笔将像描绘下来，所以方以智说“写真甚肖”。改变纸与透镜的距离，可以得到窗外不同位置景物的像，对之写真，“花木虫物皆可”。揭暄在此条注语中说，“远西此法，谓之物像像物。”这也透露出是透镜成像，因为小孔成像算不上是“远西之法”的。

方以智此条富有创造性，如果再有显影定影技术，这就构成一个照相器了。清末邹伯奇就是通过类似的实验，“引伸触类”而发明了照相术的。方以智把透镜成像引入到绘画中来，是科学应用于艺术的一个范例。他的这一作法是受西学影响的结果。汤若望《远镜说》中即曾提到，望远镜“可……用以在暗室画图”。这必然会给方以智以启发。不过方以智用的是单块透镜，不是望远镜，这样作成的画视野更大。

从几何光学角度对透镜成像机制进行深入而又系统研究的，以郑复

① 方以智：《物理小识》(卷二)。

光成就最为显著。他创造了一套术语和概念，系统考察了透镜乃至透镜组的特性和规律，向着定量揭示透镜成像规律迈出了一大步。但他的工作是在19世纪中叶完成的，在时间上已经相当晚近了。

7. 小孔成像

小孔成像是一种重要成像现象，在中国古代光学发展过程中得到过透彻研究，是古人在光学成就的一个重要方面。最早从实验角度观察和解释小孔成像的，当推《墨经》。《墨经》的《经下》篇记录了墨家对此问题的认识：

> 《经》：景到，在午有端，与景长，说在端。
>
> 《说》：景：光之人，煦若射。下者之人也高，高者之人也下。足蔽下光，故成景于上；首蔽上光，故成景于下。在远近有端与于光，故景库内也。

对本条文字的解说，大都用光行直线原理对小孔成像现象加以解释。一般认为，“景”即“像”，“到”同“倒”，“午”指光线的交叉，“端”指光线交叉后在暗室壁小孔处形成的光点。文中的“人”字为“入”之误，形近而误。墨家大意是说，在小孔成像情况下，由于小孔的存在，使得入射光线在小孔处形成交叉，从下边射入的光线进入暗室以后，来到了上边，从上边射入的光线则来到了下边，因此就在暗室中生成了倒像。

这里提到的“像”是广义的，它也可以是投影。例如人站在太阳和小孔之间，在合适条件下，孔后的屏上在太阳均匀的光像之中就出现了一个人的倒影，这就是投影。《墨经》中提到首足蔽光之语，表明当时实验中所观察到的可能确为投影，而不是像。无论是投影还是像，它们具有倒像特征是相同的，给人的启迪也一样，那就是光沿直线传播，由于暗室小孔的约束，进入室内后生成倒像。从《墨经》本条来看，墨家对此是有清晰认识的。

由于墨学的衰微，《墨经》在很长时间不为人们所解，墨家在小孔成像实验中所获得的认识也就没有被很好地继承下来。秦汉以降，对小孔成像的研究还处于重新发现现象、从头探讨机制的状态。其中被提及较多的是所谓"倒塔影"，唐代段成式《酉阳杂俎》曾有"海翻则塔影倒"之语，表明他不解此理。宋代陆游《老学庵笔记》、元代杨瑀《山居新话》，均曾提及此现象。延至明清，记述者更为多见，甚至还有人专门搜集各地"倒塔影"的实例，这表明"倒塔影"这种物理现象是受到人们普遍注意了的。

在对小孔成像现象重新发现过程中，梁朝沈约值得一提，他的《咏月诗》说：

月华临静夜，夜静灭氛埃，方晖竟户入，圆影隙中来。①

他这里描述了两种现象，一种是"方晖竟户入"，即月光从屋门中射入，按门的形状，在室内地上投射出方形光斑；另一种是"圆影隙中来"，室外满月高悬，透过壁上小孔，投在室内地上仍然是圆月一轮。这两种情况，隙是小孔，月光通过小孔后在室内生成的是月亮的像，在满月情况下，这一像当然也是圆的，与小孔形状无关；而对于屋门，它的尺度相应于室内成像的距离而言，已远远大于小孔成像之要求，这时月光可被视为平行光，它这时投影到地上的是门的形状，而不是月亮的像。沈约以这样两种现象作对比，说明他对这二者的差异是有所察觉的。而产生这

① 《艺文类聚》(卷一)。

种现象的原因是什么，则还要等到宋末元初的赵友钦乃至更晚至清末的郑复光，才得以揭示出来。

赵友钦，又名钦，字敬夫，或云字子恭，号缘督，人称缘督先生或缘督子(道人)，江西鄱阳人。他是宋室汉王第十二世孙，宋末元初一位很重要的科学家。赵友钦大概活动于元初。

在中国古代，完全从实验角度出发，详细探讨小孔成像机理的，当首推赵友钦。他首先观察到了日、月通过壁间小孔成像的情况，发现：壁间小孔的形状虽然千奇怪状，但透过小孔的日光所成的像都是圆的；而且孔的大小可以不一样，但生成的日的像的大小都一样，只不过孔大的生成的像亮些，孔小的生成的像淡。日食时，室内日的像上也出现相应状况，其食分与室外相等。他还发现，当孔径大到可以容纳日月的视直径时，室内出现的就不再是日的像，而是孔本身的投影了，即所谓“大隙之景必随其隙之方圆长短以为形”。[1] 赵友钦的描述非常细致。非但如此，他还精心设计了一个大型的小孔成像实验，对成像过程各因素的作用做了认真探讨。

他以楼房为实验室，在左右 2 个房间各挖圆阱，阱直径 4 尺，左阱深 8 尺，右阱深 4 尺。再作 2 块直径均为 4 尺的木板，每块板上面都插上 1 000 根蜡烛。实验时，左面阱中可放一张 4 尺高的桌子，然后将 2 块插有蜡烛的板分别放在左右阱中，用板盖住阱口，左边盖阱口的板中央挖去了一个边长为一寸的方孔，右边板中央则挖去边长为一寸半的方孔(如图 6)。烛光就透过方孔将光线投

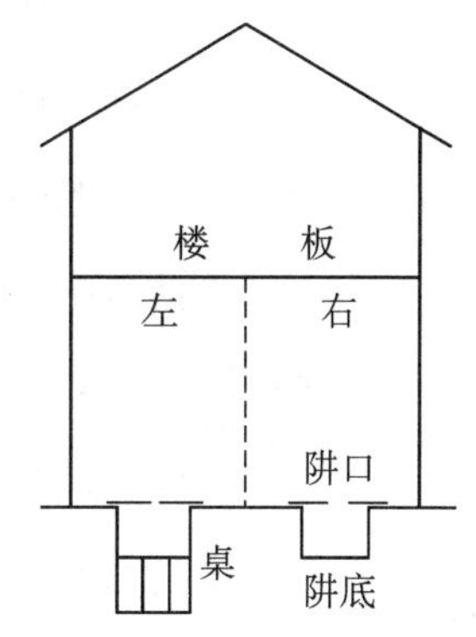

图 6　赵友钦小孔成像实验装置示意图

① 赵友钦:《革象新书 · 小罅光景》。

射到楼板上，在需要改变像距时，则在楼板下面悬上大木板，以之作为像屏。

赵友钦这样的布置很有道理，这使得他可以任意固定或调节各种成像因素，从而弄清它们在成像过程中的作用，揭开小孔成像奥秘。用他自己话来说："于是烛也、光也、窍也、景也，四者之间消长盈虚之故，从可考矣。"

在实验中，他首先保持光源、小孔、像屏三者距离不变，观察孔的大小和形状对像的影响，发现两个像大小相似，只是浓淡不同。他用像素叠加和光线直进观念进行解释，说："千烛自有千景，其景随小窍点点而方。"每一支烛光都透过小孔在楼板上投下一个光斑，这些光斑每一个都像小孔一样，呈现方形，其位置透过小孔与烛相对。虽然每个光斑都是方的，但"偏中之景千数交错，周遍叠砌，则总成一景而圆。"对于大孔，每一支烛光透过去的光都要多些，叠加的结果，像的亮度自然要强些。

然后，他做"小景随日月亏食"的模拟实验，"向右阱东边减却五百烛，观其右间楼板之景缺其半于西，乃小景随日月亏食之理也。"接着，他进一步调节光源，灭去阱中大部分蜡烛，只剩下疏密相间的二三十支，这时楼板下的像，就由这互不相连的二三十个"方景"组成一个圆形，而且很淡，这直观地表明，像屏上圆形的像的确是由方形的光斑组成的。最后，他只点燃一支蜡烛，这时像屏上只剩下一个"方景"，赵友钦解释说：这是因为"窍小而光形尤小，窍内可以尽容其光。"这就是"大景随空罅之像"的道理。

赵友钦还分别改变了物距和像距，并做了大孔成像实验，最后得出结论说："是故小景随光之形，大景随空之像，断乎无可疑者。"王锦光等曾详细研究了赵友钦的小孔成像实验，并列表总结了赵友钦实验的内容①，对于我们了解这一实验，很有裨益。该表主要内容如下：

---

① 王锦光、洪震寰：《中国光学史》，湖南教育出版社，1986 年，第 86 页。

改变的项目		像的大小	像的浓淡(照度)
小方孔	1寸	几乎相同	淡
	1寸半		浓
光源 像距	1千支蜡烛	几乎相同	浓
	二三十支蜡烛 大	大	淡 淡
	小	小	浓
物距	大	小	几乎相同
	小	大	

由此表可见,凡是小孔成像所涉及的因素赵友钦几乎都做了探讨。非但如此,他还从理论上对实验现象做了解说,其解说的出发点是像素叠加和光行直线,这是正确的。

赵友钦之后,清代郑复光对小孔成像做了进一步研究,他的《镜镜詅痴》和《费隐与知录》对之都有专条描述。不过,这已经是19世纪中叶的事情了。

比赵友钦稍微晚一些的元代的郭守敬,则成功地应用小孔成像原理,发明了能够大幅度提高天文测影效果的观测仪器景符。这是物理学史必须要提及的内容。

中国古代在确定节气尤其是冬夏至发生时刻时,一般是用立表测影的方法来进行。太阳在天空视位置不同,它投影在地面表影的长度也不同。由此,通过测定地面表影长度,就可以逆推太阳在空间的位置。这就是立表测影的原理。早在先秦时期,用测日中影长的办法来定冬至和夏至,就已经成为测时工作的重要手段。

表的高度一般是8尺。为了提高测影精度,郭守敬做了很大改进,他首创高表,把表身作成碑柱形,并使之增加到36尺高,在表顶上再用两条龙往上抬着一根直径3寸的横梁，从梁心到圭面一共40尺。这样一来，梁影到表底的距离就是8尺表表影的5倍。从误差理论来讲，同样的量度误差，高表的相对误差仅是8尺表的五分之一，换言之，测量的准确度提高了5倍。但用高表却加剧了表影模糊的问题。用圭表测影的关键是提高影长量度的精度，由于空气分子和尘埃杂质对日光的漫射，使影的端线变得模糊不清，这是提高测量精度的极大障碍。采用高表以后，影虚的情况更为严重。在冬至前后，影子分布范围大，影端模糊现象更为突出，这使得观测者难以判定表端横梁影子的确切位置。《元史·天文志》对此有所分析："按表短则分寸短促，尺寸之下所谓分秒太半少数，未易分别；表长则分寸稍长，所不便者景虚而淡，难得实影。"基本意思是说，高表可以提高测量准确度，这是对的。而"难得实影"一语，则是对使用高表缺陷的准确概括。

郭守敬的解决办法是在测量中使用景符。《元史·天文志》详细记载了景符的结构、使用方法，还记录了使用景符所得到的两个测量数据：

> 景符之制，以铜叶，博二寸，长加博之二，中穿一窍，若针芥然。以方闾为趺，一端设为机轴，令可开阖，榰其一端，使其势斜倚，北高南下，往来迁就于虚梁之中。窍达日光，仅如米许，隐然见横梁于其中。旧法一表端测晷，所得者日体上边之景。今以横梁取之，实得中景，不容有毫末之差。至元十六年己卯夏至晷景，四月十九日乙未景一丈二尺三寸六分九厘五毫；至元十六年己卯冬至晷景，十月二十四日戊戌景七丈六尺七寸四分。

根据这段记载，景符的主要部件是一片薄铜片，铜片中央有一个小孔。铜片安在一个架子上，下端是轴，另一头可以斜撑起来，撑的角度可以自由调节。把架子在圭面上前后移动，当太阳、横梁、小孔三者成一直线时，在圭面上可看到一个米粒大小的光斑，中间还有一条横线，如图7所示。在这里景符相当于一个小孔成像器，圭面上的光斑就是太阳光透过小孔所成的像。光斑中的横线则是太阳光对表端横梁的投影透过小孔所成的像。由该像落在圭面上的位置就可以准确测定相应表的影长。

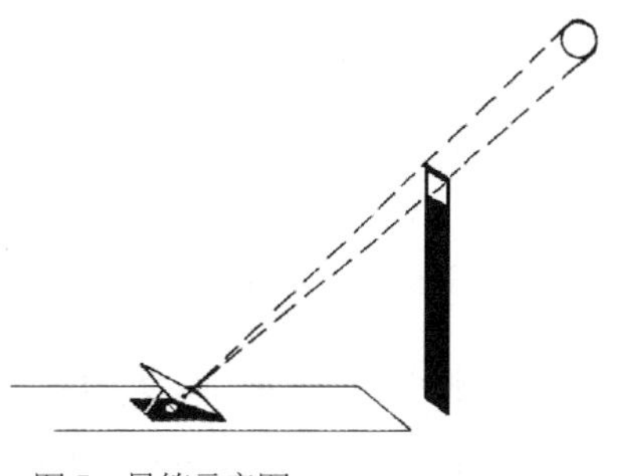

图7　景符示意图

景符的使用使得传统的立表测影技术在2个方面有了突破：一是它基本解决了由于空气分子、尘埃等对日光漫射而导致的表高则“景虚而淡，难得实影”的困难，大大提高了观测精度。

另一突破即《元史·天文志》所说：“旧法一表端测晷，所得者日体上边之景。今以横梁取之，实得中景，不容有毫末之差。”即是说，新的方法测量时不受日光半影影响。按照传统方法，用一根表测影，所得影长是太阳上边缘的影长，它较日面中心的影长要短一些。

根据《元史·天文志》本条的数据，冬至时，40尺表的影长为76尺7寸4分，太阳的视角按0.5度计算，根据一般三角函数知识不难算出，表端投影到圭面上的半影范围大约为1.6尺，日面中心影长与日面上边缘影长的差是这个数字的一半。考虑到郭守敬测量时读数精确到5毫，那么这一误差比测量读数精度大了3个数量级，当然非同小可。郭守敬根据小孔成像原理发明景符，成功地解决了传统立表测影技术面临的重大难题，这是我国古代观测技术的一项重要成就，应予充分肯定。

正午时分

8. 成像论的格术

格术是中国古代一种重要的几何光学成像方法。它以光的直线传播性质为基础，认为在小孔成像和凹面镜成像过程中，存在一个约束点，该点使得物和它的像形成“本末相格”的对应关系。这是古人运用相似几何学方法处理成像问题的一种尝试。它在一定程度上揭示了相应的成像机制。

格术一词的明确提出，最早见于北宋沈括的《梦溪笔谈》卷三《辨证一》：

> 阳燧照物皆倒，中间有碍故也。算家谓之“格术”。如人摇橹，臬为之碍故也。若鸢飞空中，其影随鸢而移，或中间为窗隙所束，则影与鸢遂相违，鸢东则影西，鸢西则影东。又如窗隙中楼塔之影，中间为窗所束，亦皆倒垂，与阳燧一也。阳燧面洼，以一指迫而照之则正；渐远则无所见；过此遂倒。其无所见处，正如窗隙、橹臬、腰鼓碍之，本末相格，遂成摇橹之势。故举手则影愈下，下手则影愈上，此其可见。阳燧面洼，向日照之，光皆聚向内。离镜一、二寸，光聚为一点，大如麻菽，著物则火发，此则腰鼓最细处也。岂特物为然，人亦如是，中间不为物碍者鲜矣。小则利害相易，是非相反；大则以己为物，以物为己。不求去碍，而欲见不颠倒，难矣哉！《酉阳杂俎》谓“海翻则塔影倒”，此妄说也。影入窗隙则倒，乃其常理。

引文中的小号字是沈括自己加的注文。沈括在这里列举了凹面镜成像和小孔成像两种情况来说明什么是格术。文中阳燧即凹面镜，窗隙则相当于小孔成像中的孔。沈括统一用格术解释它们的成像机制，认为其成像过程就像船工摇橹一样，橹绕着其支点“臬”转动，从而使得支点两侧橹的运动形成一种“本末相格”的几何关系。同样，在凹面镜和小孔成像过程中，也有一个特殊点“碍”存在（碍，在凹面镜成像为焦点，在小孔成像为小孔），它相当于摇橹时的“臬”，光线受其约束，在“碍”处会聚，导致生成与物具有“本末相格”之势的像。沈括最后把这种现象引申到为人处事，告诫人们切勿为物所“碍”，免得造成“利害相易，是非相反”的结果。

格术是几何光学成像中的基本方法。它的适用范围并不局限于小孔和凹面镜，也包括凸面镜和透镜，甚至对一些波动光学元件也成立。相应的约束点“碍”也不仅限于小孔或焦点，也可以是曲率中心或光心。用它既可以说明倒像的形成机制，也能够解释正像的生成原因。现行的几何光学成像作图法，本质上都是格术。一般说来，小孔成像只需用一次格术操作即可，球面镜和透镜成像而须连用两次格术操作，才能最终确定像的大小、倒正和位置。

成像问题可用格术操作解决，这有其内在道理。像的定义要求像与物之间成点点对应的空间变换关系，而格术是满足这一要求的最简单的空间变换——点投影变换。进一步的研究表明，成像过程的格术也符合波动光学基本规律。由此，格术概念是包含有极其深刻的物理内涵的。当然，这些只是我们今天的认识，古人并未达到这样的深度。

格术作为一种几何光学成像操作方法，在沈括之前已经存在。《墨经》对凹面镜成像的解释，在本质上就是格术。《经》记述凹面镜成像特征，说：“鉴洼，景一小而易，一大而正，说在中之外内。”即是说，凹镜的像，一种是缩小的倒像，一种是放大的正像，原因是物位于“中”的内外不同。《经说》解释道：“鉴：中之内，鉴者近中，则所鉴大，景亦大；远中，则所鉴小，景亦小：而必正。起于中缘正而长其直也。中之外，鉴者近中，则所鉴大，景亦大；远中，则所鉴小，景亦小：而必易。合于中而长其直也。”这里“中”在光学上是指凹面镜的焦点，在格术理论上就是沈括所言之“碍”。墨家意思是说：物体位于焦点里面时，靠近焦点，则照在镜面上的投影要大些，生成的像也大；远离焦点，照在镜面上的投影要小些，生成的像也小，但都是正像。这是因为物体在镜面上的投影是从焦点出发，依照正立的姿态而投射上去的。物体在焦点外的成像情况与之类似，只是所成的像都是倒像，这是由于由物体出发的光线先在焦点处聚合，然后才投射到镜面上去的缘故。《经说》对成像机理的解释，在本质上与格术概念完全一致。此外，墨家还提出像的大小决定于物离开焦点的远近，这也是正确的。但由于《墨经》语言的隐晦和后世墨学的衰微，墨家用以解释凹面镜成像的这套理论，长期不为人们所知。一直到了宋代，才由沈括将其发扬光大，从理论上做了概括，并且赋予它专门名称，叫做格术了。

无论墨家还是沈括，都没有充分认识到格术所具有的深刻物理学含义。他们在讨论凹面镜成像时，只运用了一次格术操作，这只能解决像的大小和倒正，不能同时确定成像位置。但无论如何，格术概念的提出，毕竟标志着古人不但开始从光线进行角度分析成像情况，而且抓到了成像本质，这为中国古代几何光学的进一步发展奠定了基础。清代郑复光曾利用格术概念探讨过具体光学问题，邹伯奇则以《格术补》作为他的几何光学著作的书名，在其他书籍中也可见到用格术思想解释小孔成倒像的例子，这表明格术概念对中国古代几何光学发展产生了一定影响。时至今日，我们依然可以从这一概念中获取许多有益的启示，这正是它的历史价值之所在。①

---

① 李志超、徐启平：“中国古代光学的格术”。《物理》，1985 年，第 14 卷，第 12 期。

9. 红光验伤

在中国光学史上，有一件事情值得一提，那就是北宋沈括在其《梦溪笔谈》卷十一中提到的“红光验伤”。原文为：

> 太常博士李处厚知庐州慎县，尝有殴人死者，处厚往验伤，以糟胾灰汤之类薄之，都无伤迹。有一老父求见曰：“邑之老书吏也。知验伤不见其迹，此易辨也。以新赤油伞日中覆之，以水沃其尸，其迹必见。”处厚如其言，伤迹宛然。自此江淮之间官司往往用此法。

本条所记，是老书吏多年的验伤经验。一般说来，被殴之处即使没有外伤，也应该有内伤，与内伤相伴的是皮下瘀血的存在。皮下瘀血一般呈青紫色，在日光下有时看不清楚。李处厚碰到的就是这种情况。他采用老书吏的办法，用红油伞罩在用水浇着的尸体上，日光一照，“伤迹宛然”，观察得清楚多了。

这种做法道理何在呢？

从物理学上我们知道，可见光的波长范围约在红光的0.77微米到紫光的0.39微米之间，这中间依次有橙、黄、绿、蓝、靛等色光。太阳光是这些色光的组合，呈白光，就验伤而言，它与青紫光之间反衬度不大，因而不易辨别。老书吏用红油伞罩尸，这实际是用红油伞作为滤光器，从日光中滤取红色波段的光。红色波段光在可见光中波长最长，而皮下瘀血部分一般呈青紫色，青紫光在可见光中波长最短，这样一来，瘀血部分与照射光之间的波长差增加，这就提高了它与周围部分的反衬度，从而就比较容易被观察到。由此，《梦溪笔谈》这一条，是我国关于滤光应用的早期记载。

至于“以水沃尸”，大概是为了增加皮肤透明度，使得皮下伤痕更容易被观察到。

引文中有“以糟䤆灰汤之类薄之”之语，对于“䤆”字，学界一直未得善解。因为“䤆”本义是指肉块，而这里不可能用肉块来涂抹。后来，李志超发现唐代《酉阳杂俎》酒食条中有“酪、䤆、醇，浆也”之说，浆指酒浆。接着，他又发现，《汉书・食货志》讲酒政时曾提到“糟截”二字，唐人颜师古注解“截”时，认为它是一种酒浆。由此，李志超认为，到唐代，截、䤆二字已被人混用，先是段成式，到了宋代，又有沈括。沈括所说的“糟䤆”，是指由糟制取的液体。[①] 李志超之说是可信的。那么，为什么要以糟䤆或灰汤之类薄之呢？王锦光等指出：“可能是因为灰汤是碱性，可以去油脂，使皮肤变白，因而增加皮下异色的透过效果；糟为醇类，也有类似作用。”[②]

《梦溪笔谈》引述的这件事情，在历史上很引人注目。很多书籍都记载过此事，其中南宋宋慈《洗冤集录》的描述，则发展了这种方法：

> 验尸并骨伤损处，痕迹未见，用糟、醋泼罨尸首，于露天以新油绢或明油雨伞覆欲见处，迎日隔伞看，痕即见。若阴雨以热炭隔照。此良法也。

在这段文字中，以新油绢覆观，是在滤光材料上的发展，而“阴雨以热炭隔照”，则是以人造红色光源照射，这与红油伞滤光的效果是一致

---

① 李志超：“《梦溪笔谈》‘红光验尸’的文字考证”。《天人古义》，河南教育出版社，1995年。

② 王锦光、洪震寰：《中国光学史》，湖南教育出版社，1986年，第95～96页。

的。宋慈是中国古代法医学集大成者，由他来实现对“红光验伤”的这些改进，是合乎逻辑的。

古人对“红光验伤”问题的重视，与古代社会对法医检验手段的需求有关。就使用范围而言，它属于法医检验领域；就涉及原理而言，则非用光的反衬度概念不足以作解。中国古代社会生活中涉及光的反衬度问题的还有其他例子。例如古代观测日食，有一种方法是“置盆水庭中，平旦至暮视之”。[①] 由于水面对光的反射率不大，这可以大幅度减少阳光刺眼的强烈程度。但这种方法也不够完善，因为水的透明度高，如果水不深，盆底的漫反射光线就比较强，这使得像的反衬度变差，效果不好。所以后来人们改用油盆来观察。油面对光的反射率更小，而且油的透明度小，这使得盆底的漫反射光线变弱，增加了像的反衬度。同时，油的黏度大，反射面稳定，这样观察效果就好得多，因而成为古代观测日食的一种重要方法。这种方法与“红光验伤”一样，都是古人在长期实践中摸索出来的符合光学原理的科学方法，是光学史上的重要成就。

10. 透光镜

透光镜是一种特殊的铜镜。我国古代铜镜一般以铜锡合金铸成，背后有图案文字，正面为反射面，将其打磨光亮，可以照人。透光镜在外观上和一般铜镜没有什么区别，但若以一束光线照到镜面，反射后投影到壁上，壁上的光斑中却会奇迹般地显现出镜背面的图案、铭文，好像光线透过铜镜，把背面图案、文字映在壁上似的，故称透光镜。

透光镜的起源年代目前尚不能确定。出土的先秦铜镜很多，其中是

① 《开元占经》(卷九)。

否有透光镜,没有人逐枚去做实验。上海博物馆珍藏的铜镜中,有一面是西汉遗物,背面有“见日之光,天下大明”8个字,向日反照,背面的图案、文字清晰地映显于屏幕,是为透光镜无疑。这表明我国透光镜的制作年代,至迟不会晚于西汉。至于西汉透光镜究竟是工匠的偶然所得,还是当时人们有意之作,现在还是一个谜。

隋代王度作有神异小说《古镜记》,其中提到一枚“古镜”,说是“承日照之,则背上文画,墨入影内,纤毫无失”。这虽然出自小说类文,但其描写却十分符合透光镜特征,看来王度有可能听人提到过透光镜之事,目为神奇,于是当作奇怪现象采入小说。

隋以后,透光镜的制作仍在继续。唐代透光镜至今仍有传世品存在,宋以后的记载连绵不断,就充分表明了这一点。另一方面,人们对透光镜的“透光”机制也发生了浓厚兴趣,不少学者开始对之加以探索,北宋沈括就曾记叙了当时人们以及他自己对这一问题的思考,其《梦溪笔谈》卷十九记述说:

> 世有透光鉴,鉴背有铭文,凡二十字,字极古,莫能读。以鉴承日光,则背文及二十字,皆透在屋壁上,了了分明。人有原其理,以谓铸时薄处先冷,唯背文上差厚,后冷而铜缩多。文虽在背,而鉴面隐然有迹,所以于光中现。予观之,理诚如是。然予家有三鉴,又见他家所藏,皆是一样,文画铭字无纤异者,形制甚古,唯此一样光透,其他鉴虽至薄者皆莫能透。意古人别自有术。

这段话,是现在已知记录古人对透光镜原理进行探讨的最早的文字。这种观点认为,在反射光中显现出鉴背面的图案和文字,并非由于光线透过镜子的缘故,原因还在于镜子的反射面上,“文虽在背,而鉴面隐然有迹，所以于光中现”。

那么，是什么造成了“鉴面隐然有迹”的呢？沈括引述的这种观点认为，是物体的热胀冷缩性质。同类物体，体积越大，其热胀冷缩导致的形变量也就越大。由此，铜镜在铸成后的冷却过程中，薄的地方收缩量小，厚的地方收缩量大，于是，在鉴面上就形成了与背面图案文字相仿的下陷凹痕。沈括赞成这种解说，同时又提出，热胀冷缩是一种普遍现象，既然如此，为什么不是每件镜子都有透光效果呢？

沈括的疑问，在现代人面前得到了解答。1975 年，复旦大学和上海博物馆合作，沿着这一思路，采用淬火法，确实复制出了具有“透光”效果的铜镜。这表明宋人的分析是有道理的。但研究人员同时也发现，采用这种方法，对镜体厚度及其他条件，都有严格要求，所以不可能件件都有透光效果。

元代吾丘衍在其《闲居录》中提出了另一种解说：

> 假如镜背铸作盘龙，亦于镜面窍刻作龙，如背所状，复以稍浊之铜填补铸入，削平镜面，加铅其上，向日射影，光随其铜之清浊分明暗也。

吾丘衍从镜面反射率的差异去解释，他认为在镜面用另一种铜料嵌入一幅与背面相同的花纹图案，然后磨平，即可造成透光效果。这是因为镜面各部分反射光线能力大小不一样的缘故。吾丘衍曾亲眼看到有人为验证此说，不惜打碎一面透光镜来检查，证明属实。这一主张得到后世许多学者支持，例如明末科学家方以智就赞同这一观点。

吾丘衍的解说有一定道理，反射率不同，的确可以造成“透光”效果，况且历史上还有实物证据。但实际上，在这类铜镜中，因为镜面镶嵌有不同成分的材料，表面的研磨加工性能就不一样，这也会导致“鉴面隐然有迹”。所以，造成“透光”现象的，并非完全由于“铜之清浊”。

清代郑复光反对吾丘衍等人的主张，赞成沈括的观点，认为“鉴面隐然有迹”是造成透光现象的根本原因，并对沈括的分析作了重要补充，提出鉴面迹纹的形成原因除与冷却过程有关外，还与加工过程中对镜面的刮磨有关。他在其《镜镜詅痴》的“作透光镜”一条中指出：由于铸造时冷却速度不同，铜的收缩力不一，形成镜面隐然有凹凸不平，这种凹凸不平在对镜面进行刮磨加工的过程中，难以彻底消除，“刮力在手，随镜凸凹而生轻重，故终有凸凹之迹。”凸凹之迹导致了“透光”效果。郑复光将此与水的反射相比较，他说：“水静则平如砥，发光在壁，其光莹然。动则光中生纹，起伏不平故也。……铜镜磨工不足，故多起伏不平，照人不觉，发光必见。”郑复光用水反射光中的波纹现象说明长光程的放大效应，是比较妥贴的，有助于人们了解“鉴面隐然有迹”与“透光”之间的因果关系。

实际上，制造透光镜的方法很多，例如用简单的手工补充研磨抛光法直接在镜面上磨出花纹槽沟即可。因为槽沟很浅，又圆滑无棱，肉眼极难察见，反光时却能收到“透光”效果。当然，采用这种方法，要使反射光斑中的花纹与镜背图案完全一致，要下相当大的功夫才行。

透光镜问题在国外也颇受重视。日本在江户时期以后，相当于我国明朝的时候，就制造出了有透光效果的“魔镜”。到了明治初期，“魔镜”已经比较普遍。西方人最早接触透光镜是在19世纪30年代，在那之后，欧洲科学界对铜镜之所以能“透光”进行过持续1个世纪之久的讨论，这使得透光镜成了一个令世人注目的问题。

中国古人摸索出的这几种透光镜做法，不管是沈括提到的冷却效应、吾丘衍所说的镶嵌法，还是郑复光补充发展的刮磨法，都能制造出具有透光效果的铜镜来。日本制造“魔镜”使用的刮磨法，跟郑复光所云就比较类似。不过，这些方法都要求有很高的工艺技巧，在古代能够做到这种程度，也是不容易的。

11. 望远镜

望远镜的发源地在西方。在望远镜的应用上，中国是东西文化交流的受惠者。

17 世纪初，伽利略(Galileo Galilei, 1564～1642)制成第一架天文望远镜，并用以观测星月，还写成《星际使者》一书，记述了其观测成果。伽利略的工作很快被介绍到中国，1615 年，葡萄牙传教士阳玛诺(P. Emmanuel Diaz, 1574～1659)撰写了《天问略》一书，其中说：

> 近世西洋精于历法一名士，务测日月星辰奥理而衰其目力尪羸，则造创一巧器以助之。持此器观六十里远一尺大之物，明视之，无异在目前也。持以观月，则千倍大于常。观金星，大似月，其光亦或消或长，无异于月轮也。……待此器至中国之日，而后详言其妙用也。

这段话最早把望远镜及其观测情形介绍到了中国，并且重点介绍了当时欧洲用望远镜观天取得的成果。“一名士”即指伽利略，“一巧器”则为望远镜。但该书未曾说明望远镜的构造。引文中最后一句也表明，当时望远镜实物还未传入我国。

望远镜实物传入中国的时间估计当在 17 世纪 20 年代中叶。1626 年，德国传教士汤若望(Johann Adam Schall von Bell, 1591～1666)著《远镜说》，这是在我国出现的最早论述望远镜的专著。书中附有一幅整架望远镜的外形图，并且明确指出："夫远镜何昉乎？昉于大西洋天文士也。"这里"天文士"，指的是伽利略。该书讲述了望远镜的用法、原理，列举了用望远镜观测太阳系天体和银河系及其他恒星的情形，对伽利略观天成果作了进一步说明，并具体介绍了望远镜的制作方法：

用玻璃制一似平非平之圆镜，曰筒口镜，即前所谓中高镜、所谓前镜也。制一小洼镜，曰靠眼镜，即前所谓中洼镜、所谓后镜也。须察二镜之力若何，相合若何，长短若何，比例若何，苟既知其力矣，知其合矣，长短宜而比例审宜，方能聚一物象虽远而小者，形形色色不失本来也。

所谓"中高镜"，即凸透镜，这里用作物镜，即文中所说之"前镜"、"筒口镜"。、所谓"中洼镜"，即凹透镜，此处用作目镜，引文中称其为后镜、靠眼镜。这种结构的望远镜，是典型的伽利略式望远镜。

望远镜的使用方法是这样的：

镜只两面，但筒可以随意增加，筒筒相套，可以伸缩。又以螺丝钉拧住，即可上下左右。但视镜只用一目，而以视二百步外之物为例，远达六十里。可以观月，观金星、太阳、木星、土星及宿天诸星。视太阳及金星时，则加青绿镜，或置白纸于眼镜下观太阳。此外可用以航海，用以在暗室画图，而尤可用于战争。

这段话对于望远镜的使用方法介绍得甚为详细。"筒可以随意增加，筒筒相套，可以伸缩"，这是为了调节目镜与物镜之间距离，便于观看远近不同处的物体。文中特别介绍了望远镜的两种使用方法：直视和屏幕成像观察。对于一般目标,可以用眼睛附在目镜处直接观看。当要观察太阳和金星等亮度较强的天体时,“则加青绿镜”,以保护眼睛。这些,都属于直视法的范围。直视法看到的是光线通过望远镜后所成的虚像。而对于太阳这一强光物体,还可以在目镜下面放一张白纸作为像屏,调节望远镜,使日光透过望远镜后在纸上生成一明亮光斑进行观察。这时观察到的是太阳的实像。这种方法可使观察者免却疲累之苦,同时也起到了保护眼睛的作用。但对于一般物体,这一方法是无效的,因为这时透过望远镜在屏幕上所成的像的亮度太低了。

《远镜说》这本书,虽然只有短短的 5 000 余言,内容简略,而且书中的光路图还是错的,但它起到了把望远镜介绍给中国的作用。《远镜说》唤起了中国人对望远镜的热情,并使他们掌握了望远镜的基本制作方法,这是它的一个历史功绩。

在欧洲,望远镜诞生之后,学者们首先将其指向天空,获得了惊人的成果。在中国,天文学家们也走上了同样的道路,他们充分意识到了望远镜对于天文观测的重要性。早在明崇祯二年(1629),徐光启即已上书皇帝,奏请制造“急用仪象”,其中有“装修测候七政交食远镜三架”,请求拨工料制作。当时正值明王朝多事之秋,时局动荡,财政吃紧,崇祯皇帝居然也下诏应允,这距望远镜传入中国不过两三年时间。徐光启奏请制作的望远镜最后是否完成,学界意见不一,但两年后(即 1631),他确实已经用望远镜观测日月食了,并充分体会到了用望远镜观测天象的优越性。在随后的中西天文学论争中,徐光启进一步论述了用望远镜观测的必要性及具体使用方法:

> 日食时,阳晶晃耀,每先食而后见;月食时,游气纷侵,每先见而后食:其差至一分以上。今欲灼见实分,有近造窥筒,日食时,于密室

中取其光景，映照尺素之上，初亏至复圆，分数真确，画然不爽。月食用以仰观，二体离合之际，鄞鄂著明，与目测迥异。①

窥筒为何物？继徐光启之后掌管历法工作的李天经说："若夫望远镜，亦名窥筒，其制虚管层叠相套，使可伸缩，两端俱用玻璃，随所视物之远近以为长短。"②显然，徐光启此处所说的"窥筒"，就是望远镜。这段话意在说明使用望远镜观测的优越性，认为它比之用肉眼直接观测，精度要提高得多。徐光启特别指出，用望远镜观测月食和日食时应采用不同方法，月食用直视法，日食则用屏幕成像法。这也是《远镜说》中介绍的两种方法。

古人不但体会到望远镜对于天文观测的重要性，而且对于望远镜其他用途也有所认识。李天经说：望远镜"不但可以窥天象，且能摄数里外物，如在目前。可以望敌施炮，有大用焉。"望远镜可用于战争，这在《远镜说》中已有说明，李天经则进一步予以强调。实际上，在李天经说此话之前的 1631 年，我国科学家薄珏已经创造性地把望远镜装置在自制的铜炮上了。这在世界上尚属首次，所以著名科学史家李约瑟博士说："不论薄珏是不是望远镜的独立发明者，但他应得到望远镜首先用在大炮上的荣誉。"③

《远镜说》刊行以后，我国民间也开始了自行研制望远镜。例如江苏的光学仪器制造家孙云球，就曾自己磨制透镜，制造了性能良好的望远镜，时间大概是 17 世纪中叶。薄珏的年龄长于孙云球，他制作望远镜的时间更早。这表明，中国人对于望远镜这一外来事物接受得是相当

① 《明史·历志一》。
② 《明史·天文志一》。
③ 王锦光、洪震寰：《中国古代物理学史略》，河北科学技术出版社，1990 年，第 160 页。

快的。

甚至文学中也出现了对望远镜的描写。清初章回小说《十二楼》中有一段，说是一旧家子弟，利用望远镜（书中叫千里镜）窥视一官宦人家小姐的闺阁生活，从而“骗取”姻缘的传奇故事。书中这样描写望远镜的形状和特点：

> 此镜用大小数管，粗细不一。细者纳于粗者之中，欲使其可放可收，随伸随缩。所谓千里镜者，即嵌于管之两头，取以视远，无遐不到。“千里”二字虽属过称，未必果能由吴视越，坐秦观楚，然试千百里之内，便自不觉其诬。至于十数里之中，千百步之外，取以观人鉴物，不但不觉其远，较对面相视者更觉分明，真可宝也。

这一段话，自然不可视为小说家言。未曾耳闻目睹过望远镜的，写不出这样的文字。这是望远镜之类光学仪器为士大夫所珍重的一个有力证明。目前所知《十二楼》最早的版本是清顺治十五年（1658）的版本，而当时距望远镜传入我国不过30余年时间。

四、电磁与热学

1. 电磁现象观察与解说

对电磁本质的认识，是近代科学产生以后的事情，古人的相关成就则体现在对有关电现象和磁现象的记述与解说上，本篇我们也循此进行描述。

古人对电现象的观察和讨论主要集中于静电和雷电。静电引力现象在我国被发现甚早，成书于西汉时期的《春秋纬·考异邮》就曾说过："慈石引铁，玳瑁吸褚。"玳瑁是一种海生爬行动物的甲壳，是一种绝缘体。褚指细小物体。玳瑁吸褚，只能指的是经过摩擦的玳瑁能够吸引微小物体，因而这是一种静电现象。

古人虽然发现了"玳瑁吸褚"，但他们对这一现象的解释却一点儿也不含电的概念。他们根本想不到这种现象与雷电在本质上相同。王充《论衡·乱龙篇》的阐述颇有代表性，他说：

> 顿牟掇芥，磁石引针，皆以其真是，不假他类。他类肖似，不能掇取者，何也？气性异殊，不能相感动也。

顿牟即玳瑁。王充认为玳瑁能吸引微小物品的原因在于它与被吸引物体具有相同的"气性"，所以才能互相"感动"。东晋郭璞在其《山海经图赞》中也有类似看法："慈石吸铁，瑇瑁（玳瑁）取芥，气有潜感，数有冥会。"这类解说，实际上是一种"想当然"理论，因为只要彼此吸引，就可以说它们气性相同。这对人们理解这类现象的实质，没有多大帮助。不过，此类理论可以使人避免步入神学之途，也有其一定的历史价值。

据《三国志》卷五十七，吴国虞翻年幼时曾经听说："虎魄不取腐芥，磁石不受曲针。"虎魄，即琥珀，是一种树脂化石，绝缘性能良好，经过摩擦，可以吸引轻小物品。但是摩擦后的琥珀不能吸引腐烂的芥子，这是事实，原因就在于"腐芥"因为含水而具有导电性。不过，由于"磁石不受曲针"一语明显错误，我们还不能肯定"虎魄不取腐芥"一语究竟是古人在观察基础上得出的结论，还是他们想当然的结果。

古人不但发现了"琥珀拾芥"这一现象，而且还将这一现象用于实践，作为鉴别真假琥珀的标准。南北朝时的陶弘景在其所著《名医别录》中说："琥珀，惟以手心摩热拾芥为真。"越具有明显静电性质的琥珀质量越高，陶弘景的这种鉴别方法是正确的。

静电现象多以摩擦为条件，摩擦起电有时还伴随着火星和轻微的声响，古人对之也有所发现与记载。西晋张华《博物志》云："今人梳头、脱着衣时，有随梳、解结有光者，也有咤声。"张华所说的，就是人们在梳头、脱衣时因摩擦起电造成的电致发光、发声现象。唐段成式《酉阳杂俎》记叙过另一种电致发光现象：猫"黑者，暗中逆循其毛，即著火星"。这里选择黑猫，在暗处逆向摩擦猫身上的毛，是为了使火星更容易被观察到。使用白猫，虽然也能产生同样的起电效果，但火星不易察觉。类似的摩擦起电现象，后世还有很多记载，表明这是古人经常观察到的一种电现象。

古籍中还记载过另一种静电现象——尖端放电。《汉书·西域传》中有"元始中，……矛端生火"的记载。矛端生火，实质即为金属制的矛的尖端在一定条件下的放电现象。因为矛竖立在露天，倘若立矛之处地势突出，而又正巧碰到上空有带电云层，就有可能因放电而产生微弱亮光，从而被人们发现并记录下来。当然，古人只是观察到了这一现象，但并不明白其中的道理，他们的解释是："矛端生火，此兵气也，利以用兵。"[①]这成了用兵动武的依据。古籍中类似记载还有一些，我们仅举此一例以见大概。

古人发现得最早的电现象当属雷电。雷电发生时，耀目的亮光及震耳的响声，使得即使处于蒙昧状态的原始人，对之也不会无动于衷。据此，要考察古人何时发现了雷电，是毫无意义之举。我们所关心的，是古

① 《汉书·西域传》。

人对雷电的成因及其本质的探讨。在中国古代，人们从未建立起现代科学中的电概念，也就不可能用正负电荷行为去解释雷电现象。古人是用阴阳理论去解说的。《淮南子·地形训》多处提到："阴阳相薄为雷，激扬为电。"意思是说，阴阳二气彼此相迫产生雷，相互急剧作用产生电。东汉王充《论衡·雷虚篇》也用类似的观点来解说："盛夏之时，太阳用事，阴气乘之。阴阳分争则相校轸，校轸则激射。"历史上此类论述很多，是中国古代传统的雷电成因理论。这一理论从哲学角度来看是很精彩的，因为雷电确实可以认为是在性质上相反相成的矛盾两方面相互作用的结果。但是这一理论要发展成为近代物理学的雷电成因说，还有相当长的路要走。至于民间所谓打雷是雷神发怒之类迷信说法，当然就更不值一提了。

古人在观察雷电对物质作用的过程中，发现过一种奇异现象，古书对之记述甚多，而以沈括《梦溪笔谈》卷二十《神奇》篇的记述最具代表性，该篇记道：

> 内侍李舜举家曾为暴雷所震。其堂之西室，雷火自窗间出，赫然出檐。人以为堂屋已焚，皆出避之。及雷止，其舍宛然，墙壁窗纸皆黔。有一木格，其中杂贮诸器，其漆器银扣者，银悉流在地，漆器曾不焦灼。有一宝刀，极坚钢，就刀室中熔为汁，而室亦俨然。人必谓火当先焚草木，然后流金石。今乃金石皆铄，而草木无一毁者，非人情所测也。

沈括记叙的是当时一次雷击后的奇异现象：金属物体被熔化了，木器却安然无恙。屋内木架子上放着各种器皿，其中有镶银的漆器，银全部熔化流到地上，漆器竟然未被烧焦。有一把坚硬的宝刀，就刀鞘中熔化为钢水，而刀鞘则保持原样。沈括记叙的这些现象，可以用今天所知的电学原理加以解释：由于雷击属于高压放电，而高压放电可产生高频交变磁场，处于磁场内的导体因受磁场作用而在体内产生涡旋电流。涡旋电流大到一定程度就会将导体熔化，而非导体却“曾不焦灼”。沈括说这种现象是“非人情所测也”，这自然是由于受当时科学发展水平所限制的缘故。虽然如此，他把这一事实详细记录了下来，为我们理解涡旋电流现象提供了一个切实的历史实例，其史料价值是十分珍贵的。

对磁现象的认识，在我国也起源很早。在公元前4世纪的战国时期，《管子》书中已经有了磁石的概念。在公元前3世纪，《吕氏春秋·精通》已明确提及磁石能吸铁，说：“慈石召铁，或引之也。”而实际上，古人发现磁石吸铁的时间，肯定早于《吕氏春秋》的时代，因为《吕氏春秋》对磁石这一性质只是偶然涉及，并非专门论述。

到了汉代，人们对磁石吸铁的性质有了进一步认识，《淮南子·览冥训》说：“若以慈石之能连铁也，而求其引瓦，则难矣。”《说山训》说：“慈石能引铁，及其于铜，则不行也。”这表明，人们已经知道磁石虽能吸铁，但不能吸引其他一些物质。尤其是铜，虽然也是金属，但它不能受磁石吸引。同时代的《淮南万毕术》提到“磁石拒棋”实验，则是对磁排斥现象的涉及。

至于磁石为什么会吸铁，古人也是从元气学说角度作解的，认为它们具有相同的气性。这种解说比较粗糙，因为铁与铁、铜与铜，不能说它们气性不同，但这同类物之间并不互相吸引。

中国古代磁学知识的另一成就是对磁体指极性和磁偏角的发现。对此，本书已有专篇论述。这里不再赘述。

磁屏蔽现象的发现，是中国古代磁学知识的又一成就。清初刘献庭在其《广阳杂记》中写道：“或问余曰：‘磁石吸铁，何物可以隔之？’犹子阿孺曰:‘惟铁可以隔之耳。’其人去复来曰:‘试之果然。’余曰:‘此何必试,自然之理也。’”刘献庭不主张通过实验加以验证,是不对的,但他把这件事始末记载下来,为后人提供了有关磁屏蔽的知识,则是值得肯定的。

古人对电磁现象的发现,有一项迄今还有实用价值,那就是对极光的观测与记录。我们知道,太阳不断向外发出高速带电粒子,这些粒子接近地球时,受地磁场作用而折向南北两极,与高层空气分子或原子相碰撞,使之处于激发态而发光,这就是极光。古人不知道这套理论,但他们观察到了极光并将其记录了下来。古书《竹书纪年》就记录了大约公元前 950 年的一次极光:“周昭王末年,夜清,五色光贯紫微。”这一记载涉及该次极光的时刻、方位和光色,是比较详实的。据统计,在 10 世纪前,我国有年、月、日的极光记录有百余次之多。考虑到极光一般出现于高纬度地区,在中低纬度地区只是偶尔才能见到,这样的数字是不简单的,它表明了古人观察和记载的认真程度。同时期欧洲各国记录总共只有 30 余次。我国古代的这些宝贵记录,为研究太阳活动和地磁变化等,提供了十分有价值的历史资料。

2. 人工取火方法

火对于人类的生存和延续极为重要。最初人们是从自然界的火中(如雷电引起的森林大火)获取火种,通过维持火种不灭的方法达到利用火的目的。在北京人居住过的洞穴中,有厚达数米的灰烬层,就表明了这一点。

随着人类的进化,人们从利用自然火并保持火种不灭,逐渐发展到了人工取火。人工取火的发明时间及过程,现在已经说不清了。《韩非子・五蠹》篇说:“上古之世,……有圣人作,钻燧取火,以化腥臊,而民悦之，使王天下，号之曰燧人氏。”这说明，古人最早的取火方法，大概是通过摩擦生热而实现的，这就是所谓的“钻木取火”。

钻木取火需要一定的技巧。尽管《庄子·外物》已经提到，“木与木相摩则然(燃)”，但直接拿两段木头摩擦，却很难使其燃烧，所以清儒俞樾在注解这句话时说：“《淮南原道训》亦云两木相摩而然，但两木相摩，未见其然。”不过，如果掌握了技巧，实现钻木取火并非难事。解放初期，我国一些民族还保留人工取火的方法，如苦聪人的锯竹法，海南岛黎族人的钻木法等，这证明古人关于钻木取火的说法是可信的。

古籍中关于钻木取火的传说并不罕见，但描述其具体取火方法的文献资料却很稀少，明末方以智《物理小识》卷二的“石竹火”条，为我们提供了一条有关此内容的可贵记载：

> 破石以钢镰刮之，则火星出，纸媒承之即燃。取火于竹，以干竹破之，布纸灰而竹瓦覆上，竹穿一孔，更以竹刀往来切其孔上，三四回，烟起矣。十余回，火落孔中，纸灰已红。

方以智这里记述了两种取火方法，一种是火石取火，一种是钻木取火。他记载的钻木取火方法，有其独到之处：他使用的木材是易燃的干竹，把干竹剖开形成2个竹瓦，在其中一个放上纸灰，再把另一个盖上，竹瓦上凿孔，用竹刀在孔上反复切摩，切摩下来的竹屑温度很高，从孔中落下，堆在纸灰上，纸灰传热性差，燃点低，堆积在一起的竹屑热量不易散发，堆积到一定程度，达到纸灰燃点，纸灰开始燃烧，实现取火目的。这里所用的纸灰应是纸张初步燃后剩余的灰片，这些灰片还包含一些碳的成分，可以维持短期重新燃烧。不能把纸灰理解成纸张完全燃烧后的灰烬，因为灰烬不具备重新燃烧的能力。

方以智的记载具有很高的价值，当时他作为明朝遗臣，为躲避清廷，曾流落于岭南一带，这一条也许就是得益于他在岭南时的见闻，反映了少数民族的取火经验。

至于方以智提到的火石取火法，是我国古代另一种流行的取火方法。这种方法产生于铁器出现后，大约在春秋战国时期。它是用铁制火镰敲击坚硬的燧石，因摩擦、敲击而剥落的铁屑具有很高的温度，这些铁屑表面因氧化燃烧而生成火星，用易燃的纤维如艾绒承接这些火星，即可取火。这种利用火镰石取火的方法因其简便易行，而成为古代最常用的取火方法。

中国古代还曾有过“以珠取火”之说，有关文献记载最早见于《管子·侈靡》篇：“珠者，阴之阳也，故胜火。”（原注：珠生于水，而有光鉴，故为阴之阳。以向日则火烽，故胜火。）引文中的注语，据说出自房玄龄，也有人认为是尹知章所为，总之是唐代人的见解。《管子》原文只是提到了“珠胜火”，而注语则明确了这是用珠取火。在古代中国，珠通常指珍珠，但珍珠不透明，不能对日取火。不过，这里的珠如果理解为石英或其他透明物体，由于各种因素作用使之呈现圆形，透明而有光泽，这就构成了一个凸透镜，可以对日聚焦取火。

西晋时期，著名博物家张华在《博物志》中说：“取火法，如用珠取火，多有说者，此未试。”这表明用珠取火之说，传闻很广，但使用却不广泛，这大概是由于当时缺少玻璃透镜，因而很难觅得适于取火之珠的缘故。东晋王嘉《拾遗记》卷八记载一富豪失火事件，说该富豪“以方诸盆瓶设大珠如卵，散满于庭，谓之宝庭，……旬日火从库内起，烧其珠玉十分之一，皆是阳燧干燥自能烧物。”这里的“阳燧”，指的是透明的珠。王嘉认为是这些珠向日取火而导致了这场火灾。《拾遗记》在内容上可归于志怪类小说，但王嘉在这一条的推测则是合乎科学道理的。到了唐代，透镜的使用渐多，不断有凸透镜从国外传来，《旧唐书》卷一九七记载说："林邑国，汉日南象林之地，……贞观初遣使贡驯犀。四年，其王范头黎遣使献火珠，大如鸡卵，圆白皎洁，光照数尺，状如水晶。正午向日，以艾承之，即火燃。"这里所说的火珠，显然是凸透镜。凸透镜具有聚焦作用，可以对日取火，这是它当时被作为贡品奉献的重要原因。火珠之事，在《南史》、《梁书》、《魏书》中也都有记载，这表明随着中外文化交流的进展，以珠取火方法也逐渐普及了起来。

在以珠取火方法普及之前，大概由于玻璃透镜的难得，启示古人想到，如果以具有透明性能的冰做成透镜形状，岂不也能向日取火。《淮南万毕术》说："削冰令圆，举以向日，以艾承其影，则火生。"这条记载，语言清晰而准确，"削冰令圆"，讲的是冰透镜的制法；"以艾承其影"，艾是易燃物，"影"毫无疑问是指焦点处聚集的光线。这一条，不管是古人实践的记录，还是他们的设想，它反映了汉代人们已经具有明确的透镜取火知识，则是可以肯定的。

那么，用冰制成的透镜究竟能否用于取火呢？答案同样是肯定的。清末郑复光曾经就此做过模拟实验，他用一个壶底稍微凹陷的锡壶，壶中装满热水，在开凿出的冰块上旋熨，得到晶莹透亮的冰透镜，然后用其向日取火，获得成功。他总结用冰透镜取火的要领说："但须日光盛，冰明莹形大而凸稍浅(径约三寸、外限须约二尺)，又须靠稳不摇方得，且稍缓耳。"[①]郑复光的经验是有道理的。我们知道，透镜的集光本领是其口径与焦距之比(相对孔径)的平方，这样，口径大的透镜，有利于集光本领的提高。另一方面，凸起程度浅则焦距大，焦距大不利于集光，对此，郑复光接着解释说："盖火生于日之热，虽不系镜质，然冰有寒气，能减日

① 郑复光:《费隐与知录·削冰取火凸镜同理》。

热，故须凸浅径大，使寒气远而力足焉。”原来，这是考虑到冰有寒气，寒气下行，所以要焦距稍大些，以减轻冰透镜寒气的作用，使得取火容易成功。

古代另一种光学取火方法是利用凹面镜反射聚焦取火。古人把凹面镜叫做阳燧。《考工记》“金有六齐”中提到“鉴燧之齐”，郑玄注曰：“鉴燧，取水火于日月之器也。”《周礼·秋官》：“司烜氏掌以夫燧，取明火于日。”这里的燧即指阳燧。因为阳燧具有对日取火的功用，古人对之非常重视。《礼记·内则》中有“左佩金燧”、“右佩木燧”之记载，就是一则证明。金燧即阳燧，木燧应为钻木取火之具，供阴雨天使用。汉代文献中对阳燧取火具体做法有详细记载，《淮南子·天文训》说：“阳燧见日则燃而为火。”东汉高诱注曰：“阳燧，金也。取金杯无缘者，熟摩令热，日中时以当日下，以艾承之，则燃得火也。”《说林训》说：“若以燧取火，疏之则弗得，数之则弗中，正在疏数之间。”《说林训》强调在取火时，火媒离镜面不宜太远或太近，而应当放得远近适当，即放焦点上。这里隐含了焦距的概念。王充《论衡·率性篇》云：“以刀剑之钩月，摩拭朗白，仰以向日，亦得火焉。夫钩月非阳燧也，所以耐取火者，摩拭之所致也。”这段话表明，即使像“刀剑之钩月”这类呈凹面形的金属反射面，只要“摩拭朗白”，使之具有良好的反射性能，同样可以对日取火，不一定非要专门的“阳燧”不可。这说明人们对于凹面镜取火的物理过程有了进一步的认识。

透镜聚焦取火出现以后，也有人把透镜叫作阳燧。但一般说来，古人所说的阳燧取火，通常都指的是利用凹面镜的反射聚焦取火。

在实现人工取火过程中，古人对引火材料也很重视，除了前面提到的艾绒、纸媒等，还有一种非常值得一提的引火材料——发烛。宋代陶谷《清异录》说：“夜有急，苦于作灯之缓，有智者批杉条，染硫黄，置之待用。一与火遇，得焰穗。既神之，呼引光奴。今遂有货者，易名‘火寸’。”

元代陶宗仪《辍耕录》也提到这种引火材料，把它叫作“发烛”，并说，“周建德六年，齐后妃贫者以发烛为业。”根据这些记载，所谓“发烛”，就是在小木片上沾上一段熔融状的硫黄。硫黄燃点低，可燃性强，一遇红火即可燃成明火，不易熄灭。如果陶宗仪所述不虚，则在南北朝时“发烛”已被制作成商品供应。“发烛”是一项很重要的发明，为人们的生活带来很大方便，因而沿用时间很长。直到19世纪，欧洲发明了依靠摩擦直接发火的火柴，后传入我国，因其集发火与取火功能于一身，使用起来极为方便，这才逐步取代了传统的引火柴。

3. 传统测温方法

定量测试温度是温标系统建立和温度计发明之后的事情。在此之前，人们没有温度概念，也就不可能存在现代意义上的温度测量。但是，冷热现象是客观存在，古人在生产和生活中不可避免要大量接触，这就带来一个问题：如何判定物体的冷热？在这方面进行的长期摸索，使得中国古人逐渐积累起一套传统的定性判定温度高低的方法。

人们在判定温度高低时，首先是依靠自己的感觉。我国古文献中描述物体冷热程度的词汇很丰富，从低温到高温依次用冰、寒、凉、温、热、灼等表示。这套术语，就是跟人们的主观感觉密切相关的。实际上，不管世界上哪个民族，在日常生活中需要判定物体的冷热时，没有不以自己的直接感觉作为主要测试手段的。

这种以人体的直接感觉作为判定物体冷热程度的方法，在中国古代也曾有过自己十分值得称道的实践，那就是北魏贾思勰在《齐民要术》中的记叙。贾思勰在该书《养羊》篇的“作酪法”中提到，要使酪的温度“小暖于人体，为合宜适”。在“作豉法”中更提到“大率常欲令温如腋下为佳”,“以手刺之堆中候:看如腋下暖。”这些,都是以人体体温为比对标准,判定待测对象冷热程度是否符合要求。人体体温一般变化幅度不大,而腋下体温又是人体各部分中较为稳定的,以腋下体温为标准,判断结果自然就比较准确。所以,贾思勰提出的以腋下体温为标准的判定方法,是合乎科学道理的。

古人在判定物体冷热程度时,还采用过另一种方法:观察热效应引起的物态变化。《吕氏春秋·慎大览·察今》篇的一段描写,就属于这类方法:“审堂下之阴,而知日月之行,阴阳之变;见瓶中之冰,而知天下之寒,鱼鳖之藏也。”这涉及通过观察水的物态变化来粗略判定温度范围,它有一定的科学道理。我们知道,在大气压保持不变情况下,水的相变温度是恒定的。一般情况下,大气压变化幅度不大,水的相变温度基本上也保持不变,这样,通过观察瓶水结冰与否来粗略判定温度范围,原则上是可行的。

《吕氏春秋》记述的这种方法,在后世文献中常被提及。《淮南子》中就有类似的说法。《淮南子·说山训》说:“睹瓶中之冰,而知天下之寒。”《兵略训》说:“见瓶中之水,而知天下之寒暑。”见到瓶中之冰,可以知道气温之低,而冰化为水,则又昭示着气温的回升。由此可见,古人还是比较看重这种方法的。这种方法比起凭主观感觉判定物体冷热,是种进步,因为它是建立在客观因素的基础之上的。而凭主观感觉判断,则易受人所处状态影响,从而导致作出错误判断。例如,刘向《新序·刺奢》讲述了一个故事,就涉及于此。故事说,春秋时期,卫灵公在天寒地冻之时,要大兴土木,修造池苑。臣下劝谏说:天气寒冷,这时兴工,会冻伤民夫。卫灵公表示怀疑,反问道:天气冷吗?臣下说:您身着狐裘,座上熊褥,室内还有炉子,自然不冷。可是民众衣不蔽体,鞋不履脚,他们当然是很冷的。这里卫灵公对外界气候判断的失误,就是由于他自身所处状态的温暖所致。但《吕氏春秋》所记叙的这种方法，却可以不受观察者本身所处状态冷暖的影响。如果卫灵公能够运用这种方法，去看一看室外瓶中的水是否结冰，也许他就不会再产生修凿池苑的念头了。

在古代的测温术中，还有一种方法值得一提，那就是“火候”，用于对高温状态的判断。“火候”的实质是通过观察炉火颜色来大致判断炉温。这一方法与古人的熔炼技术同步发展，是古人冶炼经验的结晶。古代的铸工在熔铸青铜的实践中，摸索出了一套掌握熔炼火候的简便方法，《考工记》中最早记载了这套方法的具体内容：

> 凡铸金之状，金与锡，黑浊之气竭，黄白次之；黄白之气竭，青白次之；青白之气竭，青气次之，然后可铸也。

“金”，指铜。铜与锡，冶炼出来的是青铜合金。这里讲的是冶炼过程中焰色的改变。《考工记》的描述是合乎科学道理的。在熔炼金属时，炉温不同，焰色也不同，这决定于熔炼过程中产生的气态金属原子的发射光谱，也与辐射背景有关。金属里含有碳、钠之类杂质，它们的汽化点不同，在加热过程中，随着汽化物产生的先后不同，炉中也就呈现出不同的焰色。开始加热时，矿料附着的碳氢化合物和一些杂质等燃烧而产生黑烛气体。炉温继续升高，焰色转为黄白，这是由于金属中含有的钠原子汽化发光所致。再继续加热，焰色转为青白，这时汽化的金属原子以锌为主，锌在高温下燃烧生成白色氧化锌。在 1 200℃ 左右，锌将彻底挥发，这时，“炉火纯青”，炉温足够高，可以用来浇铸了。由此可见，这种通过观察炉火焰色来大致判定炉温的方法是可行的。时至今日，在某些冶炼过程中，仍然采用观察焰色判定炉内化学反应进程，配合仪器仪表的监测进行操作。

我国传统的测温方法,只能粗略判定温度的变化。17 世纪,欧洲发明了一些重要科学仪器,其中包括温度计。这一发明经传教士之手传入我国,引起我国学者兴趣,官方和民间都有人去实践制造“测温器”。之后又经过漫长的发展演变,我国才逐渐普及了采用有固定温标划分,不受气压变化影响的新型温度计,从而使得对温度的测量最终走上了更为科学的道路。

4. 温度计

温度计是很重要的科学仪器,在科学研究和日常生活中发挥着巨大的作用。

我国在秦汉时期曾经有过通过观察物态变化来粗略感知气温的方法,此即前引《吕氏春秋》所载之“见瓶水之冰,而知天下之寒”。但“瓶水之冰”充其量只能是一种原始的验温器,因为它只能在有限的范围内粗略显示外界温度的变化,没有任何标度,当然不能算作温度计。

定量温度计的早期形式在我国出现的时间是在十七世纪六七十年代,是由耶稣会传教士、比利时人南怀仁(Ferdinand Verbiest, 1623～1688)在其著作《灵台仪器图》、《验气图说》中首先介绍的。前者完成于 1664 年,后者则发表于 1671 年。两书后来被纳入由南怀仁纂著的《新制灵台仪象志》中,前者成为它的附图,后者则成为其中的一部分,即其第四卷的“验气说”。

南怀仁在《新制灵台仪象志》的“验气说”中描述了温度计的制作方法:“所谓作法者,用琉璃器,如甲乙丙丁;置木板架,如一百八图(按:原书编号)。上球甲与下管乙丙丁相通,大小长短,有一定之则。木架随管长短,分三层,以象天地间元气之三域。下管之小半,以地水平为准。其上大半，两边各分十度。其所划之度分，俱不均分，必须与天气寒热加减之势相应。故其度分离地平线上下远近若干，则其大小应加减亦若干。……盖冷热之验，有所必然者，故候气之具，自与之相应，而以冷热之度，大小不平分相对之。”根据这段描写及后文有关内容可知，南怀仁制作的温度计是以玻璃制成U形管，管的一端与铜球相连，另一端开口，管及球内一部分注有水。以一水平线为基准，将管子分为上下两部分，上部分长，下部分短。管子两侧附有不等分分度，用以作为测量温度的标尺（如图8所示，图中所标数字是原书编号）。

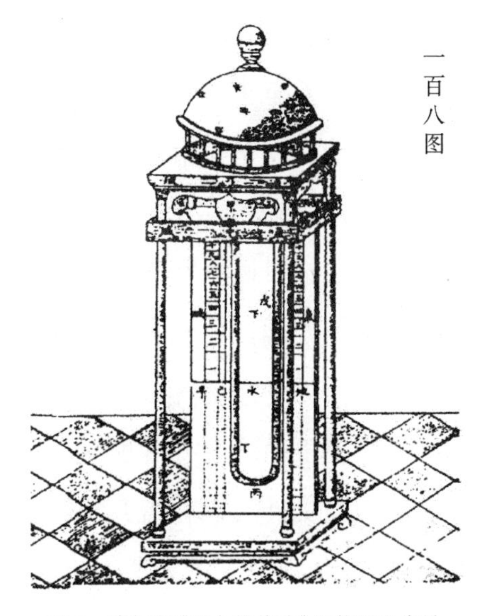

图8　南怀仁《灵台仪像志》记载的温度计

之所以要将标度作不等分划分，这与当时传教士对于空间气温分布变化的认识有关。南怀仁说：“盖天之于地，有上中下三域。上域近火，近火常热；下域近水土，水土常为太阳所射，故气暖也；中域上远于天，下远于地，故寒也。”这就是当时西方流行的所谓“三际说”。南怀仁认为，空气中温度的变化就是由于这“三际”之间相互作用引起的，而温度计作为测温仪器，其标度应该与空中“三际”分布相对应，将其反映出来。他说：“盖冷热之验，有所必然者，故候气之具，自与之相应，而以冷热之度，大小不平分相对之。”即是说，将当时人们所想象的“三际”分布对应缩小至温度计上，就构成了这样的不等分分度。这种不等分分度当然不合实际，但无论如何，它毕竟提供了一种分度方法。

关于这种温度计的工作原理，南怀仁解释说："夫水之升降，为热冷之效固矣，然其故何也？盖如上球甲，一触外来热气，则内所含之气稀微舒放，奋力充塞，则球隘既无所容，又无隙漏可出，势必逼左管之水，从地平而下至丁，右管之水，从地平而上至戊矣。此热之理所必然也。若冷之理则反是。盖冷气于凡所透之物，收敛凝固，如本球甲，一触外来之冷气，则内所含之气必收敛，左管之水，欲实其虚，故不得不强之而上升矣。"这段话以空气的热胀冷缩效应为依据，基本上说出了这种温度计的工作原理。但仅此还不够，因为该温度计一端是开口的，与大气相通。南怀仁专门解释过这样做的理由，他说："假使塞管之口而不使通外气，则甲丁内气为外冷所逼，势必收敛凝固，虽甲丁之器为铜铁所成，必自破裂而受外气以补盈其空阙矣。又自外来之气甚热而内气必欲舒放，无隙可出，则甲丁既无所容，亦必自破裂而奋出矣。"可见，南怀仁考虑过是否将管口加以封闭，但由于受古希腊所谓"自然界厌恶真空"说法的影响，他担心封闭后会因温度变化而导致铜球破裂，因而采取了让管子开口与外界相通的做法。他没有科学的大气压概念，这是在情理之中的。但是，这种形式的温度计难免要受到外界大气压变化的影响。即是说，管内水柱的升降，不能唯一地反映出温度的高低。再者，南怀仁温度计的温标是任意的，也没有固定点，因此它不能给出准确的温度值，只能观察到温度的变化，属于早期比较原始的空气温度计。

在南怀仁之后，我国民间自制温度计的也不乏其人。清初的黄履庄就曾发明过一种"验冷热器"，可以测量气温和体温。清代中叶杭州人黄超、黄履父女也曾自制过"寒暑表"。但由于原始记载过于简略，我们对于民间的这些发明，还无从加以评说。

5. 湿度计

古人对空气湿度的变化比较注意，早在《淮南子·说山训》中，古人已经提出："悬羽与炭，而知燥湿之气。"同书的《泰族训》说："夫湿之至也，莫见其形而炭已重矣。"《天文训》说："燥故炭轻，湿故炭重。"可见当时已经知道某些物质的重量能随大气干湿的变化而变化。古人利用这一效应，在天平两端悬挂重量相等而吸湿性能不同的物体（例如羽毛与炭），这就构成了一架简单的天平式验湿器。在使用时，预先使天平平衡，一旦大气湿度变化，两个物体吸入（或蒸发）的水分多少互不相同，因而重量不等，导致天平失衡而发生偏转，从而将空气湿度变化显示出来。这种天平式验湿器并非仅是古人的设想，它确实被应用过。据《后汉书·律历志》记载，每当冬夏至前后，皇帝都要"御前殿，合八能之士，陈八音、听乐均、度晷景、候钟律、权土灰"，以之测定冬夏至是否到来。这里"权土灰"就是用天平式验湿器进行的测试。中国古代这种天平式验湿器上没有标度，测量结果也从未想到过要定量化，因此还不能叫做湿度计。

在中国，湿度计也是由南怀仁介绍进来的。同样是在《新制灵台仪象志》的"验气说"一节中，南怀仁介绍了湿度计的制作及使用方法："欲察天气燥湿之变，而万物中惟鸟兽之筋皮显而易见，故借其筋弦以为测器，见一百九图（按：原书编号）。法曰：用新造鹿筋弦，长约二尺，厚一分，以相称之斤两坠之，以通气之明架空中横收之。上截架内紧夹之，下截以长表穿之，表之下安地平盘。令表中心即筋弦垂线正对地平中心。本表以龙鱼之形为饰。验法曰：天气燥，则龙表左转；气湿，则龙表右转。气之燥湿加减若干，则表左右转亦加减若干，其加减之度数，则于地平盘上之左右边明划之，而其器备矣。其地平盘上面界分左右，各划十度而阔狭不等，为燥湿之数。左为燥气之界，右为湿气之界。其度各有阔狭者，盖天气收敛其筋弦有松紧之分，故其度有大小以应之。”

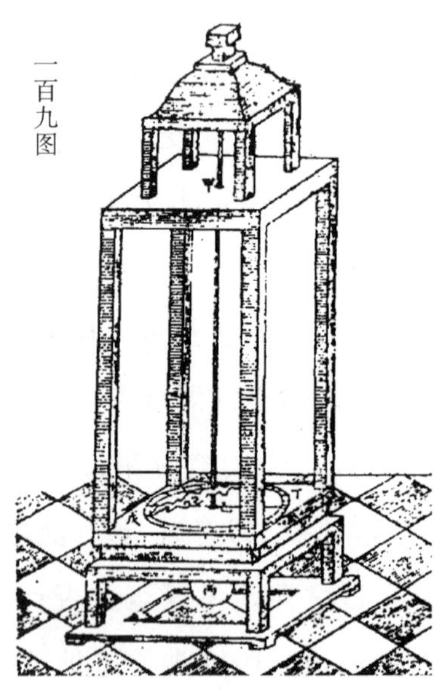

图 9　南怀仁《灵台仪像志》介绍的湿度计

湿度计的形制有各种各样，中国古代采用的是天平式吸湿性验湿计，南怀仁的湿度计就原理而言也是吸湿性的，但形制上则属于悬弦式。他用鹿筋作为弦线，将其上端固定，下端悬挂适当的重物，弦线上固定一指针，指针雕刻成鱼形。这种弦线吸湿以后会发生扭转，吸湿程度不同，扭转角度也不同，转过角度的大小通过指针在刻度盘上显示出来，从而起到测量湿度的作用(如图 9 所示，图中数字是原书编号)。

悬弦式湿度计结构简单，使用方便，因此比较流行。但它也有其待改进之处。例如南怀仁对湿度计底盘刻度的不等分划分，就不能正确反映空气湿度的变化情况。但这毕竟是中国最早出现的有定量刻度的湿度计。另外，这类湿度计西方书籍中也有记述，但这些书籍在时间上比起南怀仁的介绍还要晚一些，可见此类湿度计传入我国的时间是相当早的。

在南怀仁之后，我国学者也尝试着制作测量大气湿度的仪器。据张潮《虞初新志》卷六所收黄履庄传记称，黄履庄在 1683 年就曾自制成功一种所谓“验燥湿器”：“内有一针，能左右旋，燥则左旋，湿则右旋，毫发不爽，并可预证阴晴。”但其结构与原理没有被记录下来，以至于我们对这种“验燥湿器”的具体形制，至今还一无所知。

（孙萌萌）

石云里

天文与外交：官方背景下的中朝天文学交往

一、漫长的起步期

二、大见成效的发展

三、大变革时期的艰难转折

四、李朝对清朝的“秘密战线”

五、清朝对李朝的“天文外交”

天文与外交：官方背景下的中朝天文学交往

中国与朝鲜半岛一衣带水，交通便利，在政治、经济、文化和科技等方面自古就有十分密切的联系和交往。至少从新罗、百济和高句丽等王朝的出现开始，朝鲜古代王朝在政治制度方面都借鉴和模仿中国制度，天文学在其国家的意识形态和官僚体制中也占有重要地位。因此，朝鲜历代统治者都注重向中国学习天文历法方面的知识。而另一方面，最迟从元朝开始，中国统历朝治者也把对附属国颁发历书等看作是显示宗主国地位和权威的象征。因此，尽管古代朝鲜天文学家不乏自己的创造，但中国的天文历法，从基本学科制度到知识内容，都被他们几乎全盘照搬。这就使他们的天文学始终是处在中国天文学的影响之下，与中国天文学属于同一系统。由于中、朝各王朝之间的天文学交往主要都是在官方背景下展开的，因此也成为两国针对对方的外交活动中的一个特殊组成部分，并与两国的政治关系之间显示出明显的相互影响。所以，这种交往既体现了中国发达的天文历法知识对邻国的影响，同时也反映了这种知识在两国政治关系中所扮演的特殊角色。两国间在外交背景下的这种天文学交往在中国元朝时期初具规模，明朝得到较大发展，而到清朝则变得十分频繁。其结果使得中国在这些皇朝中取得的天文学成果系统地传入朝鲜半岛，极大地提升了那里的天文学发展水平。

一、漫长的起步期

《高丽史·历志》称："夫治历明时，历代帝王莫不重之。周衰，历官失纪，散在诸国，于是我国自有历。"[①]这段话虽非信史，却也道出了古代

① 郑麟趾：《高丽史》(卷五十)。

中国和朝鲜半岛在天文学上的渊源关系。

从公元前 57 年前后开始，朝鲜半岛上先后出现了新罗（前 57～902）、高句丽（前 37～668）和百济（前 31～660）3 个独立国家。3 个国家都先后开始与中国各个王朝进行政治、经济、文化和科技等方面的交往。受中国政体的影响，3 个国家也先后在自己的政府中设立了负责天文历法工作的机构。例如，6 世纪，百济就已设有"日官部"[①]。7 世纪中期，"新罗国王德曼圣造瞻星台"[②]，8 世纪"始造漏刻"，并始立"漏刻典……置博士六人、史一人"。后又"置天文博士一员、漏刻博士六员"，其中"天文博士后改为司天博士"[③]。高句丽官方天文机构建立的时间史无明徵，但一般都认为，该国也应该有"日者"一类负责天文历法的官员[④]。

1145 年朝鲜史家修成的《三国史记》中记载有大量的天象记录，其中有相当一部分内容属于三国天文学家的独立观测[⑤]。从这些观测记录来看，三国天文学家在进行异常天象观测时所选的观测对象（包括交食、月掩星、五星凌犯、客星、彗星和流星，等等）、所用的术语和星官名称等也都与中国所选所用的相同，说明三国天文机构在这些方面也基本采用的是中国系统。

至于历法方面，当时百济曾"用宋《元嘉历》，以建寅月为岁首。"[⑥]高

① 令狐德棻：《周书》（卷四十九）。
② 佚名氏：《朝鲜史略》（卷二）。
③ 金富轼：《三国史记》（卷八～九，三十八～三十九）。
④ 洪以燮：《朝鲜科学史》，正音社，1946 年，第 58 页。
⑤ Changbom Park: *Astronomy*, *Traditional Korean Science*. Ewha Woman's University Press, 2007:51—60。
⑥ 《周书》（卷四十九）。

句丽于619年“遣使如唐，请颁历”①，所引进的应该是当时唐朝正在使用的傅仁均《戊寅历》。而674年，新罗“入唐宿卫大奈麻德福传学历术还，用新历法”②，这里学回的应当就是《麟德历》。

在恒星系统方面，从高句丽古墓星图(共有20多处，时间分布在357年至6世纪之间，均属于中国风格，包括有三足乌、四象、北斗七星、南斗七星和二十八宿③)来看，中国恒星知识当时在朝鲜半岛已经非常普及。629年，新罗“高僧道证自唐回，上天文图”④，就属于对中国星座知识的引进。

918年王建统一朝鲜半岛，建立高丽朝，很快设立了太卜监和太史局，负责天文星占、历法守时等事务。后太卜监先后改称司天台、司天监、观候署等，最后又正式合司天监、太史局为书云观⑤。通过比较可以发现，高丽朝天文机构与唐、宋天文机构在体制基本上相仿，只不过规模略小。

高丽最初曾先后采用后唐、后晋、后汉、后周、宋和辽的年号，表明他们采用过这些中国王朝的历书⑥。最后，唐朝徐昂编定的《宣明历》为该朝历官所掌握，并长期被用作官方历法，用于本国民用历书的编算和日月食预报。对于其五星计算部分，高丽历官则未能掌握。

蒙古人入主中国后，高丽很快成为其属国，并受到其严厉的控制。不过，两国间在天文学上的交往却因此变得比以前更具规模。出于政治

① 《三国史记》(卷二十)。
② 《三国史记》(卷七)。
③ 李俊杰：“高句丽古坟壁画して见た高句丽の天文学发展に关する研究”。《高句丽古坟壁画——第3回高句丽国际学术大会论论集》，1997年，第332～340页。
④ 《三国史记》(卷七)。
⑤ 《高丽史》(卷七十六)。
⑥ 《高丽史》(卷一～三)。

上的目的，元朝政府经常把本国历书作为礼品送给高丽国王，仅元世祖统治时期赠历举动就达到15次之多[①]。此外，元朝政府可能还经常向高丽政府发布交食预报，例如，据《高丽史·天文志》记载，“忠肃王七年(1320)正月辛巳朔，元来告日当食”；“恭愍王元年(1351)四月癸卯朔，元史告日食，不果食……二年九月乙丑朔，元告日食，不果食”，等等。

1281年，《授时历》被元朝政府正式采纳。同年，忽必烈就遣使将新历书颁发到了高丽。前去颁历的王通等人也是天文学家，他们在高丽期间“昼测日影，夜察天文”，并“求观我国地图”[②]。他们所做的工作无疑是郭守敬大地天文测量(即所谓“四海测验”)项目的组成部分，因为这次测量的范围就是“东极高丽，西至滇池”[③]。《元史·天文志》等中国史书中记载的高丽北极出地度(三十八度少)应该就是王通等人在高丽的测量结果。将之换算成现代单位，相当于北极出地37°42′，与高丽都城开城的地理纬度基本相同。

授时历书传入后，高丽政府开始设法学习其编算方法。与此前的唐、宋等王朝一样，元朝也禁止私习天文。因此，作为一个藩属国，要想从元朝学到天文历法必定不太容易。然而，元朝对高丽的一项政策却为高丽政府提供了便利。

为了加强对高丽的控制，元朝初期形成了一个惯例，即对于高丽王位的继承者，必须从小送到元大都，在元朝以蒙古人的方式长大成人、并同蒙族女子成婚后，方可回到高丽。这一制度为高丽学习授时历提供了

① 宋濂:《元史》(卷四～十七)。对元朝政府的赠历事件，《高丽史》卷二十六和二十九也有记载:元宗五年(1264)，“韩就还自蒙古，帝赐西锦一段，历日一本”。“(元宗9年2月壬寅)安庆公还自蒙古，帝赐王西锦一匹，历日一道”。忠烈王二十二年(1296)2月己卯，“金光就还自元……太后赐葡萄酒二器，并赐历日”。

② 《高丽史》(卷二十九)。

③ 《元史》(卷四十八)。

便利。1278年,被封为太子的高丽忠宣王王璋(1275～1325)被送到大都,并在那里长大成人。1298年,他回国登基王位不成,再次回到大都,而且在1308年再次登基后还一直留在那里,直到1313年退位后才再次短暂回到过高丽一次。

正是在1298年回到大都后,王璋"见太史院官之精于此术,欲以其学流传我帮。越大德癸卯、甲辰年间(1303～1304),命光阳君崔公诚之捐内币金百斤,求师而受业,具得其不传之妙"[①]。从此,《授时历》便为高丽天文学家初步掌握,并据以编制自己的历书,于中宣王时期(1309～1313)正式颁行国内。

后来,崔诚之把自己所学传授给姜保,姜保也因精通《授时历》而被任命为书云观司历,最后还被提升为书云观观正。姜保根据自己所学,编写了《授时历捷法立成》2卷,并得以流传至今[②]。不过,由于高丽天文学家没有学会《授时历》的开方之术,所以"交食一节尚循《宣明历》"[③]。另外,高丽历法家门显然也未学到《授时历》行星推算部分的知识。

明王朝建立之后,高丽很快与之建立了外交关系。1369年,明朝政府派遣使臣前往高丽,所带礼品中就有"《大统历》一册"[④],这标志着明朝与朝鲜天文学交往的开始。同年,高丽政府又派成准德前往明朝,希望能学到《大统历》编算方法[⑤]。成氏回国时,朱元璋送给他《大统历》

---

① 孙光嗣:"授时历捷法立成序"。姜保:《授时历捷法立成》。《韩国科学技术史资料大系》(4),骊江出版社,1986年。

② 石云里:"古代朝鲜学者的《授时历》研究"。《自然科学史研究》,1998年,第17卷,第4期,第312～321页。

③《高丽史》(卷五十)。

④ 谢晋等:《明太祖实录》(卷四十四)。

⑤《高丽史》(卷四十二)。

一本①。

除了《授时历》外，高丽时期传入朝鲜的另外一部重要的中国天文学著作是《步天歌》。此后，书中以歌诀形式描述的以三垣二十八宿为框架的中国星座系统也成为朝鲜官方天文学家接受的系统②。

二、大见成效的发展

1392年，李成桂建立李朝，很快即与明朝建立了外交关系。明朝政府出于政治上的考虑，把向李朝颁送历书作为一种制度，长期保持，每年颁送“朝鲜国王历一本，民历一百本”③。另一方面，李朝的前几位国王对天文历法都显示出了较大的关注，因而也重视对它们的发展。例如，李成桂就命人刻制了著名的《天象列次分野之图》。这幅石刻星图目前仍然留存于世(图1)。按照其铭文所言，该图的前身“旧藏平壤城，因兵乱沉于江而而失之”。李成桂即位后，有人进献了一个藏本。李成桂对它非常重视，于是命人将它重刻于石，从此成为朝鲜的标准星图，直到17世纪欧洲星图通过中国传入为止。

图1 《天象列次分野之图》

① 《明太祖实录》(卷四十六)。

② 石云里:“朝鲜传本《步天歌》考”。《中国科技史料》，1998年，第19卷，第3期，第69～79页。

③ 申时行等:《明会典》(卷一百二十一)。

李朝的第三位国王李裪(1418～1450 年在位)是一位雄心勃勃君主,一心想要推动朝鲜的在礼乐和文化等方面的发展,代表一国独立性的天文历法也就成为他们发展的一个重点。所以,他也格外重视对中国天文学的学习和引进。在这种情况下,明朝与李朝之间的天文学交往出现了空前的发展。

李朝初期仍然沿用不完整的《授时历》和《宣明历》,尽管 1402 年"明帝赐《元史》"给李朝第二任国王李芳远[①],但李朝历官对其"历志"所载的完整《授时历经》也未能加以利用。直到第三任李裪即位后的第二年,也就是 1419 年,领书云观事臣柳廷显献议,请求世宗令手下儒臣厘正历法。李裪采纳了他的建议,"以为帝王之政,莫大于此"。于是"命艺文馆直提学臣郑钦之等考究《授时》之法,稍求其术。复命艺文馆大提学臣郑招等更加讲究,俱得其术"[②]。

于此同时,李裪还先后曾派天文学家前往明朝学习。通过各种途径,李朝从明朝获得了一大批天文著作[③]。除了得自中国正史"历志"的《大明历》、《庚午元历》、《授时历经》和《授时历议》外,还有明朝初期中国天文学家所完成的几部重要著作,包括:

(1)《大统历法通轨》,包括《太阳通轨》、《太阴通轨》、《交食通轨》、《五星通轨》、《历日通轨》以及《四余通轨》等几部分。明钦天监监正元统于 1384 年前后奉明太祖朱元璋之命编成,并成为明朝《大统历》的官方

---

① 《增补文献备考》(卷二百四十二)。

② 佚名:《四余通轨跋》。元统:《大统历法通轨》,奎章阁藏正统九年李朝铜活字印本。

③ 关于李朝对这些著作的获得,见佚名:《四余通轨跋》。关于这篇跋文中所提到的中国天文著作的详细讨论,见石云里、魏弢:"元统《纬度太阳通径》的发现——兼论贝琳《回回历法》的原刻本"。《中国科技史杂志》,2009 年,第 30 卷,第 1 期,第 31～45 页。

版本,用于钦天监的历法与天象计算工作[①]。

(2)《回回历法》(亦称《回回历经》),为中国官员与回回历法家奉明太祖朱元璋之命,在1382年到1384年之间合作译编的一部阿拉伯天文学著作,现存明南京钦天监监副贝琳正统1477年重编本共分“回回历法释例”,“回回历法”,“经度立成”和“纬度立成”。可用于回回年历、日月五星黄道经纬度、日月食以及月亮和五星凌犯现象(也就是这些天体相互之间,或者与恒星之间的角距离小一度或者更小时的状况)的计算。

(3)《纬度太阳通径》,元统在1396年奉朱元璋之命完成的一部著作试图对回回历法与大统历法的太阳计算部分进行会通,书名中的“纬度”所指的就是回回历法[②]。

(4)《西域历法通径》,明钦天监夏官正刘信(? ~1449)所作,是明初关于回回历法的另外一部非常重要的著作。

可以说,明代初期中国天文学家所完成的几部最重要的著作已经被李朝天文学家悉数获得,基本上无一遗漏。明朝对私习天文和私造、私印历书厉行禁止。在这种情况下,作为藩属国的朝鲜,能够如此迅速和全面地获得明朝官方天文学家撰写的这些重要著作,这不能不令人感到莫大的惊奇。以朱元璋以及明初其他皇帝对各路藩王的那种忌惮与防范心态,肯定不可能在关乎“天命所在”的天文历法问题上对朝鲜国王网开一面,为其搜罗相关著作和学习相关知识提供官方便利。李朝官员之所异能获得成功,必定另僻蹊径,而且能直通明朝的钦天监内部。关于这一点还可以找到另外两项证据,也就是李朝官员从明朝获得的另外两

① 李亮、吕凌峰、石云里:“从交食算法的差异看《大统历》的编成与使用”。《中国科技史杂志》,2010年,第31卷,第4期,第414~431页。

② 该书的唯一存本收藏于韩国奎章阁档案馆。有关这部著作的内容与重要性,见石云里、魏弢:“元统《纬度太阳通径》的发现——兼论贝琳《回回历法》的原刻本”。

部著作：

（1）《各年交食》1 卷，附于《大统历法通轨》中《交食通轨》之后，卷首写有"《授时历》各年交食，中朝书来"，内容为用《交食通轨》中的方法对宣德和正统年间的日月食进行计算的具体算例。

（2）《宣德十年月五星凌犯》1 卷，为用《回回历法》对宣德十年月亮和五星之间，以及它们同恒星之间凌犯现象的逐日详细计算①。

在明朝，能够用官方历法系统对每年的交食进行计算的只有钦天监，而对月亮和五星凌犯的计算也是明钦天监回回历法家的常规性工作之一：明末孙能传在 1602 年编成的《内阁藏书目录》中就登录有"《洪武二十四年月及五星凌犯》一册"②。由于凌犯是中国传统星占学中非常重要的内容，所以很显然，计算这些项目的目的没有别的，主要就是为官方星占家关注的凌犯占服务。事实表明，朱元璋之所以命令翻译《回回历法》，主要原因就是它能满足这一需要。而且有史料显示，他在洪武二十年(1387)年初就曾用钦天监对凌犯的计算及其星占意义来为其处理周、齐、潭、鲁四路藩王寻找"天意"的依据③。

所以，上述两份文件，尤其是第二份文件，在明朝当属于高度的国家机密。对于这样的机密文件，李朝官员都能从"中朝书来"，没有十分特殊途径肯定不行。当然，他们完全可以像崔诚之学《授时历》时那样，通过重金达到向钦天监官员"求师而受业"的目的。但是，在李朝和明朝之间，当时是否有像忠宣王王璋那样长期居住中国都城、熟悉中国朝廷的

---

① 石云里、李亮、李辉芳："从《宣德十年月五星凌犯》看回回历法在明朝的使用"。《自然科学史研究》，2013 年，第 32 卷，第 2 期，第 156～164 页。

② 孙能传：《内阁藏书目录》(卷七)。

③ 有关朱元璋命令编译《回回历法》的动机以及他对凌犯预报的星占利用的详细讨论，见石云里、李亮、李辉芳："从《宣德十年月五星凌犯》看回回历法在明朝的使用"。

"推手"呢?

不管怎么说,这些著作的输入为李朝天文学的发展提供了丰富的资料。于是,在1442年,李祹便命奉常寺臣李纯之、奉常注簿臣金淡对《授时历》同《大统历法通轨》的异同进行甄别,去粗取精,编成《七政算内篇》3卷。又对《回回历经》和《西域历法通径》等书进行了认真消化,编成《七政算外篇》3卷[①]。同时,又根据李朝都城的地理纬度,重新计算了每天日出、日落以及昼夜长短的时刻表,附录于上述两部自撰著作之中,"永为定式"。到此为止,李朝第一次拥有了真正从形式上属于自己的官方历法系统,并将它用于书云观的历书和日月食计算之中。作为对具体计算过程的具体指导,李朝天文学家又编出了《七政算内篇丁卯年交食假令》和《七政算外篇丁卯年交食假令》两部著作,以丁卯年(1447)的交食为例,给出了利用两个官方系统进行具体日月运动和交食计算的详细示例。

除这些著作外,李朝天文学家还注意从其他中国文献中吸收天文学知识。1445,李纯之又奉命"搜索其天文历法、仪象晷漏书杂出于传记者,删其重复,取其切要,分门类聚",编成《诸家历象集》一书[②],分天文、历法、仪象和晷漏等4卷,广泛搜录了中国文献的天文学知识。

不仅如此,李祹甚至还亲自出手,编写成《交食推步法》两卷,同样以正统丁卯年(1447)的日月食为例,讨论了日食(上卷)和月食(下卷)的推

① 书中解决了中国现存《回回历法》版本中所未能正确解决的一个问题,也就是回回阴历同中国阳历之间的日期换算问题。这一工作非常重要,因为《回回历法》中的算法都是按照阳历给出的,而天文表确实根据阴历计算的,二者的历元和年月日安排都不相同,没有正确的日期换算方法,则根本无法正确使用《回回历法》。详细讨论参见Shi Yunli: The Korean Adaptation of the Chinese-Islamic Astronomical Tables. *Archive of the history of exact sciences*. 2003,57:25-60.

② 李纯之:《诸家历象集》。《韩国科学古典丛书》(2),诚信女子大学校,1982年。

步方法。此外,书前另有“算学发蒙”一篇,介绍了历法计算中使用的筹算法则,其中包括开平方。李纯之在为该书所写的序中则明确指出,包括算学部分在内的这部著作“皆我世宗大王所作也”①。鉴于《七政算内篇》和《授时历立成》等著作中“立成诸数浩繁不便于观览”的问题,书中推出了计算太阳盈缩差、月亮迟疾差和加减差的一般推求公式。这样,在实际计算中就不必去查立成表,而只需按照公式直接计算即可,更加简便易行。从实质上来讲,这项工作就是总结出了《授时历立成》中各项内容的推求公式,而这些算法在明朝却失传了很长时间,直到明末才被天文学家们逐步弄清。

在大量引进中国天文学著作并对之进行系统整理和研究的同时,李朝政府还把中国天文学知识用于天文历法人才的培养之中。1429 年,李朝政府在确定“诸学取才经书、诸艺数目”时就规定:“阴阳学:《天文步天歌》,《宣明历》步气朔、步交会,《授时(历)》步气朔、步交会、太阳、太阴、金星、木星、水星、火星、土星、四暗星、步中星……”②这些科目一直到 17 世纪“西法”传入半岛后才有所调整,从人才培训方面为朝鲜天文学沿着中国传统的继续发展提供了保证。

另外,1432 年,李祹又命令郑鳞趾和郑招奉命“创制仪表,以备测验”。二人认为,中国历代仪器中“唯元郭守敬所制简仪、仰仪、圭表等器可谓精巧矣”③。所以,把郭氏仪器的仿制作为工作重点,先后制成简仪、小简仪、正方案、圭表、景符和仰仪(“仰釜日晷”)。此后,李朝天文学家又相继制成悬珠日晷、天平日晷、定南日晷、日星定时仪、小日星定时

① 世宗大王著,李纯之注:《交食推步法》(序)。《韩国科学技术史资料大系》(4),骊江出版社,1986 年。

② 《世宗实录》(卷四十七)。

③ 金墩:《简仪台记》。见《世宗大王实录》(卷七十七)。

仪、自击漏、玉漏、行漏、浑仪和浑象，等等[①]。又在1527年和1602年先后两次对这些仪器进行了大规模的重修[②]。这些仪器中包含了不少朝鲜天文学家的独创，但仍属于中国传统范围，它们的制作使李朝天文观测的技术水平得到了空前的提高。

总之，与明朝之间的天文学交往在李朝初期既获得了空前的发展，同时也因此初步取得了很大的成效，其结果甚至使朝鲜天学在一些方面超过了明朝天学的水平，成为朝鲜科学史上最为辉煌的篇章。

到此为止，李朝政府已经拥有了一个人员、仪器和知识都十分完备的天文机构，形成了系统的取才考试、培训、绩效以及日常工作的稳定制度[③]，有能力像明朝钦天监一样进行观象、星占、授时、日月食预报以及本国历书的编算颁行工作。不用说，李朝早期君主的知识与政治抱负可以说完全得到了实现。而李朝在天文历法方面也开始实行“双轨制”：一方面他们继续接受中国颁发来的历书（他们称之为“唐历”），并行用明朝年号，以尽藩属国之义；另一方面他们则用《七政算内篇》计算、并向国内颁行自己的历书（他们称之为“乡历”）。而对于日月食预报以及有关每年日月五星动态的《七政历》，他们也都能完全自行计算。只不过对于日月食，他们在预报中都会同时使用《大统历》、《七政算内篇》和《七政算外篇》三种系统进行计算和比较；而对于《七政历》，他们最初每年只为国王提供一本，而“不准印出”，直到1466年，观象监（即原来的书云观）才以“星经相考时，凭考无据”为由，“请自今令典校署印二件，一件进上，一件

① 关于这些仪器的详细研究，见 J. Needham, Lu Guei-Djen, J. H. Combridge & J. S. Major. *The Hall of Heavenly Records*, *Korean Astronomical Instrumentsand Clocks 1380～1780*, Cambridge Univ. Press, 1986。

② 成周悳：《国朝历象考》（卷三），诚信女子大学出版部1979年影印本。

③ 有关这些制度，参见《书云观志》，诚信女子大学出版部1979年影印本。

藏于本监”,得到批准[1]。

但是,对于明朝政府来说,如果发现一个藩属国在天文历法活动上居然达到这样的规模,那绝对是难以容忍的。关于这一点,李朝权贵们其实心知肚明,并且有所提防。例如,1469 年新春,有明朝使臣即将来访。朝鲜国王即命承政院传令沿途地方官,“明使若欲见历日,辞以唐历未来,勿见乡历”[2]。当然,要对少数几个使团成员封锁消息肯定不是很难,难的是当有更多中国官员长期停留在朝鲜境内时,再想保密恐怕就有风险了。

1592 年,丰臣秀吉入侵朝鲜,明朝派遣军队援朝抗日。起初倒也无事,但到 1598 年,明朝经略杨镐在岛山之战中因进攻受挫而撤军。明兵部主事丁应泰前往勘战。他先弹劾杨镐,致使杨镐被罢。后竟然又对为杨镐鸣不平的朝鲜国王李昖提出弹劾,并列出 3 条罪状:第一,朝鲜认为辽河以东为其故土,为了恢复故土,故意“诱倭入犯”;第二,朝鲜所编关于日本国情的《海东纪略》一书不遵明朝正朔,僭称皇号,有违藩国礼仪;第三,李昖“暴虐臣民,沉湎酒色”,与杨镐结党,欺骗天子。[3]

丁应泰的弹劾再次掀起了一场政治风波,而他的第二条指控则引发了李朝对本国“私造”历法问题的担心,并有官员提出,不应该继续颁行本国历书:

---

① 《世祖实录》,12 年 10 月 21 日。

② 《睿宗实录》(卷三)。

③ 关于这场纷争的详细讨论,见孙卫国:“丁应泰弹劾事件与明清史籍之建构”。《南开学报》(哲学社会科学版),2012 年,第 3 期,第 74～86 页。《海东纪略》一书主要介绍的是日本国情,所介绍的日本与朝鲜之间的交往也较多,因为被丁应泰作为李昖通倭、诱倭的罪证。此外,他还指控该书“从日本康正、宽正、文明等年号,而大书之,且小字分书永乐、宣德、景泰、成化纪年于日本纪年之下,则是尊奉日本加于天朝甚远。而书又僭称太祖、世祖,列祖、圣上,敢与天朝之称祖、尊上等。彼二百年恭顺之义谓何,而皇上试以此责问朝鲜,彼君臣将何说之辞?”这就是他第二条指控所指。

中朝颁正朔于八荒，八荒之内岂有二历书乎？我国之私自作历，极是非常之事。中朝知之，诘问而加罪，则无辞可对。凡中朝之历，有踏印，其无印信者，皆私造。私造者，于律当斩；其捕告者，赏银五十两。今用唐历印出，则虽有诘之者，可以国内不能遍观，势不得已印出为辞。于理顺，吾何畏彼哉？若印出我国所作之历，则是不用中朝之历，而自行其正朔于域中也。观象监所称，欲洗补而仍颁者，假托之辞耳。我国人心，素慢不谨。累千部历书，其谁一一洗补？况昼夜时刻，仍存不改，人之见之者，必以为私作之历也无疑。自古天下地方，东西远近，各自不同，岂皆随其国，而必改其刻数乎？仍颁之令一下，或相取去，或相转卖，传布国中，无处不到。丁应泰方在国内，彼既与我有隙，吹毛觅疵，狺然而旁伺。万一得此历，而上奏参之曰："朝鲜自谓奉天朝正朔，历用大明历云，而有此私作之历，臣欺皇上乎？朝鲜欺天朝乎？愿陛下下此历于朝鲜，试问而诘之"云，则未审此时观象监提调当其责而应之乎。观象监久任者，赴京师而辨之乎？予实不敢知也。不但此也，深恐丁也，幸得往岁之历，以为自售陷人之地，予方凛然而寒心，其又益之以新历乎？历可废而祸不可测。予意我国所撰之历，决不可用也。①

从这段文字来看，丁应泰在弹劾李昖的过程中，也许还直接利用过历书方面的证据（"幸得往岁之历……其又益之以新历乎？"）。尽管李昖也拿这件事"问于大臣"，但显然李朝政府并没有就此停止颁行自己的历书。但这件事情表明，对这些行为在政治上的性质和后果，他们是有充分认识的。

不过，到了明朝晚期，随着两国之间的政治和军事交往的加深，对明

① 《宣祖实录》(卷一百零七)。

朝官员来说,朝鲜有自己的历书已经不是什么秘密了。所以,1625年新春,就出现了时任明平辽总兵官左都督毛文龙向李朝官员索要朝鲜新年历书的事情。对此,朝鲜史书中有明确记载:

> 毛都督求新年历书,朝廷许之。诸侯之国,遵奉天王正朔,故不敢私造历书,而我国僻处海外,远隔中朝,若待钦天监所颁,则时月必晏,故自前私自造历,而不敢以闻于天朝例也。都督愿得我国小历,接伴使尹毅立以闻,上令礼曹及大臣议启。皆以为,若待皇朝颁降,则海路遥远,迟速难期,祭祀军旅吉凶推择等事,不可停废。故自前遵仿天朝,略成小历。以此措语而送之为便。上从之。①

可见,此时的朝鲜国王和大臣也认为,没有必要向明朝官员隐瞒此事,因为他们完全可以为自己的行为找到合适的理由:中朝路途遥远,钦天监所办历书不能及时到达,不难及时满足朝鲜在祭祀、军旅、吉凶推择等方面对历书的需求。对于这样的解释,明朝官员看来也只能接受。况且,此时明朝的当务之急是联合朝鲜,共御正在辽东崛起的后金势力。

三、大变革时期的艰难转折

李朝在天文历法上实行的这种"双轨制"最终并未导致他们所担心的那种后果,两种体系在朝鲜相安无事,而李朝最后也与明朝之间保持着良好的藩属国关系。但是,明朝末期发生的另外两件事情却开始对

① 《仁祖实录》(卷八)。

中、朝之间的天文学交往带来新的影响。第一件事是欧洲天文学的传入以及明朝试图借助它进行历法改革的举动，第二件事情则是满清在中国东北的崛起以及最后入主北京。

实际上，在欧洲耶稣会士进入中国之后，朝鲜来华使臣已经对他们有所耳闻，并对他们所传播的欧洲科学知识，包括天文学知识，也有所了解和接触。例如，这一时期著名的李朝学者李睟光记载道：

> 万历癸卯(1603)，余忝副提学时，赴京回还，使臣李光庭、权憘以欧罗巴国舆地图一件六幅送于本馆，盖得于京师者也。见其图甚精巧，于西域特详，以至中国地方暨我东八道，日本六十州，地理远近大小，纤悉无遗。所谓欧罗巴国在西域最绝远，去中国八万里，自古不通中朝，至大明始再入贡。地图乃其国使臣冯宝宝所为，而末端作序，文字记之，其文字雅驯，与我国之文不异，始信书同文，为可贵也。按其国人利玛窦、李应诚者亦俱有《山海舆地全图》，王沂《三才图会》等书颇采用其说。欧罗巴地界南至地中海，北至冰海，东至大乃河，西至大西洋，地中海者，乃是天地之中，故名云。①

显然，“冯宝宝”很可能是“利玛窦”之讹传，因为二者的繁体字(“馮寶寶”“利瑪竇”)非常相似。所以，所谓“冯宝宝”地图应该是利玛窦《坤舆万国全图》的另一个刻本，而李睟光似乎并不知道，“冯宝宝”与“利玛窦”实际为同一人。当然，李睟光也提到了这幅图四周所附的欧洲天文学知识：

① 李睟光：《芝峰类说》(下册)，乙酉文化社，1994年初版，1998年第3次印刷，第515页。

> 余尝见欧罗巴国人冯宝宝所画天形图,曰天有九层,最上为星行天,其次为日行天,最下为月行天,其说似亦有据。①

很显然,李晬光是从那幅"冯宝宝"的世界地图上看到这些内容的。

当然,朝鲜之所以能对来华传教士及其科学知识有上述了解,主要还是通过赴华使臣这条渠道。李晬光提到"使臣李光庭、权憘以欧罗巴国舆地图一件六幅送于本馆,盖得于京师者也",说明情况确实如此。

1629年,明朝政府正式决定参考欧洲天文学进行历法改革。朝鲜来华使臣也注意到这一动向以及耶稣会士们在天文学方面的声誉,并开始与他们接触。1631年,朝鲜陈奏使郑斗源出使明朝,随行译官李荣后接识了葡萄牙耶稣会士陆若汉(João Rodrigues, 1558年、1561年或1562～1633年或1634年),并给他写信请教天文推步之法。在给他的回信中,陆若汉简要回答了他的问题,并指出:"天文细理,不可以片言数字能",希望将来能见面细谈②。

在这次会面中,陆若汉向郑、李二人们赠送了西洋器物和图书,其中包括望远镜、自鸣钟等天文仪器以及有关西方天文学的中文著作。郑斗源回国后将这些物品悉数上交,并在给承政院的"西洋国状启"中对与陆若汉的会面进行了详细报告:

> 西洋国去中原九万里,三年可达皇京。陆若汉即利玛窦之友,尝在其国制火砲以灭红夷、毛夷之作梗者,尤精于天文历法。到广东请以红夷砲讨虏师,帝嘉之,以为掌教官,送于登州军门,待以宾师。钦

① 《芝峰类说》(下册),第488页。

② 转引自杨雨蕾:"朝鲜燕行使臣与西方传教士交往考述"。《世界历史》,2006年,第5期,第126～131页。

天监修历亦全用若汉之言。

一日若汉来见臣，时年九十七岁，精神秀丽，飘飘然若神仙中人。臣愿得一火砲归献，若汉即许之，并给其他书器，列录于后：

《治历缘起》一册、《天文略》一册、利玛窦《天文书》一册、《远镜说》一册、《千里镜说》一册，《职方外记》一册，《西洋国风俗记》一册，洋贡献《神威大镜疏》一册、《天文图南北极》两幅、《天文广数》两幅、《万里全图》五幅，《红夷砲题本》一。

千里镜一部，窥测天文，亦能于百里外看望敌阵中细微之物，直银三四百两云。日晷观一坐，定时刻，定四方，定日月之行。自鸣钟一部，每于十二时自鸣。火砲一部，不用火绳，以火石击之而火自发，我国鸟铳二放之间，可放四、五次，捷疾如神。焰焇花即煮焇之碱土者，紫木花即绵花之色紫者。①

不过，此时的朝鲜国王李倧（1595～1649）和承政院官员们对郑斗源提到的西洋人精通天文历法、钦天监改历这些情况似乎没什么兴趣，对他带回来的天文仪器与书籍也表现默然。李倧虽然下令奖励郑斗源，但并不是因为他带回的天文仪器与图书：

陈慰使郑斗源处事明敏，其所觅来西砲精巧无比，实合战用，其留心杀贼，为国周旋之功，极为可嘉。特加一资，以表予意。一行员役中可赏者，亦令书启②。

当时，朝鲜刚刚在 1627 年遭受了后金的入侵，被迫与之订立了城下之

① 李荣元等：《国朝宝鉴》（卷三十五）。
② 《承政院日记》，第 548 页。

盟,并继续受到其强大的军事压力,所以,李倧的这番褒奖显然不是凭空而发。但是,承政院的官员们则似乎连这一点都漠不关心,反倒把郑斗源说得一无是处,并请求国王撤回嘉奖令:

> 陈慰使郑斗源状启殊极诞谩,其所上进之物,图为巧异,无所实用者多,而盛有所称引。其不识事理甚矣。此诚可罚而不可赏。而一小砲觅来之故,至加资级,物情皆以为非。请还收加资之命[1]。

李倧则再次强调:

> 郑斗源觅来火器制度精妙,我人学习,则必赖其力。数之多少不必论也。海行艰苦,且有其官,一番酬慰,似无不可矣。[2]

承政院在随后三天中三次奏请撤销奖励,国王虽然三次驳回[3],但最后还是不得不"从之"[4],可见当时朝鲜文官势力之大。

从这件事情中可以看出,此时承政院的官员对郑斗源所介绍的那些事和所带回的那些物品的意义基本上毫无了解,因此自然不会有兴趣进一步追踪了解。但是,满清的进一步扩张及其最终入主中原注定会彻底改变这种局面。

1636年,刚刚称帝的皇太极(1592～1543)统兵亲征朝鲜,迫使其去除明朝年号,缴纳明朝所赐诰命敕印,奉清朝正朔,定时贡献,并送质子

---

① 《承政院日记》,第549页。
② 《承政院日记》,第549页。
③ 《承政院日记》,第549～550页。
④ 《仁祖实录》(卷二十五)。

二人，由此正式成为清朝藩属国。从这时起，李朝开始接受清国颁发的历书。但是事实表明，此时李朝上下对清国的历法工作既没有信任，更谈不上敬意。例如，1639年，观象监在得到清国历书后，发现它与本国历书之间存在不同之处。经过重新推算后，他们认为本国历书没有错误。同时，他们还做了一件有趣的事情，就是拿明朝人出版的《时用通书》进行了比对，发现该书在大小月的安排上与清国历书一致。但是，在将以前许多年中的本国历书、明朝历书和《时用通书》进行比较后，他们发现前两者毫无差异，而后两者则差异颇大，于是他们得出结论：

> 意者，钦天监所刊之历，乃历年推算，宜益精审无差。至于《时用通书》，不但大小月多不同，闰朔亦异，此则出于冒禁私撰，而将前头各年预先推算，其势易于差误，有不足取信。而清国未必真得钦天推算之法，或就《时用通书》中已成之法刊成此书，以致违误。今当一以钦天监所颁旧历为准。①

观象监的这一建议得到国王的李倧的采纳。由此看来，李朝君臣最后宁愿相信明朝钦天监颁发的旧历书，也不相信清国的新历书，并且还说清国历书是按照明朝民间“冒禁私撰”、“不足取信”的通书刊成的，这完全表示了对清国历书和清国历官的蔑视。显然，在李朝历法官的心目中，明朝仍然是正统，明朝钦天监的历书才是权威性的，但可惜清国“未必真得钦天推算之法”。

在接受清国历书的同时，李倧的长子李溰（？～1645）和次子李淏（1619～1659）也被送到沈阳作为人质。这本身全本是一个纯粹的政治

① 《仁祖实录》（卷三十八）。

性事件,但碰巧的是,这两个人后来却成为促使朝鲜进一步关注中国引进的欧洲天文学以及中国历法改革的重要因素之一——历史上忠宣王王璋为高丽创造学习《授时历》机会的那一幕似乎得到了重演。

清军入关后,两位朝鲜王子被带入北京。其中,李滢慕名与执掌钦天监的耶稣会士汤若望(Johann Adam Schall von Bell, 1592～1666)交往甚深,并向他讨教天文学。对此,中国天主教文献中有以下记载:

> 顺治元年(1644),朝鲜国王李倧之世子,质于京,闻汤若望名,时来天主堂,考问天文等学。若望亦屡诣世子馆舍谈叙。久之,深相契合。若望频讲天主教正道,世子颇喜闻详询。①

1645年,清政府决定遣送身为朝鲜世子的李滢回国,汤若望则以天文仪器和书籍相赠:

> 及世子回国,若望赠以所译天文、算学、圣教正道书籍多种,并舆地球一架,天主像一幅。世子敬领,手书致谢。②

李滢的这封"手书"被汤若望译为拉丁语,得以流传至今。李滢在其中尤其表示了他要将西方天文学知识介绍到朝鲜的愿望:

> 我国不是没有类似的这些东西[指地球仪与天文书],但数百年来推算天行常有误。所以我得到这些珍品怎能不高兴。我想如果回国,不仅要在宫廷中使用,而且要出版,将它们普及到知识层。相信

① 黄斐默:《正教奉褒》,第24～25张。
② 黄斐默:《正教奉褒》,第24～25张。

它们将来不仅在学术殿堂成为受宠之物，而且将帮助朝鲜人民完全学到西方科学①。

可惜的是，1645年3月、4月间，李溰在清朝使节的陪伴下回国后很快就“病亡”，据说是被忠于明朝的李朝两班官员毒死在宫中。所以，他的天文学计划未能得以实施。

李溰死后，清政府决定再将李淏遣送回国，并招李朝大臣韩兴一先行入京作为护行宰臣。韩兴一在北京见到了时宪历书，并购得一批有关新法的著作。1645年6月底回到国内后，他在上交这些著作的同时正式提出了改历建议：“历象授时，帝王之先务。元朝郭守敬修改历书，几四百余年，今当厘正。而且，见汤若望所造历书，则尤宜修改。敢以《改界图》及《七政历比例》各一卷投进，请令该掌使之审察裁定，以明历法。”②李倧接受了包括汤若望的《新历晓惑》在内的这批著作，并“命日官推究其法”③，但改历的事情至少从知识储备上来说显然还需要时间。

经过对韩兴一带回著作的数月研究，1646年2月初，观象监提调金堉正式上疏支持改历。他提出的改历理由主要有两条：首先，中国自古历法有差必改，而《授时历》行用已久，积差日多，到了应改之时；“而西洋之历出于此时，诚改历之机会也”。其次，“中国自丙子、丁丑间已改历法④，则明年新历必与我国之历大有所迳庭”，因此“新历之中若有妙合处，则当舍旧图新”。第一条理由与韩兴一的说法基本相同，而第二条理由则是出于对两国历书异同问题的现实关注。鉴于“韩兴一持来之册有

① 转引自杨雨蕾：“朝鲜燕行使臣与西方传教士交往考述”。
② 《仁祖实录》(卷四十六)。
③ 《仁祖实录》(卷四十六，九十八)。
④ 这里指的应该是明朝政府在1639年前后尝试用西洋新法编算各年历书。

议论而无立成”,只有“能作此书者然后能知此书”,同时“外国作历乃中原之所禁”,所以他建议,“虽不可送人请学,今此使行之时,带同日官一、二人,令译官探问于钦天监,若得近岁作历缕子,推考其法解其疑难处而来,则庶可推测而知之矣”①。

几乎于此同时,奏请使金自点等人从北京带回《时宪历》一册。经过研究,观象监发现其与本国历书在时刻制度和节气安排上存在重大差异。鉴于朝鲜历官“不可以《时宪历》所载之文究其神妙之处,必得诸率立成,各年缕子,然后可以知作历之法”,所以他们再次建议:“使能算之人入学于北京,似不可已。”李倧决定,“极择术业高明者以遣之”。②

于是,李朝政府趁李景奭以谢恩使身份入清之机,让他带天文官前去学习新法,并“密买”《时宪历》。但李景奭到北京后却传回消息:“臣等又以《时宪历》密买之事广求于人,而得之甚难。所谓汤若望者又无路可见。”既未购得《时宪历》,又未见到汤若望。但“适逢本国日官李应林之子奇英被掳在彼,其人颇通算术,且惯华语”,所以李景奭“使之学习历法于汤若望,以为他日取来之计”③。

1648 年旧历 2 月,“谢恩使洪柱元回自北京,清人移咨送历书,所谓《时宪历》也”④,这标志着清朝政府正式向李朝颁发《时宪历》。但是,直到此时,朝鲜天文学家在编算本国历书时使用的还是《七政算内篇》,因此,如果在这个时候行用《时宪历》,势必会引起混乱。果然,就在洪柱元带回清政府所颁发的《时宪历》后 2 个多月的时候,礼曹给李倧上了一道启文:

---

①《仁祖实录》(卷四十六)。
②《仁祖实录》(卷四十六)。
③《仁祖实录》(卷四十七)。
④《仁祖实录》(卷四十九)。

丙子以后，中原与我国，历书无不相同，而独于今年，闰法相错，此必日官推算错误之所致。若闰在四月[①]为是，则今月祭享、国忌，并皆失时，殊极未安。请推治日官。

由于李曹掌管国家的大典和礼制，历书的这种混乱自然令他们难以容忍，但他们却错误地将其责任归咎于观象监。好在此前朝中大臣对《时宪历》的来龙去脉已经有所了解，所以领相金自点、右相李行远便出面为历法官员解围：

清国则时用汤若望新法，我国则仍用旧法，今以日月食验之，未尝差违，我国算法，未可谓全然错误矣。取考丁丑历书，乃是丙子印出大明所颁降者，而其法无异于我国之历。清国在沈时所送历日，大概相同。及其移入北京之后，始有依西洋新法，印造颁行天下之文，此乃大明时所未有之法，而我国日官未及学者也。[②]

不过，二人明显还是在为本国历法辩护，不但认为"以日月食验之，未尝差违，我国算法，未可谓全然错误矣"，而且还搬出明朝的其他历法著作来为本国历法辩护：

且考大明《时用通书》及《三台历法通书》，则今年闰朔之在三月，并皆昭载。三月非闰，未可的知也。[③]

---

① 依《大统历》当年闰三月，《时宪历》则闰四月。
② 《仁祖实录》(卷四十九)。
③ 《仁祖实录》(卷四十九)。

新旧历书之间的这场冲突虽然暂时得到平息,但从中可以看出,面对清朝新颁的历法,当时李朝大部分官员还是宁愿坚守自己已有的系统。但是也有例外,就是那位第一个将《时宪历》的消息带回国内、并第一个提出改历建议的吏曹参判韩兴一。只有他"独以清历为是,凡其家祭祀之日,皆用清历",结果却遭到了众人的责怪("人皆病其无识")。而编纂《仁祖实录》的史臣竟然专门对此留下了一段批语,其中充满批评和讥讽之意:"兴一本非通晓天文者,何知清历之果为是,而断而用之乎?其诸异乎用汉'祖腊'之陈咸矣。甚哉,其无谓也!"①

李朝上下对《时宪历》的这种反应可能与他们对清朝的政治态度有关。当时朝鲜虽然早已对清朝俯首称臣,但作为在文化史上自视甚高的一个战败国,他们从内心还是对清朝充满了蔑视和憎恶,将之视为犬羊夷狄。明朝灭亡前,他们在《实录》等官方文件中都使用明朝年号。而明朝灭亡后,他们很长时间内在对内的各种官方文件上就不再使用任何中国年号。而 1649 年李淏即国王位后,这种态度也变得更加明显。朝鲜君臣不但常常耻笑清朝"腥膻遍地",而且在一些场合甚至继续使用崇祯年号。在这种情况下,对代表清朝"正朔"的《时宪历》有上面那样的反应,也在情理之中。

然而,现实却是无情的。清朝不但在中原站住了脚跟,而且变得越来越强大。因此,在历法上与它保持一致,这是政治上无法回避的选择。所以,就在接到清朝政府第一次正式颁发的《时宪历》后不到 1 个月,李朝政府马上就"遣天文学正宋仁龙学西洋历法于清国"②。但据宋仁龙自称,由于清朝当时对"历书私学,防禁至严",所以"仅得一见汤若望",

① 《仁祖实录》(卷四十九)。
② 《仁祖实录》(卷四十九)。《仁祖实录》到当年九月有提到"遣日官宋仁龙,学时宪历算法于清国"。可能宋仁龙到九月才真正成行。

得其“略加口授，仍赠缕子草册十五卷，星图十丈，使之归究其理”[1]。

尽管这一结果已经来不易，但观象监官对这次学习结果还是有两点不满意：首先，由于语言不通，所以这次学习只能是“画字质问，辞不达意”；其次，从内容上来讲，这次“只学日躔行度之法，不啻一班之窥”。但他们已经意识到，“西洋之法……其合于定理，亦未可知”，因此提出，在决定是否改历之前继续派人前去学习。而为了避免“辞不达意”现象的重演，他们提出了一个很好的解决方案，也就是“别择日官中聪敏者，令治新历之法，日加程督，待其开悟，然后资送北京，质正其疑处”[2]。

他们选中的人中有日官金尚范，他对这些著作进行了“极力精究”，结果虽然只是“粗得其概”，但在同辈中表现突出，所以在1651年被派往北京。通过“重赂学于钦天监”[3]，金尚范于次年学会《时宪历》的编算方法，并购得《日躔表》、《月离表》等著作归国。回国后一边“又选多官，使之传习”，一边“日夜推算，趁速修述”，终于独立编出了孝宗4年(1653)的历书。经过与当年清朝所颁《时宪历》对照，并无差违，于是，观象监正式提出本国历书“自甲午(1654)年一依新法历法推算印行为当”，得到批准[4]。从这时开始，《时宪历》才算真正被李朝政府采纳。金尚范则因为学历和改历有功，官阶被提升为正三品。可惜，当他再次奉命前往北京学习的时候，却不幸病故于旅途之中。但是，此时观象监学习新法的决

① 吴晗：《朝鲜李朝实录中的中国史料》，中华书局，1964年，第3748、3753、3757、3768、3770页。

② 《孝宗实录》(卷四)。

③ 《国朝历象考》(卷一)。

④ 《孝宗实录》(卷八)。关于金尚范等人赴中国学习天文历法过程的深入讨论，可参见林宗台：“17—18世纪朝鲜天文学者北京旅行——以金尚范和许远的事例为中心”。《自然科学史研究》，2013年，第32卷，第4期，第446～455页。

心已经非常坚定,因此请求“更择精于历法者,随使行以送”,得到李淏批准①。

然而,《时宪历》在李朝的行用也并非是一帆风顺的。1660年,有前观象监直长、安东道居进士宋亨久上疏,认为《时宪历》“种种差谬处不一而足”。对此,观象监也有人认为“宁存旧法,以俟知者为当”。经过一番争论,最后决定,在正式采用《时宪历》的同时,观象监每年仍按《大统历》推算历书,并“缮写二件,一以藏置,一以进上”②。到次年,宋氏再次上疏,“请废《时宪历》,还用《大统历》”,遭到反对③。

到此,围绕《时宪历》采纳的问题在朝鲜应该说是大局已定。但问题是,此时的清朝在历法问题上仍然局面未定。1666年,由于杨光先告到了汤若望,清政府终止《时宪历》,复用《大统历》。这年年底,当清朝历书颁到朝鲜时,而此时朝鲜按西洋新法所计算的历书早已颁发下去,于是又引现了一番混乱:

> 上谓郑太和曰:“今来清历,与前异者,何故耶?”
>
> 对曰:“中原历法,论议多岐。明朝时人亦陈疏论《时宪历》之失,故汤若望历法不得印行。此所以与前异者也。”
>
> 上曰:“然则用何历为是耶?”
>
> 太和曰:“清人亦于祭祀时,皆以《大统历》用之矣。”
>
> 上曰:“《时宪历》将废不行乎?”
>
> 大和曰:“似当不行矣。”
>
> 上曰:“士夫家亦用今来新历乎?”

---

① 《孝宗实录》(卷十四)。

② 吴晗:《朝鲜李朝实录中的中国史料》,第3874~3876页。

③ 《显宗实录》(卷四)。

太和曰:“既颁旧历,未及印出新历,京外大小祭享,则当以新历推择,而闾阎,则必仍用旧历矣。”

承旨金万基进曰:“一国之内,岂有二历乎。新历宜速印颁于八路。”

太和曰:“言非不是,势有难及。”

上曰:“单历一张,急先印出,斯速颁布,而前用《时宪历》,今虽不用,亦宜年年印置,以凭日后推步之差错,如前《大统历》印出之为也。”①

用印单张历书的方法来救急,总算解决了“一国二历”的尴尬和不便。但面对情况多变的中朝,朝鲜政府不得不想出一个以策万全的办法,这就是既复用《大统历》,同时对《时宪历》也“年年印置”。

康熙历狱结束后,《时宪历》在中国恢复使用,李朝也于“庚戌岁(1669)还用《时宪历》”②。自然,这样的改变还是难免带来各种麻烦。例如,在这年年底,宋亨久再次上疏“论《时宪历》之差”,明显是对恢复该历法不满。对此,观象监派历官宋以颖与他公开辩难,结果宋氏又遭失败③。直到《时宪历》恢复两年后,观象监还不得不继续完成一些收拾残局的事情:

观象监启曰:“王世子诞日,乃辛丑(1661)八月十五日,而至丁未年(1666),改用《大统历》法,则辛丑闰月,非七月,乃十月也。以此推之,八月当为九月,故世子诞日,议大臣定以九月矣。自庚戌(1669)

① 《显宗实录》(卷十三)。
② 《显宗大王修改实录》(卷十一)。
③ 《显宗大王修改实录》(卷十一)。

年，还用《时宪历》，世子诞日，亦当还定于八月。而事体重大，令礼官就议于诸大臣。”上可其启。大臣议以为，当依启辞施行，上从之。

当然，从此之后，《时宪历》的地位一直没有动摇，直到1894年李朝采用太阳历后，才降到“参用”的地位，仅“忌辰、诞节及择吉用《时宪历》”①。

从以上的追述中可以发现，尽管朝鲜朝野了解《时宪历》的欧洲背景，尽管他们在其采纳的问题上也出现过一些争论。但是，这些争论在本质上不同于明清之际围绕历法改革而出现在中国的那些争论。因为，中国的争论虽然也涉及许多具体的技术性问题，但最终焦点却主要是集中于采用西方天文学的合法性及其政治含义上；而朝鲜的争论则围绕的是纯技术性的问题，较少涉及《时宪历》西方背景及其政治含义。对于他们来说，他们所接受的并不是什么政治上存在问题的西方天文学系统，而只是一个作为宗主国“正朔”象征的历法系统而已②。因此，不管内心是否愿意，他们的选择只有一个：接受。这是由清朝和李朝之间这种“宗主—藩属”的外交关系所决定了的。

四、李朝对清朝的“秘密战线”

在朝鲜对《时宪历》的接触和学习中，最早起作用的主要是属于“两班”阶层的文官。但是，技术上的专业要求往往是这些人所无法满足的，所以金堉才提出了“今此使行之时，带同日官一、二人，令译官探问于钦

① 朴容大等：《增补文献备考》(卷一)。
② 林宗台：“从中国学习西方天文学朝鲜王朝后期西方天文学引入新论”。《科学文化评论》，2011年，第8卷，第1期，第51～60页。

天监”的建议，而国王李倧也同意要“极择术业高明者以遣之”。这些“日官”就是在李朝天文机构观象监中供职的天文官和历法官，他们属于由各类技术官吏构成“中人”阶层，社会地位低于“两班”阶层。由于这个原因，通常不可能让他们独立前组团前往中国，而只能作为文官使团的随行人员。另外，尽管清朝没有对民间私习天文历法的禁令，康熙朝甚至还出现过鼓励民间进行研习的倾向，但是，作为藩属国，朝鲜肯定还是不便将学习天文历法作为对清朝外交活动中的公开内容，在两国关系比较紧张的顺治朝更加如此。所以，将历法官吏作为各种文官使团的随行人员也是最合适的一种选择。

在李倧和李淏父子执掌朝鲜王位期间，每当历法上出现需要和问题时，通过这种途径派遣“日官”前往中国已经基本上成为惯例。一开始只是按需选送，到 1674 年到 1719 年之间基本形成了每年派遣的惯例。1741 年，观象监正式请求，把这作为一项制度确定下来，“每年差送，永为定式”。1762 年改为“三年一赴，定为恒规”，1770 年后规定“若有历法质问事，则不必限年陈禀特送”，1791 年又改为隔年一送[①]。选送的历官被称作“赴燕官”，其选拔方式有 3 种：第一是派遣新当选的三历官，第二是通过考试选拔，第三是观象监历官轮流充当。1724 年之后，选拔考试科目则包括《七曜筹》、《数理精蕴》和《历象考成》等[②]，后两部著作是康熙亲自组织清朝天算家编订的大型数学和历法著作。

从随后的历史发展来看，对于李朝政府来说，将派遣历官入清学习制度化是很有必要的，因为：第一，到 1651 年为止，金尚范只学得《时宪历》“日躔月离之梗概”，可以满足民用历书的编算需要，但日月交食与

① 《书云观志》(卷一)，取才。吴晗：《朝鲜李朝实录中的中国史料》，第 4511、4835～4836、4590 页。

② 《正祖实录》(卷三十三)。

“五星算法则犹未得来”;第二,除了“康熙历狱”前后的那种历法反复,清朝在天文学方面还在不断翻新,例如康熙年间编定、雍正年间采纳的《历象考成》,以及乾隆年间编定和采纳的《历象考成后编》,等等;第三,李朝天文学家在历法计算中也常常遇到难解的问题,需要经常的解惑。归根结底,用观象监官自己的话来说就是:“天文学之治历……专资中国方书、仪器。而往来稀阔,闻见謏寡,纵有才智,末由开发。”[①]

由于天文“赴燕官”制度是李朝单方面建立的,不算是两国之间的一种正式的双边制度,所以这些“赴燕官”对清朝来说好像是一条“秘密战线”。像在元、明两代一样,他们虽说会碰到这样或者那样的困难,但总的说来还是会达到自己的目标。而且,由于清朝对民间研习天文历法不加禁止,再加上清朝自入关后就开始逐渐对朝鲜推行所谓的“德化”政策,对朝鲜使臣一般都特别优礼有加,康熙之后对朝鲜使团基本上不限人数、不设门禁,使团成员可任意出入馆舍,结交中国儒士官绅,使臣带来的子弟也可以任意游观[②],所以,天文“赴燕官”们接触清朝钦天监官员(其中包括在钦天监任职的耶稣会士)的难度应该比之前要小得多。从现存资料来看,他们似乎在中国还建立起了相对固定的“关系网”。一个典型的例子就是何君锡父子同李朝天文“赴燕官”之间的特殊关系。

由于中国古代天文机构中的人员具有世袭制的传统,因此天文官中的家族链往往十分明显。何君锡在清康熙年间担任过钦天监五官正,他的几个儿子何国宗、何国柱等都子承父业,担任历法和算学的官员[③]。

---

① 《正祖实录》(卷三十三)。
② 孙卫国:“试论清朝对朝鲜国王与使臣的优礼”。《当代韩国》,2003 冬季号,第 39～41 页。
③ 李长青、白欣:“何国宗的生平与成就”。《咸阳师范学院学报》,2011 年,第 26 卷,第 3 期,第 97～101 页。

而这个家族居然与朝鲜的天文“赴燕官”们之间具有颇深的渊源。

1705年，李朝政府派历官许远前往北京，去学习金尚范所未能学完的《时宪历》推步之术。而许远在北京找到的老师，就是在钦天监担任历官的何君锡。从何君锡那里，许远更加完整地学会了《时宪历》的日月五星计算方法。但是，由于“事系禁秘”，这次还是没完全学完。于是，他又于1708年冬天再次前往，得以将其余内容全部学完①。

到了1713年，何国柱以钦天监五官司历的身份，随同钦差正使头等侍卫阿齐图以及护猎总管穆克登一同前往朝鲜开展大地测量②。期间，他不仅与李朝的算学家洪正夏等人讨论过算学问题③，而且还给许远当了一段时间老师。结果“许远学得仪器、算法，仍令随往义州，尽学其术矣。仪器之用，有《仪象志》、《黄赤正球》等册。……而司历又言：‘尔国所无书册、器械，当归奏觅给。’”可见，何国柱同许远之间应该是建立了很好的关系，不仅教授他如此多的专业知识，送给他这么多专业书籍，而且还答应他，要帮他搜集朝鲜所缺乏的相关著作和仪器。有鉴于此，李朝大臣才向国王李焞建议：“日后使行，许远使之随往好矣。”得到李焞准许④。

果然，许远于次年冬天再次作为赴燕官前往北京，再次“见五官司历，贸来其历法补遗方书及推算器械。远见司历，仍得其《日食补遗》、《交食证补》、《历草骈枝》等合9册，测算器械6种。而又得西洋自鸣钟而来，其制极奇妙。”李朝备局在将这些图书仪器全部上交后，还请求“以

---

① 许远：“玄象新法细草类汇序”。《细草类汇》(书首)。

② 郭世荣、李迪：“何国柱与朝鲜洪正夏讨论数学问题的由来”。《内蒙古师范大学学报》(自然科学汉文版)，2002年，第33卷，第2期，第209～212页。

③ 洪万生：“十八世纪东算与中算的一段对话：洪正夏 vs. 何国柱”。《汉学研究》，2000年，第20卷，第2期，第57～80页。

④《肃宗实录》(卷五十四)。

自鸣钟“依样造置于”观象监[1],得到国王批准。

何家与朝鲜天文“赴燕官”之间的渊源到此并未结束。20 年后,由于清朝采用《历象考成》,致使清朝历书与朝鲜历书之间再次出现差异。为了解决这个问题,1732 年,观象监派监官安重泰前往北京。结果,安重泰的中国老师又是来自何家:“重泰随冬至使行,入彼国,与钦天监官善推步者何国勋,讲讨推考之法,尽得其未透解者。捐私财购得《七政四余万年历》三册、《时宪新法五更中星纪》一册、《二十四气昏晓中星纪》一册、《日月交食稿本》各一册及西洋国所造日月圭一坐”[2]。从名字和任职钦天监两点来判断,这位何国勋应该就是何君锡“国”字辈的儿子之一。

又过了十余年,李朝观象监为了学习清朝历书中新加入的“紫气”项目的计算方法,于 1743 年派监官安国宾前往北京学习。结果,“安国宾与同行译官卞重和、金在铉,夤缘钦天监官员戴进贤、何国宸,紫气推步、坐向、涓吉之法及交食新法未尽条件,无遗学来”[3]。除了耶稣会士戴进贤(Ignaz Kögler, 1680~1746)外,这里再次出现了一个“国”字辈的何姓天文官——何国宸。

李朝使臣和天文“赴燕官”在北京不仅可以同钦天监的中国天文学家打交道,而且还有机会同西方传教士直接接触,如前面提到的安国宾与戴进贤之间的接触。关于这一点,李朝著名学者洪大容(1731~1783)给我们留下了较为详细明确的记载:

> 皇明万历中,利玛窦入中国,有以算数传道……康熙末,来者益

① 《肃宗实录》(卷五十六)。
② 《英祖实录》(卷三十五)。
③ 《英祖实录》(卷五十九)。

> 众，主仍采其术，为《数理精蕴》书，以授钦天监，实为历象源澳。建四堂于城以处其人，号曰天象台……康熙以来，东使赴燕，或至堂求见，则西人辄欢然引接，使遍观堂内异画神像及仪器，仍以洋产珍异馈之。为使者利其贿，喜其异观，岁以为常……刘、鲍[①]居南堂，算学尤高，宫室器用甲于四堂，东人之所常来往也。[②]

由此可见，当时朝鲜使者同西方传教士的接触是比较容易和频繁的，这中间当然也包括“赴燕官”们。例如，1766 年洪大容本人出使北京时，随行人员中有赴燕官李德星，其使命就是“以朝命将问五星行度于(刘松龄、鲍友管)二人，兼质历法微奥，且求购观天诸器。”到达中国后，他同洪氏一起几次拜访了刘松龄，向他请教了“五星经纬推步之法”和“星历诸法”，并且参观了堂中的望远镜、自鸣钟等多种天文仪器。

当然，对于清朝钦天监官员来说，向朝鲜天文“赴燕官”传授知识、赠与图书仪器完全都是私下的活动。也正因为如此，所以这些活动肯定不是没有条件的，“重赂”之类的事情肯定是少不了的。有鉴于此，李朝政府一般会配给天文赴燕官一定的“盘缠”和“不虞银”，以备不时之需。而当他们“学成归来”时，国王也会对学成关键技术，或者购得重要图书与仪器者予以“加资”之类的奖赏。正是由于这些原因，天文“赴燕官”最后竟然变成了一个大家都要争的“腴窠”，以至观象监官员请求国王要采取一定措施，而“不可任其纷争”[③]。而一些译官也因语言之便，常常介入天文学的学习之中。例如，据《备局誊录》记载，1741 年，“译官安国麟、卞

---

① 即耶稣会士刘松龄(Augustin von Hallerstein, 1703～1774)、鲍友管(Antoine Gogeisl, 1701～1771)。

② 洪大容:《湛轩书》外集(卷四)，刘鲍问答。

③ 《正祖实录》(卷三十三)。

重和往来于天主堂，深接西洋人戴进贤、徐懋德，百般周旋，得《日月交食表》、《八线对数表》、《对数阐微表》、《日月五星表》、《律吕正义》、《数理精蕴》、《日食筹稿》、《月食筹稿》而来。”[①]对于他们，李朝政府一般也会同样“依例论赏”[②]。

天文“赴燕官”制度的实施对李朝天文学的引进产生了重大影响，通过赴燕官们的努力，李朝天文学家不仅能及时解决天文历法中的一些疑难问题，而且能对中国出现的“新法”较为迅速地加以学习和引进。继金尚范学得《时宪历》的编算方法后，赴燕官们又相继从中国引进了以下“新法”内容：

(1)《时宪历》五星与交食步法。由观象监历官许远两次前往北京学回。1710年，许远编成《细草类汇》一书，详细记录了自己学得的计算方法。

(2)《历象考成》法。该书在清朝于1724年得到正式采纳。1728年，观象监请求派历官前往北京“求贸御定历法，仍令学来”，次年才购得《历象考成》回国，并经国王同意由观象监“刊布”。当观象监官员发现“其法甚难，虽日夜解出，势所难能”后，请求再派历官到中国学习，得到批准[③]。所以，李朝天文学家全面掌握《历象考成》法应该是此后的事情。

(3)《历象考成表》与《历象考成后编》法。《历象考成表》是戴进贤等人在1732年依照牛顿日月理论编算的一份新表，当时附在《历象考成》之后[④]。当其在1734年受到正式采纳后，李朝观象监立即注意到

---

① 《增补文献备考》(卷一)。

② 《英祖实录》(卷五十九)。

③ 吴晗：《朝鲜李朝实录中的中国史料》，第4429、4431页。

④ Shi Yunli and Xing Gang. The First Chinese Version of the Newtonian Tables of the Sun and Moon. Chen, K.-Y., Orchiston, W., Soonthornthum, B., and Strom, R. (eds.). *Proceedings of the Fifth International Conference on Oriental Astronomy*. *Chiang Mai*. University of Chiang Mai Press: 91 - 96.

了清朝历书在节气安排上与此前有所不同，因此马上派观象监官安重泰前往北京，发现问题在于《历象考成》"以康熙甲子为历元，新法以雍正元年为历元"。于是他们"购来《日躔表》、《月离表》、《七曜历法》等书"，观象监请求"命自来丙辰(1736)推步作历，一用是法"[①]。这里的《日躔表》、《月离表》应该就是《历象考成表》中的内容。

《历象考成后编》是对《历象考成表》的理论解释与算法介绍，由钦天监主持编写，完成于1742年[②]。据朝鲜《备局滕录》记载，1743年，也就是该书刚刚编程后的一年，"节使译官安命说、金挺豪、李箕兴等购纳《历象考成后编》十册，皇历赍咨官金泰瑞购清国新法《历象考成后编》一帙以纳。"[③]而《英祖实录》则记载，次年，"以译官安命悦、皇历赍咨官金兑瑞等购纳新法《历象考成后编》，日官安国宾学来新修诸法……并施赏。"[④]这说明，这一年李朝天文学家已经学会了《历象考成后编》法。

天文"赴燕官"制度的建立，使李朝对清朝天文学发展的跟踪越来越迅速：如果说最初完整学会《时宪历》算法用了半个多世纪的时间(1644～1708)，对《历象考成》法，他们最多只用了四五年时间，而对于《历象考成表》与《历象考成后编》他们在一两年内基本就可掌握。通过天文"赴燕官"以及其他赴请朝使臣的努力，清朝官方所编纂主要天文著作基本上定传入朝鲜。经过一段时间的认真消化吸收，李朝天文官对明清时期传入中国的西洋天文学知识有了很好的掌握，展开了大量讨论，完全可以用它们来解决本国所面临的天文历法问题。

---

① 《英祖实录》(卷四十)。

② Shi Yunli. Reforming Astronomy and Compiling Imperial Science: Social Dimension and the *Yuzhi Lixiang kaocheng houbian*. *East Asian Science*, *Technology and Medicine*, 2008, Vol. 28:47 - 73.

③ 转引自《增补文献备考》(卷一)。

④ 吴晗:《朝鲜李朝实录中的中国史料》，第4525～4526页。

五、清朝对李朝的"天文外交"

尽管古代中国对于朝鲜始终是天文学上的绝对中心,但是这并不意味着朝鲜永远是两国天文交往中的单方面行动者。至少从元朝开始,统治中国的朝廷都会主动开展对朝鲜进行性一项天文学活动,那就是颁历。不同的是,颁历的主要目的完全不是为了传播知识和技术,而是为了自己显示宗主国地位,因此,完全是一项政治性的外交活动。

这种颁历活动在清朝得到了延续,并且变得更加复杂化和程式化:每年年底,李朝议政府均须遣"皇历赍资官"前往北京,向清朝礼部呈递"请历咨",请求颁给来年历书;而清朝则照例颁给来年王历一本,民历一百本,并"礼部颁历咨"一道①。不过,与元、明两代所办的历书不同,清代历书中确实含有与朝鲜有关的内容,也就是:在列出全国各府治的日出日落时刻和昼夜漏刻时,会把朝鲜的都城汉阳包括在内。因为,由于采用了西方天文学,清朝天文官已经能够完成这样的计算。当然,对于李朝来说,这项具有政治意味的制度却起到了一些技术上的作用。至少,每年的清朝历书为他们的观象监提供了一份标准的历书,让他们可以检查自家历法官计算的正确与否。

清朝对朝鲜展开的另一项"天文外交"活动是日月食预报的发布。交食在中国古代被视为非常凶险的天象,因此每逢交食,朝廷都要举行所谓的"救护"仪式。为了提前做好"救护"的准备,可能从汉朝开始,中

① 顺治五年至乾隆五十一年议政府"请历咨"和"礼部颁历咨"现已被整理出版。参见大韩民国文教部国史编纂委员会编纂发行:《同文汇考》(一)(原编,卷二十四),1978 年,第 803~814 页。

国官方天文学家就已经开始日月食的预报。

如前文所述，早在14世纪，元朝政府就已经向统治朝鲜半岛的高丽王朝的发布交食预报。这项工作在明代是否仍然继续，尚无确考。但是，到了清朝，这一活动得到了继续。而且，由于采用了西法，在日月食预报中，清朝钦天监现在不仅可以推步出京城(北京)的见食情况，而且能对不同省份以及一些邻国(主要是朝鲜)的见食情况进行预报。而按照规定，在每次交食前5个月，清朝礼部都要把交食预报发布到所有见食的省份，要求他们临期"一体救护"。如果朝鲜也可见食，则会给其国王发布一道咨文，预报朝鲜的见食情况，并要求他们"依例救护"和观测。但是，与对国内各府不同，清朝政府要求朝鲜国王在组织救护和观候后给清朝礼部上一道回咨，报告观候结果，并附见食图象。回咨一般是上报清朝礼部，并由礼部"照验转奏"清朝皇帝。而在国内，清政府则只要求钦天监在交食结束后通过礼部向皇帝提交这样的报告，汇报观测结果，说明预报与观测是否一致。当然，钦天监所做的要比朝鲜政府多一项，也就是要针对交食进行星占。

清朝礼部向朝鲜国王颁发的这些咨文被编入《同文汇考》中①，它们从1721年开始，一直持续到1879年为止，共包括68次日食，157次月食②。每篇礼部的交食咨文之后，基本上都有一份朝鲜国王的"回咨"，内容就是朝鲜临期观测的结果。可惜的是，在其中所收的回咨中，除那些记着因阴雨雾雪"观候不得"结果的回咨外(共计5次)，只有4份回咨的内容是完整的。其余回咨只注明日期，内容一概略去。而且，4份完整的回咨出现在《汇考》"原编"和"原编续"的开始，是作为日食和月食观

① 《同文汇考》，原编(卷四十三～四十四)；原编续，日月食一、日月食二。
② 关于这些材料的详细分析与讨论，见石云里、吕凌峰、张秉伦："清代天文档案中的交食预报资料补遗"。《中国科技史料》，2000年，第21卷，第270～281页。

测回咨的格式样本而出现的,而在略去内容的回咨中可以读到“文式见××年”的字样。

根据研究,在没有历法改革动议或者历法争议的时期,除了遇到雨雪阴霾外,清朝钦天监的交食观测结果都是直接照抄预报的数据,并注明观测与预报“一一相符[①]。那么,朝鲜的情况会如何呢?由于朝鲜的回咨基本上都被省略,我们无法做出判断。但《汇考》中保留下来的一份来自清朝礼部的咨文却十分有趣,对于我们了解清朝和李朝之间的这种“日月食外交”的细节很有帮助。

这份咨文所涉及的是乾隆十四年十一月十五日(1749 年 12 月 24 日)的月食。钦天监在当年六月预报朝鲜的见食情况为:

> 朝鲜月食四分九秒,初亏寅初一刻七分,食甚寅正二刻三分,复圆卯初三刻。

但是,李朝观象监当天观测结果却为:

> 月食三分四十六秒,初亏寅初一刻十一分,食甚寅正二刻四分,复圆卯初二刻。

于是,朝鲜国王给清朝上了一个“月食分数时刻不符咨”(原文已佚失),详细报告了此次与预报不符的观测结果。乾隆读到这份回咨后非常重视,责成钦天监确查。钦天监旋即上疏表示,此次不符是由李朝的观测错误造成的。钦天监这份奏疏又被礼部抄转朝鲜国王,除了叙述了事情

① 石云里、吕凌峰:“礼制、传教与交食测算”。《自然辩证法通讯》,2002 年,第 24 卷,第 44~50 页。

原委外，对确查结果的描述如下：

> 查月入暗虚则食，故所食分秒天下皆同。时刻则有厘差，故见食有先后，随地各异。乾隆十四年十一月十五日，月食四分九秒，臣监先期推算具题，至期臣等率同科员，会同礼部司员，在观象台用仪器、远镜公同测验，分秒时刻俱与原推符合，朝鲜国食分无独异之理。今据图开月食三分四十六秒，比原推少二十三秒，及所进图象细加测量，止有三分三十二秒，与所开三分四十六秒又不相合，则其所测分数原属未确。再查月食时刻，图开初亏比原推迟四分，复圆比原推早三分。查初亏系月与暗虚两周初相切，复圆系月与暗虚两周初相离。而暗虚周际影甚轻微，故及见为亏已在初亏之后，方见为圆尚在复圆之前，其所测不符尚属有因。至于食甚为食分最多之候，虽前后数分之内不见其差。今图开食甚比原推迟一分，尤不足据……伏请敕下礼部，行令朝鲜国王，嗣后日月交食，钦遵部颁，一体救护可也。①

其实，李朝观测与预报之间的差距(表 1 中的“观测值－预报值”)并不是很大，食分差仅为日面直径的 4%，最大时刻差也只为 0.07 小时(4.2 分钟)。但清朝钦天监反应却有点过激，说“朝鲜国食分无独异之理”、其食甚时刻观测“尤不足据”，等于是在对朝鲜国王进行变相申斥，并维护自己预报的权威性。最后，要求他们“嗣后日月食”只需“钦遵部颁”进行“一体救护”的仪式，言下之意似乎是提醒他们，无须多事。可见，从清朝政府来说，与朝鲜就日月食进行的这种交往主要是一种形式，而不是真的想了解自己对朝鲜见食情况预报的准确性。换句话说，这种交往的真实意图是政治“外交”而不是科学合作。

① 《同文汇考》，原编(卷四十三)，第 25～26 页。

表 1　乾隆十四年十一月十五日月食的验算

	食分	初亏(小时)	食甚(小时)	复圆(小时)
礼部预报值	0.42	3.37	4.55	5.75
朝鲜观测值	0.38	3.43	4.57	5.70
观测值－预报值	－0.04	0.07	0.02	－0.05

不过,清朝的这一"天文外交"活动却对李朝自己的日月食预报制度发生了一些影响。对于日月食,他们有着与中国完全相同的看法,因此,在预报、救护和观测等方面基本上也具有与中国相同的制度。在清朝向李朝发布交食预报之前,他们规定,观象监要在交食发生前 3 个月向国王提交预报,交食中将检验这些预报的准确性,并对预报失误的官员进行惩戒。但是,由于清朝的预报一般提前 4、5 个月就到了,所以,李朝规定,把自己天文官提交预报的时间提前到 5 个月,以便赶在清朝与报道来之前,以检验自己天文官的预报水平①。

(吴　慧)

① 《书云观志》(卷二)。

徐泽林

天元术与四元术：中国古代的代数学

一、开方与演段：中国代数方法的起源

二、天元术

三、四元术

天元术与四元术：
中国古代的代数学

古希腊人将几何与算术作为两门学问，由于轻视经验、强调理性，尤其经柏拉图学派的推动，使希腊几何走上抽象化的道路，所以在希腊数学中，解决实际问题的代数学知识十分薄弱。文艺复兴后，西方近代数学家在阿拉伯代数学的影响下，才开始有意识地把代数分析引入几何研究，使近代数学走上代数分析的道路。与西方传统形成鲜明的对照，从《九章算术》时代开始，中国数学家就把“形”与“数”有机地结合在一起，以代数方式处理各类问题，导源于“少广”和“勾股”的代数方程算法成为中国传统代数学的核心内容。于是，探索解方程方法和列方程方法，便是中国数学家的主要工作。对于前者，形成了称之为开方术（包括增乘开方术与立成开方术）的方程数值解法，对于后者，则在宋元时期形成了称之为天元术和四元术的代数方法。

一、开方与演段：中国代数方法的起源

列方程的思想可追溯到汉代的《九章算术》，其勾股章“邑方出南北门”问列出了一个二次方程，用文字说明了方程的系数。三国时代，刘徽注《九章算术》用“率”的理论和“出入相补”原理来推导这个方程，其出入相补方法实际上就是宋元时期所谓的“演段法”。演段，即通过面积的运算获得方程系数。同时期的赵爽在《周髀算经注》中也用此法进行代数表示和代数演算，由此来建立二次方程。唐初王孝通（生卒年不详）著《缉古算经》，将赵爽、刘徽的做法推广到三维的立体情形，以立体图形分割拼补的体积变换来推出方程系数，以建立三次方程。

北宋时期的中国数学家意识到，代数方程在解决数学问题中有着巨大的作用，对探索列方程以及求解高次方程的有效方法有着浓厚的兴趣，

从而推动了代数学在宋元时期的发展。贾宪、刘益等人建立了求高次方程正根的方法，但如何用一种规范的简便的方法列出方程，则成为人们关注的问题。他们开始采用刘徽、赵爽等人的几何方式建立了所谓的“条段法”，以解决列二次方程的代数演算问题，使方程系数有所突破。这种代数分析方式可名之为“几何化的代数分析”。刘益认为数学“入则诸门，出则直田”，其所谓的直田，即《议古根源》中用直田形式进行演段的二次方程问题（被称作节题匿积或锁方），故其所言之意涵是，列二次方程、解二次方程问题乃数学中的核心问题。杨辉接受了他的观点，把非几何类问题比类为直田问题，以化成二次方程求解，从而认为“开方乃算法之大节目”。

现存资料中最早而且明确提到演段法的是刘益的《议古根源》。该书已失传，但杨辉《田亩比类乘除捷法》中诸问的演段无疑来自刘益的《议古根源》。兹以《田亩比类乘除捷法》所引《议古根源》第二问的“减从术”为例，说明刘益的演段法。此问是：

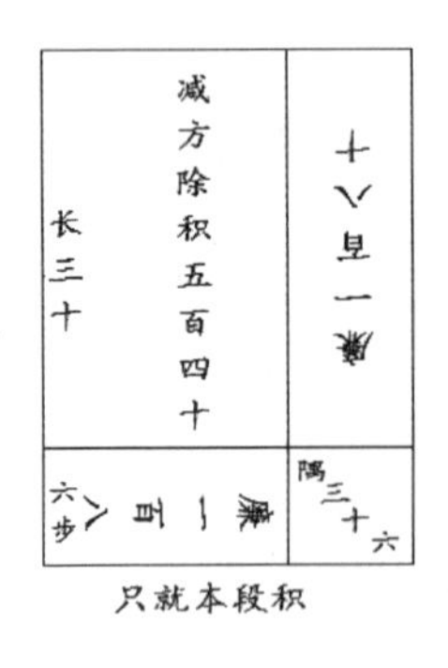

只就本段积

直田积八百六十四步。只云阔少长十二步。问：长步几何？

这是一个二次方程 $x^2-12x=864$，其求解的减从开方术，指在开方过程中，需要以负从 12（一次项系数）减方法（方法即初商乘以二次项系数下隅 1 的结果，置于被开方数实 846 之下）。

减从开方术曰：置积为实，以不及十二步为从，减方法，开平方除之。

其草是：

> 草曰：依五级资次布置商、积、方法、负从、隅算。置积为实。于实上商置长三十，以乘隅算，置三十于实数之下，名曰方法。以负从十二减三十，余一十八，命上商，除实五百四十，余积三百三十四。复以上商三十乘隅，得三十，并入方法，共四十八，退位为廉。其隅算再退。又于实上商置长六步，乘隅算，得六。并入廉法，共五十四。命上商六步除实，尽。得长三十六步，合问。①

设直田阔为 a，长为 b，那么阔不及长 $b-a=12$ 步，此直田面积是 $a(b-12)$，而已知其面积为 864 步，两者应该相等：$a(b-12)=864$。以 x 表示长，就得到

$$x^2-12x=864$$

方程的导出也应用了“如积相消”。刘益用演段法解决了许多更为复杂的问题，但还不懂得设未知数。

北宋蒋周的《益古集》是祖颐叙述天元术发展史中提到的第一部著作。李冶的《益古演段》中的“依条段求之”、“义曰”、“旧术”等处的内容应该来源于《益古集》。从这些旧术来看，蒋周以演段法研究二次方程，其方法与刘益相比，已经更接近天元术了，因为他懂得寻找含有所求量的等值多项式，然后把两个多项式连为方程。

演段法也有局限性。首先，对于比较复杂的问题，寻求几何解释相当困难；其次，由于建立方程没有固定程序，若不以统一符号表示未知

① 杨辉：《田亩比类乘除捷法》。郭书春主编：《中国科技典籍通汇·数学卷》(第1册)，河南教育出版社，1993年，第1087页。

数,再寻找它与已知量的关系,而在解题过程中寻找含有所求量的等式,会增加思维的复杂性;最后,当时高次方程的开方问题已解决,而演段法只能列出二次方程,因为高于二次的方程很难用面积表示。随着数学问题的日益复杂,越来越需要一种建立方程的普遍方法。

二、天元术

天元术是宋元时期发展起来的设未知数列方程的方法。它含有两方面内容,一是立天元一为某某,相当于现今之设未知数某某为 x。二是列出开方式,即根据问题的条件,先列出一个天元多项式,“寄左”;然后再列出一个与“寄左”者等价的天元多项式,作为“同数”;最后,两者如积相消,得到一个开方式,即现今之一元方程。

关于天元术的发展史,元代祖颐在《四元玉鉴后序》中叙述道:

> 平阳蒋周撰《益古》,博陆李文一撰《照胆》,鹿泉石信道撰《钤经》,平水刘汝谐撰《如积释锁》,绛人元裕细草之,后人始知有天元也。①

祖颐描述的是天元术前史,蒋周、李文一、石信道、刘汝谐、元裕等人的生平业绩都不清楚,其著作也都没有流传下来。文中提及的平阳(今山西省临汾市)、博陆(今河北省蠡县)、鹿泉(今河北省获鹿县)、平水(今

① 祖颐:《四元玉鉴·后序》。郭书春主编:《中国科学技术典籍通汇·数学卷》(第1册),河南教育出版社,1993年,第1206页。

山西省新绛县）、绛（今山西省曲沃县）等地方，都在太行山两侧。《益古》即《益古集》，又称《益古算法》，已佚，部分内容保存在李冶《益古演段》中，李冶使用天元术演算《益古集》中的二次方程问题。《钤经》亦已佚，个别题目保存在李冶的《测圆海镜》中。《照胆》和《如积释锁》及其细草均没有留下任何材料。

李冶在其《敬斋古今黈》卷一中，也记述天元术早期发展的情况。他说：

> 予至东平，得一算经，大概多明如积之术。以十九字志其上下层数。曰：仙、明、霄、汉、垒、层、高、上、天、人、地、下、低、减、落、逝、泉、暗、鬼。此盖以人为太极，而以天、地各自为元而陟降之。其说虽若肤浅，而其理颇为易晓。予遍观诸家如积图式，皆以天元在上，乘则升之，除则降之。独太原彭泽彦材法，立天元在下。凡今之印本《复轨》等书，俱下置天元者，悉踵习彦材法耳。彦材在数学中亦入域之贤也。而立法与古相反者，其意以为天本在上，动则不可复上。而必置于下，动则徐上，亦犹易卦乾在下，坤在上，二气相交而为太也。故以乘则降之，除则升之。求地元则反是。①

祖颐叙述了天元术发展史前各种著作及其作者的嬗递脉络，李冶则描述了天元术发展初期表示方法的演变概况。

天元术是在道家或道教思想的影响下产生与发展的。天元术最早不是以一个字“元”表示未知数的，而是自上而下以仙、明、霄、汉等 9 个符号来表示未知数的正幂，以逝、泉、暗、鬼等 9 个符号来表示未知数的

① 李冶：《敬斋古今黈》。《海山仙馆丛书》，道光已酉刻本。

负幂。后来人们简化天元术的表示,只用一个符号“天元”并借助于位值制表示未知数的正幂,用“地元”表示未知数的负幂。并且皆采取天元在上,地元在下的方式。彭泽彦材受《周易》八卦“乾在下,坤在上,二气相交而为太”①思想的影响,颠倒天元和地元的位置,将正幂置于下,将负幂置于上。已经失传的《复轨》等著作采取彦材表示方法。再后来,人们取消了表示未知数负幂的地元,只用“天元”,借助于位值制既可表示未知数的正幂,又可表示未知数的负幂,还可以表示常数项。开始仍采取正幂在上,负幂在下,沙克什的《河防通议》就是采用这种方式,李冶的《测圆海镜》也使用这种方式。不久,人们又将其颠倒过来,采取正幂在下,负幂在上的方式,这就是李冶的《益古演段》、王恂和郭守敬的《授时历草》、朱世杰的《算学启蒙》和《四元玉鉴》等所采用的表示方式,应该是天元式的标准表示方式。

《东平算经》	古法	彦材法	《测圆海镜》		《益古演段》	
x^9 仙						
x^8 明	⋮	⋮	⋮	⋮	⋮	⋮
⋮	x^2	x^{-2}	x^2	x^2	x^{-2}	x^{-2}
x 天	x 天	x^{-1} 地	x	x 元	x^{-1}	x^{-1}
A 人	A 太	A 太	A 太 或	A	A 太 或	A
x^{-1} 地	x^{-1} 地	x^1 天	x^{-1}	x^{-1}	x	x 元
⋮	x^{-2}	x^2	x^{-2}	x^{-2}	x^2	x^2
x^{-8} 暗	⋮	⋮	⋮	⋮	⋮	⋮
x^{-9} 鬼						

图 1　天元术表示法的演进

天元式的表示分幂次高低的排列和“元”或“太”的使用等方面。有时在天元式中不标出“元”字或“太”字,如《益古演段》卷中第三十九问有一天元式是 𝍪𝍦𝍯〇 / 𝍡𝍩𝍧 / 𝍠,表示多项式 $x^2 + 228x + 3\,780$。

① 王弼注、阮元校:《十三经注疏 · 周易》,中华书局影印,1979 年,第 46 页。

《算学启蒙》中几乎所有的天元式都不标出“太”或“元”字。

需要强调，天元式主要是指多项式或单项式，而不是指开方式。作为成熟的天元术而言，“如积相消”得出的开方式是不出现“元”字的，与天元式有根本的区别。

在使用天元术推导方程的过程中，必然要进行多项式的四则运算。《测圆海镜》、《益古演段》是流传至今的以天元术为主要方法的最早的数学著作。从《测圆海镜》看，金、元时代的数学家比较熟练地掌握了这些运算。我们以《测圆海镜》卷三第五问为例：

> 或问乙出南门东行七十二步而止，甲出西门南行四百八十步，望乙与城参相直，问答同前。
>
> 法曰：以乙东行幂乘甲南行为实，乙东行幂为从方，甲南行步内减二之东步为益廉，一步常法，得半径。

求解这个问题的算草如下：

> 草曰：立天元一为半城径，以减南行步，得 $\begin{array}{rl}-1&\text{元}\\480&\end{array}$ ，为小股。又以天元加乙东行，得 $\begin{array}{rl}1&\text{元}\\72&\end{array}$ ，为小勾。又以天元加南行步，得 $\begin{array}{rl}1&\text{元}\\480&\end{array}$ ，为大股。乃置大股在地，以小勾乘之，得下式 $\begin{array}{rl}1&\\552&\text{元}\\34560&\end{array}$ 。合以小股除之，今不受除，便以为大勾。内寄小股分母。又置天元半径，以分母小股乘之，得 $\begin{array}{rl}-1&\\480&\text{元}\end{array}$ 。以减大勾，得 $\begin{array}{rl}2&\\72&\text{元}\\34560&\end{array}$ ，为半个梯底，于上。以乙东行七十二步为半个梯头，以乘上位，得 $\begin{array}{rl}144&\\5184&\text{元}\\2488320&\end{array}$ ，为半径幂，内寄小

股分母。寄左。然后置天元幂，又以分母小股乘之，得 [算筹图式] ，为同数。与寄左相消，得 [算筹图式] ，以立方开之，得一百二十步。倍之，即城径也。合问。①

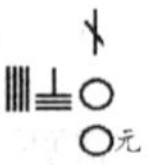

由此可以看出，天元式的运算方法与现在的多项式类似。天元式的加减，是同次幂的系数相加减。常数乘天元式是用常数乘天元式的各项系数。在《测圆海镜》中，以天元或天元幂乘天元式是将其中的“元”字（或“太”字）移下一层或数层；同样，以天元或天元幂除天元式是将其中的“元”字（或“太”字）依上一层或数层；在《益古演段》、《算学启蒙》、《四元玉鉴》、《河防通议》等书中则相反。多项式除多项式是不能进行的，李冶称之为“不受除”。若遇到以天元式为分母的情形，便采用寄分母的方法。而在求另一等价天元式时，以该分母乘之，除之，在如积相消时将其消去。

天元术的产生，标志着方程理论基本上摆脱了几何思维的束缚，有了独立于几何的倾向。它是一种一般的、可用于解决各种问题的列方程方法。由于摆脱了几何思维的束缚，用天元术列出的方程有许多进展。

第一，改变了传统的把“实”看作正数的观念，常数项可正可负，而不再拘泥于它的几何意义。这是代数学的一个进步。

第二，大量问题使用天元术列出高于三次的方程。

第三，当时已懂得用一整式同乘分式方程的两边将其化为整式方程的

① 李冶：《测圆海镜》。郭书春主编：《中国科技典籍通汇 · 数学卷》（第1册），河南教育出版社，1993年，第771页。

方法。而当方程各项以天元的某次幂为公因子时，可以约去此公因子，以降低方程的次数。

三、四元术

元朝是中国数学发展的辉煌时期，以太行山两侧为中心的北方数学家在发展天元术和四元术方面做出了重要贡献。

四元术是二元、三元或四元的高次方程组的表示、建立与求解方法。天元术出现之后，二元术、三元术、四元术相继出现。祖颐的《四元玉鉴后序》对这一发展过程作了简要说明，他说：

> 平阳（今山西临汾）李德载因撰《两仪群英集臻》兼有地元，霍山（今山西临汾）邢先生颂不高第刘大鉴润夫撰《乾坤括囊》末仅有人元二问。吾友燕山朱汉卿先生演数有年，探三才之赜，索《九章》之隐，按天地人物立成四元，以元气居中。①

朱世杰《四元玉鉴》（1303 年）是关于天元术、四元术的内容最为丰富的著作。该书 3 卷分为 24 门共有 288 题，均以方程或高次方程组求解。其中，立天元者 232 题，立天地二元者 36 题，立天地人三元者 13 题，立天地人物四元者 7 题，总计 288 题。该书卷首所列“四象细草假令之图”。该图包括“一气混元”、“两仪化元”、“三才运元”、“四象会元”四题，每题都有朱世杰的简略算草。据此可知二元、三元、四元高次方程祖的表示法、建立

① 朱世杰：《四元玉鉴细草》。郭书春主编：《中国科技典籍通汇 · 数学卷》（第 1 册），河南教育出版社，1993 年，第 1206 页。

方程组的步骤与四元消法的主要步骤。

四元术主要是多元方程表示法与多元方程组消元解法，是天元术的推广。将天、地、人、物分别记为 x、y、z、w，则方程各项的位置如图 2(1)所示，中心“太”的位置置方程的常数项，4 个空格置标识之外的交叉乘积项，因题而异，没有固定格式。例如，图 2(2)表示方程

$$xy - x^2y - yz + xyz + x^2 - z^2 = 0$$

而图 2(3)表示方程

$$-xy^2 - y + xyz - x - z = 0$$

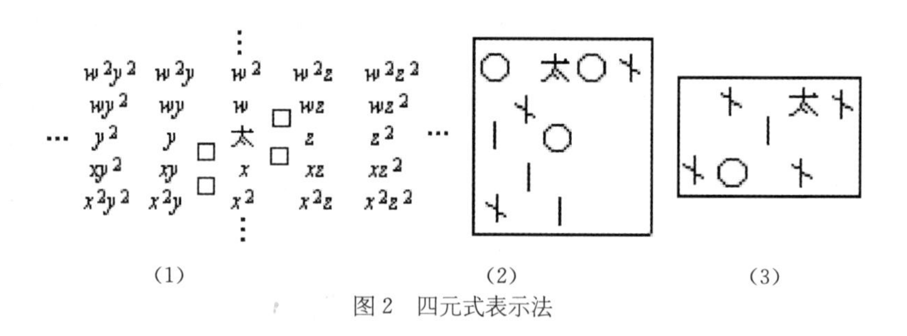

(1)　(2)　(3)

图 2　四元式表示法

“太”左下第一个空格中，前例置 $-yz$，后例置 xyz。依据已知条件及所求，设立未知元并逐一建立方程，即得方程组。对于二元、三元及四元方程组，朱世杰分别称作“天地配合求之”、“三才相配求得”及“四象和会求之”，意谓所列方程个数须与所设未知元个数相等。

四元术的关键是四元消法。祖颐在《四元玉鉴后序》中对四元消法描述为：

> 松山朱汉卿先生演数有年，探三才之赜，索九章之隐，按天、地、人、物立成四元，以元气居中，立天勾、地股、人弦、物黄方，考图明之，上升下降，左进右退，互通变化，乘除往来，用假象真，以虚问实，错综

正负，分成四式，必以寄之、剔之，余筹易位，横冲直撞，精而不杂，自然而然，消而和会，以成开方之式也。[①]

这里讲到"必以寄之、剔之，余筹易位，横冲直撞，精而不杂，自然而然，消而和会，以成开方之式"，十分模糊。《四元玉鉴》卷首"四象细草假令之图"所载四元消法，大致分为"剔而消之"，"互隐通分相消"与"内外行相乘相消"三个步骤。第一步将三元或四元方程组消为二元高次方程组，称为前式、后式；第二步将二元高次方程组消元变为关于其中某一元的二元一次方程组，称为左式、右式；第三步将上述二元一次方程组消为一元高次方程。得到一元高次方程后，则可以正负开方术求其正根。在"四象细草假令之图"中，说明了第三步的运算过程，但对其他两步都没有详细叙述，导致后世学者在准确理解四元消法方面产生困难。关于这方面的研究，清代学者做了很多工作，如罗士琳、沈钦裴、戴煦、李善兰、陈棠等，一般认为，清代沈钦裴的《四元细草》在复原四元消去法方面比较贴近原著。

沈钦裴复原的四元相消法中，第一步至第三步都采用了互乘对消的逐步消元法。"剔而消之"，"互隐通分相消"，"内外行相乘相消"分别指明每步运算的要点。在筹算中，两式互乘对消由"剔"、"互隐通分"、"相消"三次完成。兹以第二步即"互隐通分相消"为例说明之。设二元组

$$\begin{cases} a_0 y^2 + a_1 y + a_2 = 0 & (1) \\ b_0 y^2 + b_1 y + b_2 = 0 & (2) \end{cases}$$

其中，a_i，b_i 是关于 x 的多项式，$i=0, 1, 2$。欲消去 y，有 2 种方式。其

① 祖颐：《四元玉鉴 · 后序》。郭书春主编：《中国科学技术典籍通汇 · 数学卷》(第 1 册)，河南教育出版社，1993 年，第 1206 页。

一是先消去首项；其二是先消去末项。

先消首项，即由

$$(2) \times a_0 - (1) \times b_0 = 0$$

得到关于 y 的一次方程。所得 y 的一次方程乘以 y，所得结果与(1)或(2)配合，同法可得另一个关于 y 的一次方程。至此，互隐通分相消一步结束。在筹算中，由 a_0y^2，b_0y^2 约去 y^2，以求 a_0，b_0，即所谓的"剔"，求 $a_0(b_1y+b_2)$，$b_0(a_1y+a_2)$，即所谓的"互隐通分"，求 $a_0(b_1y+b_2)-b_0(a_1y+a_2)$，即所谓的"相消"。

先消末项即由

$$(2) \times a_2 - (1) \times b_2 = 0$$

所得约去 y，得到关于 y 的一次方程。以下步骤与上述方式一致。在筹算中，由 $a_0y^2+a_1y$，$b_0y^2+b_1y$ 约去 y，以求 a_0y+a_1，b_0y+b_1，即所谓的"剔"；求 $a_2(b_{0y+}b_1)$，$b_2(a_0y+a_1)$，即所谓的"互隐通分"；求 $a_2(b_0y+b_1)-b_2(a_0y+a_1)$，即所谓的"相消"。

除上述三步运算之外，四元消法中还有"人易天位"、"物易天位"等运算。三元方程组消去地元 y 之后，作人易天位，即作变量代换 $x=y$，$z=x$；四元方程组消去天元 x 之后作物易天位，即作变量代换 $w=x$。这种代换并不改变方程组的解，只需求得 x 之后，再代换为 z 或 w 即可。作变量代换的原因，似与筹算运算习惯有关。若所求之未知数直接设为天元则无需易位。①

在《四元玉鉴》中，二元术的题目共 36 题，除上述卷中之六"或问歌象门"的二题之外，还有卷首"四象细草假令之图"所载"两仪化元"1 题，

① 郭书春主编：《中国科学技术史・数学卷》(第 1 册)，科学出版社，2010 年，第 449 页。

卷下之五“两仪合辙”12 题，卷下之六“左右逢元”21 题。只有卷首“两仪化元”1 题给出了算草，以略述求解过程，其他 35 题没有算草。其算草如下：

两仪化元

今有股幂减弦较较与股乘勾等，只云勾幂加弦较和与勾乘弦同。问股几何。

答曰：四步

草曰：立天元一为股，地元一为勾弦和。天地配合求之，得今式，求到云式，互隐通分消之。内二行得式，外二行得，两位相消，得开方式。平方开之，得股四步。合问。

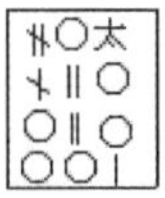

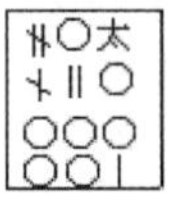

在以上算草中，只记录了中间各步的演算结果，过于简略。至于如何相消得到各式，后世学者有不同解释，根据清代沈钦裴的《四元细草》[①]，可以做如下解释：

设勾股形的三边分别为 a, b, c，本题的已知条件即

$$\begin{cases} b^2-[c-(b-a)]=ba \\ a^2+[c+(b-a)]=ac \end{cases}$$

求 b。

设 $b=x$, $c+a=y$，则

① 沈钦裴：《四元玉鉴细草》。郭书春主编：《中国科学技术典籍通汇 · 数学卷》（第 5 册），河南教育出版社，1993 年，第 236 页。

正午时分

$$c-a=\frac{b^2}{c+a}=\frac{x^2}{y},\ 2a=(c+a)-(c-a)=y-\frac{x^2}{y}$$

$$2c=(c+a)+(c-a)=y+\frac{x^2}{y}$$

据已知条件得方程组

$$\begin{cases}-2y^2-xy^2+2xy+2x^2y+x^3=0 & \text{今式}\\ 2y^2-xy^2+2xy+x^3=0 & \text{云式}\end{cases}$$

(今式)-(云式),约去 $2y$,得

$$-2y+x^2=0 \qquad \text{右式}$$

(今式)$-x$(右式),约去 y,得

$$-2y-xy+4x+2x^2=0 \qquad \text{左式}$$

右式与左式亦即

$$\begin{cases}2y-x^2=0 & \text{右式}\\ (-2-x)y+(4x+2x^2)=0 & \text{左式}\end{cases}$$

至此,互隐通分相消一步完成。在筹式中,右式与左式并列,2,$(4x+2x^2)$为内二行,$-x^2$,$(-2-x)$为外二行。由右式,左式消去 y,内二行相乘得

$$8x+4x^2 \qquad \text{内二行积}$$

外二行相乘得

$$2x^2+x^3 \qquad \text{外二行积}$$

(外二行积)-(内二行积),约去 x,得

$$x^2-2x-8=0$$

至此，内外行相乘相消一步完成。解此二次方程得 $x=4$，即 $b=4$。

沈钦裴的解释与朱世杰的各式能一一相符。无论互隐通分相消还是内外行相乘相消，沈氏均视为互乘对消法。

《四元玉鉴》中有三元方程组 13 题，除上述卷中之六“或问歌象门”第 12 题外，还有卷首“四象细草假令之图”所载“三才运元”1 题，卷下之七“三才变通”11 题。卷首“三才运元”附有演算细草，其他题目则没有，其算草如下：

三才运元

今有股弦较除弦和与直积等，只云勾弦较除弦较和与勾同。问弦几何。

答曰：五步。

草曰：立天元一为勾，地元一为股，人元一为弦。三才相配求之，得今式，求得云式，求得三元之式。以云式剔而消之，二式皆人易天位，前得，后得。互隐通分相消，左得，右得。内二行得，外二行得，内外相消，四约之，得开方式。三乘方开之，得弦五步。合问。

设勾股形的三边分别为 a、b、c，本题的已知条件即

正午时分

$$\begin{cases}\dfrac{c+(b+a)}{c-b}=ab\\[2ex]\dfrac{c+(b-a)}{c-a}=a\\[2ex]a^2+b^2=c^2\end{cases}$$

求 c。

设 $a=x$、$b=y$、$c=z$，则

$$c+(b+a)=z+y+x,\qquad c-b=z-y,$$
$$c+(b-a)=z+y-x,\qquad c-a=z-x$$

据已知条件得方程组

$$\begin{cases}-xy^2-y+xyz-x-z=0 & \text{今式}\\ -y+x-x^2-z+xz=0 & \text{云式}\\ y^2+x^2-z^2=0 & \text{三元之式}\end{cases}$$

《四元玉鉴》中共有 7 个四元术的题目，分别是卷首“四象细草假令之图”中的“四象会元”1 题，卷下之八“四象朝元”6 题。卷首“四象会元”载有演草，其他 6 题则没有。其算草如下：

四象会元

今有股乘五较与弦幂加勾乘弦等，只云勾除五和与股幂减勾弦较同。问黄方带勾股弦共几何。

答曰：一十四步。

草曰：立天元一为勾，地元一为股，人元一为弦，物元一为开数。四象和会求之，求得今式，求得云式，求得三元之式

，求得物元之式。四式和会，消而剔之，式皆物易天位，得前式，后式，便为左式。以左式消前式，便为右式。内二行得式，外二行得式，内外二行相消，三约，得开方式。平方开之，得一十四步，合问。

设勾股形的三边分别为a，b，c，本题中所云“五较”，指勾股较$b-a$，勾弦较$c-a$，股弦较$c-b$，弦较较$c-(b-a)$，弦和较$(b+a)-c$。“股乘五较”，指股乘以五较之和，即

$$b\{(b-a)+(c-a)+(c-b)+[c-(b-a)]+[(b+a)-c]\}$$
$$=b(2c)=2bc$$

“五和”，指勾股和$b+a$，勾弦和$c+a$，股弦和$c+b$，弦较和$c+(b-a)$，弦和和$c+(b+a)$。“勾除五和”，指五和之和除以勾，即

$$\frac{1}{a}\{(b+a)+(c+a)+(c+b)+[c+(b-a)]+[c+(b+a)]\}$$

$$=\frac{1}{a}(2a+4b+4c)$$

“黄方”，指勾股形的内切圆直径，亦即$b+a-c$。故本题所给出的已知条件为

$$\begin{cases}2bc=c^2+ac\\ \frac{1}{a}(2a+4b+4c)=b^2-(c-a)\\ a^2+b^2=c^2\end{cases}$$

正午时分

求 $(b+a-c)+a+b+c$。

设 $a=x$, $b=y$, $c=z$, $(b+a-c)+a+b+c=w$,据已知条件及所设物元,得方程组

$$\begin{cases} -2y+x+z=0 & \text{今式} \\ -y^2x+4y+2x-x^2+4z+xz=0 & \text{云式} \\ y^2+x^2-z^2=0 & \text{三元之式} \\ 2y-w+2x=0 & \text{物元之式} \end{cases}$$

因受到筹算系统的限制,四元术的表示法有很多局限,导致消元演算也十分复杂,而且也容易导致增根与减根现象的出现,远不如符号代数。天元术在日本江户时代也获得了发展,在发展过程中引入了文字符号进行代数表示(称作旁书法或点窜术),从而产生了发达的多元方程组解法,称作解伏题。

(吴　慧)

徐泽林

垛积术与招差术：中国古代的级数求和与插值法

一、垛积术

二、招差术

垛积术是宋元时期中国传统数学的一个分支，它本质是现今的高阶等差级数求和方法。在此基础上，中国传统数学又发展了所谓招差术的高次内插法，即有限差分算法。垛积术与招差术是互逆算法。

一、垛积术

《九章算术》“衰分章”的“分鹿问题”和“女子善织”问题是最早出现的数列问题。“分鹿问题”题所涉为 5、4、3、2、1 的等差数列，“女子善织”问题所涉为 1、2、4、8、16 的等比数列。“均输章”还给出了简单的求等差数列和的问题。随后，《张丘建算经》(5 世纪)给出了等差级数求和的公式。

对高阶等差级数的专门研究始于北宋的沈括(1031～1095)，《梦溪笔谈》卷十八中，他指出：“算术求积尺之法，如刍萌、刍童、方池、冥谷、堑堵、鳖臑、圆锥、阳马之类，物形备矣，独来未有隙积一术。”故而创立隙积术：“隙积者，谓积之有隙者，如累棋、层坛及酒家积罂之类，虽以覆斗，四面皆杀，缘有刻缺及虚隙之处。用刍童法求之，常失于数少，予思而得之，用刍童法为上行，下行别列下广，以上广减之，余者以高乘之，六而一，并入上行。”[①]

所谓的累棊，是将棊累积成垛，层坛是四个侧面为阶梯形的平台；积罂是酒坛子垛。如图 1 是棱长为 1 的立方棊累积而成的一个垛。如图 2 是积罂示意图。累棊、层坛和积罂均形似刍童而有刻缺、虚隙。若以《九章算术》商功卷刍童术求积，则所得结果失之于少。

① 沈括：《梦溪笔谈》(卷十八)，四库全书本。

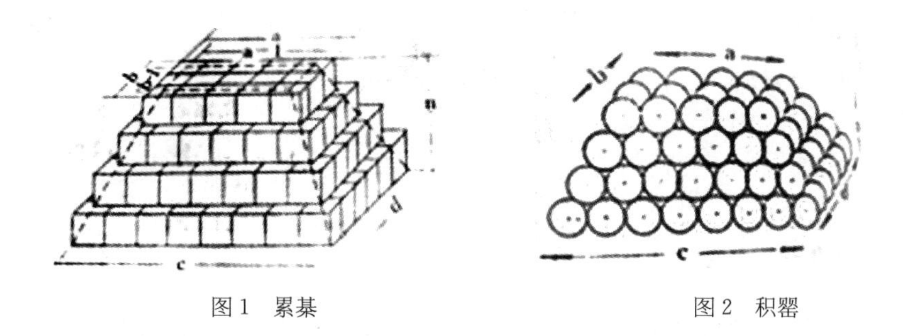

图1　累棊　　　　图2　积罂

设累棊、层坛或积罂的上广为 a，上袤为 b，下广为 c，下袤为 d，高为 n(在积罂的情形视个数为长度)，沈括给出其体积(积罂情形为总个数)为

$$V=\frac{n}{6}[(2b+d)a+(2d+b)c]+\frac{n}{6}(c-a)$$

隙积术是一类二阶等差数列求和法，它成为此后以迄清末数百年间高阶等差数列研究的开端。继沈括之后，南宋杨辉在《详解九章算法》(1261)的“商功卷”将垛积求和问题附于多面体体积问题之后进行比类。将方垛比类方亭。设方垛下方为 a，上方为 b，高 h，积为 S，则计算公式为

$$S=a^2+(a+1)^2+\cdots+b^2=\frac{n}{3}\left(a^2+b^2+ab+\frac{a-b}{2}\right)$$

将“果子垛”比类方锥。设果子垛下方为 n，积为 s，则给出公式

$$S=1^1+2^2+\cdots+n^2=\frac{n}{3}(n+1)\left(n+\frac{1}{2}\right)$$

将“三角垛”比类鳖臑。设三角垛下方为 n，积为 s，则给出公式

$$S=1+3+\cdots+\frac{n(n+1)}{2}=\frac{n}{6}(n+1)(n+2)$$

并且将另一“果子垛”比类刍童。设此果子垛下广为 a,长为 b,上广为 c,长为 d,高 n,方垛积为 S,则给出公式

$$S = ab + (a+1)(b+1) + \cdots + cd$$
$$= \frac{n}{6}[(2b+d)a + (2b+d)c] + \frac{n}{6}(c-a)$$

前三垛为杨辉著作首次出现,可视为第四垛的特殊情形,第四垛与沈括公式相同。不过杨辉著作中没有指出这些公式是如何获得的。

元代朱世杰以贾宪三角形为基础,对垛积术进行更系统的讨论。在《四元玉鉴》(1303)卷中“茭草形段门”、“如像招数门”及卷下“果垛叠藏门”中,都应用了各类垛积公式。

“茭草形段门”在使用天元术列方程时应用了一系列三角垛的求积公式:

第1题:

今有茭草六百八十束,欲令落一形堆之。问:底子几何?

答曰:一十五束。

术曰:立天元一为落一底子,如积求之。得四千八十为益实,二为从方,三为从廉,一为正隅,立方开之。合问。[①]

该题所涉为茭草落一形垛(即杨辉的三角垛)。已知茭草落一形垛之积为680,利用茭草落一形垛的求积公式:

$$S = \sum_{i=1}^{n} \frac{1}{2}i(i+1) = \frac{1}{3!}n(n+1)(n+2)$$

列出三次方程,求出茭草落一形垛的底子15。

① 朱世杰:《四元玉鉴细草》。郭书春主编:《中国科技典籍通汇·数学卷》(第1册),河南教育出版社,1993年,第1241页。

第 2 题:

今有茭草一千八百二十束,欲令撒星形堆之。问:底子几何?

荅曰:一十三束。

术曰:立天元一为撒星底子,如积求之。得四万三千六百八十为益实,六为从方,一十一为从上廉,六为从下廉,一为正隅,三乘方开之。合问。

该题所涉为撒星形垛(又称为三角落一形垛)。已知撒星形垛之积为 1 820,利用撒星形垛的求积公式:

$$S=\sum_{i=1}^{n}\frac{1}{3!}i(i+1)(i+2)=\frac{1}{4!}n(n+1)(n+2)(n+3)$$

列出四次方程,求出撒星形垛的底子 13。

第 4 题:

今有茭草八千五百六十八束,欲令撒星更落一形埵之。问:底子几何?

荅曰:一十四束。

术曰:立天元一为撒星更落一底子,如积求之。得一百二万八千一百六十为益实,二十四为从方,五十为从上廉,三十五为从二廉,一十为从三廉,一为正隅,四乘方开之。合问。

该题所涉为撒星更落一形垛(又称为三角撒星形垛)。已知撒星更落一形垛之积为 8 568,利用撒星更落一形垛的求积公式:

$$\sum_{i=1}^{n}\frac{1}{4!}i(i+1)(i+2)(i+3)=\frac{1}{5!}n(n+1)(n+2)(n+3)(n+4)$$

列出五次方程,求出撒星更落一形垛的底子 14。

《四元玉鉴》卷下“果垛叠藏门”第 6 题:

今有三角撒星更落一形果子,积九百二十四个。问:底子几何?

答曰：七个。

术曰：立天元一为三角撒星更落一底子，如积求之。得六十六万五千二百八十为益实，一百二十为从方，二百七十四为从上廉，二百二十五为从二廉，八十五为从三廉，一十五为从四廉，一为从隅，五乘方开之。合问。

该题所涉为三角撒星更落一形垛。已知三角撒星更落一形垛之积为924，利用三角撒星更落一形垛的求积公式：

$$\sum_{i=1}^{n}\frac{1}{5!}i(i+1)(i+2)(i+3)(i+4)$$
$$=\frac{1}{6!}n(n+1)(n+2)(n+3)(n+4)(n+5)$$

列出六次方程，求出三角撒星更落一形垛的底子7。

将以上系列公式综合，可以发现，朱世杰使用了三角垛的系列公式

$$\sum_{r=1}^{n}\frac{1}{p!}r(r+1)(r+2)\cdots(r+p-1)=\frac{1}{(p+1)!}n(n+1)(n+2)\cdots(n+p) \tag{1}$$

当 $p=1, 2, 3, \cdots$ 时分别称为茭草垛、茭草落一形垛（三角垛）、撒星形垛（三角落一形垛），等等。清代李善兰等将它们分别称为一乘三角垛、二乘三角垛、三乘三角垛，等等。

《算学启蒙》卷下“堆积还源门”第5题：

今有四角垛果子，每面底子四十四个。问：共积几何？

答曰：二万九千三百七十个。

术曰：列底子，添一个半，以底子乘之。得数，又添半个，又以底子乘之。得八万八千一百一十，为实。以三为法。实如法而一，合问。

该题所涉为四角垛求积问题。设四角垛底子每面为 n，其术文意思是：

$$S_n=\sum_{i=1}^{n} i\times i=\frac{1}{3}\Big[\Big(n+1\frac{1}{2}\Big)n+\frac{1}{2}\Big]n=\frac{1}{3!}n(n+1)(2n+1)。$$

其第12题为第5题的还源问题。题如下:

今有四角垛果子积二万九千三百七十个。问底子一面几何?

荅曰:四十四个。

术曰:列积,三之,得八万八千一百一十,为实。以半个为从方,一个半为从廉,一为隅法。开立方除之,合问。

即已知四角垛之积为29 370,利用四角垛求积公式求出底子每面为44。

《四元玉鉴》“果垛叠藏门”第3题:

今有四角落一形果子,积五百四十个。问:底子几何?

荅曰:八个。

术曰:立天元一为四角落一底子,如积求之。得六千四百八十为益实,二为从方,五为从上廉,四为从下廉,一为正隅,三乘方开之。合问。

该题所涉为四角落一形垛问题。已知四角落一形垛之积为540,利用四角落一形垛的求积公式:

$$S_n=\sum_{i=1}^{n}\frac{1}{3!}n(n+1)(2n+1)=\frac{1}{3!}(n+1)n(n+1)(n+2)$$

列出四次方程,求出底子每面8个。

综上可以发现,朱世杰使用了四角垛系列公式:

$$\sum_{r=1}^{n}\frac{1}{p!}r(r+1)(r+2)\cdots(r+p-2)(2r+p-2)$$

$$=\frac{1}{(p+1)!}n(n+1)(n+2)\cdots(n+p-1)(2n+p-1) \qquad (2)$$

当$p=2$, 3时分别称为四角垛、四角落一形垛。

在朱世杰的著作中,还讨论了岚峰形垛,即以$\frac{1}{p!}i(i+1)(i+2)\cdots(i+p$

$-1)i$ 为通项的垛积。《四元玉鉴》卷中“茭草形段门”第 3 题所涉岚峰形垛问题如下：

今有茭草三千三百六十七束，欲令岚峰形埵之。问：底子几何？

荅曰：一十二束。

术曰：立天元一为岚峰底子，如积求之。得八万八百八为益实，二为从方，九为从上廉，十为从下廉，三为从隅，三乘方开之。合问。

即已知岚峰形垛之积为 3 367，利用岚峰形垛的求积公式：

$$S=\sum_{i=1}^{n}\frac{1}{2!}i(i+1)i=\frac{1}{4!}n(n+1)(n+2)(3n+1)$$

列出四次方程，求出底子每面 12。

《四元玉鉴》卷下“果垛叠藏门”第 4 题是三角岚峰形垛（在卷中“茭草形段门”中被称作岚峰更落一形垛）问题：

今有三角岚峰形果子，积六百三十个。问：底子几何？

荅曰：六个。

术曰：立天元一为三角岚峰底子，如积求之。得七万五千六百为益实，六为从方，三十五为从上廉，五十为从二廉，二十五为从三廉，四为从隅，四乘方开之。合问。

即已知三角岚峰形垛之积 630 个，利用三角岚峰形垛的求积公式：

$$\sum_{i=1}^{n}\frac{1}{3!}i(i+1)(i+2)\times i=\frac{1}{5!}n(n+1)(n+2)(n+3)(4n+1)$$

列出五次方程，求出底子每面 6。

事实上，朱世杰使用了岚峰形垛的前 n 项和的公式：

$$S_n=\sum_{r=1}^{n}\frac{1}{p!}r(r+1)(r+2)\cdots(r+p-1)r$$
$$=\frac{1}{(p+2)!}n(n+1)(n+2)\cdots(n+p)[(p+1)n+1] \quad (3)$$

当 $p=1, 2, 3\cdots$ 时，分别是四角垛、岚峰形垛、三角岚峰形垛或岚峰更落一形垛……

此外，朱世杰还使用了属于下列类型的垛积问题：

$$\sum_{r=1}^{n}\frac{1}{p!}r(r+1)(r+2)\cdots(r+p-2)(2r+p-2)\cdot r$$

$$=\frac{1}{(p+2)!}n(n+1)(n+2)\cdots[n+(p-1)][2(p+1)n^2$$

$$+(p^2+2)n+(p-2)]$$

当 $p=3$ 时称为四角岚峰垛。

朱世杰的各种垛积公式与《四元玉鉴》卷首所载“古法七乘方图”有一定的关系。“古法七乘方图”第 p 斜行前 n 个数的和等于第 $p+1$ 斜行第 n 个数，即垛积公式(1)；第 p 斜行的第 r 个数是

$$\frac{1}{p!}r(r+1)(r+2)\cdots(r+p-1)$$

第 $p+1$ 斜行的第 r 个数是

$$\frac{1}{(p+1)!}r(r+1)(r+2)\cdots(r+p)$$

图3 《四元玉鉴》中的《古法七乘方图》

由此易得式(1)。此外，《四元玉鉴》还涉及下列各种垛积：

$$\sum_{r=1}^{n}r[a+(r-1)b]=\frac{1}{3!}n(n+1)[2bn+(3a-2b)]$$

$$\sum_{r=1}^{n}r[a+(n-r)b]=\frac{1}{3!}n(n+1)[bn+(3a-b)]$$

$$\sum_{r=1}^{n}\frac{1}{2!}r(r+1)[a+(r-1)b]=\frac{1}{4!}n(n+1)(n+2)[3bn+(4a-3b)]$$

$$\sum_{r=1}^{n} r^2[a+(n-r)b] = \frac{1}{3!}n(n+1)\frac{bn^2+(4a-b)n+2a}{2}$$

在上列各垛中，式(3)，式(4)分别是式(1)，式(2)的“变垛”，即式(1)、式(2)的通项分别乘以项数 r 作为式(3)、式(4)的通项。上列各式中，式(1)是基本公式，其他各式均可以式(1)为基础导出，所用的推导方法很可能为招差术(和算中垛积公式即由招差术导出)。

二、招差术

中国古代历法推算中，为确定合朔和交食的准确时刻，需要准确推算太阳与月亮分别在黄道和白道上运动的真位置。早期历法如《古四分历》、西汉的《太初历》(前 104)和《三统历》都采用“平朔”算法，即按照一个朔望月内月亮平均运动来确定合朔时刻。但月球公转运动速度是变速运动，太阳在黄道上的运动也是变速的，所以按照平朔方法推算不可能推算出准确的合朔时刻。东汉刘洪(130？～196)首次在《乾象历》中提出了采用一次内插法来确定合朔时刻，确定合朔发生的真正时刻，被称作“定朔”。刘洪测算出月亮在一个近点月周期内每日运行的度数。设日数是 n，n 日共运行的度数为 $f(n)$，对于 $n+s(n<n+s<n+1)$ 日时间内月亮运行的度数，他用一次内插公式 $f(n+s)=f(n)+s\Delta$ 来进行计算，其中 $\Delta=f(n+1)-f(n)$，是一级差分。这一算法为三国、南北朝时期的历算家所继承。由于月球运动速度变化很大，$f(n)$ 不是一次函数，故二阶差分 $\Delta^2 f(x)\neq 0$，故刘洪的一次内插计算数值精度不高。

南北朝北齐天文学家张子信(生卒年不详)发现太阳在黄道上的运动不均匀后，天文历算家开始考虑如何建立精密推求天体运动位置的数学方法。隋代刘焯在《皇极历》(600)中提出一个推算日、月、五星视行度数的等间距二次内插公式：

$$f(kl+m)=f(kl)+\left(\frac{\Delta_k+\Delta_{k+1}}{2}\right)\frac{m}{l}+(\Delta_k-\Delta_{k+1})\frac{m}{l}-\frac{\Delta_k-\Delta_{k+1}}{2}\left(\frac{m}{l}\right)^2 \tag{4}$$

在以上式中，l 为节气长(日)，$f(kl+m)$ 为冬至后第 $x=kl+m$ 日(这里 $0<m<l$) 的太阳运动的盈缩分(或称迟速数、消息数)，即太阳的实行度与平行度之差，显然有 $f(0)=0$，$\Delta_k=f(kl+l)-f(kl)$ 为各节气内的损益率(或称升降差、陟降率)。

刘焯的公式虽比以前精密很多，但由于节气的日数 l 实际上不是按等间距变化的，日、月、五星也不是作等加速运动(就是说三级差分不等于0)，因此仍然存在缺点。这两个问题分别由唐代一行(683～727)和元代郭守敬等解决了。

唐玄宗开元十五年(727)，一行在他的《大衍历》中提出了不等间距的二次内插公式：

$$f(t+x)=f(t)+\left(\frac{\Delta_1+\Delta_2}{l_1+l_2}\right)x+\left(\frac{\Delta_1}{l_1}-\frac{\Delta_2}{l_2}\right)x-\left(\frac{\Delta_1}{l_1}-\frac{\Delta_2}{l_2}\right)\frac{x^2}{l_1+l_2} \tag{5}$$

其中 $(l_1\neq l_2,\ x<l)$，当 $l_1=l_2$ 时，和刘焯的等间距二次内插公式相同。

元代《授时历》(1281)“创法五端”之中，太阳盈缩、月行迟疾、五星视行度数的计算，是最重要的创造。《授时历》作者考虑日月五星不等速运动情况，认为距离是时间的三次函数，即用招差术进行计算。但《授时历》没有求出三次内插公式，而是用差分表来解决这个问题的。根据《明史・历志・大统历》所录，其推算日躔的术文如下：

正午时分

> 置第一段日平差，四百七十六分二十五秒，为泛平积。以第二段二差一分三十八秒，去减第一段一差十八分四十五秒，余三十七分零七秒，为泛平积差。另置第一段二差一分三十八秒，折半得六十九秒，为泛立积差。以泛平积差三十七分零七秒，加入泛平积四百七十六分二十五秒，共得五百一十三分三十二秒，为定差。以泛立积差六十九秒，去减泛平积差三十七分零七秒，余三十六分三十八秒，为实，以段日一十四日八十二刻为法，除之，得二分四十六秒，为平差。置泛立积差六十九秒为实，以段日为法，除二次，得三十一微，为立差。
>
> 凡求盈缩，以入历初末日乘立差，得数以加平差，再以初末日乘之，得数以减定差，余数以初末日乘之，为盈缩积。①

若一周天按 365.25 度计算，则每象限为 91.31 度。《授时历》测得冬至前后的象限与夏至前后象限各以 88.91 日和 93.71 日通过。按太阳每日平行 1 度，前者的盈积与后者的缩积各为 2.40 度。计算冬至前后的积差公式为

$$f(x) = 513.32x - 2.46x^2 - 0.0031x^3 \quad (6)$$

其中，$0 < x \leqslant 88.91$。x 的一次项、二次项、三次项的系数(均取正值)分别称为定差、平差、立差。《授时历》把冬至到春分(共 88.91 日)这一象限分成六段(每段时间为 $l = 88.91 \div 6 = 14.82$ 日)，测得太阳在 l, $2l$, …, $6l$ 各点的实行度，减去相应的平行度，得积差 $f(kl)$，$i = 1, 2, \cdots, 6$。各以其积日除积差得日平差 $\frac{f(il)}{il}$，求日平差的一差、二差，构成以段为等间距的差分表。据《明史》历志三所载，上述结果列为下表：

① 张廷玉等:《明史・志第九》。《历代天文律历等志汇编》，中华书局，1976 年。

段数 i	积日 x_i	积差 $F(x_i)$	日平差 $F(x_i)/x_i$	一差 Δ_i^1	二差 Δ_i^2
第 1 段	l	0.705 80	0.047 625	−0.003 845	−0.000 138
第 2 段	$2l$	1.297 64	0.043 780	−0.003 983	−0.000 138
第 3 段	$3l$	1.769 37	0.039 797	−0.004 121	−0.000 138
第 4 段	$4l$	2.114 87	0.035 676	−0.004 259	−0.000 138
第 5 段	$5l$	2.328 00	0.031 417	−0.004 397	
第 6 段	$6l$	2.402 62	0.027 020		

按差分的定义便可以求出 $f(0)$、Δ_i^1、Δ_i^2、($\Delta_i^3=0$)，继续按差分定义，用加减法就可以得出以日为等间距的差分表。分析其差分表可知，三级差分都相等，也即四级差分等于 0，因此为三次插值多项式：

$$f(x)=d+ax+bx^2+cx^3$$

又因为 $f(0)=0$(第 0 段的运行度数是 0)，即 $d=0$，所以 $f(x)=ax+bx^2+cx^3$。

于是原来的三次插值函数转化为二次插值函数：

$$F(x)=\frac{f(x)}{x}=a+bx+cx^2 \tag{7}$$

应用二次内插公式便可以算出 $F(x)$的具体表达式，从而得到

$$f(x)=xF(x)=513.32x-2.46x^2-0.003\,1x^3。$$

《授时历》中的三次插值法还应用于月亮、五星的运动计算。

函数插值法本质是函数逼近问题，其算法是采用有限差分法。而与有限差分算法相关的另一类数学问题，乃级数求和问题，它们都与多项式理论有关。元代朱世杰的《四元玉鉴》(1303)在垛积求和研究中，给出了一般形式的差分公式，其卷中之十的“如象招数门”共有 5 个问题是以有限差分法求高阶等差数列和问题。其第五题的术文及其自注给出了

正午时分

一个三阶等差级数 $\sum_{k=1}^{n}(2+k)^3$ 的求和公式。该题如下：

今有官司依立方招兵，初招方面三尺，次招方面转多一尺。每人日支钱二百五十文，已招二万三千四百人，文钱二万三千四百六十二贯，问招来几日？①

该问题已知一级差分 $\Delta f(x)=(2+x)^3(x=1,2\cdots15)$，求 $f(n)(n=15)$。朱世杰给出的公式为

$$f(n)=n\Delta+\frac{1}{2!}n(n-1)\Delta^2+\frac{1}{3!}n(n-1)(n-2)\Delta^3+\frac{1}{4!}n(n-1)(n-2)(n-3)\Delta^4 \quad (8)$$

其中：Δ、Δ^2、Δ^3、Δ^4 分别表示各级差分的第一个差分。

朱世杰在这一问题的自注中说明道：

求兵者，今招为上积，又今招减一为茭草底子积，为二积；又今招减二为三角底子积，为三积；又今招减三为三角落一积，为下积。以各差乘各积，四位并之，即招兵数也。②

如设今招兵日数为 n，则

以“今招减一”，即 $n-1$ 为一般项“底子”的茭草积，等于

$$\sum_{k=2}^{n}(k-1)=\frac{1}{2!}n(n-1)$$

以“今招减二”，即 $n-2$ 为一般项“底子”的三角垛积，等于

$$\sum_{k=3}^{n}\frac{1}{2!}(k-2)(k-1)=\frac{1}{3!}n(n-1)(n-2)$$

① 朱世杰：《四元玉鉴》。郭书春主编：《中国科技典籍通汇・数学卷》(第1册)，河南教育出版社，1993年，第1250页。

② 同上，第1251页。

以“今招减三”,即 $n-3$ 为一般项“底子”的三角落一形垛积,等于

$$\sum_{k=4}^{n}\frac{1}{3!}(k-3)(k-2)(k-1)=\frac{1}{4!}n(n-1)(n-2)(n-3);$$

另外,朱世杰又“求得上差二十七,二差三十七,三差二十四,下差六”。

也就是说,如果令 $f(n)$ 表示 n 日共招兵数,即 $f(n)=\sum_{k=1}^{n}(2+k)^3$,再规定 $f(0)=0$,则上差 $\Delta f(0)=27$,二差 $\Delta^2 f(0)=37$,三差 $\Delta^3 f(0)=24$ 及下差 $\Delta^4 f(0)=6$,如此,则朱世杰的四次差招差公式为:

$$\begin{aligned}f(n)&=27n+37\cdot\frac{1}{2!}n(n-1)+24\cdot\frac{1}{3!}n(n-1)(n-2)\\&\quad+6\cdot\frac{1}{4!}n(n-1)(n-2)(n-3)\\&=n\Delta f(0)+\frac{1}{2!}n(n-1)\Delta^2 f(0)+\frac{1}{3!}n(n-1)(n-2)\Delta^3 f(0)\\&\quad+\frac{1}{4!}n(n-1)(n-2)(n-3)\Delta^4 f(0)\end{aligned}\tag{9}$$

朱世杰明确指出,上式中的第二、三、四项系数恰好是“三角垛系统”中的级数和,所以,中国数学史界常常认为,朱世杰获得了牛顿插值公式。

式(10)不仅给出垛积 $\sum^{n}(r+2)^3$ 的结果,而且显示垛积求和的一般方法,即该式结构显示,给定的垛积可依次分解为诸乘三角垛的和,诸乘三角垛的系数亦即诸差由所给的垛积决定,即

$$\begin{aligned}f(n)&=\sum^{n}(r+2)^3\\&=27(\underbrace{1+1+1+\cdots+1}_{\text{共}n\text{项}})+37[\underbrace{1+2+3+\cdots+(n-1)}_{\text{共}(n-1)\text{项}}]\end{aligned}$$

$$+24[\underbrace{1+3+6+\cdots+\frac{1}{2!}(n-2)(n-1)}_{\text{共}(n-2)\text{项}}]$$

$$+6[\underbrace{1+4+10+\cdots+\frac{1}{3!}(n-3)(n-2)(n-1)}_{\text{共}(n-3)\text{项}}]$$

亦即

$$f(n)=27n+37\sum^{n-1}r+24\sum^{n-2}\frac{1}{2!}r(r+1)+6\sum^{n-3}\frac{1}{3!}r(r+1)(r+2)$$

与式(10)一致。

用同样的方法可推得该门中其余各题的求和公式。例如，第一题求差夫总数：

$$f(n)=\sum^{n}[64+7(r-1)]=64n+7\cdot\frac{1}{2!}(n-1)n$$

第四题平方招兵总数：

$$f(n)=\sum^{n}(r+4)^2=25n+11\cdot\frac{1}{2!}(n-1)n+2\cdot\frac{1}{3!}(n-2)(n-1)n \tag{10}$$

根据式(10)所示的方法并结合不完全归纳法即可推出朱世杰的四角垛、岚峰垛及四角岚峰垛的求和公式。

上述算法与《授时历》计算太阳盈缩积的算法相同。招差术是将给定的垛积分解为诸乘三角垛($p=0, 1, 2, \cdots$)之和的算法。此法系推导高阶等差数列求和公式及建立插值多项式的一般方法。

一般地，一个 p 次多项式可以表示为一个 p 次插值公式。显然，以 p 次多项式为通项的 p 阶等差数列的和是一个 $p+1$ 次多项式，它可以表示为一个$p+1$ 次插值公式。故招差术亦即建立多项式函数的插值公式的方法。

郭守敬、王恂并没有采用“招差”这一术语，直至清初的黄鼎才在他的《天文大成管窥辑要》中称《授时历》的三差法为“堆叠招差法”，表明他开始意识到垛积与招差的联系。朱世杰在《四元玉鉴》中也没有指明他的招差法与《授时历》的三次内插法的关系。其招差术的创立当与前人同类工作有关。

（毛　丹）

纪志刚

李淳风与唐代数学[①]

一、隋唐时期的数学教育

二、李淳风与“十部算经”

三、王孝通《缉古算经》中的数学成就

四、隋唐时期的中外数学交流

① 本篇主要参阅纪志刚“李淳风传”（载白寿彝《中国通史》第六卷）和纪志刚《南北朝隋唐数学》之“第六章 《算经十书》”与“第十章 隋唐时代的中外数学交流”撰写而成。亦是教育部人文社会科学研究项目“沿丝绸之路数学知识的传播与交流”（批准号：12YJAZH037）的部分研究成果。

一、隋唐时期的数学教育

1. 隋代国家数学教育的创立

公元581年，隋灭周，后又跨江灭陈，结束了魏晋以来长达300余年的分裂动乱。新兴的隋朝昭示着中华帝国的崛起，其短暂的历史虽如流星划空而过，但却在中国数学史上开启了一个新的时代。

杨坚统一全国后，曾下令征集图书以充实国家图书馆的收藏。杨广即位后亦下诏求贤："十步之内，必有芳草。四方之中，岂无奇秀。"[①]足见其对知识的尊重和对人才的渴求。隋代短短数十年，在文化史上的深远影响之一即开科举选士之先河，并将数学列于国学之中，从而确立了国家数学教育的主导地位。

据《隋书·百官志》记载：

> 国子寺元隶太常祭酒一人，属官有主簿、录事各一人，统国子、太学、四门、书、算学，各置博士：国子、太学、四门各五人；书、算各二人；助教：国子、太学、四门各五人；书、算各二人；学生：国子一百四十人，太学、四门各二百六十人，书四十人，算八十人。[②]

又据《隋书·律历志》，开皇四年(584)参与论造新历的学者之中有"兼算学博士张乾叙"，说明隋代算学在建国之初确已设立。在《隋书·

① 《隋书·炀帝纪》。
② 《隋书·百官志》。

经籍志》中还记载了隋代流传的数学著作，其主要有：

《九章术义序》1卷

《九章算术》10卷，刘徽撰

《九章算术》2卷，徐岳、甄鸾重述

《九章算术》1卷，李遵义疏

《九九算术》2卷，杨淑撰

《九章别术》2卷

《九章算经》29卷，徐岳、甄鸾等撰

《九章算经》2卷，徐岳注

《九章六曹算经》1卷

《九章重差图》1卷，刘徽撰

《九章推图经法》1卷，张峻撰

《缀术》6卷

《孙子算经》2卷

《赵匪算经》1卷

《夏侯阳算经》2卷

《张丘建算经》2卷

《五经算术录遗》1卷

《五经算术》1卷

《算经异义》1卷，张缵撰

《张去斤算疏》1卷①

《算法》1卷

《黄钟算法》38卷

---

① 疑“张去斤”为“张丘建”之误。

等等。上述著作以《九章算术》为主体，荟集了南北朝以来重要的中算典籍，而这正为唐代“十部算经”的编纂作了必要的准备。

2. 唐代数学教育的发展

唐因隋制，并将国家教育制度予以充分完善。唐于贞观二年(628)置算学，并隶于国子学。虽然显庆三年(658)因其“事唯小道，各擅专门，有乖故实”[①]而被废去，但龙朔二年(662)又重设算学并隶秘书局管辖。算学的教员，有博士2人，官位为最低的从九品下，另有助教1人，算学学生30人，入学资格是各学中较低的“文武官八品以下，及庶人子为生者。”[②]年龄为14～19岁之间，并交纳绢1匹及酒酺为学费。

算学生分为2个专业，1组学习《九章算术》、《海岛算经》、《孙子算经》、《五曹算经》、《张丘建算经》、《夏侯阳算经》、《周髀算经》、《五经算术》。其中《九章》、《海岛》学3年，《张丘建》、《夏侯阳》各1年，《孙子》、《五曹》各1年，《周髀》、《五经》各1年；另1组专攻《缀术》和《缉古算经》，分别要学4年和3年。其间2组都要兼习《数术记遗》和《三等数》。[③]

明算科的考试亦基于上述12部著作。据记载，“凡算学录大义本条为问答，明数造术，详明数理，然后为通。试《九章》三条，《海岛》、《孙子》、《五曹》、《张丘建》、《夏侯阳》、《周髀》、《五经算》各一条，十通六；《记遗》、《三等数》帖读，十得九为第。试《缀术》、《缉古》，录大义为问答者，明数造术，详明数理，无注者合数造术，不失义理，然后为通；《缀术》七

① 《唐会要》(卷六十六)。
② 《唐六典》(卷二十一)。
③ 《唐六典》(卷二十一)。

条,《缉古》三条,十通六;《记遗》、《三等数》帖读,十得九为第。落经者虽通六不第。”①考试及格者送吏部备案,分配官职。

唐代立算学于学官的主要目的是为国家政权培养合格的官吏。唐帝国庞大的官僚机构中,众多的部门都要求官员通晓数学。事实上“长于算计”的官员往往可以利用数学知识更出色地完成工作,记载于《唐阙史》的一个故事,更表明以算取吏已成为唐代的风气。其故事为:

> 青州杨尚书损,……,政令颇肃。郡人戎校缺,必采于舆论而升陟之。缕及细胥贱卒,率用斯道。……,一日,有吏两人,众推合授。较其岁月、职次、功绩、违犯无少差异者。从事掾不能决,请裁于长。长或臆断,谁曰无私。杨公免首久之,曰,余得之矣。乃谓曰:“为吏之最,孰先于书算耶。姑听吾言:有夕道于丛林间者,聆群跖评窃贿之数。且曰,人六匹则长五匹,人七匹则短八匹,不知几人复几匹。”顾主砚小吏著于纸,令俯阶筹之。且曰:“先达者胜。”少顷,一吏果以状先。遂授良阙。侪类则眙伏而退。②

作为数学教育史上的空前事件,唐代数学教育具有重要的意义和深远的影响:

第一,它确立了数学教育的国家行为,构建了一个比较完善的官学数学教育体制。后世大多采用唐代的算学模式,直到清末开办新学为止。可以说,它直接推动了中国古代数学的普及与发展。

第二,为算学馆而选编的“十部算经”,作为国家颁行的数学教科书,

---

① 《新唐书·选举制》。
② 《唐阙史》(卷二)。

几乎规范了后世千余年的数学教育，对数学人才的培养、数学知识的传播，以及对中国古代数学继续发展均起了积极作用。

第三，唐代数学教育模式传到朝鲜、日本，直接促进了朝、日两国数学教育与数学的发展。对周边地区或汉字文化圈内的数学发展都起到了积极作用。

二、李淳风与“十部算经”

1. 李淳风

李淳风，岐州雍人（今陕西凤翔人）。其父李播在隋朝任高唐尉，因秩卑不得志，弃官为道士，自号黄冠子。[①] 对天文学多有研究，写过《天文大象赋》，[②]注释《老子》，撰《方志图》。李淳风幼承家学，博涉群书，尤明天文、历算、阴阳等学问。[③]

唐贞观(627～649)初年，傅仁均所造《戊寅元历》预报日食屡出误差，李淳风上疏驳傅仁均历，所论18条意见，经过辩论和检验，其中7条被采纳，由此得到唐太宗赏识。授将仕郎，掌管太史局。贞观七年(633)，制造浑仪，并著《法象志》7卷奏呈唐太宗，“太宗称善，置其仪于凝

---

① “李淳风传”，《旧唐书》(卷七十九)。

② 瞿良士辑《铁琴铜剑楼藏书题跋集录》“天文大象赋”条，上海古籍出版社，1985年版，第147页。

③ 《旧唐书》“李淳风传”言李淳风年六十九卒，未及生卒年月。今据其所著《乙巳占》中“余于大业九年在江都，时年十三”之句，考得李淳风生于隋仁寿二年(602)，卒于唐咸亨元年(670)。

晖阁,加授承务郎”①。贞观十五年升为太常博士,后转太史丞。贞观二十二年出任太史令。显庆元年(656),因修订国史有功,被封为昌乐县男。龙朔二年(662)改授秘阁郎中,咸亨(670～673)初,唐官制复旧,李淳风还为太史令。

李淳风的学术研究涉及天文、数学、历法、星占、气象、仪器制造各个方面。他对浑仪做出重大改革;编制《麟德历》,撰写《晋书》、《隋书》中的天文志、律历志、五行志;主持编定与注释十部算经。他的著作还有《典章文物志》、《乙巳占》、《秘阁录》、《法象志》、《乾坤变异录》,并演《齐民要术》等凡10余部。

2. “十部算经”的编纂及其历史影响

《旧唐书》“李淳风传”称:“先是太史监候王思辨表称五曹孙子十部算经,理多踳驳,淳风复与国子监算学博士梁述,太学助教王真儒等,受诏注五曹孙子十部算经。书成,高宗令付国学行用。”②这“十部算经”是:

《周髀算经》《九章算术》《海岛算经》《孙子算经》《张丘建算经》

《夏侯阳算经》《五经算术》《五曹算经》《缀术》　《缉古算经》

上述“十部算经”可谓汉初到唐末千年之中数学典籍的精粹,包含有丰富多彩的内容,自唐初立于官学后,即为后世奉为圭臬。北宋元丰七年(1084),秘书省以雕版刊刻,更使其得以广泛流传。惜是时《缀术》未见刻入,这部一代杰作不能流芳百世,终成遗憾。

靖康二年(1127),北宋汴都沦陷。秘阁三馆书籍,监本印版,金人并

① “李淳风传”,《旧唐书》(卷七十九)。
② “李淳风传”,《旧唐书》(卷七十九)。

取而去。算学亦遭劫难，南渡后数学渐趋式微。南宋鲍浣之自绍兴九年(1139)起即留意访寻五经三馆旧监本刻板，于嘉定五年(1212)、六年(1213)在汀州重刊元丰监本，并以在杭州七宝山三茅宁寿观《道藏》中寻得的《数术记遗》替代已失传的《缀术》，复成10部。

明朝《永乐大典》(1403～1407)中兼收各种数学书籍，因其已经散逸，所收书目难以详考。但就清戴震从中辑出《九章算术》、《海岛算经》、《五经算术》、《孙子算经》、《夏侯阳算经》来推测，大概南宋所刻的十部算经大都被录入《永乐大典》。明朝程大位《算法统宗》(1592)卷末"算经源流"条称"宋元丰七年刊十书入秘书省，又刻于汀州学校。"①所记书名，稍有不同：

《黄帝九章》《周髀算经》《五经算法》《海岛算经》《孙子算经》
《张丘建算经》《五曹算法》《缉古算法》《夏侯阳算法》《算术拾遗》

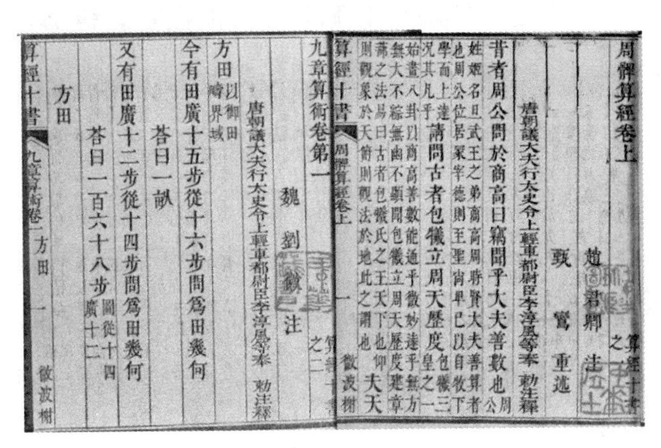
周髀算經卷上
趙君卿 注
甄鸞 重述
唐朝議大夫行太史令上輕車都尉臣李淳風等奉 勅注釋
昔者周公問於商高曰竊聞乎大夫善數也 周公
姓姬名旦武王之弟商高周時賢大夫善算者
也周公位居冢宰德則至聖尚卑已以自牧下
學而上達況其凡乎 請問古者包犧立周天歷度 包犧三
皇之一
始畫八卦以商高善數能通乎微妙達乎無方
無大不綜無幽不顯聞包犧立周天歷度建章
蔀之法易曰古者包犧氏之王天下也仰 夫天
則觀象於天俯則觀法於地此之謂也 夫天
算經十書 周髀算經卷上 一 微波榭

九章算術卷第一
魏劉徽 注
唐朝議大夫行太史令上輕車都尉臣李淳風等奉 勅注釋
方田 以御田疇界域
今有田廣十五步從十六步問爲田幾何
荅曰一畝
又有田廣十二步從十四步問爲田幾何
荅曰一百六十八步 圖從十四廣十二
方田
算經十書 九章算術卷一 方田 一 微波榭

图1　微波榭本《算经十书》

清初，北宋秘书省所刻的各种算经全部亡佚。南宋鲍浣之刻本也仅

① 程大位："算经源流"，《算法统宗》(卷末)。

存《周髀》、《孙子》、《张丘建》、《五曹》、《缉古》、《夏侯阳》6部孤本，以及残存的《九章》前5卷。常熟汲古阁主人毛晋请人影摹7种算经的抄本。清乾隆三十七年(1772)开《四库全书》馆，访得毛氏的影宋抄本，又于《永乐大典》所辑算经，经戴震校订后，收入《四库全书》。与此同时，曲阜孔继涵(1739～1783)刊行《微波榭丛书》，依戴震校订稿将"十部算经"收入其中，并首次命名为《算经十书》。微波榭本《算经十书》流传很广，推动了当时研究古典数学的风气，此后《算经十书》又有许多翻刻本。1963年，中华书局出版了钱宝琮校点的《算经十书》。1998年，辽宁教育出版社出版郭书春、刘钝校点本《算经十书》。

3. 对李淳风"十部算经"注释的评述

"十部算经"成为唐朝以后各朝代的数学教科书，对唐朝以后数学的发展产生了巨大的影响，特别是为宋元时期数学的高度发展创造了条件。在"十部算经"以后，唐朝《韩延算术》、宋朝贾宪《黄帝九章算法细草》、杨辉《九章算术纂类》、秦九韶《数书九章》等，都引用了"十部算经"中的问题，并在"十部算经"的基础上发展了新的数学理论和方法。后人对李淳风编定和注释"十部算经"的功绩，给予很高的评价，如英国的著名学者李约瑟博士就说过："他大概是整个中国历史上最伟大的数学著作注释家。"①

传本《周髀算经》，有赵爽注、甄鸾注等，当时虽被称为"算经"，但原文与赵爽、甄鸾的注文都有不尽完美之处。李淳风的工作纠正了这部书

① Joseph Needham. *Science and Civilization in China*, Vol. III. Cambridge University Press, 1959.

存在的缺点，使这部书趋近于完美。李淳风的注释指出了《周髀》中的3点重要错误：一是《周髀》作者以为南北相去1 000里，日中测量8尺高标竿的影子相差1寸，并以此作为算法的根据，这是脱离实际的；二是赵爽用等差级数插值法，来推算二十四气的表影尺寸，不符合实际测量的结果；三是甄鸾对赵爽的“勾股圆方图说”有种种误解。李淳风对以上错误逐条加以校正，并提出了自己的正确见解。更为重要的是，李淳风在批评《周髀》中的日高公式与“盖天说”不相符合的同时，重新依斜面大地的假设进行修正，从而成功地将不同高度上的重差测望问题转化为平面上一般的日高公式去处理，并且首次使中算典籍中出现了一般相似形问题，发展了刘徽的重差理论，使得“盖天说”的数学模型在当时的认识条件下接近“完善”。[①] 并在《麟德历》中重新测定二十四气日中影长，首次引入二次内插算法，以计算每日影长。[②]

李淳风注释《九章算术》，是以刘徽的注本为底本的，但李淳风与刘徽作注的背景、环境都不相同。李注的目的是为明算科提供适当的教科书，注释以初学者为对象，重点在于解说题意与算法，对于刘徽注文中意义很明确的地方，就不再补注。如盈不足、方程两章就没有他的注文。但也有人认为是由于后人抄书残缺所致，如南宋鲍浣之说：“李淳风之注见于唐志凡九卷，而今之盈不足、方程之篇咸阙淳风注文。意者，此书岁久传录，不无错漏。”[③]李淳风等在注释《九章算术》少广章开立圆术时，引用了祖暅提出的球体积的正确计算公式，介绍了球体积公式的理论基

① 曲安京：“李淳风等人盖天说日高公式修正案研究”。《自然科学史研究》，第12卷，第1期，1993年，第42～51页。

② 纪志刚：“麟德历晷影计算方法研究”。《自然科学史研究》，第13卷，第4期，1994年，第316～325页。

③ 鲍浣之：《九章算术》(后序)。《宋刻算经六种》。

础，即“幂势既同，则积不容异”，这就是著名的“祖暅原理”。在《缀术》失传之后，祖冲之父子的这一出色研究成果靠李淳风的征引，才得以流传至今。

《海岛算经》是刘徽数学研究的独创成果，但刘徽著作的原文、解题方法和文字非常简括，颇难理解。李淳风等人的注释详细列出了演算步骤，从而给初学者打开了方便之门。

李淳风等对“十部算经”的注释也有不足之处。在《九章算术》“圆田术”注释中，李淳风说：“刘徽特以为疏，遂乃改张其率。但周、径相乘，数难契合。徽虽出斯二法，终不能究其纤毫也。祖冲之以其不精，就中更推其数。今者修撰，捃摭诸家，考其是非，冲之为密。故显之于徽术之下，冀学者之所裁焉。”[①]在《九章算术·少广章》“开立圆术”注释中，李淳风等在引述祖暅之开立圆术之后说：“张衡放旧，贻哂于后。刘徽循故，未暇校新。夫其难哉，抑未之思也。”[②]这两段话透露出李淳风“扬祖抑刘”的倾向。

4.《麟德历》和《乙巳占》

唐高祖武德二年（619），颁行了傅仁均的《戊寅元历》。《戊寅元历》首次采用定朔，是我国历法史上的一次大改革。在《戊寅元历》之前，历法都用平朔，即用日月相合周期的平均数值来定朔望月。《戊寅元历》首先考虑月行迟疾，用日月相合的真实时刻来定朔日，从而定朔望月，要求做到“月行晦不东见，朔不西朓”。由于《戊寅元历》的一些计算方法有问

① 钱宝琮校点：《算经十书》，中华书局，1963年。
② 钱宝琮校点：《算经十书》，中华书局，1963年。

题，颁行一年后，对日月食就屡报不准。武德六年，由吏部郎中祖孝孙“略去尤疏阔者”，后又经大理卿崔善为与算历博士王孝通加以校正。贞观初年，李淳风上疏论《戊寅元历》十有八事。唐太宗诏崔善为考核二家得失，结果李淳风的七条意见被采纳。[①] 李淳风为改进《戊寅元历》作出贡献，被授予将仕郎。贞观十四年(640)，李淳风上言：《戊寅元历》术“减余稍多”，合朔时刻较实际提前了，建议加以改正，这个意见又被采纳。贞观十八年，李淳风又指出：《戊寅元历》规定月有三大、三小，但按傅仁均的算法，贞观十九年九月以后，会出现连续 4 个大月，认为这是历法上不应有的现象。于是唐太宗不得不下诏恢复平朔。改用平朔后，《戊寅元历》的问题更多，改革势在必行。

李淳风根据他对天文历法的多年研究和长期观测，于麟德二年(665)编成新的历法。经司历南宫子明、太史令薛颐、国子祭酒孔颖达参议推荐，[②]唐高宗下诏颁行，并命名为《麟德历》。[③]《麟德历》的主要贡献有二：

第一，在中国历法史上首次废除章蔀纪元之法，立“总法”1340 作为计算各种周期(如回归年、朔望月、近点月等)的奇零部分的公共分母。中国古历的“日”从夜半算起，“月”以朔日为始，而“岁”以冬至为始。古历把冬至与合朔同在一日的周期叫作“章”，把合朔与冬至交节时刻同在一日之夜半的周期叫作“蔀”。古历以十“天干”与十二“地支”纪年、日，

① “李淳风传”，《旧唐书》(卷七十九)。

② 《新唐书》(卷二十五)《历志》一：司历南宫子明、太史令薛颐等言：“子初及半，日月未离。淳风之法，较春秋已来晷度薄蚀，事皆符合。”国子祭酒孔颖达及尚书八座参议，请从淳风。

③ 宋敏求编：《唐大诏令集·颁行麟德历诏》：“昔落下闳造汉历云：‘后八百载，当有圣人定之。’自火德洎我，年将八百，事合当仁，朕亦何让！宜即宣布，永为昭范。可名曰《麟德历》，起来年行之。”

如果冬至与合朔同在一日的夜半，纪日干支也复原了，则这个周期叫作“纪”；如果连纪年的干支也复原了，则这个周期叫作“元”。古代制历都要计算这些周期，但这些周期对历法计算并非必要，反而成为历法的累赘，李淳风毅然把它废除了。《麟德历》以前的各种历法都用分母各不相同的分数来表示各种周期的整数以下的奇零部分。这些周期，如期周（回归年）、月法（朔望月）、月周法（近点月）、交周法（交点月）等，都是历法计算必须预先测定和推算的重要数据。因为这些周期参差不齐，计算十分繁琐，比较各种数据也很不方便，李淳风就立“总法”1340 作为各种周期奇零部分的公共分母，这样，数字计算就比以前的历法简便得多。《畴人传》对此给予了高度评价：“盖会通其理，固与古不殊，而运算省约，则此为最善，术家遵用，沿及宋元，而三统四分以来，章蔀纪元之法，于是尽废。斯其立法巧捷，胜于古人之一大端也。”①

第二，重新采用定朔。《戊寅元历》虽首次采用定朔，但因为有关的计算方法未完全解决，又倒退到用平朔。为了使定朔法能站得住脚，《麟德历》改进了推算定朔的方法。李淳风早年仔细地研究过隋朝刘焯的《皇极历》。刘焯在北齐张子信关于日行盈缩的观测结果的基础上，创造了推算日月五星行度的“招差术”，即二次函数的内插公式。李淳风总结了刘焯的内插公式，用它来推算月行迟疾、日行盈缩的校正数，从而推算定朔时刻的校正数。为了避免历法上出现连续 4 个大月的现象，他还创造了“进朔迁就”的方法。《新唐书》卷二十六所载的《麟德历经》说：“定朔日名与次朔同者大，不同者小。”这里日名指纪日干支中的“干”。还规定：“其元日有交、加时应见者，消息前后一两个月，以定大小，令亏在晦、二，弦、望亦随消息。”消息是消减与增长的意思。按这一规定，就可以做

① “李淳风”，《畴人传》（卷十二）。

到“月朔盈朒之极，不过频三。其或过者，观定小余近夜半者量之”。这就是说，用改变一月中未满一日的分数（即小余）的进位方法，来避免历法上出现连续4个大月或小月。但应指出，这种“进朔”法是为了避免历书上出现连续4个大月而人为迁就之法，并不是日月运动规律的正确反映。按近代的推算方法，采用定朔就有可能连续出现4个大月。

《麟德历》为完成中国历史上采用定朔这一改革做出了重要贡献。“近代精数者，皆以淳风、一行之法，历千古而无差，后人更之，要立异耳，无逾其精密也”[①]。此说虽有溢美之辞，但由此可见《麟德历》对后世历法的重大影响。它作为唐代优秀历法之一，行用达64年（665～728）之久。《麟德历》还曾东传日本，并于天武天皇五年（667）被采用，改称为《仪凤历》。

《乙巳占》10卷，是李淳风的一部重要的星占学著作。受其父的影响，李淳风“幼纂斯文，颇经研习”[②]。他相信“政教兆于人理，祥变应乎天文”[③]，故于天文、星占情有独钟，《乙巳占》即是李淳风“集其所记，以类相聚，编而次之”[④]所成。李淳风于书中“采摭英华，删除繁伪”，全面总结了唐贞观以前各派星占学说，经过综合之后，保留各派较一致的星占术，摈弃相互矛盾部分，建立了一个非常系统的星占体系，对唐代和唐代以后的星占学产生了很大的影响。

不过，清代学者陆心源对《乙巳占》另有独到的见解：“夫灾异占候之说，原不足凭。然《易》言天垂象见吉凶，《周礼》保章氏以日月星辰、五云十二风。辨吉凶祲祥丰荒，其所由来者久矣。淳风虽以方技名，修德篇屡引经传，以改过迁善为戒，司天篇深著隋氏之失，淳淳于纳谏远佞，不

---

① “历志一”，《旧唐书》（卷三十三）。

② 李淳风：《乙巳占序》。

③ “天文志上”，《晋书》（卷一十一），此篇为李淳风撰述。

④ 李淳风：《乙巳占序》。

失为儒者之言，非后世术士所能及也。”[①]作为一部重要的文化史典籍，《乙巳占》中除去星占方法和应验情况外，还保留许多科学史料。如天象的记录，天象的描述，当时分至点的位置，浑仪的部件及结构，岁差的计算值，等等。《乙巳占》卷一以《天象》为第一，列举八家言天体象者而独取浑天。在《天数第二》一节中给出了关于天球度数、黄道、赤道位置、地理纬度（北极出地）及其相应的计算公式。李淳风在《麟德历》中没有采用岁差，而被后人叹之为“智者千虑之失”[②]。但在《乙巳占》中李淳风却明确地论述岁差的存在。如，“淳风按：王蕃所论冬夏二至，春秋二分日度交道所在，并据刘洪乾象所说，今则并差矣！黄道与日相隋而交，据今正（贞）观三年己丑岁，冬至日在斗十二度，夏至在井十五度，春分在奎七度，秋分日在轸十五度，每六十年余差一度矣。”[③]另有一条：“日行一度，即是日法一千三百四十分、一年行三百六十五度、一千三百四十分度之三百二十八，每岁不周天十三分矣。”[④]《乙巳占》成于前（约645），《麟德历》撰于其后，李淳风为何在《麟德历》中否定岁差的存在，是值得进一步探讨的问题。

在《乙巳占》中，李淳风对奇异天象的描述很有特色。如按字义猜，今人会把飞星、流星当成同一天象的两种说法，李淳风则清楚地说明了它们的区别，书中写道：“有尾迹光为流星，无尾迹者为飞星，至地者为坠星。”《乙巳占》对彗孛也给出了清楚的差别：“长星状如帚，孛星圆如粉絮，孛，孛然。”[⑤]虽说飞流与彗孛各是流星与彗星，但一字之差却带出了形态之别，对于了解流、彗星运动方向和物理状态是很有参考价值的。

---

① 陆心源重刻《乙巳占》序。
② 陈久金、杜昇云：《天文历数》，山东科学技术出版社，1992年，第254页。
③ 李淳风：“天数第二”，《乙巳占》（卷一）。
④ 李淳风：“天占第三”，《乙巳占》（卷一）。
⑤ 李淳风：“流星占”，《乙巳占》（卷七）。

除了天文占之外,《乙巳占》中的气象占和候风法还记下了重要的气象现象。李淳风在《乙巳占》中比较详细地介绍了两种风向器。一种是"于高迥平原,立五丈长竿,以鸡羽八两为葆(羽盖),属于竿上,以候风"。另一种是:"可于竿首做盘,盘上作木乌三足,两足连上,而升立一足(古代神话相传太阳中有三足乌)系羽下而内转,风来乌转,回首向之,乌口衔花,花旋则占之。"①这两种风向器,与汉代史籍中记载的"伣"(在长杆上系以帛条或乌羽而成的简单示风器)和"相风铜乌"(乌状铜质的候风仪)非常相似。

李淳风对气象学的贡献,还表现在他对风的观测和研究方面。在封建社会初期,对风的观测已比过去更为详细了。由风的 4 个方位发展到了 8 个方位,因之有"八风"之名。李淳风在观测研究和总结前人经验的基础上,进一步把风向明确定为 24 个。他还根据树木受风影响而带来的变化和损坏程度,创制了 8 级风力标准,即:"动叶,鸣条,摇枝,堕叶,折小枝,折大枝,折木飞砂石,拔大树和根。"②李淳风是世界上第一个给风定级的人。过了 1 000 多年后,英国人蒲福(Francis Beaufort, 1774～1857)于 1805 年才把风力定为 12 级共 13 个等别。以后又几经修改,风力等级自 1946 年以来已增加到 18 级。

三、王孝通《缉古算经》中的数学成就

1. 王孝通与《缉古算经》

《缉古算经》为唐初历算家王孝通所作。限于史料,王孝通的籍贯身

① 李淳风:"候风法",《乙巳占》(卷十)。
② 李淳风:"占风远近法",《乙巳占》(卷十)。

世、生卒年代不可详考。根据《旧唐书》、《新唐书》以及《唐会要》记载，王孝通原为算历博士，后为太史丞。武德六年(623)他奉命与吏部郎中祖孝孙以甲辰历校勘傅仁钧戊寅元历，提出异议30余条。

王孝通在"上缉古算经表"中称：

> 臣长自闾阎，少小学算，镌磨愚钝，迄将皎首，钻寻秘奥，曲尽无遗。代乏知音，终成寡和，伏蒙圣朝收拾，用臣为太史丞。比年已来，奉敕校勘傅仁钧历，凡驳正术错三十余道，即付太史施行。①

由此推知，王孝通出身平民，少小学算，曾在隋为官。其上表时间当在626年以后，当时已近暮年；而他编撰《缉古算经》的年代应在626年之前。《缉古算经》原为《缉古算术》。李淳风等为国子监算学馆编纂"十部算经"时将是书选作其一，限习3年。自此以后，《缉古算术》遂改称为《缉古算经》。

《缉古算经》共20问，按其内容可分为4类。第一类即第一问为天文类问题。已知某年十一月初一日合朔时刻和夜半时日所在赤道经度，求夜半时月所在赤道经度。月行速，日行缓。从月行速度中减去日行速度。以这个差数乘夜半到合朔的时间，就得到夜半时月在日后的度数。第2题到第6题和第8题这6个问题是土木工程问题。隋代统一中国之后，社会比较稳定，经济日趋繁荣，修筑长城，开凿运河，兴建了一些大型建筑工程。《缉古算经》中建造观象台、开河筑堤等问反映了当时的社会背景。值得称道的是，王孝通依据《九章算术》的算法，结合实际情况创造性地构造了一些立体体积问题，成功地解决了大型土建工

① 王孝通:《缉古算经》。

程中的工程设计、人工安排等数学计算问题。如其“上缉古算经表”称：

> 伏寻《九章》商功篇有平地役功受袤之术。至于上宽下狭、前高后卑，正经之内阙而不论。致使今代之人不达深理，就平正之间同欹邪之用。斯乃圆孔方枘，如何可安。臣昼思夜想，临书浩叹，恐一旦瞑目，将来莫睹。遂于平地之余，续狭斜之法，凡二十术，名曰《缉古》。

例如第 3 题中的筑堤问题，东头堤身低，西头堤身高，要从东头起筑一定数量的土方，求这一段堤工的长度。这个长度解决了工程上逐段验收中的技术问题。在此问之下，王孝通给出了著名的求“堤都积术”。第 7 题及第 9 题至第 14 题，是已知仓房和地窖等的容量，根据题设尺寸间的大小关系返求各边线尺寸。第 15 题到第 20 题是勾股问题。前四题中所设二个数据，一个是勾股、勾弦或股弦的相乘幂，一个是勾弦或股弦的差。要解这些勾股形需要用三次方程。后两题所给的数据，一是股弦相乘积与勾，一是勾弦相乘积与股，解勾股形要用到四次方程。不过这两个四次方程都可先开带从平方得一正根，再开平方得所求的股或勾，即属于现今所谓“双二次方程”。

《缉古算经》的大部分问题都要用高次方程(主要是三次方程)来解决，在隋唐时期应是比较高深的数学理论。王孝通在依据实际问题立高次方程方面，做出了出色的工作。他在每一条有关高次方程的术文下，都用自注来说明方程的各项系数(实、方、廉、隅)的来历。在古代，没有现代的符号代数，要由实际问题立出开方式(即高次方程)并非易事。《缉古算经》用带从开立方法解实际应用问题是一个辉煌成就，这不仅是中国现存典籍中这方面的最早记叙，在世界数学史上也是关于三次方程数值解法及其应用的最古老的珍贵著作。

2.《缉古算经》“开河筑堤”题

《缉古算经》第3、4问为筑堤问题，第5问为开河问题，这应是隋代开凿运河的实际反映。其中以第3题最为典型：四县民工55 630人，一日之内完成275 924.8立方尺土方，题设24个数据，求得25个答案，其工程规模可谓宏大。其问如下：

> 假令筑堤，西头上、下广差六丈八尺二寸，东头上、下广差六尺二寸，东头高少于西头高三丈一尺，上广多东头高四尺九寸，正袤多于东头高四百七十六尺九寸。甲县六千七百二十四人，乙县一万六千六百七十七人，丙县一万九千四百四十八人，丁县一万二千七百八十一人。四县每人一日穿土九石九斗二升。每人一曰筑常积一十一尺四寸、十三分寸之六。穿方一尺得土八斗。古人负土二斗四升八合，平道行一百九十二步，一日六十二到。今隔山渡水取土，其平道只有一十一步，山斜高三十步，水宽一十二步。上山三当四，下山六当五，水行一当二。平道踟蹰十加一，载输一十四步。减计一人作功为均积，四县共造，一日役毕。今从东头与甲，其次与乙、丙、丁。问给斜、正袤，与高及下广，并每人一日自穿、运、筑程功，及堤上下高、广各几何？

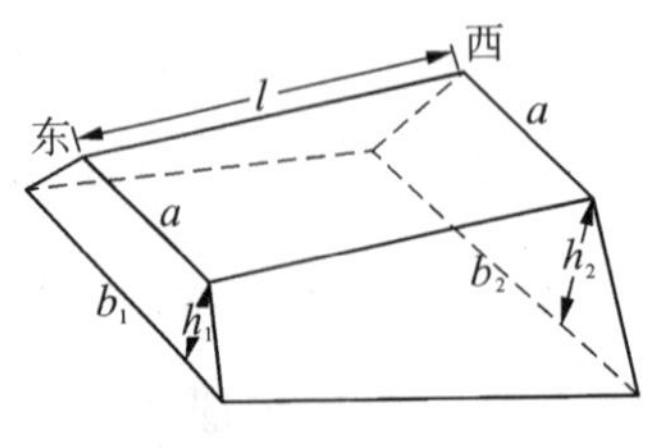

图2　筑堤图

筑堤形状如图2所示，兹将题设条件逐类分析如下。

(1) 筑堤数据(单位为寸)

西头上下广差　$b_2 - a = 682$

东头上下广差　$b_1 - a = 62$

东西高差　$h_2 - h_1 = 310$

东头高广差　$a - h_1 = 49$

东头高与正袤差　$l - h_1 = 4\,769$

(2) 民工人数

甲县 6 724 人,乙县 16 677 人

丙县 19 448 人,丁县 12 781 人

(3) 每个劳工每日工作量

穿土 992 升

筑积 1 146/13 立方寸

负土 24.8 升,平道行 192 步、每日运送 62 次

其中 1 立方尺=8 斗

(4) 堤附近地形情况

如图 3 所示:

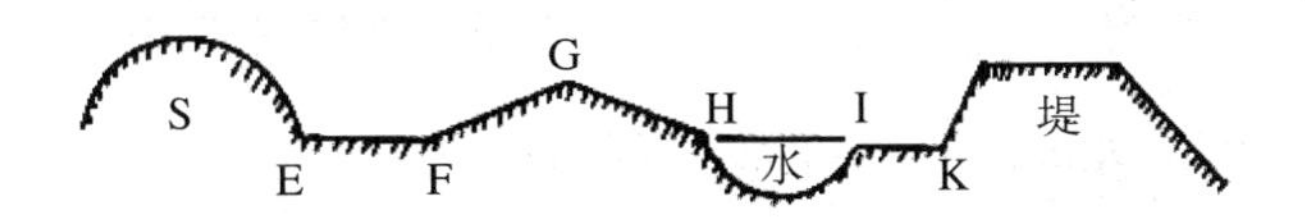

图 3　隔山渡水取土图

(5) 取土区

EF 平地,计 11 步

FG 上坡,计 30 步,上坡 3 步折合平地 4 步

GH 下坡,计 30 步,下坡 6 步折合平地 5 步

HI 水宽,计 12 步,水行 1 步折合平地 2 步

（上四种数据十加一）

IK 平地，计 14 步

（6）施工安排

甲县从东头筑起，依次按乙、丙、丁次序分段同时筑造。

本问的解法分 3 个部分：第一部分是每个劳工劳动一天筑成堤工的土方数量；第二部分是求堤工的东西两头的高、广和全堤的长；第三部分是求甲、乙、丙、丁四县劳工各自负责建筑一段堤工的长。最后，王孝通提出了“求堤都积术”。

3. 中国堤积公式

在本题的解算之中，堤的体积皆是依每人每日的工作量与总人数的乘积而得，而后将堤积分解为基本的几何体从而列出方程。此外，王孝通在本题中设计的堤积，两端的梯形截面高虽不相等，但上广都是 8 尺，两侧斜面坡度$\left(\frac{2h_1}{b_1-a}=\frac{2h_2}{b_1-a}\right)$都是1∶1，这是适合工程实际的。但作为一个数学问题，不妨假定：堤的顶面宽度由一头的 a_1 逐渐放宽到另一头的 a_2，两侧斜面的坡度由一头的 $\frac{2h_1}{b_1-a_1}$ 逐渐改变为另一头的$\frac{2h_1}{b_2-a_2}$这样一来，堤的两个侧面就不是平面而是曲面，其积就不能再用“平堤在上，羡除在下”的分解方法来计算。因此，王孝通创立了一个普遍的堤积体积公式——求堤都积术。

求堤都积术曰：置西头高，倍之，加东头高，又并西头上、下广，半而乘之。又置东头高，倍之，加西头高，又并东头上、下广，半而乘之。

并二位积,以正袤乘之,六而一,得堤积也。

以公式表示即有

$$V=\frac{l}{6}\left[(2h_1+h_2)\frac{a_1+b_1}{2}+(2h_2+h_1)\frac{a_2+b_2}{2}\right]\quad \text{公式}(*)$$

但王孝通没有留下推导过程。

元代赡思(一称沙克什,1278～1351)著《重订河防通议》(1321),于"算法门"中以上术计算堤积。其问如下:

> 假令筑堤四十步,南头高六尺,下阔三丈四尺,北头高四尺,下阔二丈六尺,一例面阔一丈,问积几何?
>
> 答曰:二万一百三十三尺三分尺之一。
>
> 法曰:倍南山加北高得一丈六尺,又并南头上下广折半,得二十二尺为停阔,以乘之,得三百五十二尺,寄左。倍北高加南高,得一丈四尺,又并北头上下广折半,得一丈八尺为停阔,以乘之,得二百五十二尺,与寄左相并,得六百单四尺,置长四十步归尺,得二百尺,以乘之,得一十二万八百尺,为六段积,以六除之,不尽者作余分,合问。

赡思此问将堤顶面("一例面")取为等阔。①

元安止斋、何平子合著《详明算法》(1373)亦利用公式(*)计算一般堤形的体积($a_1 \neq a_2$),但公式中分母 6 误用 5。明夏源泽《指明算法》(1439)重复其误。王文素《古今算学宝鉴》(1524)予以纠正,但程大位《算法统宗》(1593)、清梅瑴成(1681～1763)《增删算法统宗》中仍以 5 为

---

① 纪志刚:"赡思与河防通议"。李迪主编:《中国少数民族科技史研究》(第三辑),内蒙古人民出版社,1988 年,第 21～31 页。

分母。这一讹误直到孔广森(1752～1766)《少广正负术》中才被纠正。对公式(*)正确性的推证,始于陈杰《缉古算经图解》(1823)。但需指出陈杰的上述解释只是一种验证,而且是在特殊情形的验证(上底面等阔)。故不能认为是公式(*)式的推证。蒋士栋《思枣室算学》(1897)重新研究元《详明算法》的一般堤形问题,但仍用截割方法,误以侧面为平面,所得结果必然是错误的。

首先认识到"堤之两旁决非平面"的是蒋维钟。蒋维钟于《堤积术辨》(1899)中从题设数据算出两头的底角各是:70°34′弱,87°16′强。所以他认为"此二斜线与地平面的交角既不等,可知此两旁平面必为拗捩之面。"这一结论宣布:任何以平行截割的方法推导公式(*)之式都将是徒劳的! 因此,对公式(*)的推导只得另觅他途。

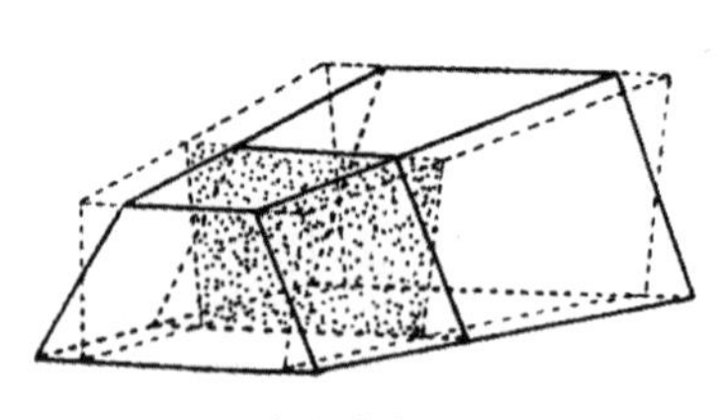
图 4　堤积变换为刍童图

王孝通在"上缉古算经表"中称"祖暅之缀术时人称之精妙,……刍甍方亭之问于理未尽,臣今更作新术,于此附伸"。因此,沈康身先生认为王孝通可能利用祖暅原理从刍童体积公式引申公式。①

假如有一个立体形,一头广 $g_1 = \frac{a_1 + b_1}{2}$,高 h_1,一头广 $g_2 = \frac{a_2 + b_2}{2}$,高 h_2,正袤 l,侧面都是平面,它的体积可用《九章算术》商功章"刍童术"求得:

$$V = \frac{l}{6}[(2h_1 + h_2)g_1 + (2h_2 + h_1)g_2]$$

① 沈康身:"王孝通开河筑堤题分析"。《杭州大学学报》(自然科学版),1966 年 9 月,第 43～58 页。

设 l 为这个刍童体的一个垂直剖面到一头高 h_1 的平面距离，记剖面广为 g_x，高为 h_x，容易求出：

$$g_x = g_1 + (g_2 - g_1)\frac{x}{l};\ h_x = h_1 + (h_2 - h_1)\frac{x}{l}$$

相应于这个截面所截堤积而得是一个梯形，亦可求出其上广 a_x，下广 b_x 的表达式：

$$a_x = a_1 + (a_2 - a_1)\frac{x}{l};\ b_x = b_1 + (b_2 - b_1)\frac{x}{l}$$

这个垂直剖面的面积是：

$$\begin{aligned}\frac{a_x + b_x}{2}h_x &= \left[\frac{a_1 + b_1}{2} + \left(\frac{a_2 + b_2}{2} - \frac{a_1 + b_1}{2}\right)\frac{x}{l}\right]h_x \\ &= \left[g_1 + (g_2 - g_1)\frac{x}{l}\right]h_x; \\ &= g_x h_x\end{aligned}$$

这正是上述刍童体在 x 处的垂直剖面的面积。由此可知堤积的任一垂直剖面与刍童的垂直剖面一一对应而面积相等。依据祖暅“缘幂势既同，则积不容异”的原理，即可证明王孝通“求堤都积术”的正确性。

四、隋唐时期的中外数学交流

1. 中国数学传入朝鲜

中朝两国唇齿相依，自古以来交往不断。因之中国的礼乐、文化以及历算知识陆续传入朝鲜。据考证，从公元前 108 年前后到 273 年，传入朝鲜的中算典籍有《许商算术》、《杜忠算术》、《周髀算经》和《九章算术》以及刘徽注。[1] 隋唐时代，随着佛教的传播，中朝文化交流进一步扩大。传入朝鲜的中算典籍对当时朝鲜半岛三国时期（高句丽、百济、新罗）的数学教育起到了积极的促进作用。

唐代初期，朝鲜也仿照隋唐数学教育制度，建立了国学，后改为太学监。并设置了算博士，也制定了考试制度。如朝鲜人金富轼著《三国史记·杂志》称：

> 国学属礼部，神文王二年（唐开耀二年，682 年）置。景德王（唐天宝元年，742 年）改为大学监。惠恭王（唐广德二年，764 年）复故，卿一人，景德王改为司业。惠恭王复称卿，位与他卿同。博士若干，人数不定；助教若干，人数不定；大舍二人，真德王五年（唐永徽二年，651 年）置，景德王改为主簿，惠恭王复称大舍。位自舍知至柰麻，为之史二人。惠恭王元年加二人。教授之法……或差算学博士若干，助教一人，以《缀经》《三开》《九章》《六章》教授之。凡学生位自大舍已下至无位，年自十五至三十皆充之，限九年，若朴鲁不化者，罢之。若才器可成而未熟者，虽逾九年，许在学，位至大柰麻，柰麻而后出学。[2]

其中所说《缀经》，当是《缀术》；《九章》即是《九章算术》，而《三开》、《六章》在中算典籍中所未见。以上 4 门要学习 9 年，时限远超过了唐代的学制。

---

① 金虎俊："九章算术、缀术与朝鲜半岛古代数学教育"。李迪主编：《数学史研究文集》（第四辑），内蒙古大学出版社，1993 年，第 64～67 页。

② 金富轼：《三国史记·高句丽本纪》（卷二十四，百济本纪第二）。

五代十国初期，朝鲜仿照唐制，开科取士，设有制述、明经两科，医、卜、地理、律、书、算、三礼等则作为杂科，各以其专业举行考试，然后“赐出身”，安排工作。

迄至宋代，朝鲜的数学教育仍沿用这一制度，只是在教材与考试科目上略有变化。如《高丽史》称“仁宗十四年(1136)十一月制，……凡明算业式，帖经二日，内：初日帖《九章》十条，翌日帖《缀术》四条，《三开》三条，《谢家》三条。”[①]两天全通为合格。其中所说《谢家》可能是《谢察微算经》。

以《九章算术》为核心的中国古代数学，对朝鲜半岛的数学教育和数学研究起到了深远的影响。19 世纪初仍有学者继续研究中国古代数学。如南相吉(1820～1869)著有《九章术解》，黄锡阐所著的《算学入门》中，专有一卷论述徽率、密率、祖冲之圆算、第一密法、第二密法、第三密法等。[②]

2. 中国数学传入日本

中日两国地域邻近，民间交流早有往来。据记载，梁承圣三年(日本明钦天皇十五年，554 年)，百济(朝鲜)易博士王道良、历博士王保孙将中国易经学说及历算方法传入日本。[③]

隋唐时期，中日间的间接的文化往来变为直接的、大规模的交流。

---

① 郑麟趾等:《高丽史》(卷七十二，“选举一”)。

② 李俨:“从中国算学史上看中朝文化交流”。李俨:《中算史论丛》(第五集)，科学出版社，1957 年，第 187～191 页。

③ 李俨:“中算输入日本的经过”。李俨:《中算史论丛》(第五集)，科学出版社，1957 年，第 168～186 页。

隋开皇二十年(600),日本遣使臣来朝。《隋书·倭国》记载有:"开皇二十年,倭王姓阿每,字多利思北孤,号阿辈鸡弥,遣使诣阙。"当时正值国家繁荣,佛教昌盛时期,日本使者回国不久,于大业三年(日本推古天皇十六年,607年)派以小野妹子为代表的遣隋使节团。614年犬上御田锹作为遣隋使赴隋;630年犬上作为首次遣唐使再次来中国。此后,直到894年共任命过19次遣唐使。[①] 使团人数逐渐增多,有时高达500余人,其中包括许多留学生和留学僧。他们在中国学习包括天文、历法、数学、医学、伦理、政治、哲学、佛学等在内的文化。归国时并将有关的书籍、工具等带回日本。如唐代,日人吉备朝臣于717年来唐留学,滞留中国16年之久,回国时带走《大衍历经》1卷,《大衍历立成》12卷,测量铁尺一枚。[②]

日本天智天皇时期(663~671),仿唐制建立学校,其中置算博士2人,算学生20人,建立刻漏台和占星台。702年(日本大宝天皇二年)正式建立学校,并创立了算数科。所采用的教科书为:《周髀》、《孙子》、《六章》、《三开重差》[③]、《五曹》、《海岛》、《九司》、《九章》、《缀术》等9部算书。在学校里设置阴阳博士1人,阴阳生1人;天文博士1人,天文生10人;历博士1人,历生10人;算博士1人,算生30人;漏刻博士2人,守辰丁20人。日本所采取的数学教育制度,也是仿照唐制。如《令义解》中关于大学寮制度规定:

① 那日苏:"中国传统数学对日本和算的影响"。李迪主编:《数学史研究文集》(第三辑),内蒙古大学出版社,1992年,第16~23页。

② 《国史大系》(第二册),第197~198页。

③ 有人认为"三开重差"是一部书,如日本《令义解》称:"《九章》三条,《海岛》、《周髀》、《五曹》、《九司》、《孙子》、《三开重差》各一条。试九全通为甲,通六为乙。"也有人以为是两部书,如远藤利贞《增修日本数学史》称:"算经十种……为《周髀算经》、《孙子算经》、《六章》、《三开》、《重差》、《五曹算经》、《海岛算经》、《九司算术》、《九章》、《缀术》。"

> 大学寮置算博士二人,算生三十人。……凡大学生,取五品以上子孙,及东西吏部子为之。若八品以上子情愿者允,学生取郡司子弟为之。并取年十三以上十六以下聪令者为之。①

同时规定以下9种算书为大学寮学生的数学教科书及其考试方法:

> 凡算经,《孙子》、《五曹》、《九章》、《六章》、《缀术》、《三开重差》、《周髀》、《九司》各为一经。学生分经习业。凡算学生,辨明术理,然后为通。试《九章》三条,《海岛》、《周髀》、《五曹》、《九司》、《孙子》、《三开重差》各一条,试全通为甲,通六为乙。若落《九章》者,虽通六犹为不第,其试《缀术》、《六章》者,推前,《缀术》六条,《六章》三条。②

以上所称《孙子》、《五曹》、《九章》、《缀术》、《周髀》、《海岛》当是由中国传入的算书,而《三开》与《六章》则非中国算书。据考,其内容包括田亩、耕作、租税、谷物交换、工艺品、利息、运输等方面,均不超出《九章》的范围。由此推测,当是《九章》等书传入朝鲜后,朝鲜数学家联系当时社会现实所需要的数学知识,对《九章》中一部分适应现实的内容作了修改,删减而简编成《三开》和《六章》两部算书,而后又传入日本。但《九司》未详所指何书。

与唐代的情况大致相似,日本的算历博士地位很低,较医博士、阴阳博士、天文博士要低一等。大学寮的算学教育主要是培养从事田亩、测量、度量衡、租税事务等日常行政方面的低级官员。算学生毕业后从事主政、主账、算师的职务。这些日常事务只要用《九章算术》的前3章(方

---

① 日本学士院:《明治前日本数学史》(第一卷),岩波书店,1954年3月。

② 日本学士院:《明治前日本数学史》(第一卷),岩波书店,1954年3月,第147页。

田、粟米、衰分）及《孙子算经》、《五曹算经》就可以应付。

平安时代（805～1191）前叶，875 年日本冷泉院失火，藏于秘阁中的书籍全部化为灰烬。当时痛感有必要将现存典籍书目编辑成册。于是，宇多天皇宽平年间（889～897），藤原佐世奉敕撰《日本国见在书目》。虽所录各书，现已无存，但尚可于《书目》中看到当时中国传至日本算书的情况。李俨先生曾在“中算输入日本的经过”一文中，列有原书条目，并为补注，兹征引如下：

表 1　中国算书传入日本的情况①

书名	补　　注
《日本国见在书目》引	李俨补注
《九章》九卷[刘徽注]	[魏陈留王景元四年（263 年）刘徽注《九章算术》]
《九章》九卷[祖中注]	史称：祖冲之注《九章》，造《缀术》数十篇。此言祖中，当即祖冲之
《九章》九卷[徐氏撰]	《隋书》、《唐书》并记徐岳撰《九章》，此言徐氏，当即徐岳
《九章术义》九[祖中注]	如前补注，当作祖冲之注
《九章十一义》一 《九章图》一 《九章乘除私记》九 《九章私记》九 《九法笔术》一 《六章》六卷[高氏撰] 《六章图》一 《六章私记》四	以下未详
《九司》五卷 《九司算术》一 《三开》三卷 《三开图》一	以下三书，在日本公历 967 年还尚存在。因《类聚符宣抄》第九，算生凭状，有《九司》一部，《三开》一部。《隋志》、《唐志》有：“《九章重差图》一卷”。此《三开图》，当系《三开重差图》

① 李俨：《中国数学大纲》（上册），科学出版社，1958 年，第 141～149 页。

(续表)

书名	补　　注
《海岛》二 《海岛》一[徐氏注] 《海岛》二[祖中注] 《海岛图》一	唐以后称《重差》为《海岛算经》,《宋史》有《海岛算经》一卷
《缀术》六	《隋志》作五卷,《新唐书》艺文志作李淳风释祖冲之《缀术》五卷。《梦溪笔谈》谓:北齐祖暅有《缀术》二卷
《夏侯阳算经》三	《隋志》作二卷,《唐志》作一卷,《文献通考》作一卷,《直斋书录解题》作三卷
《新集算例》一	未详
《五经算》二	《新唐书》称:李淳风注《五经算术》二卷
《张丘建》三	《隋书》作二卷,《旧唐书》作一卷,《新唐书》称"李淳风注《张丘建算经》三卷"
《元嘉算术》一	《隋志》有宋《元嘉历》二卷,何承天撰,又《算元嘉历术》一卷
《孙子算经》三	《旧唐书》称:《孙子算经》三卷,甄鸾注
《五曹算经》五[甄鸾撰]	《新唐书》艺文志,称甄鸾《五曹算经》五卷;《旧唐书》艺文志称:甄鸾《五曹算经》五卷,甄鸾撰;《宋史》艺文志称:李淳风注释甄鸾《五曹算经》二卷
《要用算例》一	未详
《婆罗门阴阳算历》一	见《隋书》经籍志
《记遗》一	《旧唐书》称:《数术记遗》一卷, 徐岳撰,甄鸾注
《五行算》二	

从隋唐到17世纪初叶,是中国古代数学第一次传入日本时期,这一时期的主要特点是中算在日本的传授与应用,没有出现日本人独立著述的数学书。日本已故数学史家远藤利贞在《增修日本数学史》中,称此时期为"中国数学采用时代"。① 日本学者独立的数学研究与著述是在元

① 远藤利贞遗著:《增修日本数学史》,1918年。

明时期中国数学第二次传入之后开始的。

3. 中国与印度的数学交流

印度的历算知识随佛教的东来而传入中土。佛经的翻译起于东汉，兴于魏晋南北朝，至唐为盛。佛教对大数非常重视，在佛经中不厌其烦地定出以10为底的幂的名称。唐慧琳《一切经音义》卷八引"《佛本行经》：一百千是名俱胝（koti），百俱胝名阿由多（Ayuta），此当千亿，百阿由多名那由他（Kayuta），此当万亿。"这里使用的是"百进"。

《华严经》于东晋义熙十四年（418）译成汉文，又于唐圣历二年（699）重译，其中载有大数名称及进位制。如唐译本卷四十五、卷六十五并称："一百洛叉（Laksa）为一俱胝，俱胝俱胝为一阿由多，阿由多阿由多为一那由他，……"这又是使用的"倍倍"变法。汉代以前，中国的大数记法采用十进与万进，在南北朝时则有"十等三用"之说。如《数术记遗》载有：

> 黄帝为法。数有十等，及其用也，乃有三焉。十等者，谓亿、兆、京、垓、秭、壤、沟、涧、正、载也。三等者谓上、中、下也。其下数十十变之，若言十万曰亿，十亿曰兆，十兆曰京也。中数者万万变之，若言万万曰亿，万万亿曰兆，万万兆曰京也。上数者，数穷则变，若言万万曰亿，亿亿曰兆，兆兆曰京也。①

"三等数法"之说，当在甄鸾之前，因为甄鸾曾注董泉《三等数》。如《旧唐书·经籍志》"历算类"著录"《三等数》一卷，董泉撰，甄鸾注。"《三等

① 徐岳著，甄鸾注：《数术记遗》。

数》一书虽无传本，但其内容则不会逾出大数的命名与进位的范围。至于其是否受到来自佛经的影响，限于缺乏充分的史料，难以断言。下至元代，朱世杰于《算学启蒙》中述“大数之法”，于载以上增有“极”、“恒河沙”、“阿僧祇”、“那由他”、“不可思议”、“无量数”六名，虽取自佛典，而与原义无涉。印度小数记法亦于元魏以后传入中国。其说数见于《大般若波罗密多经》、《大波罗密多经》、《大方广佛华严经》及《大宝积经》，而以《大宝积经》所记为详。中算在刘徽时代，就已提出了完善的十进分数概念，用以逼近无理根数。但此后，除少数几部历法中使用了十进小数外，鲜有用之。迄至元代，朱世杰在《算学启蒙》卷首，录有小数之类：一、分、毫、丝、忽、微、纤、沙；万万尘曰沙，万万埃曰尘，……，其以一至沙为十进；沙、尘、埃、微、模糊、逡巡、须臾、瞬息、弹指、刹那、六德、虚、空、清、净等15个名数，皆以万万进，所采用的是中国古代的“中数之法”。

唐广德二年（764），杨景风注《文殊师利菩萨及诸仙所说吉凶时日善恶宿曜经》，卷上第三称：凡欲知五星所在者，天竺历术推知何宿俱知也。今有迦叶氏、瞿昙氏、拘摩罗等3家天竺历，并掌在太史阁。然今之用多瞿昙氏历，与大术相参供奉耳。

杨景风所举迦叶氏、瞿昙氏、拘摩罗是唐代颇有影响的来自印度的3个天文世家。他们几代仕唐，影响抑或领导唐代天文机构，兹将此3家依次简述如下：

（1）迦叶氏（Kasyapa）

《旧唐书》卷三三历志二，在记述麟德历求交食之术时，附有简述“迦叶孝威等天竺法”的一段文字，约400字，其中云：

迦叶孝威等天竺法，先依日月行迟疾度，以推入交远近日月蚀分

> 加时。日月蚀亦为十五分。……又云:六月依节一蚀。是月十五日是同蚀节,黑月尽是月蚀节。亦以吉凶之象,警告王者奉顺正法。苍生福盛,虽时应蚀,由福故也,其独即退。

……此等与中国法数稍殊,自外梗概相似也。[1]

关于迦叶氏,目前发现的材料很少。他们似乎以推算交食见长,如上引文则是着重介绍迦叶氏推算交食之法。迦叶族人另有仕唐者,但未见天学学说之记载。

(2) 俱(拘)摩罗(Kumara)

关于俱摩罗氏,两《唐书》均只提到一次,以《旧唐书》所载较详,与迦叶孝威之论的情况相仿,这也是《大衍历》交食术中的一则附录:

> 按天竺僧俱摩罗所传断日蚀法,其蚀朔日度躔于郁车宫者,的蚀。诸断不得其蚀,据日所在之宫,有火星在前三后一之宫并伏在日下,并不蚀。若五星总出,并水见,又水在阴历,及三星已上同聚一宿,亦不蚀。凡星与日别宫或别宿则易断,若同宿则难断。更有诸断,理多烦碎,略陈梗概,不复具详者。[2]

上述引文也只是对俱摩罗氏所持的交食术的简介而已。

(3) 瞿昙氏(Gautama)

瞿昙氏在"天竺三家"中最为显赫。在《旧唐书·历志》、《新唐书·历志》中,载有瞿昙罗、瞿昙悉达的天文工作,在《新唐书·天文志》中,载有瞿昙课的数次奏议,在《新唐书·艺文志》中,引有瞿昙谦著《大唐甲子

---

① 《旧唐书·历志二》。
② 《旧唐书·历志三》。

元辰历》的篇名，郑樵（1104～1162）《通志》“诸方复姓”列有司天台冬官正瞿昙晏的名字。但对于这些成员之间的行辈关系，直至 1977 年于陕西长安县北田村发现瞿昙谦墓志，[1]始得完全理清。出土的墓志称瞿昙氏“世为京兆人”，且瞿昙逸是“高道不仕”，可知其家定居长安已久，并非自瞿昙逸方始。瞿昙罗、瞿昙悉达、翟昙谦曾三代担任过唐朝太史令、太史监、司天监，领导和主持唐朝官方天文机构。从公元 665 年起，到 776 年止，历经高宗、武则天、中宗、玄宗、肃宗等代，先后达 110 年以上。他们在唐代统称“瞿昙监”，擅长印度天文历算，也精通中国传统的天文学，代表着主张中国天文学走中西结合的一个学派。

瞿昙家族中名声最大者为瞿昙悉达。其人在历史上留下的主要业绩是编译《九执历》及编集《开元占经》。

《开元占经》系瞿昙悉达奉敕修撰。《开元占经》在历代官史书目中仅出现一次，见《新唐书》卷五十九艺文三“天文类”，称“《大唐开元占经》一百一十卷，瞿昙悉达集”，此后即无踪影，书亦不传。至明末，因一极偶然的机缘，被重新发现。[2]《开元占经》编集于盛唐时代，杂采自上古以来各家天文星占等书达 300 余种，而这些古籍文献后来大多不存于世，这就使得《开元占经》在中国古代学术史上具有极大价值。而这一切出自一位印度人之手，也是古代中印文化交流的一束异彩。

《九执历》系瞿昙悉达奉唐玄宗之命而译。《新唐书·历志四下》称“《九执历》者，出于西域。开元六年（718）诏太史监瞿罢悉达译之。”[3]《九

---

① 晁华山：“唐代天文学家瞿昙谦墓的发现”。《文物》，1978 年，第 10 期。

② 是书之首所载发现者程明善之兄程明哲于万历丁巳（1617）记此事云：至唐瞿昙悉达奉敕以成《占经》一百二十卷，……，然历来禁秘，不第宋元，即我明巨公皆未之见，今南北灵台亦无藏本。吾弟好读乾象，又善佞佛，以布施装金而得此书于古佛政中，可谓双济其美……

③《新唐书·历志四下》。

执历》译文见于《开元占经》卷一〇四，使其幸而保存至今。《九执历》开首序言称：

> 臣等谨按：九执历法，梵天所造，五通仙人承习传授。……。臣等谨凭天旨，专精钻仰，凡在隐秘，成得解通。今削除繁冗，开明法要，修仍旧贯，缉缀新经，备列算术，具标如左。①

从引文中所称“缉缀新经，备列算术”，故知其为研究古代印度数学与天文学提供了一份十分珍贵的历史文献。兹就其中算法要点论述如下：

① 印度数码：《九执历》首先介绍印度的位置制数码，原文如下：

> 算字法样　一字　二字　三字　四字　五字　六字　七字　八字　九字　点。右天竺算法，用上件九个字乘除，其字皆一举札而成。凡数至十，进入前位，每空处恒安一点，有间咸记，无由辄错。运算便眼，述须先及。

传本《开元占经》未刻“算字法样”，用 9 个空缺。文中所言“一举札而成”，当是这些数码字每一个都屈曲连续，可以一笔写成。用一点填补数字的空位，正和早期的印度记数制度相合。中国古代历算家们习惯于用筹码演算，而未接受印度数码。后来，这 9 个数字符号和代表空位的“点”传入阿拉伯国家，经过完善后又流传到西方而备受赞誉，遂广为使用，最终成为今日的“阿拉伯数码”。

② 圆弧的量法：印度继承古希腊人的弧度量法，分圆周为 360 度，每

---

① 《九执历》，载《开元占经》(卷一〇四)。

度为 60 分。而中国因太阳的视运动约 3 651/4 日绕地一周,采用平均每日太阳经过的弧长为 1 度,故定周天为 3 651/4 度。《九执历》中的弧度单位也没有被中国天文工作者所采用。

③ 弧的正弦:《九执历》在推算“月间量命”时,构造了一个正弦函数表,薮内清先生指出,印度的正弦表是希腊弦表的一种修改。[①] 事实上在《九执历》中清晰可辨的希腊天文学成份有以下几项:360 度的圆周划分;黄道坐标;太阳周年视运动远地点;推求月亮视直径大小变化之法;正弦函数表。以上各项,皆为中国传统历算体系中所未有,鉴于中印两国古典天文学分属两种完全不同的体系,这些“天竺历术”只能作为“与大术(古历传统之法)相参供奉”,而未能对中国古代数理天文学产生根本的影响。故而其在唐代就受到了排斥:“《九执历》者,……其术繁碎,或幸而中,不可以为法。名数诡异,初莫之辨也。”[②]

在中印数学交流史上,有关中国古代数学与印度数学的相互影响,是一个备受关注的问题。一方面,中国古代数学传入印度缺少可靠的历史记录,而另一方面,从印度中古时期保存下来的数学著作中却可以找到许多与中国数学极相似的算题与算法。这种相似而由于印度多晚于中国的记载,故使人们不得不认为这种影响的存在。李约瑟在讨论数学概念从中国向南方和西方传播的时候,列了一份相当可观的清单。就中印数学关系,李约瑟有一段颇有意义的论述:

当我们考虑到印度的发展时,就产生了一种信念,认为印度对位

① 薮内清:“《九执历》研究”。张大卫译:*Acta Asiatica*, No. 36, March, 1979。
② 《新唐书 · 历志四》。

> 值法则的了解和应用比它在中国出现的年代晚得多。虽然圣使①(499年)和他的同时代人彘日(《五大历数全书》的作者)无疑曾使用过位值法则,但在《泡利萨历卑全书》(*Paulisa Siddhanta*)的时代,即在五世纪以前在印度是肯定找不到它的痕迹的。更有意义的是,印度的位置制是中国的十进位制,而不是古巴比伦的六十进位制。后来,七世纪末在印度支那、八世纪和九世纪在印度本土所刻的碑文,都证实了当时已有用一点和一个空圈表示的两种零号。这一切更加证明了当时对位值已有了充分的了解。我们所考虑的这个时期(公元300～900年),应当认为大致就是上面所的许多中国数学方法传播到印度的时期,也是佛教在中国文化区内大为扩展的时期。难道那些出国旅行的和尚不可能中国的数学去换取印度的形而上学吗?②

然而,对中印数学之关系,也有一些学者执有相反的观点。如日本道胁义正先生在"关于印度、中国和日本之间的古代数学"一文的序言中就提出:考虑到佛教从印度传入中国,因此印度数学影响了中国数学。从这一点来看,我们指出《九章算术》和《丽罗娃提》(*Lilavati*)之间问题的相似之处。③ 再如印度数学史家巴格(A. K. Bag)甚至认为中国的大衍求一术是从印度传来的。④ 另外一位学者森(S. N. Sen)也有同样观点:"不运分析及其应用于天文学的方面,如果在印度和中国间曾有引进

① 圣使,即阿耶波多的梵文译名。

② 李约瑟:《中国科学技术史》(第三卷,数学),科学出版社,1978年,第323～328页。

③ 道胁义正:"关于印度、中国和日本之间的古代数学"。李迪主编:《数学史研究文集》(第四辑),内蒙古大学出版社,1993年,第60～63页。

④ A. K, Bag. Mathematics in Ancient and Medieval India, A House of Oriental and Antiguarian Books (1979):215.

的话，那么不是印度而是中国处在接受的一方。”①

道胁义正所论显然有本末倒置之嫌，《九章算术》成于西汉中晚期（约在公元前1世纪），而《丽罗娃提》成书在12世纪！这样大的时间跨度，如果说二者的算题中存在某种相似性，也只能是前者影响后者，而非相反。巴格的错误结论，已为梁宗巨先生所批判，首先是巴格未看《孙子》原题，误认为《孙子》用观察法；其次巴格将一行与玄奘（600～664）相混，以为一行在673年（一行于683年出生）去印度；再次说一行将印度库塔卡带回，于是有大衍术，这又将大衍术和一行的大衍历混同起来。②

可见，有关中印数学交流的研究的障碍，并不仅在于历史资料的考察，语言文字的沟通，更大的障碍是某些学者思想中存在的偏见。最后，让我们以马来西亚学者洪天赐的一段话来结束本篇的讨论：

> 毫无疑问，自从丝绸之路的开辟和佛教传入中国的影响，中印知识分子大量接触，数学思维经由商人、香客和学者为两国数学家们所互相理解。数学家们彼此间的影响也不可避免，正如中国谚语所说“取人之长，补己之短。”然而不应忘记：独立成长的数学体系间自然会有许多相似点，也会有许多差异。当然，两者完全一致的发展模式则是不可能的。两者的联系丰富了印度和中国古代的数学，这一领域将是一个饶有兴趣、有待进一步研究的课题。③

（张善涛）

① S. N. Sen：“古代和中世纪印度与外国科学观点的交流”。《印度科学史会议论文集》，加尔各答，1961年。

② 梁宗巨：《世界数学通史》，辽宁教育出版社，1996年，第605页。

③ 洪天赐：“古代中国印度间的数学联系”。李迪主编：《数学史研究文集》（第三辑），内蒙古大学出版社，1992年。

徐泽林

中国传统数学在汉字文化圈的传播与影响

汉字文化圈具体指汉字的诞生地中国以及周边的越南、朝鲜半岛、日本(包括古琉球王国)等地区。这些地域在古代主要是农耕民族的分布区,存在册封体制和朝贡关系,历史上完全使用,或与本国自创的文字混合使用汉字,古代官方及知识分子多使用文言文(日本、越南、朝鲜称之为"汉文")作为书面语言。以汉文为媒介,中国周边国家与民族从中国历代王朝引进国家制度、政治思想与各种学术,并发展出相似的文化和价值观。中国科学技术文化对周边国家的影响乃其一个侧面。

一、中国和朝鲜的数学交流

朝鲜是中国近邻,历史上一直与中国各朝维系着册封和朝贡关系,其文化和科学技术受中国文化影响极深。在汉字文化圈数学交流史上,东算(朝鲜人对传统数学的称谓)是由中算派生出来的,它对中国数学文化的继承具有持续性,在对中算典籍与制度的保存方面,以及在为日本和算(日本人对传统数学的称谓)提供学术资源方面都发挥了重要作用。

中国天文历算传入朝鲜始于秦汉时期。据《后汉书·循吏列传》记载,西汉初年"诸吕作乱"时,琅邪不其人王仲"好道术、明天文",为避战乱而移居朝鲜半岛。此时朝鲜正值卫氏王朝立国初期,与汉朝交往频繁。元封三年(前108)汉武帝灭卫氏朝鲜,在其地设置真番、临屯、乐浪、玄菟四郡,使朝鲜与中国的联系更加紧密。王仲的八世孙王景,居于"乐浪郡讷邯县",少学《易经》,又博览群书,"好天文术数之事,沉深多伎艺"。从王仲到王景,祖孙几代移民将汉代的天文、数学传播到了朝鲜半岛。据日本古文献《古事记》及《日本书纪》记载,3世纪,百济人王仁将大陆文化带入日本,6世纪,百济人王道良、王保孙、观勒等所谓的"归化人”向日本输入了包括历算在内的中国各门学术。因此可见，秦汉时期中算随其他文化由中国移民带入朝鲜半岛。

从4世纪到7世纪，朝鲜半岛形成高句丽、百济、新罗三国鼎立的局面，与中国的文化联系越来越密切。公元372年，高句丽始设太学，以汉学为主要教学内容。历算方面，中国南朝刘宋之《元嘉历》为当时的百济所采用。据《日本书纪》记载，在5世纪，一些移居乐浪、带方郡的中国人后裔和百济韩人构成的移民，被称为“渡来人”或“归化人”，从朝鲜南部的百济进入日本，他们掌握各种手工技艺、精通汉文，将各种技术带到日本，其中被称作“博士”或“师”的渡来人被日本朝廷任用担当史部(文部)、藏部、财部的文书记录、涉外文书、会计出纳、税务征收等职。[①] 因此，包括算术知识、计算技能及历术知识在内的大陆文化传到了日本。据《日本书纪》载，日本朝廷于公元553年派使者前往百济，要求派遣医博士、易博士、历博士等，并携带“卜书、历本、种种药物”来日本。于是翌年有易博士施德王道良、历博士固德王保孙等人从百济来到日本。[②]

隋唐时期，中国与朝鲜在天文和数学方面的交流进入了一个重要的发展时期。676年新罗统一了朝鲜，并仿唐朝制度于682年设立国学，中算书籍与算学制度进入朝鲜。朝鲜的《三国史记》关于新罗国学记载道：

> 国学属礼部，神文王二年置。景德王改为大学监。惠恭王复故。……或差算学博士若助教一人，以《缀经》、《三开》、《九章》、《六章》教

① 杉本勳:《科学史》(体系日本史丛书)，山川出版社，1976年。
②《日本书纪》(卷十九)。

> 授之。凡学生位自大舍已下至无位。年十五至三十皆充之，限九年。若朴鲁不化者罢之，若才器可成而未熟者，虽逾九年，许在学。位在奈麻，奈麻而后出学。①

其中《九章》即《九章算术》，《缀经》即《缀术》，而《三开》、《六章》二书在《隋书》、《旧唐书》和《新唐书》中未见著录。

朝鲜长期直接采用中国的历法。《三国史记》卷七说："文武王十四年春三月，入唐宿卫大奈麻德福，传学历术还，改用新历法。"唐高宗麟德二年(665)颁布了由李淳风制定的《麟德历》，一直采用到公元728年。《三国史记》记载，唐高宗永淳元年(692)，新罗僧侣在唐学习历法后归国，向新罗国王"上天文图"。唐开元六年(718)，新罗仿唐建立漏刻制度，"漏刻典，圣德十七年始置，博士六人，史一人"。唐天宝二年(749)，新罗又仿唐"置天文博士一员，漏刻博士六员"。因此新罗天文机构逐步完善。766年至779年期间，新罗人金岩赴唐学习天文历学，回国后任新罗司天大博士。《高丽史·历志》载："高丽不别治历，承用唐《宣明历》。自长庆壬寅下距太祖开国殆逾百年，其术已差。前唐已改历矣，自是历凡二十二改，而高丽犹驯用之。至高丽忠宣改用元《授时历》。"②从新罗时代开始直至高丽忠宣王时期(1309～1313)，朝鲜采用唐徐昂《宣明历》长达400年之久。与汉代历法相比，隋唐历法在推算方法上发生了变革，无论是天文精度还是数学方法都出现了进步，如调日法、二次内插法、差分表及相当于正切函数表的数表等，都是当时世界上先进的数学方法。这些数学知识也随中国历法一同传入了朝鲜半岛。

---

① 全富轼："杂志第七"，《三国史记》(卷三十八)。
② 郑麟趾：《高丽史·志四·历一》。

918年王建建立高丽朝，因儒学和科举的传统而承袭前朝算学制度。《增补文献备考》卷一百八十八“选举考”称：“仁宗十四年，……凡明算式贴经，初日贴九章十条，翌日贴缀术四条，三开三条，谢家三条，两日并全通。”这反映了高丽朝时代的算学考试制度中仍以中算为主，并且中国当时流行的新近算书及时传入朝鲜，《谢家》可能就是宋代算书《谢察微算经》。

李氏王朝500年是朝鲜文化发达的时期，最盛的第四代世宗朝(1419～1450)时期，铜活字印刷术得到应用，于是，大量的汉文书籍得以编印，民族文字谚文被创造出来。历算学是其政府所提倡的七门学术之一，隶属户部。朝廷设立了算学教授、算士、计士、算学训导等职，一直延续着传统的算学考试制度。中人阶级以应试律吕、医学、算学、历学而登仕途。元末以后，很多中算书籍在中国国内失传但在朝鲜得到保存。宣德八年(1433)朝鲜覆刻了明洪武戊午年刊本《杨辉算法》，安止斋的《详明算法》以及朱世杰的《算学启蒙》也可能覆刻于此时。它们后来流入日本和中国，为17世纪后汉字文化圈对宋元数学的继承与发展起到十分重要的作用。现存最早的朝鲜算学著作、17世纪的《九数略》、《筹算本原》、《详明数诀》等书均以上述诸书为参考。珠算虽于此时传入了朝鲜，但未被尊崇传统筹算的朝鲜算家所接受。

朝鲜英祖(1725～1776)、正祖(1777～1800)时代相当于清代的康熙、乾隆时期，是朝鲜文化再次隆盛的历史时期。据《增补文献备考》称，英祖十七年(1741)《数理精蕴》传入了朝鲜。18世纪朝鲜最具代表性的算书《筹解需用》深受其影响，还列出了除《数理精蕴》外所引用的其他中国算书：《算学启蒙》、《算法统宗》、《杨辉算法》、《数法全书》(清蒋元诚撰)、《浑盖通宪》等。李朝还不断遣使监官入清学习西洋天文历算之学。

19世纪是朝鲜算学鼎盛时期，哲宗(1849～1863)和李太王(1864～

1895)朝出现了南秉哲、南秉吉、李尚赫、赵义纯4位杰出数学家,算学著述较多。这一时期中朝数学交流也十分频繁,经清代学者整理和研究后的中国传统算学连同汉译西学算书很多传入朝鲜,如《九章算术》、《数书九章》、《测圆海镜》、《益古演段》、《算学启蒙》、《四元玉鉴》、《同文算指》、《赤水遗珍》等,都在朝鲜流播,南秉吉的《算学正义》和李尚赫的《翼算》均对宋元数学有所吸收。此时中国也是朝鲜接触西方算学的唯一通道。①

二、中国传统数学在日本

公元前3世纪至3世纪,日本进入铁器文化与陶器文化并存的弥生时代,中国的水稻栽培技术和青铜器、铁器等金属文化经由朝鲜传入日本。日本与中国建立了朝贡关系,与大陆联系日益密切。从汉代开始,中国史书就开始有了关于日本的记事。《汉书》记载,乐浪海中有倭人定期派人向乐浪郡献贡物,乐浪郡是汉武帝在朝鲜半岛设置的一个郡。《后汉书》及《三国志·魏志·倭人传》记载,2世纪末至3世纪初,日本邪马台国女王卑弥呼于239年遣使至洛阳,魏明帝封其为"亲魏倭王",其后遣使朝贡西晋。

秦汉时期因天灾战祸,有大量的中国移民进入日本。日本史书《古事记》、《日本书纪》记载,来自朝鲜半岛的汉族"归化人"向日本传播中国文化与生产技术。汉字、佛教,以及《论语》、《诗》、《书》、《易》、《礼》、《春秋》、《千字文》等中国经典,于此时先后传入日本。6世纪初,日本从百

① 郭世荣:《中国数学典籍在朝鲜半岛的流传与影响》,山东教育出版社,2009年。

济招聘五经博士段扬尔讲授这些经典，3年后又招博士汉高安茂。随着汉字的传入，中国的数字系统与简单的算术知识以及度量衡制度，在此期间系统地移植于日本。由于农业生产的需要，也引用了中国的天文历法制度。据《日本书纪》记载，钦明天皇十五年(554)有历博士固德王保孙与易博士施德王道良、药博士奈率王有凌陀去日本。推古天皇十年(602)百济僧人观勒携历法、天文、地理、遁甲、方术等书籍去日本[①]。可见，中国数学伴随儒学、天文历学、术数等学术由大陆移民经朝鲜半岛间接传入日本。

4～7世纪，日本进入奴隶制的古坟时代，即日本史所称的"大和朝廷"或"大和国"时代。592年，推古女帝即位，日本进入飞鸟时代(592～710)，随后是奈良时代(710～794)，794年至1192年的400年间，源赖朝建立镰仓幕府，史称平安时代。7世纪至9世纪是中国数学大规模、系统地输入日本的重要时期。

推古女帝的摄政圣德太子于7世纪初实行改革，先后4次(600年、607年、608年、614年)派遣隋使赴中国，积极吸收中国文化。645年，日本孝德天皇即位，实行"大化革新"，欲使日本全盘唐化，模仿唐朝实行中央集权的均田制与租庸调法，衣冠文物悉以中国为典范。从630年至894年的264年间，先后派出19批遣唐使到中国。这段时间中国文化系统地移植于日本。710年，《千字文》、《论语》、《尔雅》、《齐民要术》等书传入日本。717年，阿倍仲麻吕和吉备真备等人随557人的遣唐使团来到长安，学习中国的天文、算学、音乐及书法等，回日本后传播这些学术。吉备真备回日本所讲授的书籍中就包括《大衍历仪》、《九章算经》、《周髀

① 日本学士院编:《明治前日本数学史》(第一卷)，野间科学医学资料馆、岩波书店，1979年新订版，第2页。

算经》、《定天论》、《史记·天官书》、《汉书·天文志》和《晋书·天文志》等，带回日本的书籍则有《唐礼》130卷、《大衍历经》1卷、《大衍历立成》12卷、《乐书要录》10卷以及一些天文测量仪器。

大化革新中，日本以唐朝科举及教育制度为楷模，也颁布了学令。据元正天皇养老二年(718)颁布的《养老令·学令》以及《养老令·令义解》(733)记载，当时仿唐国庠算学制度，在大学寮中设算学博士2人，学生30人，使用的算学教科书包括《九章算术》、《周髀算经》、《海岛算经》、《孙子算经》、《五曹算经》、《缀术》、《重差》、《六章》、《三开》、《九司》等，前7书来源于中国，《六章》、《三开》、《九司》3书未见于中国史籍记载，或为中国算书，或为朝鲜人著述，由朝鲜输入①。《令义解》记载道：

> 凡算经：孙子、五曹、九章、海岛、六章、缀术、三开、重差、周髀、九司各为一经。学生二分其经，以为之业。凡算学生，辨明术理，然后为通，试九全通为甲，通六为乙，若落九章，虽通六犹为不第，其试缀术、六章者，准前缀术六条，六章三条。[若以九章与缀术，及六章与海岛等六经，愿受试者亦同，合听也]试九全通为甲，通六为乙。若落经者[六章总不通者也]虽道六犹为不第。②

《养老令》是以文武天皇大宝二年(702)颁布的《大宝令》为基础而制定的，因此隋唐培养官僚的算学制度与中算书籍传入日本的时间应不晚于702年。除这些算书外，还有许多隋唐时代的算书传入。宽平时代(889～897)藤原佐世(？～897)奉敕编撰的《日本国见在书目录》，记载了日本当时存传的汉文典籍，包括天文类85部461卷，历数类54部167

① 冯立升："中日数学交流史研究"。西北大学博士学位论文，1999年7月。
② 《令义解》(卷三)。

卷，其中算书计有：

《九章》(9卷，刘徽注)，《九章》(9卷，祖冲之注)，《九章》(9卷，徐氏撰)，《九章术义》(祖冲之注)，《九章义》，《九章图》，《九章乘除私记》，《九法算术》，《六章》(6卷，高氏撰)，《六章图》，《六章私记》，《九司》，《九司算术》，《三开》，《三开图》，《海岛》，《海岛》(徐氏注)，《海岛》(祖冲之注)，《海岛图》，《缀术》，《夏侯阳算经》，《新集算例》，《五经算》，《张丘建算经》，《元嘉算术》，《孙子算经》，《五曹算经》(甄鸾撰)，《要用算例》，《婆罗门阴阳算历》，《记遗》，《五行算》等。

这一时期日本各类历史文献零星记录了关于算学博士、算道职位之任职情况。醍醐天皇延喜五年(905)左大臣藤原时平等人奉敕开始编修的《延喜式》(927)，记载了当时的各种制度，基本都沿袭《养老令》中的制度。其卷二十“大学寮”制度规定如下：

> 凡应讲说者，《礼记》、《左传》各限七百七十日，《周礼》、《仪礼》、《毛诗》、《律》各四百八十日，《周易》三百一十诶，《尚书》、《论语》、《令》各二百日，《孝经》六十日，《三史》、《文选》各准大经，《公羊》、《谷梁》、《孙子》、《五曹》、《九章》、《六章》、《缀术》各准小经，《三开》、《重差》、《周髀》共准小经，《海岛》、《九司》亦准小经。
>
> ……
>
> 凡得业生者，明经四人，文章二人，明法二人，算(道)二人，并赐夏冬时服，人别夏絁一匹、布一端，冬絁二匹、绵四屯、布二端，中省给之。
>
> 凡须讲经生者《三经》，传生者《三史》，明法生者《律令》，算生者《汉晋律历志》、《大衍历议》、《九章》、《六章》、《周髀》、《定天论》。

《类聚符宣抄》、《二中历》(镰仓末期作品)卷二“儒职历”都有关于算道的记录,后者记录了从醍醐天皇延喜年间(901～922)至镰仓时代(1185～1333),共37位算学博士的姓名。《令集解》中仍然有关于“得业生”的记录:

> 得业生十人,明经生四人,文章生二人,明法生二人,算生二人,并取生内人,性识聪慧、艺业优长者,赐夏人别絁一匹、布一匹,冬絁二匹、绵四屯、布二端,食料米日二升,坚鱼、海藻、杂鱼各二两、盐二勺。①

尽管阴阳道、算道制度完备,但掌管朝廷阴阳道与天文算学道的都是一些世袭家族,他们的科学水平有限,不能独立进行天文观测和编制历法,所以日本直接采用中国历法。据日本史料记载,在颁布涩川春海(Shibukawa Harumi, 1639～1715)的《贞享历》(1685)之前,日本颁行的中国历法有《元嘉历》、《仪凤历》、《大衍历》、《五纪历》、《宣明历》。伴随律令制度的算学制度的移植和天文学历法的引进,日本数学已纳入中国数学文化体系。

10世纪至15世纪,是日本政治混乱期,律令制趋于衰微和蜕变,与中国的外交联系不断削弱,民间经济文化交流渐成主流。律令制时代的公家文化,在平安、镰仓时代,随武家势力的崛起而发生分化。朝廷无力维护仿唐制的教育体制,算学、天文学、阴阳道等由官学完全蜕变为家学,算博士、历博士都是由几大家族世袭执掌。这样的算博士制度延续到室町时代(1392～1573)。至今没有发现平安时代的数学著作,在一些

① 日本学士院编:《明治前日本数学史》(第一卷),野间科学医学资料馆、岩波书店,1979年新订版,第153页。

文学作品中夹杂了有关算术知识的材料。诗集《万叶集》(759 年前后)诗句中的数字,常以九九口诀来训读,《口游》、《拾芥抄》也载有"九九"乘法表,与中国的乘法表一样,都是从"九九八十一"一句开始。《口游》还载有一些数学游戏,如"竹束问题"、"孕妇问题"、"病人生死问题",这些数学游戏都传自中国。[①]

至晚到镰仓末期,中国的《九章算术》仍在日本社会流传。中岩圆月和尚在其所著《东海一沤集》卷五"自传"中称:"春,在池房就道惠和尚读《孝经》、《论语》,且学《九章算法》,秋归大慈寺[②]。"叙述的是应长元年(1311)中岩圆月 12 岁时的经历。他所说的《九章算法》,应该就是《九章算术》。室町时代(1338～1573)没有留下任何数学书,一些历史文献中记录了一些数学游戏,这些游戏后来出现于江户初期的数学著作中。如虎关师錬的《异制庭训往来》记载当时流行的数学游戏有:十不足、百五减、盗人隐[③]、郎等打、继子立[④]、石抓、入金、要金、重暾、小童敷、婆罗门双六、一居立、岛立、左左立[⑤]、有哉立等。[⑥] 江户初期的和算著作中出现了继子立、百五减、方阵[⑦]、目付字[⑧]、盗人隐、左左立等数学游戏,都曾出现于室町时代的一些文献中。不难看出,其中一部分游戏来自中国。

---

① "孕妇问题"见于南北朝时代的《孙子算经》,"病人生死问题"虽见于较晚的明代算书,但应该在中国早就有此数学游戏。

② 日本学士院编:《明治前日本数学史》(第一卷),野间科学医学资料馆、岩波书店,1979 年新订版,第 10 页。

③《大成算经》(1712)称之为"匿子"。藤冈茂之的《算元记》(1657)中卷也载。

④ 这种游戏西方称作 Josephus 问题,见于 17 世纪法国里昂出版的 GasparBachet 的《数目之游戏问题》。

⑤《增补算法阙疑抄》(1684)中卷有载。

⑥ 大矢真一:"室町时代数学知识"。《科学史研究》,1941 年。

⑦ 即纵横图,又名幻方。

⑧ 这一游戏最早见载于《帘中抄》(下卷),后来散见于江户时代的算书中,该游戏类似中国的"射字法"游戏。

日本江户时代(1603～1867)由于禁止西方基督教文化的传播，德川幕府实行锁国政策，对外文化吸收主要依赖汉文化。从16世纪下半叶到17世纪上半叶，中国元代与明代的算学书籍主要通过海上走私贸易以及日本侵占朝鲜期间而流入日本，明代珠算也于1570年前后通过海上贸易传入日本。《天学初函》等中国明末清初汉译西方天文数学著作有流入日本之形迹，但这方面的信息还比较模糊，尚需要深入考察。日本通过海上贸易船获得大量的中国汉籍，或在丰臣秀吉侵略朝鲜期间，通过朝鲜间接获得大量的中国书籍。据调查可知，这段时间内，至少有以下中国算书流入日本：

(1)《算学启蒙》(朱世杰，1299)，传日时间不详。1658年，久田玄哲(Hisada Gentetsu)将其在日本复刻，1672年，星野实宣(Hoshino Sanenobu，1638?～1699)著《新编算学启蒙注解》3卷，1690年，建部贤弘(Takebe Katahiro，1664～1739)著《算学启蒙谚解大成》7卷。该书对和算影响最大。

(2)《杨辉算法》(杨辉，1378)，传日时间不详。幕末关流和算家石黑信由(Ishikuro Nobuyoshi，1760～1836)的《算法书籍目录》中载有：《宋杨辉算法》(3册，杨辉撰)并称《宋杨辉算法》书末有“宽文元辛酉年关孝和写之也”。三上义夫根据此目录托石黑家后人找到了以关孝和(Sekitakakazu，?～1708)抄本《杨辉算法》为底本的石黑信由转抄本。关氏抄本的底本是朝鲜刻本，抄写时间是1661年。筑波大学、宫内省图书寮、内阁文库现在还各藏一本朝鲜刻本的《杨辉算法》。

(3)《算法统宗》(程大位，1593)，传日时间不详。1627年，吉田光由(Yoshida Mitsuyoshi，1598～1673)的《尘劫记》是根据此书编写的。1675年，汤浅得之(Yuasa Tokushi)将其附以训点，以《新编直指算法统宗训点》(12册)之名刊行。该书对江户初期的和算影响颇大。

(4)《数学通轨》(柯尚迁,1578)传日时间不详。1672年在日翻刻,其中国版的孤本、和刻本均藏于尊经阁(前田家藏书地)。另有一本抄本藏于神宫文库。1653年,岛田贞继(Shimada Sadatsugu)的《九数算法》有所引用,1695年,宫城清行(Miyahi Kiyoyuki)的《和汉算法》也多有引用。

(5)《算海说详》(李长茂,1659),传日时间不详。汤浅得之在1675年的和刻训点本《算法统宗》跋文中提及该书。《数学纪闻》也提及该书。该书现藏于国立公文馆内阁文库。

(6)《算学群奇》,作者与著作年代均不详,传日时间也不详。汤浅得之和刻训点本《算法统宗》跋文中提及该书,平山千里(Hirayama Chisato)的《算薮》(1789)卷五中提及该书中的歌诀。

(7)《桐陵九章捷径算法》(作者与著作年代均不详),传日时间不详。1673年,村濑义益(Murase Yoshimasu)的《算法勿惮改》序文称:“《桐陵九章捷径算法》、《算学启蒙》、《直指统宗》等因是异朝之书,虽考勘发明之人,无文才也不能读。”建部贤弘在《算学启蒙谚解大成》中提及该书中的歌诀。关孝和的《括要算法》卷四列有圆周率桐陵法63/20。该书现藏于日本东北大学图书馆。

(8)《新刻家传秘诀盘珠算法士民利用二卷》(徐心鲁订正,1573),藏于内阁文库。

(9)《算学新说》(朱载堉,1603),该书是其《乐律全书》的附卷,传日时间不详,现藏于尊经阁。

(10)《新镌九龙易诀算法》1卷(作者与著作年代均不详),联捷堂刊本,为浅草文库所藏(现转藏于内阁文库),传日时间不详。

(11)《新镌校正指明算法》(作者不详,或为夏源泽,1439?),福州集新堂刻本,传日时间不详,现藏于日本东北大学图书馆、早稻田大学小仓文库、国立国会图书馆本部等地。

除算书外,《授时历》及其相关历学书籍也于此时输入日本。随着武家文化的发展与町人文化的成长,江户时代的日本人对算学和天文历学研究热情十分高涨,使和算在中国数学的基础上获得独立发展,其中《算法统宗》、《算学启蒙》和《杨辉算法》3书,以及《授时历》对日本传统算学影响最大。毛利重能(Mori Shigetoshi)的《割算书》(1622)、吉田光由的《尘劫记》(1627)等早期和算书都因袭《算法统宗》。《算学启蒙》于1658年在日本复刻后,和算家接受天元演段术、垛积招差术、开方术、剪管术、纵横图等重要代数学成果。随着《算学启蒙》、《杨辉算法》、《授时历》在日本流传,宋元数学知识与数学方法在和算中获得长足的发展,成为东亚近世最发达的数学。

1726年德川吉宗颁布缓禁令之后,与天文历学相关的中国汉译西学书籍开始逐渐流播日本,如《崇祯历书》、《数理精蕴》、《历象考成》、《梅氏历算全书》、《代微积拾级》、《代数学》等汉文西学著作先后传入日本,对日本接受西方数学产生重要影响。[①]

三、中国传统数学在越南

中国古时称越南为交趾,秦时置为象郡,汉武帝元鼎六年(前111)在今越南北部置交趾、九真、日南三郡。建安八年(203),汉献帝改交趾郡为交州。唐高宗调露元年(679)改交州大总管为安南都护府。北宋开宝元年(968)越南脱离中国统治,建立“大瞿越国”。明永乐五年(1407)六

① 冯立昇:《中日数学交流史研究》,山东教育出版社,2009年。

月，明军入越南，击败安南黎氏政权，改安南为交阯，分为15府、36州、181县，设立三司以总其政，另设5府、29县直隶布政司，将安南划入明朝版图，历经5年的平乱，使越南终于归属明朝（1407～1427）。宣德二年（1427），明廷册封陈皓为"安南国王"，越南恢复独立自主。此后，与中国保持宗藩关系，直至19世纪法国殖民统治。

越南北属中国时期，其传统科技文化自然属于中国传统科技文化。越南独立后以中国典章制度为楷模，发展文化与科学技术，所以在汉字文化圈内越南文化受中国文化影响最深。其历朝均仿中国科举制度选拔人才，其中也有算学科考试。李高宗贞符四年（1179）试三教子弟算学科；陈圣宗绍隆四年（1261）试吏员以书算；胡汉苍开大二年（1404）举行乡试，前4场试文字，第五场试书算；黎太宗绍平四年（1437）试书算，中式690人，补内外各衙门属掾；黎圣宗洪德八年（1472）试从官应得入流子孙以书算；黎威穆帝端庆二年（1505）考试军色民人书算于进武殿廷，应考者3万余人，取中阮子棋等共计1 590人。尚不明是否设算学博士、规定"算经十书"为学习考试用书。据史料记载，15世纪越南数学家武友参考中国算书撰《大成算法》，随后梁世荣将该书再行刊刻。[①]

约在明清之际，中国的珠算传入越南，至今越南社会还在广泛使用珠算。明代程大位的《直指算法统宗》于清康熙五十五年（1716）在中国翻刻之后，在包括中国和越南在内的东亚地区广泛传播，对越南珠算发展影响极大。康熙五十二年（1713），清朝廷设立算学馆，选送八旗贵族子弟学习计算方法，每年4个季度举行小考，岁末举行大考，五年期满。乾隆二十六年（1761）安南黎朝总国政郑楹下令官府仿照中国清朝的做法，

① 韩琦："中越历史上天文学与数学的交流"。《中国科技史料》，1991年，第3～8页。

举行数学考试，十二年一试，考平分、差分方法，每次考试取用120人。[①]

由于历史上历次战火的破坏以及殖民者的掠夺，越南现存古籍比之其他汉字文化圈国家馆藏要少，现存的算学古籍更少，中国科学院自然科学史研究所收藏了部分18世纪、19世纪越南算书，均为李俨先生的节抄本，计有8种，分别是《算书底蕴》(撰者不详)、《算法大成》(梁世荣著，15世纪)、《意斋算法一得录》(阮有慎著，1829)、《九章算法立成》(撰者与时间均不详)、《大成算学指明》(范嘉纪撰，时间均不详)、《指明立成算法》(潘辉框撰，1820)、《立成算法》(范有僮撰，1705～1719)、《笔算指南》(阮谨撰，1909)。另外越南流行至今的算术还有《笔算指南》(范文裕撰，时间不详)、《算法奇妙》(撰者与时间均不详)、《指明算法》(撰者与时间均不详)、《总聚诸家算法大全》(撰者与时间均不详)、《意斋算法》(阮有慎著)、《九章立成算法》(范有僮撰)等。这些越南算书承袭了中国的《九章算术》、《算法统宗》的算学知识传统。[②]

中国算学知识也随天文历学传播于越南。《尚书・尧典》称"申命羲叔，宅南交。平秩南讹，敬致。日永星火，以正仲夏"。表明尧舜之时，中国的天文测量已至于越南。所以在越南北属期间，不仅中国颁布施行于此，而且也在越南进行天文测量，如唐代一行主持的全国大地测量，即达安南。

北宋初至15世纪初，越南独立作为中国藩属仍奉正朔，每当朝贡之际，中国朝廷颁赐历法，这种颁历制度持续到清代。元朝惠宗元统二年(1334)，元朝派遣吏部尚书贴住，礼部郎中智熙善出使安南，将《授时历》赐于越南陈朝。陈朝开祐十一年(1339)根据《授时历》编制颁行《协纪

---

① 黄国安等:《中越关系史简编》，广西人民出版社，1986年，第107页。

② 韩琦:"中越历史上天文学与数学的交流"。《中国科技史料》，1991年，第3～8页。

历》。胡季犛篡陈，于 1401 年废《协纪历》，行《顺天历》。明永乐年间安南北属，行明《大统历》。独立后，据《大统历》编制《万全历》。

清乾隆五十五年(1790)九月，阮光平恳请颁示正朔。清高宗得知之后，即决定把当年的《时宪书》20 本发给安南，以便让安南奉时遵朔。越南阮朝嘉隆八年(1809)，越南使臣阮有顺来北京，购得《历象考成》一部。回国后，阮有顺参照该书，奏请颁行《协纪历》。

清嘉庆十五年(1810)《历象考成》(1713)输入越南，安南人参考《历象考成》的计算方法把《万全历》改编为《协纪历》。

越南阮朝钦天监的设置、执掌大抵与清代相同，1809 年，安南阮福映任命礼部昭义侯邓德超掌管占候事务，阮玉璘等 12 人为占候管官。1813 年，以礼部尚书安全侯郑怀德掌管钦天监事务。钦天监所有书籍除《历象考成》外，还有中国清代天文历算著作，如《直指原真》、《月令粹编》、《钦定仪象考成》、《高厚蒙求》、《管窥辑要》、《御制数理精蕴》、《新制灵台仪象志》、《五类秘窍》、《物理小识》、《格致镜源》、《地球说书》等。钦天监所用天文仪器大多为西洋规制，也基本为清朝颁赐。[1]

（孙萌萌）

① 李未醉："略论近代中越科学技术交流(1640～1918)"。《上饶师范学院学报》，2007 年，第 52～55 页。

徐　飞

朱载堉与十二平均律

正午时分

朱载堉是中国明代杰出的科学家和艺术家，他在科学和艺术诸多领域百科全书式的杰出贡献，无论在中国古代还是世界文明史上，都属罕见。在科学史上朱载堉最为重要的贡献是：首次解决了2 000多年来音乐上所追求的旋宫转调的理论难题，创立了新法密率，成功建立了十二平均律的数学计算公式，给出了可以任意自由转调的旋宫乐谱；特别值得一提的，是朱载堉还躬亲实验，制作了严格符合十二平均律的物理定音器——新制弦准和异径管律，其可以实现十二平均律的新制弦准，比西方的类似乐器钢琴要早1个多世纪，而其独创的异径管律，更是一举解决了十二平均律管定音的管口校正问题，成为中国古代物理实验声学领域的最高成就。朱载堉的贡献涉及律学、乐学、舞蹈等诸多艺术领域，以及物理声学、天文历算、度量衡史、数学珠算等诸多自然科学领域。他所创造的科学奇迹有这样一个显著特点，那就是"一做就做到登峰造极的地步""直到现在谁也不能推翻它、动摇它；他所用的算法，直到现在还是照样的做；他算出来的数目字，直到现在还是直抄了用，不必我们自己费心。"[①]著名科学史家李约瑟博士更是认为，朱载堉的贡献"可以被公正地看作是中国两千年来声学实验与研究的最高成就"[②]。

近百年来，经过刘复、杨荫浏、李约瑟、陈万鼐、程贞一、戴念祖等众多学者的多方研究，目前可以确认：朱载堉创立十二平均律的理论和实践，是中国古代对世界文明的一大贡献。

---

① 刘复："十二等律的发明者朱载堉"。《庆祝蔡元培先生六十五岁论文集》(上册)，国立中央研究院历史语言研究所集刊外编第一种，1933年，第279～310页。本论文所有刘复引语均出自该文，以下不再逐一加注。

② 戴念祖：《朱载堉——明代的科学和艺术巨星》，人民出版社，1986年，第303页；2011年修订本；《天潢真人朱载堉》，大象出版社，2008年4月，第一版。

在此基础上，进一步的研究不难发现，这一贡献不仅仅在于朱载堉给我们留下了精确到 20 多位有效数字的十二平均律的计算数据，更在于他富于学理的分析思路和计算公式，以及在理论指导下完备的实验验证。可以说，朱载堉的异径管律不但是乐律学领域的伟大创造，同样也是中国古代物理声学领域的最高成就。

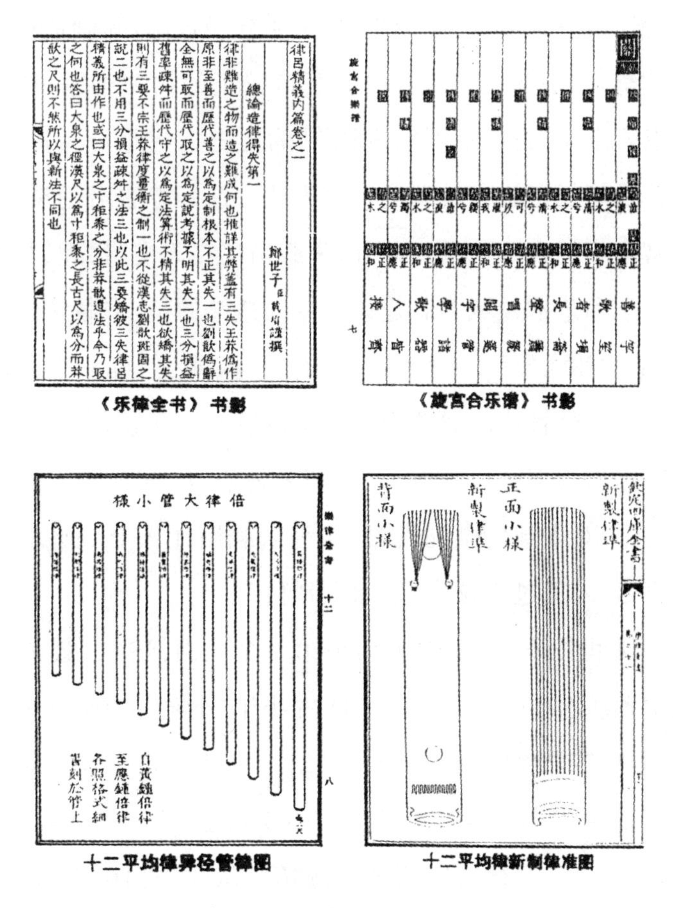

律呂精義内篇卷之一

鄭世子臣載堉謹撰

總論造律得失第一

律非難造之物而造之難成何也推詳其弊蓋有三失王莽僞作原非至善而歷代善之以爲定制根本不正其失一也劉歆僞辭全無可取而歷代取之以爲定説考據不明其失二也三分損益舊率疎舛而歷代守之以爲定法算術不精其失三也欲矯其失則有三要不宗王莽律度量衡之制一也不從漢志劉歆班固之説二也不用三分損益疎舛之法三也以此三要矯彼三失律呂精義所由作也或曰大泉之寸秬黍之分非莽歆遺法乎今乃取之何也答曰大泉之徑漢尺以爲寸秬黍之長古尺以爲分而莽歆之尺則不然所以與新法不同也

图 1　朱载堉十二平均律成就概览

一、朱载堉十二平均律研究简述

朱载堉(1536～1611),字伯勤,我国明代百科全书式的学者与科学家,其杰出贡献是创立了他称之为“新法密率”的十二平均律理论;并躬亲实验,制造了世界上最早符合十二平均律的物理定音器——弦准和律准;尤其是在律准的制造中,他采用异径管律,并创造性地通过统一的吹口调整,一举解决了律管发音管口校正的物理难题,从而结束了自古以来以管定律“竹声不可以度调”①的历史。从此,人们终于找到可以在十二律吕间任意旋宫转调的定律方法。这一方法沿用至今,为人类带来了丰富多彩的音乐生活。此外,朱载堉还在天文、物理、数学以及舞蹈等若干科学和艺术领域多有建树。令人遗憾的是,朱载堉之后很长一段时间里,他的伟大发明一直鲜为人知,就连《明史》也只字未提朱载堉的新法密率和异径管律。清乾隆十一年编撰的120卷《御制律吕正义后编》,更是贬斥朱载堉新法密率为“载堉之臆说也”,而《四库全书》亦在其《总目提要》中对朱载堉微词责难,认为朱载堉计算十二平均律的方法,“以勾股言之,未免过于秘惜,以涂人耳目”。

18世纪下半叶,中国出现第一个全面接受朱载堉十二平均律理论的学者江永(1681～1762)。此后,国内外学者中研究朱载堉者虽不乏其人,但仍然是褒贬不一,众说纷纭。直到1933年,刘复(1891～1934)为纪念教育家蔡元培(1868～1940)先生65岁华诞,写了一篇重要文章——“十二等律的发明者朱载堉”,从此一扫历史封尘,使国人较为普遍地开始了解到,十二平均律这样一个伟大的发明来自古代的中国。刘

① 《后汉书·律历志》,中华书局校点本,第11册,第3000页。

复先生的这篇文章，具有极为重要的意义，其中的许多内容乃至思想曾被后来的学者反复引用。律学家缪天瑞（1908～2009）称刘复的这篇文章"打破了律学研究的沉寂局面""对于介绍和普及古代律学知识和成就起到了一定的作用"①；当代朱载堉研究专家戴念祖（1942～ ）先生说："从此以后，朱载堉的音律理论逐渐地恢复了它在科学史、文化史和音乐史中应有的地位。"②

事实上，现代中国音乐史研究也起步较晚，较具代表性的研究之一，当推王光祈（1892～1936）于 1934 年出版的《中国音乐史》，该书讨论了较多的律学问题，并对朱载堉十二平均律作了言简意赅的介绍。王光祈对朱载堉异径管律尤为重视，认为"此种算法是否合理，则非加以物理实验不能评析"③。此后，音乐学家杨荫浏（1899～1984）于 1937 年在《燕京学报》第 21 期发表《平均律算解》，开始了对于朱载堉律学成就的深入研究。1952 年，杨荫浏又出版《中国音乐史纲》一著，书中对朱载堉新法密率和异径管律有了新的认识，认为朱载堉的异径管律尚有细微误差，因此杨荫浏提出一个修正方案，这一修正案广为流传，并被相当多的学者接受或引用。

国外学者中，自上一世纪始，便有学者注意到朱载堉的工作，著名物理学家赫尔姆霍茨（Hermann von Helmholtz，1821～1894）、德国音乐理论家黎曼（Hugo Riemann，1849～1919）等人，由于语言文化方面的障碍，对朱载堉的评介，对错参杂，甚至将朱载堉当成耶稣降生前 1 500 年

---

① 缪天瑞："纪念朱载堉《律学新说》成书 400 周年"，1984 年 11 月同题纪念会暨律学学术讨论会论文。

② 戴念祖：前引书，第 125 页。

③ 王光祈：《中国音乐史》，1934 年初版，1957 年音乐出版社重印本，第 94 页。

的神话人物①。1948年,鲁宾逊(Kenneth Robinson, 1917～2006)发表了关于朱载堉十二平均律的专门研究文章②,使西方学者开始较为全面了解朱载堉的伟大贡献。此外,著名科学史家李约瑟(Joseph Needham, 1900～1995)认为:“朱载堉的平均律公式可以被公正地看作是中国2 000年来声学实验与研究的最高成就。”“第一个使平均律数学上公式化的荣誉确实应当归之中国。”③美国学者库特纳(Fritz A. Kuttner, 1903～1991)1975年也发文认为,朱载堉应和西方学者共享十二平均律的发明权;鲁宾逊则于1980年再次发表题为:“论朱载堉对中国音乐中平均律的贡献”一文。

当代学者以专著研究朱载堉的,以戴念祖的《朱载堉——明代的科学和艺术巨星》和台湾陈万鼐的《朱载堉研究》最为全备。二著各有特色。戴著论述面广,律算天文、舞乐文化、科技哲学均有涉及;陈著精于音律,辅以实验,可谓理实交融。此二著作,当为深入了解朱载堉伟大成就之必读专书。近年,卓仁祥发表专著《东西方文化视野中的朱载堉及其学术成就》,对朱载堉十二平均律西传的可能途径进行了较为细致的考证与探索④。此外,程贞一也对朱载堉律算问题有专门的研究⑤。

除上述研究外,音乐学界着力于朱载堉新法密率和异径管律的研究者也硕果颇多,仅以复原试验朱载堉异径管律一项工作为例,国外有比

① 戴念祖:前引书,第138页。

② Kenneth Robinson, “A Critical Study of Ju Dzai Yu's Account of the System of the Lu-Lu or Twelve Musical Tubes in Ancient China”. *Inaug. Diss.* Oxford, 1948.

③ Joseph Needham, *Science and Civilization in China*. Cambridge Univ. Press, Vol. IV, I:220－228.

④ 卓仁祥著:《东西方文化视野中的朱载堉及其学术成就》,中央音乐学院出版社,2009年。

⑤ 程贞一著:《黄钟大吕——中国古代和十六世纪声学成就》,上海科技教育出版社,2007年。

利时学者马容(Victor C Mahillon，1841～1924)1890 年的实测研究，国内有杨荫浏 1937 年的分析计算，1956 年台北文化大学庄本立的玻璃管模拟实验，陈权芳的试管模拟实验，陈万鼐、刘勇的全面复原测音实验等等，至于理论上探讨争鸣的文论则更多。

自刘复一文引发的朱载堉十二平均律研究，至今已基本深入人心，朱载堉及其成就，开始以历史的本来面目载入中华科技文化的史册。

然而，回归历史深处，要充分理解朱载堉创立十二平均律的这一重大成就，就必须对以下问题有较为深入的了解：

(1) 朱载堉创立十二平均律的理论思路是什么?

(2) 朱载堉创立十二平均律的具体算法是怎样的?

(3) 朱载堉异径管律符合十二平均律的理论要求吗?

(4) 若干质疑朱载堉十二平均律成就的不同看法是否成立?

值得一提的是，即使是目前，在《四库全书》之外，要找到足本的《乐律全书》也非易事，较为普及的版本当属 1931 年商务印书馆出版的《万有文库》本，凡 36 册。朱载堉创立新法密率与异径管律的核心思想，基本上体现在其1567～1581 年间成书的著作《律学新说》《算学新说》和《律吕精义》中。其中《律学新说》最为精练。此书简明扼要，通俗易懂。而《算学新说》和《律吕精义》则深入浅出，论证周密，充分体现了朱载堉在科学思想和科学方法上也达到了与西方近代科学相当的水准。

二、朱载堉创立十二平均律的理论探析

长期以来，关于朱载堉如何创立十二平均律的问题，学界一直存有疑问。有的学者就认为朱载堉只给出了具体的十二平均律数据，但没有

讲明其中的学理。典型的如比利时马容说“载堉虽然没有解释他的学理,只把数字给了我们……”[①]对于朱载堉在计算十二平均律的过程中采用《周礼·栗氏为量》“内方尺而圆其外”的做法尤其不以为然。《四库全书总目提要》认为“载堉云勾股术者,饰词也”,“以勾股言之,未免过于秘惜,以涂人耳目”[②]。清乾隆十一年(1746)的《御制律吕正义后编》则说:朱载堉“非有义理也,特借勾股之名以欺人耳!”[③]。近代学者刘复在高度评价朱载堉发明十二平均律伟大成就的同时,也对朱载堉采用《周礼·栗氏为量》提出严厉批评,认为朱载堉“在这上面,大约是有意要拉一句古书来蒙人”,认为朱载堉计算圆周率采用《周礼·栗氏为量》“内方尺而圆其外”的方法,是“像‘文王神数’一样要影戤他两千七百年前的老招牌”,“以正牌自居,硬派别人作副牌”;而朱载堉采用《周礼·栗氏为量》研究嘉量,更是“食古不化,有时候勉强可以通得过,到梗在喉咙口了,就没有办法了”。最为宽容的看法如戴念祖先生也认为“朱载堉的过错是不该拉出黄帝来吓唬人,也不该在新法密率的计算中,因为有个$\sqrt{2}$,就硬为自己的新理论穿上一件《周礼》的外衣”。但同时戴念祖也对朱载堉表示了最大的理解,他指出:“在中国历史上,许多文人书生将自己的发明、著作假托于黄帝、周公,也是屡见不鲜的。于是在中国形成了一种传统,只要说是黄帝、周公的书或发明,就容易获得达官贵人的承认。朱载堉只不过是延续了这种传统而已。”[④]

然而,朱载堉如此一而再、再而三地应用《周礼·栗氏为量》作为立论的前提,仅仅只是为了“吓唬人”或“获得达官贵人的承认”吗,在这种

① 转引自刘复文章。
② 《四库全书总目提要》经部乐类《乐律全书》条。
③ “乐问二”,《御制律吕正义后编》(卷一百八十)。
④ 戴念祖:前引书,第116～117页。

思维方法的背后,有没有更加深刻的科学认识背景呢?

通过深入的文献考证不难发现,朱载堉采用《周礼·栗氏为量》"内方尺而圆其外"作为其理论根据,并非画蛇添足。除了深刻的文化原因之外,这一思维方法对创立十二平均律的确起过不可忽视的启迪作用。朱载堉正是通过《周礼·栗氏为量》作为他的理论基础,努力建立了一个能够统一解释律学所有疑难的理论体系,并在"新法密率"等方面取得了辉煌的成就。在理论和实验的对比研究中,朱载堉是中国古代学者中和现代科学思维方式最为接近的人之一。

1. 从河洛之学结出的科学奇葩

众所周知,河洛之学是中国传统文化的精髓之一,它深深影响了一代又一代中国古代学者的思维方式和理论建构模式。做出十二平均律这样重大创新的朱载堉也不例外,他作为中国文化的杰出代表,继承河洛之学的精蕴是理所当然的。在《律学新说》中他开宗明义就指出:

> 夫河图洛书者,律历之本源,数学之鼻祖也。圣人治世,德动天地。天不爱道,地不爱宝,故凤鸟至,河图出。易曰:"河出图,洛出书,圣人则之。"所谓则之者,非止画卦叙畴二事而已,至于律历之类,无不皆然,盖一切万事不离阴阳。图书二物,则阴阳之道尽矣。河图龙发,所以通乾而出天苞;洛书龟感,所以流坤而吐地符。河图阳也,阳常有余;洛书阴也,阴常不足。故河图之数五十五,视大衍而有余;洛书之数四十五,视大衍而不足。合河图与洛书共得百数,若阴阳之交,观牝牡之相,衔均而分之,得大衍之数者二,此天地自然之至理,故律历倚之而起数。是以黄钟之管长九寸,九寸者,纵黍为分之九寸

> 也。寸皆九分，凡八十一分，洛书之奇自相乘之数也，是为律本。黄钟之尺长十寸，十寸者，横黍为分十寸也，寸皆十分，凡百分，河图之偶自相乘之数也，是为度母。纵黍之律，横黍之度，长短分齐，交相契合，此乃造化之妙也。而千载以来，无一人识者，殊可叹也。先臣何瑭曰："《汉志》谓黄钟之律九寸，加一寸为一尺，夫度量衡权所以取法于黄钟者，盖贵其与天地之气相应也，若加一寸以为尺，则又何取于黄钟？殊不知黄钟之长固非人所能为。至于九其寸而为律，十其寸而为尺，则人之所为也。《汉志》不知出此，乃欲加黄钟一寸为尺，谬矣！今按《汉志》'度本起于黄钟之长'，则黄钟之长即是一尺，所谓长九寸、长八寸十分一之类，盖算家立率耳。"何氏此论发千载之秘，破万古之惑，律学第一要紧处，其在斯欤，此则唐宋诸儒之所未发者也。①

此段论述清楚表明，朱载堉律学思想的立论依据就是河图洛书之学。朱载堉把律数之本上溯为"洛书之奇自相乘之数"，而尺度之母还原为"河图之偶自相乘之数"，再引入纵、横、斜黍尺的分析法，一下子将历史上关于黄钟长度的各种扑朔迷离的论争全部统一到河洛之学的博大框架中。朱载堉同时认为，古代学者许多关于黄钟尺度的争论，都是因为没有了解河洛之学、造化之妙的缘故。

这样的分析方法，从现代科学的意义上看，似乎没有切中自然之理，但就中国文化的传统而言，却是别具匠心的。刘复认为：

> 古人算律，黄钟或为十寸，或为九寸，或为八寸一分，只是因为计算的便利，把标准改变些，朱氏却认为十寸应即等于九寸，亦应等于

① "律吕本源第一"，《律学新说》(卷一)。

八寸一分，于是创为纵黍，横黍，斜黍之说，谓纵黍八十一，相当于斜黍九十，横黍一百。这显然是穿凿，然而却被《律吕正义》采用了，真所谓“买椟还珠”。

刘复先生的评论虽不无道理，但我们看待古人的思想，似乎也应从彼时的背景而论。从理论上看，追求对自然认识的统一性和简单性，几乎是每一个自然科学家的本能要求，朱载堉也是如此，他以河洛之学为依据，以假说的方式首先获得了古代学者关于黄钟尺度的统一解释，又以此为基础，建立起一整套形式上完备的关于律学理论的新体系——他称为“新法密率”的十二平均律理论。如此看来，指责朱载堉采用河洛之学就有失公允。不能设想朱载堉会天才般地从等比数列一下子进入音程音分的概念，从而达到十二平均律。更何况，朱载堉是在亲自做了排黍实验以后才取此假说的，朱载堉同时告诫人们：“若不累黍亲验，亦不信有如此之妙。”①由此可见，朱载堉的十二平均律也和人类历史上许多重大科学发现、发明一样，是在充满了猜想、分析、证实和实验的复杂过程中逐步得到的，其间甚至不乏巧合和机遇。

以今天自然科学为参照系，似乎河洛之学只是简单的数学游戏，但在中国古代，河洛之学严密的数理结构，经过宋元两代学者的演绎发展，到了明朝已自成体系，并且与阴阳五行、太极八卦学说交相辉映，构成中国学者解释天地万事万物的理论基础，我们今天看到的多半是这种学术的负

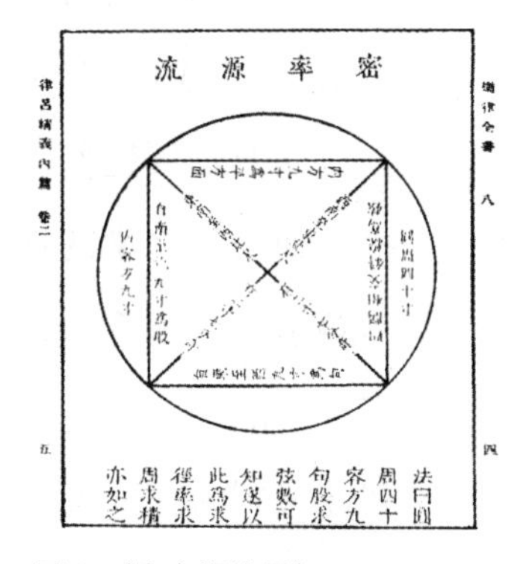

图 2 《密率源流图》

---

① “嘉量篇第二”，《律学新说》（卷四）。

面效应——它压抑了中国学者对自然之理的深入探索,往往以一术御万物,从而在"文王神数"的阴影中逐渐落在了世界科学潮流的后头。

其实,事情总是一分为二的。朱载堉发明十二平均律,恰好是中国学者运用河洛之学的积极成果!虽然朱载堉在分析的过程中未必尽善尽美,但最终的结果却是得到了和现代科学认识完全一致的十二平均律理论,以及按照这一理论,考虑到管口校正之后的十二平均律管,使世界为之赞叹不绝。从这个意义上说,河洛之学以及相关的其他传统学术理论对朱载堉探索十二平均律,确实曾起到过启迪思维的作用,简单地认为朱载堉一概是附会、穿凿是不可取的,对此,我们还可以作进一步分析。

2. 由《栗氏为量》传承的推算数理

那么,河洛之学、周公之术又是怎样为朱载堉提供科学的联想和启示,使朱载堉能够与众不同地得出创造性成果的呢?

大家知道,古代学者为算律方便,时常改变黄钟的长度单位,有取黄钟长度 10 寸,有取 9 寸,还有取 8 寸 1 分的。朱载堉面临的第一个问题,就是如何解释这些不同的黄钟长度。为了将所有这些见于经传的数字统一到河洛之学的理论架构中,朱载堉独树一帜,提出了纵黍尺、横黍尺和斜黍尺的解释,认为古代尺的纵黍尺八十一就相当于斜黍尺的九十、横黍尺的一百[①]。这样,就一举解决了古籍中不同黄钟尺度之间的矛盾和冲突,并将这种解释与河洛之学相联系,作为河洛理论的一种结果,即所谓"黄钟之管长九寸,……是为律本""黄钟之尺长十寸,……是为度

① 《律吕精义・内篇》(卷四)。

母”。第二个问题是，在计算律管时，不可避免要用到圆周率，为了保证理论体系的完备性，朱载堉也必须采用同样的理论前提，于是他提出“方圆密率算术，周径幂积相求”“乃周公所撰，而算家失其传，故表而出之”①。以今天的眼光看，虽然难免有“穿凿”之嫌（“穿凿”一词是刘复先生的批评），但朱载堉在构建其理论大厦时所采用的方法，却是中国古代学者中少见的公理化方法：即从最少的原始性命题出发，将所有有关律学的理论问题纳入同一理论体系，按一定的逻辑原则统一加以解释和叙述，这是自然科学从经验归纳走向逻辑演绎的必由之路，这一点又正是中国古代自然科学中的薄弱环节。既然朱载堉在这一方面有所突破，他能够获得十二平均律的伟大成就，也就是偶然中的必然了。

在朱载堉看来，天地间的一切奥秘都可以用河洛之学涵而盖之。他将黄钟之长9寸用纵黍尺解释，并与洛书相联系，因此认为黄钟是诸律之本；而黄钟之长1尺则用横黍尺解释，又和河图联系，因此得到黄钟数度量衡原始标准的理论根据。当朱载堉从理论上完美地解释了历史上一直纠缠不清的这些理论问题时，他的心情是异常激动的，所以会有“千载以来，无一人识者，殊可叹也”的得意。

即使是今天，朱载堉的这种解释，除了纵横黍尺属于假设之外，其余的解释仍然不无道理，至少在逻辑上是自洽的。特别是朱载堉巧妙利用《周礼·栗氏为量》“内方尺而圆其外”一图，推算出十二平均律的主要数据，实为“鬼神莫测，虽百思不能到者也”②。这里仅以朱载堉计算著名的异径管律长度及内外周数据为例。

《周礼·栗氏为量》在中国古代学者心目中具有很高的学术地位。

---

① 《嘉量算经》（上卷）。
② 江永：《律吕阐微》（序文）。

勾股定理的完美表述，使得不少古代学人简单地认为，这样的学术应当永垂不朽，同时又是放之四海而皆准的。甚至直到西学东渐，欧氏几何、三角学等传入中国，一些学者仍然断言，这些学术我国古已有之，无非周公商高之术云云。处于如此文化背景之下的朱载堉，不可能超越历史局限太远，他很自然地也会选择《周礼·栗氏为量》“内方尺而圆其外”的原理图，并把它作为完备解释律数之理的几何模型。在朱载堉看来：

> 方者象地，圆者法天。方圆相求，自然真率。其数出于河图洛书而非人所为也。河以通乾，其数十；洛以流坤，其数九。乾坤交泰，互藏其宅。故九为地而十为天。天包地外，地居天内。天有四方，每方十寸，其周为四尺，则圆之周率也。地有四方，每方九寸，其弦为一尺二寸七分二厘七毫九丝二忽二微有奇，则圆之径也。周公嘉量之制，测圆之术盖已具焉。①

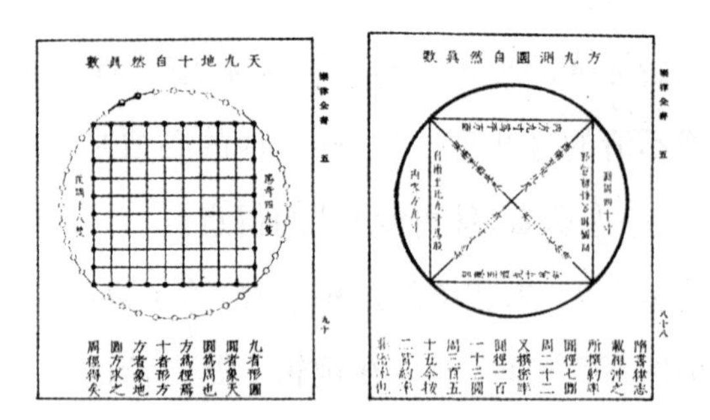

图 3　朱载堉算律理论图解

这段话有几个关键性的概念。一是认为天圆地方，“九为地而十为天”是河洛之学的基本原理，即所谓“自然真率”“非人所为也”；二是天有四方，每方 10 寸，但呈圆形分布，故圆周应为 40 寸；三是地有四方，呈方

① “密率求圆幂第五”，《律学新说》(卷一)。

形分布，每方应为 9 寸。再用勾股求选弦术，即可由地达天，算出方斜即为圆径，同时也可推知圆周率为 $40/\sqrt{9^2+9^2}$，所以有“测圆之术盖已具矣”一说。

如果暂时不去计较天圆地方这一理论模型的错误，如此巧妙地理论“推导”，和西方近代科学比较起来，除了没有采用形式化的语言以外，在逻辑论证的方法上可谓异曲同工。从河洛之学的数理到栗氏为量的图形，术数具备皆应，虽和今日科学背道而驰，却也自成一体，自圆其说，充分显示了理论思辨的妙趣。正是因为这一理论体系自身的完备性，使得朱载堉对由此“推导”出的圆周率算法深信不疑，甚至对祖冲之的圆周率也不屑一顾。这就是刘复先生对朱载堉大为不满的“以正牌自居，硬派别人作副牌”的来历。

朱载堉并非仅仅是理论上的演义，他还进行了力所能及的实验检验：

> 试验之法，用纸大小二幅，其方中矩，用意比对，四面相同。小者每面皆方九寸，大者皆方一尺三寸，置于平处，小者在大者上，中心定针，于小者四角外运规，仅容四角，丝毫不可多也。片纸作寸，移量圆周，针尖点识，恰好四十整寸。①

这个实验是用纸片作成 9 寸正方形，再用 1 尺 3 寸的正方形作为 9 寸正方形的斜边构成的方图，然后用画有尺寸的纸条在 9 寸正方形的外接圆周上围绕测量，朱载堉实际测量的结果是 9 寸正方形的外接圆周“正好”是 40 寸。这就是朱载堉为何如此坚信《周礼・栗氏为量》的

① “密率求圆幂第五”，《律学新说》(卷一)。

原因！

以今日科学的视角看，朱载堉正是在这里犯了一个历史性的错误。即，采用如此试验的方法，得到的并非是“自然真数”，而是包含了相当误差的一个大概之数。如果一个圆的内接正方形边长 9 寸，则该正方形的对角线长度应为$\sqrt{9^2+9^2}=12.727\ 922\cdots$寸，而圆周则为 39.985 946…寸，而不是 40 寸。相差大约 0.014 05…寸。但这个误差是朱载堉用纸片测量圆周的试验中所无法察觉的。

我们讨论问题，也应当从历史的本来面目出发。以朱载堉当时的认识水平和可行的操作方法，能进行如此理实交融的科学探索，还是具有积极意义的。正因为朱载堉亲自进行了大量的实验，因此他所得到的数据，虽然由于对圆周率测量的经验性误识而包含了一定的误差，但这些误差又正好在实际制作律管所能允许的范围内，所以，朱载堉的异径管律才一举达到历史的最高水平，第一次实现了“旋宫转调”的美好愿望。反观人类文明的发展，又有那一门科学可以一步登天，穷尽自然奥秘呢？牛顿力学不也是在人类的观测能力发展到微观高速的物理领域之后，才逐步地发现其并非绝对正确，从而由爱因斯坦的相对论所继承和发展的吗？连诺贝尔奖也遇到过颁发以后若干年，又发现实验者的结论不可靠的尴尬局面。由此，我们就不应当过于责备朱载堉在圆周率问题上的失误了。

由于朱载堉找到了理论叙述的逻辑，他的推算也就进行得异常流畅。同时，他也反复告诫：“天地自然真率及周公方圆总率，算律之士，诚不可忽”①。在计算异径管律各律长度和内外径等数据时，他是这样推算的：

① “密率求圆幂第五”，《律学新说》(卷一)。

（1）律管长度的计算可以由“新法密率”直接确定。当然在推算“新法密率”时，启发朱载堉首次发现蕤宾倍律是$\sqrt{2}$的，也是“其法本诸《周礼·栗氏为量》‘内方尺而圆其外’。内方尺而圆其外，则圆径与方斜同，知方斜则知圆之径矣。”[①]即按“内方尺而圆其外”的思想，可以简单地导出$\sqrt{2}$为蕤宾倍律弦长的结论来。对此，下章还将专门讨论。

（2）如果说在计算十二平均律数据时，除了蕤宾正律可以比较好地从《周礼·栗氏为量》用方圆勾股术推算得出，但其余各律还是需要进行等比例求解的话；那么在计算异径管律各管的内外周长以及内外径时，朱载堉就将他的理论体系严整地建立起来了。如前面所述，朱载堉通过理论分析和实验结果，得出了一个按照中国传统文化可以统一解释的“新法密率算术周径幂积相求”方法，这一方法巧妙地回避了圆周率计算的难题，从而获得了36根异径律管的全部数据。比如，在确定最大的一根律管的外径和周长数值时，朱载堉说：

> 置黄钟倍律九而一以为外周，用弦求勾股术得其内周；又置倍律四十而一以为内径，用勾股求弦术得其外径。盖律管两端形如环田，有内外周径焉。外周内容之方即为内径也，内周外射之斜即外径也。方圆相容，天地之象，理数之妙者也。[②]

如前面的密率源流图所示，由于朱载堉通过自己的理论推算及实际测量，得到了“圆周四十寸，内容方九寸”的结果，因此，他按这样的逻辑定义了倍律黄钟的外周为通长的九分之一，倍律黄钟的内径为通

① “不用三分损益第三”，《律吕精义》（卷一）。
② “不取围径皆同第五”，《律吕精义·内篇》（卷二）。

长的四十分之一，这种定义方法既符合古代定律的传统，又和新法密率的算法一脉相承，还可以统一解释古代关于黄钟律管尺度的种种论争。比如：

> 黄钟通长八十一分者，内周九分是为八十一中之九，即约分法九分中之一也。若约黄钟八十一分作为九寸，则其内周当云一寸。旧以九十分为黄钟，而云空围九分者误也。①

按照朱载堉的统一解释，黄钟倍律、正律和半律各管正好可以相嵌套入，天衣无缝。其余各律管的周径和内外径，只要按照已定的比例推算，即可逐一求出了。由此可见，如果要以河洛之学一以贯之，则律管内外周径的定义就必须取 1/9 和 1/40，唯此才合乎推理的逻辑。

虽然朱载堉通过勾股求弦术回避了圆周率的使用，但是实际上他还是要采用一个圆周率的，这个圆周率就是 $40/\sqrt{9^2+9^2}=3.142\,696\,805\cdots$。

以今日科学的眼光看来，朱载堉在圆周率的使用上是不够严密的，但由于他的计算误差大多在千分之五至千分之九之间，从制造工艺角度看，这样的误差对精度的影响基本可以忽略了。因此，朱载堉的理论和实践不仅具有科学方法论和科学认识论的普遍意义，他所得出的一系列计算结果，至今也令人叹服。这不仅因为朱载堉当时就已经亲自作过吹律听声的实验验证，后面的理论分析还将证明，朱载堉的异径管律完全符合十二平均律"旋宫转调"的要求。

---

① "不取围径皆同第五"，《律吕精义・内篇》(卷二)。

3. 以统一解释为追求的完备体系

从历史的角度看,朱载堉采用“粟氏为量”、“河图洛书”作为他叙述“新法密率”的逻辑起点,并在实验的基础上归纳演绎,得到一系列远远走在时代前列的正确结论,最终完成了十二平均律的伟大理论和实践,这一过程也是中国科学技术史上值得大书特书的一笔。

当然,朱载堉为了这种理论统一化的尝试也付出了一定的代价,除了在追求理论的完美性时,有时甚至有“穿凿”之嫌外,他还过于相信上古的真传,对“周公密率”“河图洛书”笃信有加。虽然这些学说至今仍被认为是中国文化的代表之一,我们并不因为这些理论和西学截然不同就一概否定其意义和价值,但朱载堉由于缺乏“分析”的数学,因为实验精度不够而导致对圆周率认识不够精密,终究是一大憾事。但若和历史上许多律学家、经学家们的述而不作相比较,朱载堉的科学实践就显得格外珍贵了。当我们看到明清两代“很多乐律著作……逃避现实……玄而又玄,而毫不能解决什么问题”①的时候;当我们看到在“康熙皇帝直接领导之下所产生的一套十六个天坛编钟”“错误百出”②的时候;当我们对比和朱载堉处于同一历史时期的另外一些科学巨著的时候(在这一时期的另外一些著作如《本草纲目》、《天工开物》、《农政全书》、《救荒本草》以及《徐霞客游记》等几乎多处在分类、比较、归纳的经验自然科学的初级发展阶段,只有朱载堉的《乐律全书》堪称例外,它理实交融,由河洛之学发端,到旋宫乐谱验证,整个研究方法和今日科学极为相似),就不得

---

① 杨荫浏:《中国古代音乐史稿》,人民音乐出版社,1981 年,第 1012 页。
② 杨荫浏:前引书,第 1014 页。

不叹服，朱载堉在整个中国古代科学技术尚处于经验积累、简单归纳占主导地位的历史时期，特立独行地深入到分析科学的领域，并开始了运用公理化方法的探索。虽然这种探索是自发的和不自觉的，但毕竟是几千年来空前的一个创举。它有别于经学家们的烦琐考据，义之以图理，验之以物事，一切结论以实验为最终的判断标准。因此，对朱载堉所构建的以河洛之学为理论依据，用勾股求弦为推演方法，从实验检验中找最终结论的一整套科学研究的模式，我们有必要予以高度的重视和评价。

朱载堉在科学认识论和科学方法论方面的成就表明，人类文明的发展并没有截然的东、西方科学的划分，只要条件具备，东方的中国同样可能诞生现代科学思想的萌芽。

也由于朱载堉采用的科学方法的历史超前性，使得其后的几百年里，知音寥寥，除江永外，难寻他人。从另外一个方面看，中国古代科学中几乎唯独朱载堉的十二平均律是一步登天般地完全达到了和现代科学同等程度认识，对此我们也终于有了答案：因为朱载堉所采用的理论方法，从根本上说，已经和现代科学方法具有相同的原则，在这样的科学方法下，自然最有可能得到与今日科学相当的结论。这一方法虽然当时乃至以后相当一段时间内不被理解，但是一旦整个社会的科学和技术进步到与之相当的水平，人们便会惊奇地发现深藏在历史尘埃背后的科学奇迹。

诚然，我们还不能简单地把朱载堉对于理论完备性的追求，完全等同于西学的公理化体系，但是，如果要在科学方法论和科学认识论上也要讨论一番最早和最先的话，那么完备地将理论的系统分析和实验的精密测试结合运用，朱载堉的工作或许也堪为中国古代科学的又一奇观，是中国古代学者中思维方式和研究方法和西方近代科学最为相近的学者。

最后，不妨以朱载堉之后近 300 年中唯一对朱载堉十二平均律理论表示理解和接受的清代学者江永的一段著名论述结束本章讨论：

> 昔闻明神宗时郑世子载堉有乐律书，屡求不可得。乾隆丁丑(1757)年已七十有七，与同志旧友讲业于古歙之灵山，属访载堉书，乃得之藏书之家。余读之，则悚然惊、跃然喜，不意律吕真数即在"栗氏为量，内方尺而圆其外"一语，何以余之《新义》中已绘有方圆倍半之图，已详推周鬴汉斛之数，乃不能覃思及此也？最奇者，方尺即是黄钟，勾股各自乘而开方即得蕤宾，再乘再开方即得南吕，亦可得夹钟。子、午、卯、酉四律已矣，犹未能推及寅申巳亥与辰戌丑未也。尤奇者，南吕之率以方尺倍乘，为之方积，求得立方根，即得应钟。此其取径幽曲、鬼神莫测，虽百思不能到者也。得应钟则诸律皆可求，终始循环，一气无间。……夫理数之真，隐伏千数百年，至载堉乃思得之。……书传既久，国朝博洽诸名家著书论世，未见有称道世子此书者，唯秀水朱竹垞有载堉《乐律全书跋》，第以河间献王比之，亦未论及此书之窔奥。愚一见即诧为奇书，盖愚于律学研思，讨论者五六十年，疑而释、释而未融者已数四，于方圆幂积之理几达一间，犹逊载堉一筹，是以一见而屈服也。

从以上字里行间我们看到，征服江永的，正是朱载堉所采用的公理化演绎论证方法，以及用这一方法所得到的既符合中国文化传统，又合乎天地自然理数之真的"律吕真数"。

三、朱载堉创立十二平均律的算法分析

十二平均律是中国人对世界文明的伟大贡献，这是不争的历史事实。然而长期以来，关于朱载堉发明十二平均律的计算方法，却一直存有疑问。大多数的人都反复引用《律吕精义·内篇》中关于“新法密率”的一段文字：“度本起于黄钟之长……”作为朱载堉发明十二平均律的证据。较早考证这段文字的，当推刘复等前辈学者。此后的研究，多属对刘复先生考证结果的转引。在缪天瑞先生那本多次再版的《律学》一著中，也有同样引文，他认为：“朱载堉的计算法，从今日的算法看来，等于先把八度开二方：$\sqrt{2}$，得 1.414 213…，为八度的一半，即十二平均律中六个半音处的$^{\#}$f。再开二方：$\sqrt{1.414\,213}$，得 1.189 207…，为八度的四分之一，即三个半音处的$^{\#}$d。…再开三方：$\sqrt[3]{1.189\,207}$，得1.059 463…，为八度的十二分之一，即半音的$^{\#}$c，亦即任何律的高一律。”[①]然而，这段文字并不能充分说明十二平均律的推算过程。从数学演算的角度看，也是不合逻辑的。为什么朱载堉会想到要把八度开二次方、开二次方、再开三次方呢？单凭猜测，要找出$\sqrt[12]{2}$作为半音的音程，几乎是不可想象的。因此，仅仅引用“度本起于黄钟之长……”这段话，的确不足以证明十二平均律是理性思维的产物。在这段文字中，朱载堉虽然给出了一系列精确的计算结果，却未对“新法密率”的推算过程作详细交待，所以许多学者也就只好避而不论，或者干脆跳过朱载堉发明十二平均律的原始思路，对其产生的过程作简单化的归纳，因而也就难免使人要对其学理产生怀疑：

① 缪天瑞：《律学》，人民音乐出版社，1983 年，第 145 页。

朱载堉十二平均律的数据产生得太突然了！似乎它的发明者也不明其理。从乾隆时代编修《四库全书》开始，不断有人对此提出质疑。国外也有学者认为，朱载堉只是列出了计算结果，没有讲出十二平均律的学理。可是，若以朱载堉之言“创立新法：置一尺为实，以密率除之，凡十二遍”[①]而论，他确实已明白无误地认识到十二音律之间的等比例关系。

问题的关键在于：“新法密率”是如何产生的？那些神奇的$\sqrt{2}$、$\sqrt[12]{2}$又是怎样找出来的？如果《律吕精义·内篇》中关于“新法密率”的这段文字不能作为朱载堉发明十二平均律的充要证据，那朱载堉还有没有留下更具体一些的计算公式？

戴念祖先生曾对朱载堉的不朽著作《乐律全书》作过系统研究，他发展了刘复、缪天瑞的考证，全面阐释了《律吕精义·内篇》中关于“新法密率”的论述，并用现代语言给出了深入浅出的解释[②]。但是，在戴著中未见对朱载堉如何得出那些多达25位的律算结果做出更多的分析与考证。就笔者研究时涉及的文献，尚未发现有学者对此做出深入的阐释，大多是将朱载堉关于“新法密率”的这段文字用现代语言复述一遍，以正确的计算结果代替对具体推算过程的困惑，因而也就难免使中国古代音律学的这一伟大成就常常招致误解和非议。

我们面临的问题是：一方面，朱载堉确已解决了等比数列各项的求解问题；另一方面，在当代大量研究朱载堉著作的引文中似乎又看不明白他是怎样算出这些神奇的律吕数字的。

有鉴于此，有必要以朱载堉所处的历史条件为背景，深入考证其发明十二平均律的思维过程，弄清朱载堉对十二平均律的具体算法。

---

① “密率律度相求第三”，《律学新说》(卷一)。

② 戴念祖：前引书，第66页。

首先应该确认的是，仅靠《律吕精义·内篇》中关于“新法密率”的这段文字，的确不足以说明十二平均律的推算过程；更具代表性的文字，当取《算学新说》诸问条目。

1. 由《栗氏为量》导致的科学联想

从理论上说，要发明十二平均律，必须具备下列前提条件：

(1) 确立一个八度的音程或弦长之比为 2∶1；

(2) 确立音高的变化与弦长成比例关系；

(3) 否定从 2 到 1 按等差关系分配音律的可能性。

上述诸条均可从已有的律准弹奏试验中得出，也是朱载堉所处时代已经具备的律学知识。接下来的问题是：为什么朱载堉要以$\sqrt{2}$这个关键数字开道，首先确定出蕤宾倍律的弦长？把这一创造性的突破说成是“饰词”“借勾股之名以欺人耳”，显得过于武断，类似观点从《四库全书总目提要》到《御制律吕正义后编》乃至今人著作，时有所见。即使是认为朱载堉“错误地搬用了《周礼·栗氏为量》的经典记载作为合法外衣”[①]也还有可商榷之处，因为所有这一类评价，可能都忽视了$\sqrt{2}$在推算思维过程中的实际作用。

我们不妨将朱载堉发明十二平均律的最初思路做一番“复原”：从黄钟倍律到黄钟正律，弦长减少一半，其间分布十二个音律，为了旋宫转调，十二音律之间一定要存在某种等量关系。通过弹奏试验很容易判断，等差关系不能旋宫转调；各律之间既然不可能是等差关系，那么就最可能是某种等比例的关系了。如果设定黄钟倍律弦长为 2，则黄钟正律

① 戴念祖：前引书，第 75 页。

弦长为1。蕤宾倍律位于十二律正中，要旋宫转调，首先必须做到黄钟倍律弦长与蕤宾倍律弦长之比，等于蕤宾倍律弦长与黄钟弦长之比。从古代的三分损益律等定律方法，发展到上述想法是较为顺畅的。而上述连比例的思想用今天的数学语言表达即为：

黄钟倍律 / 蕤宾倍律 = 蕤宾倍律 / 黄钟正律

代入已知的弦长数值便有：　蕤宾倍律$=\sqrt{2}$

这，应当就是朱载堉创立十二平均律中最为重要的$\sqrt{2}$的来历！

令人惊奇的是，启发朱载堉首次发现蕤宾倍律$=\sqrt{2}$的，倒是另外一种比上述解法更直观、更简捷的办法！这就是“其法本诸《周礼·栗氏为量》‘内方尺而圆其外’。内方尺而圆其外，则圆径与方斜同，知方斜则知圆之径矣。”①按“内方尺而圆其外”的思想，同样也可以导出$\sqrt{2}$为蕤宾倍律弦长的结论来。其法如下：

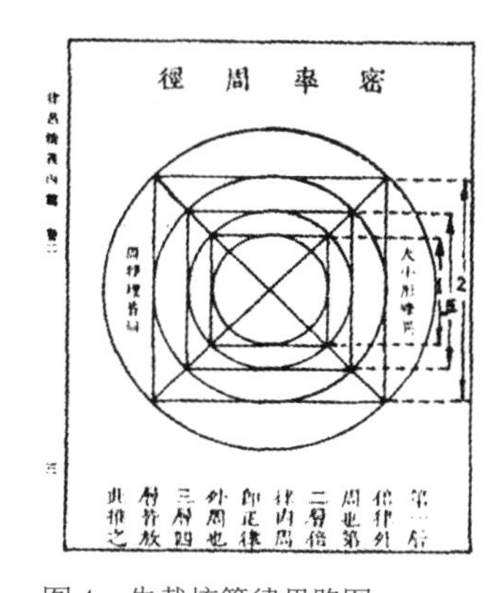

图4　朱载堉算律思路图一

如图4所示，依朱载堉的思想，设外圆内接正方形边长为黄钟倍律2，按《周礼·栗氏为量》“内方尺而圆其外”的方法，连续向内作圆两次，由勾股定理很容易推算出，中圆内接正方形的边长为2，内圆的内接正方形边长恰好是1，即黄钟正律之弦长。既然能从黄钟倍律“推出”黄钟正律，那么作为中间过渡的$\sqrt{2}$就理所当然地可以被猜测为蕤宾倍律弦长。这就是朱载堉取蕤宾倍律$=\sqrt{2}=\sqrt{1^2+1^2}$的原始思路。据此，我们有理由相信，《周礼·栗氏为量》确实对朱载堉发明十二平均律

① “不用三分损益第三”，《律吕精义》(卷一)。

起到过启发思维和辅助计算的作用。而在解决“管口校正”计算问题时，“内方尺而圆其外”便直接成为计算工具了。在讲究封建法统与传统礼教的时代，引经据典装点文章是一种社会时尚，朱载堉却不单纯地为了引经而引经，而是创造性地从记载西周典章制度的经典著作中找得积极的启示，并由此出发，推而演之，得出一系列正确的结论，充分体现了抽象思维的科学魅力，实为难能可贵。即使是从科学社会学的角度看，朱载堉取此解释也不无道理。众所周知，计算$\sqrt{2}$是中国算学中最为精彩的一个部分。选用《周礼・栗氏为量》作解释，较易于为大众所理解和接受。同时，若把八度旋宫看作一个周而复始的圆周，那么将圆周一分为二的圆径，便可比作蕤宾。依照中国律学的一贯思想，诸律均源起于黄钟，故以一尺黄钟为勾股，蕤宾倍律恰好可作为弦。反过来，若以蕤宾正律为勾股，又可推出黄钟正律作为弦(参见图 5)。这种将数学推算与传统观念两相拟合的做法，在中国古代学术中不足为奇。《周礼・栗氏为量》一方面启发朱载堉发现蕤宾倍律$=\sqrt{2}$，同时也为蕤宾倍律提供了一个形象化的、和传统律学相兼容的有理论渊源的解释。用今天的话说就是，它赋予了十二平均律一个几何解释。诚然，若以今日声学振动理论为参照，这种解释显然是错误的；但在当时，却不失为一种有效的理论解释，好比地心说也同样能预报一部分月食一样，科学正是在不断发现错误和不足中前进的。事实上，朱载堉也不可能不对蕤宾倍律$=\sqrt{2}$从等比例的角度加以验证。因此，从《四库全书》起，对朱载堉引用《周礼・栗氏为量》的种种责难，不是应当重

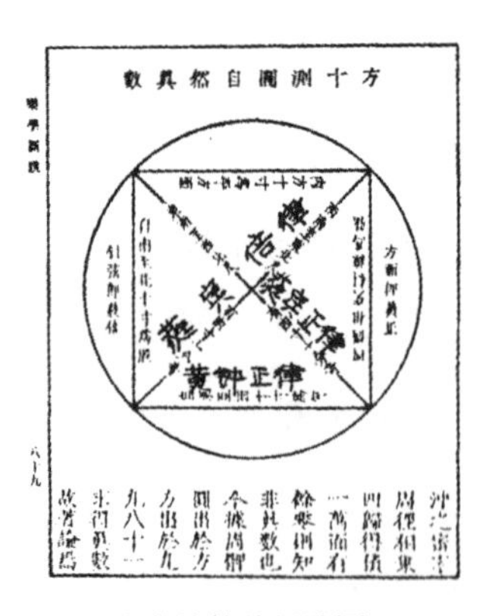

图 5　朱载堉算律思路图二

新加以认识吗?

2. 逐律推算的数学思路

一旦蕤宾之数确定下来,按等比例的思想推算下去就不再是什么困难的事了。我们先列出《算学新说》中给出的诸项公式:

蕤宾倍律$=\sqrt{黄钟^2+黄钟^2}$

蕤宾倍律$/2=$蕤宾正律　　　　《算学新说》第二问

夹钟$=\sqrt{黄钟\times蕤宾}$　　　　《算学新说》第四问

南吕倍律$=\sqrt{黄钟\times蕤宾倍律}$　　　　《算学新说》第五问

大吕$=\sqrt[3]{夹钟\times黄钟\times黄钟}$　　　　《算学新说》第六问

应钟倍律$=\sqrt[3]{南吕倍律\times黄钟\times黄钟}$　　　　《算学新说》第七问

这些计算公式较为清楚地显示了朱载堉的发明思路。显然,从《周礼》的方圆图已不再能够推出这些公式了;那么,朱载堉又是怎样得到这些公式的呢?我们分析,他仍是按等比例的思想推算的。以夹钟为例,由于夹钟是黄钟和蕤宾的中项,因此应有:

$$夹钟 / 黄钟 = 蕤宾 / 夹钟$$

亦即　　　　$夹钟=\sqrt{黄钟\times蕤宾}$

此即《算学新说》第四问:

以黄钟正律乘蕤宾正律得平方积……,开平方所得,即夹钟正律。

同理可得　　南吕倍律$=\sqrt{黄钟\times蕤宾倍律}$

此即《算学新说》第五问：

> 以黄钟正律乘蕤宾倍律得平方积……，开平方所得，即南吕倍律。

至此，还剩下四等比例数，已知一、四项，求二、三项的问题。比如在黄钟、大吕、太簇和夹钟这连续的4个律吕中，已知黄钟和夹钟，求大吕和太簇；或者在南吕、无射、应钟、清黄钟这连续的4个律吕中，已知南吕和清黄钟，求无射和应钟二律等。

再以等比例思想分析，这2项的计算可以转化为二元方程联立求解及开立方问题。

以求解大吕为例：

我们已知　　黄钟/大吕＝大吕/太簇

　　　　　　大吕/太簇＝太簇/夹钟

上述二式联立便得　　大吕$=\sqrt[3]{夹钟\times黄钟\times黄钟}$

此即《算学新说》第六问：

> 置夹钟正律以黄钟再乘，得立方积……，开立方所得，即大吕正律也。

仿此亦可求出应钟倍律。这些运算在数学上当时均不成问题。朱载堉也正是按上述思路逐步算出蕤宾、夹钟、南吕、大吕和应钟各律的弦长，并依次给出具体算式的。在《律吕精义・内篇》中，朱载堉只给出了上述部分律吕的算法，因此，人们一般也都因循后世乐律学家对《律吕精义・内篇》的考证结果，认为朱载堉没有逐一给出十二平均律的全部算式。比如，库特纳(F. A. Kuttner)认为:"从年代上说,毫无疑问,王子载堉是第一个在1584年提出了一个九位数十二平均律的各律音高数值,……但是,朱载堉在1584年没有对平均律作出数学的或理论的解说,严格说来,它是一种数字演算,何况这王子只指出了部分的演算程序。"①戴念祖先生曾反驳了这一观点,但是戴先生的论据还可再充实,他认为"朱载堉虽然没有以求解等比数列的方法将十二平均律的各个律数一一列举求出,但从求解等比数列的任意项的方法而言,他举的这些例子实际上已经完备无遗了。再举其他律的求法是多余的"。②

事实上,朱载堉并没有在自觉意识的角度上得到等比数列的概念,因此他仍然不厌其烦地逐一列出了十二平均律各律吕的求解公式,只是这些公式一直未被后人引起重视而已。

稍稍耐心一点,继续往下看《算学新说》这本包含了十二平均律计算精华的重要著作,就可以看到朱载堉的全部计算公式。在第十问中,朱载堉又给出了一长串公式:

其中由长律生短律的有	大吕倍律^2/2=太簇倍律
	夹钟倍律^2/2=姑洗倍律
	姑洗倍律^2/2=夷则倍律
	仲吕倍律^2/2=无射倍律
	蕤宾正律^2/2=黄钟正律
由短律生长律的又有	应钟倍律^2=无射倍律
	无射倍律^2=夷则倍律

① F. A. Kuttner, Prince Chu Tsai Yu's Life and Work. *Ethnomusicology*. Vol. XIX, No. 2, 1975:168—169. 中译文转引自戴念祖:《朱载堉——明代的科学和艺术巨星》,人民出版社,1986年,第203页。

② 戴念祖:前引书,第202页。

南吕倍律^2=蕤宾倍律

夷则倍律^2=姑洗倍律

林钟倍律^2=太簇倍律

蕤宾倍律^2=黄钟倍律

这组公式更加明显地表达了朱载堉推算十二平均律的原始思路：无非是连比例求解。他穷举了所有以倍黄钟和黄钟为等比例首项，已知蕤宾、夹钟、南吕、大吕和应钟而推求其余各等比例项的公式。在人们还不了解等比数列这样的概念之前，将等比数列各项的求解公式按上述方法一一列出，无疑是最有效的表达计算的办法！

以上分析当为朱载堉发明十二平均律的思维过程，其中并不需要高深的数学理论，只要会开方运算就可以。为此，我们还可从朱载堉下面的这段话得到确证。在《算学新说》第一问中，朱载堉明确指出，十二平均律的求解次序是："先求黄钟，犹历家先求冬至也。次求蕤宾，犹夏至也。又次求夹钟，犹春分也。又次求南吕，犹秋分也。然后求大吕，除黄钟外诸律吕之首也。其次求应钟，诸律吕之终也。犹历家所谓履端、举正、规余也。黄钟履端于始，蕤宾举正于中，应钟归余于终。"结合第十问的求解公式，可以清楚知道朱载堉是按什么样的次序推算出十二平均律的。现以下表标出朱载堉发明十二平均律的求解次序：

表1　朱载堉十二平均律求解次序表

律名	黄钟	大吕	太簇	夹钟	姑洗	仲吕	蕤宾
次序	1	5	7	3	8	11	2
比喻	冬至			春分			夏至
律名	林钟	夷则	南吕	无射	应钟	清黄	
次序	12	10	4	9	6	1	
比喻			秋分			冬至	

3. 运用联想和类比的伟大创造

根据朱载堉《算学新说》中的具体算式，结合《律吕精义・内篇》有关内容，我们可以推定，他发明十二平均律的思维过程是：从等比例关系出发，在《周礼・栗氏为量》方圆图的启发下，先由黄钟倍律、黄钟正律推算出中项蕤宾倍律；次由黄钟倍律、蕤宾倍律、黄钟正律再推中项夹钟倍律、南吕倍律；最后再求出大吕倍律、应钟倍律等其余诸项。一旦十二平均律各项弦长全部算出，便很容易验算出其等比例的关系，及最小公比数$\sqrt[12]{2}$。朱载堉的主攻方向是解决旋宫转调问题，其关注的焦点不在数学，因此他虽然求出了十二平均律各律弦长，却没有进一步从数学上对等比数列的问题做更多的总结和证明，而是尽量与前人的理论相拟合，试图使“新法密率”符合诸律盖源起于黄钟的传统说法。这其中又巧妙地借鉴了《周礼・栗氏为量》“内方尺而圆其外”的思想，第一个找到蕤宾倍律$=\sqrt{2}$，并逐步推算下去，终于完成了十二平均律的伟大创造。

通过上述考证可知，库特纳所言朱载堉“没有对平均律给出数学的或理论的解说”是不对的。从库特纳的论文看，他发出这一判断的根据是“不知道朱载堉如何推算出他的九位数的律度数值”①。国外学者对中国古代文献缺乏了解而产生疑惑，对此应当可以理解；这种负面看法的产生，也和我们过去对“新法密率”算法的考证与宣传不足有关，但更多的原因则是以西方近代科学框架来看待中国传统学术所导致的失误。中国算学历来讲究“数中有术，术中有数”，所有的道理都蕴含在精彩的实例演算当中，鲜于给出中间步骤或作过多的抽象证明。

---

① 戴念祖：前引书，第 314 页。

个中奥妙，需要读书人细心体会。朱载堉的演算也不例外。他逐一给出了各中项律吕的计算公式，而不再一一交代其推算过程，只是在书的末尾一再提醒读者"学者宜尽心焉"。我们不能因为看不明白便认为朱载堉也不明其中道理。只要依当时历史背景模拟重演一番，便不难揭示朱载堉推算十二平均律的具体过程。它再一次显示了中国学术理实交融的特有风范。

综上所述，可得如下结论：

(1) 朱载堉的确独立地完成了十二平均律的计算。在寻找十二平均律计算方法时，《周礼·栗氏为量》的方圆勾股求弦术曾起到重要的启迪思维的作用，二百多年来对朱载堉引用《周礼》的种种批评有所不当。

(2) 朱载堉在《算学新说》中给出了十二平均律所有各律的计算公式。过去那种认为朱载堉只给出部分计算公式，或他不必要给出全部算法的观点也有失考证。

(3) 可以想象朱载堉完成了十二平均律所有各律推算之后的欣喜心情。因此，他不厌其烦，以各种方式反复验算其中的等比例关系，并得出"凡长律生短律，则以应钟除之，或以大吕乘之；凡短律生长律，则以大吕除之，或以应钟乘之"。① 以及"创立新法：置一尺为实，以密率除之，凡十二遍"②等精辟的论断。这些论断都是以严密的推算过程为基础，并且完全等同于现代律学对十二平均律的认识，从而使得中国古代律学在中国古代学术中独一无二地走进了现代科学的行列。

至此，我们有充分理由认为，十二平均律是诞生在中国古代传统学术土壤之中的一朵"现代科学"的奇葩。

---

① 《算学新说》(第十一问)。
② "密率律度相求第三"，《律学新说》(卷一)。

(4) 长期以来广为引用的《律吕精义·内篇》中的那段著名文字，并不能作为十二平均律发明的充要性证据，更为详尽的史料当推《算学新说》诸问各条，它逐一给出了十二平均律各律的计算公式以及导出这些公式的原始思路。综合这些材料，我们便可反推出十二平均律的具体演算过程。

(5) 由于朱载堉主攻方向是解决旋宫转调问题，虽然客观上他完成了等比数列的计算，但主观上却并未对此做更多探讨，对此，也不应肆意拔高，认为他已经完成对等比数列的认识。真正对等比数列各项求法做系统总结的还是清代的陈沣[①]。

事实上，为了保证理论体系的完备性与统一性，朱载堉将相当大的注意力倾注在如何解决新法密率与河洛之学、周公之术以及传统律学理论的兼容衔接上了，在他的著作中，有相当篇幅和插图进行此类解释性论述，对明代学者的历史局限性，需要的应当是更多的理解而不是苛求。

无论如何，中国古代乐律学理论与实验高度结合的特殊性，使得这门学科还有许多重大理论问题有待深入研究，弄清十二平均律的推算过程，有助于探源访流，深入揭示中国乐律学的系列成就。

四、古今尺度换算及管口校正对律管发音的影响[②]

古今尺度换算是研究中国古代律学必须涉及的重要问题。中国古代典籍中记载的律管数据十分丰富，按照这些历史数据，根据现代物理

① 陈沣：《声律通考》(卷二)。

② 相关内容还可参阅徐飞："古今尺度换算对律管发音的影响"。《中国音乐学》，1996年，第4期。

学理论推导，或者进行模拟复原实验，便可获得关于古代律管发音的直接体验。然而，在此项研究方面，古今尺度的换算一直是各家研究结果形成差异的重要原因。仅以对朱载堉异径管律的发音研究为例，近百年来研究者不乏其人，由于各自使用的方法不同，特别是各人采用的古今尺度换算公式不同，从而使得诸家研究结果之间无法进行对比分析，许多问题一直众说纷纭。本章以朱载堉律管尺度换算问题为例，得出了一个普遍性的研究结论。

在《乐律全书》这套巨著中，朱载堉不但给出了按照十二平均律制作的定音标准器——管律的尺度、型制和小样图，而且详细记载了制作这些律管的工艺方法。根据朱载堉的说法，按照他给出的倍、正、半三十六律管数据制造出的“新律皆相协”[①]，即符合十二平均律要求的“旋宫转调”。我们今天最关心的，也正是这一结论是否真实？由于朱载堉本人监制的律管已无传世，因此，按照朱载堉遗留下的文献记载，从理论上进行验算或进行复原实验，以验其学，便是一项有意义的工作。

自 19 世纪起，不断有学者对朱载堉律管进行复原测音或理论验算的研究，较具代表性的成果有：

(1) 比利时声学家、比利时皇家乐器博物馆馆长马容(V. Ch. Mahillon, 1841～1924)的工作。他按照朱载堉律管的数据复制了黄钟倍律、黄钟正律和黄钟半律这 3 支律管，并测定了它们的发音。马容在制作复原时，采用的是横黍尺 1 尺＝23.28 厘米。

(2) 著名音乐学家杨荫浏于 1937 年做的工作，他按照现在保留下来的《乐律全书》上所画的夏尺图样，用实际测量的方法得到了一个结论：朱载堉的横黍尺也即夏尺，其 1 尺＝25.48 厘米。

① “新旧律实验第七”，《律吕精义 · 内篇》(卷五)。

但是，杨先生按照考证出来的这个尺寸计算朱载堉律管时，得到的结果却很不理想。相邻两律间的音程，都略小了一点。因此，他又提出一个修正案，否定了朱载堉的管口校正参数，提出要完全符合十二平均律，就必须把朱载堉提出的各律管内径“依次除以 1.029 302 236($\sqrt[24]{2}$)”改为“依次除以 1.059 463 094($\sqrt[12]{2}$)”①。

杨荫浏的这一结论对评价朱载堉律学成就影响很大。此后采用杨荫浏夏尺换算方案进行实际模拟复原测音研究的还有，中国音乐学院1991届硕士研究生刘勇和台湾学者陈万鼐等。刘勇采用杨荫浏的换算方案，做了朱载堉异径管律的复原和测音实验，得出结论“证明朱氏的管律是不折不扣的十二平均律”②。

台湾学者陈万鼐也根据同样的换算标准做了复原实验，却发现实际上的测量结果，“实在相差太多”，陈先生由此而得出：“朱载堉发明的十二平均律，还没有完全达到百分之百的精确程度”③。

这些研究结论影响了人们对于朱载堉创立十二平均律这样一个中国古代伟大发明的正确评价和深入认识。

事实上，过去的众多研究，大多采用闭口管的理论公式进行分析，从一开始就误读了朱载堉律管的形制，因此，这种在律学界曾形成一定负面影响的朱载堉异径管律“尚有细微误差”之说，实际上是对朱载堉律管理解不够完备的基础上得出的，不能作为评价朱载堉律管成就的理论标准。

我们的研究已经证明，如果按开口管发音考量，再考虑到朱载堉律

① 杨荫浏：《中国音乐史纲》，上海万叶书店，1952年，第301～304页。
② 刘勇：“朱载堉异径管律的测音研究”。《中国音乐学》，1992年，第4期。
③ 陈万鼐：“朱载堉研究”。《台北故宫博物院丛刊》，1992年，第93页。

管特设吹口对各律的校正因素，朱载堉异径管律完全符合十二平均律的理论要求，可以实现旋宫转调的理想。

在音乐理论研究中，关于黄钟律管的发音频率，曾经有过一个较为普遍的误识，即认为："同样长度的管子，开管发出的音比闭管发出的音高八度。"事实上，这一看法是没有考虑管口校正的理想化结论。考察律管发音，应根据律管的开、闭口状况，分别加以计算或实验。同样长度的黄钟律管，开口管的发音频率不等于闭口管发音频率的 2 倍。

中国古代有很多律管，一般称之为黄钟律管。据有关资料记载，我国周朝已出现两端开口的玉石律管。最具代表性的律管大约算长沙马王堆一号汉墓中发掘出土的一套竹质律管，12 只律管插在绣花袋中，最长的 17.65 厘米，最短的 10.2 厘米，律管内径约 0.65 厘米。这套律管可为我们了解古代律管的实际情形提供参考。

然而，在具体研究黄钟律管的发音频率时，许多学者都简单地根据普通物理的理想化公式，认为黄钟律管的开口管和闭口管，在音高上仅仅相差 1 个八度。较为典型的看法如：

(1) 缪天瑞："同样长度的管子，开管发出的音比闭管发出的音高八度。"①

(2) 陈应时："同样的管长，开管的音高比闭管的音高高一倍。"②

(3) 王光祈："两端开口之管子，其所发之音，常较一端闭口之管子所发音者，高一倍。"③

此外，著名音乐学家杨荫浏也持类似观点。虽然这些专家都不同程度提到了律管的管口校正，但都没有把管口校正和律管发音频率的关系

---

① 缪天瑞：前引书，第 9 页。
② 薛良编：《音乐知识手册》，中国文艺联合出版公司，1984 年，第 310 页。
③ 王光祈：前引书，第 50 页。

明确出来，只是在强调律管空气柱振动和弦振动的区别时，才要考虑管口校正。因此，认为开口律管的发音比闭口律管的发音高1个八度，是音乐界曾经较为流行的观念。由于这一观念的影响，在一般的律学、音乐史乃至度量衡史的专书中，多只给出闭口管的管口校正公式，似乎开口律管可以不言自明。

此外，人们普遍使用闭口管管口校正公式的原因还在于，有相当一些学者认为，中国古代的黄钟律管是闭口管而非开口管，典型的看法如，曾武秀说："中国古代的律管从黄钟之管与黄钟之龠的关系看来，很可能是闭管"[①]；在丘光明编著的《中国历代度量衡考》一书中，也持类似观点，该书仅给出了闭口律管的理论频率计算公式，但是这一公式的来源作者没有说明[②]；至于早期学者王光祈，更是坚信"吾国古代律管，当系一端闭口无疑"[③]；在杨荫浏先生的《中国音乐史纲》一著中，也曾按闭口管计算，得到黄钟律管的频率为346.743赫兹[④]。

只有律学家缪天瑞采用开口管计算，得到黄钟频率693.5赫兹。他设定"晚周的尺，长度合今日23.088 6厘米。用这种尺的九寸作为管的长度，用其三分作为管径，作成一只开管"对于这样的一个律管，既可以实际制作后测音实验，也可按照理论公式作初步推算。可是，缪天瑞在书中没有说明他是根据什么方法得到"此管所发的音，其频率约为693.5赫兹"[⑤]的结论的。但只要将此数据和杨荫浏计算的闭口管黄钟发音频率346.743赫兹一比较，即可发现：693.5＝346.743×2。可见，缪天瑞

---

① 《中国古代度量衡论文集》，中州古籍出版社，1990年，第154、164页。

② 丘光明编著：《中国历代度量衡考》，科学出版社，1992年，第2页。

③ 王光祈：前引书，第51页。

④ 杨荫浏：前引书，第78～79页。

⑤ 缪天瑞：前引书，第100页。

对黄钟开口律管发音频率的计算，只是简单地根据黄钟闭口律管的数据再乘以 2 得出的。在杨荫浏的《中国古代音乐史稿》(第 87 页)、戴念祖的《中国声学史》(第 149 页)等书中，都有对缪天瑞黄钟频率 693.5 赫兹的引用，但均未见提出异议，戴念祖对缪天瑞律管发音频率的算法问题有所觉察，故补充说明道："缪、杨二先生的计算虽相差八度，其结果实为一致。"

初看起来，似乎开口律管和闭口律管的差别只是相差 1 个八度。因此，才会出现杨荫浏的闭口管 346.743 赫兹和缪天瑞的开口管 693.5 赫兹这样恰好八度关系的结论。其实，这是忽略了开口律管与闭口律管不同管口校正因素的约略估算，实际上，对于开口律管发音频率的计算并非如此简单。

鉴于律学研究中对开口律管和闭口律管发音曾经有过的上述种种误识，有必要从物理分析等方面，对律管发音的管口校正进行更细致的讨论。

无论按照何种律制，弦律和管律是不等价的，弦律问题相对简单，而且结论相对统一，此不缀述。由于管类乐器发声的特殊性，一定管长律管的发声频率不但和长度相关，还和管子的直径、质地以及吹律时的温度等多种因素有关。

所谓律管，实际上是以各种材料制作的中空圆柱体，圆柱体内的空气柱也和其他弹性材料一样，在受到外力作用时会发生振动。空气柱受激振动，会产生纵横两个方向的波，由于空气是流体弹性物质，因此空气柱的振动主要以纵波的形式进行，它决定了振动的基频和一系列泛音，而少量的横波则产生高次泛音，纵横波叠加，就形成了律管独特的音响效果。

空气柱振动的特点是，律管越长、口径越大，频率越低，反则反之。

改变律管的长度和口径，就可以达到发出不同频率音响的目的。比如，朱载堉的异径管律，就是要制造36根长度符合十二平均律关系，口径按照特定比例变化的律管，使之达到以管定律的目的。

古代律管形状有开口和闭口之分，因此在发音上也有所区别。

对于开口管，即管的两端均为开口，其间的空气柱振动如左图所示，两端为振动的波腹，律管正中是基频的波节，在律管的1/4和3/4处形成的是第一泛音的波节，在1/6、5/6和1/2处可形成第二泛音的波节，凡此类推。开口管的空气柱振动波从管的一段出发，到达管的另一端又被反射回来，当这个反射波回到原处正好和下一个振动波的相位完全重合形成驻波，这时的振幅得到加强，音量也最大。因此，开口管基频波长等于管长的2倍，第一泛音波长是管长的1倍，第二泛音波长为管长的2/3，余皆类推。

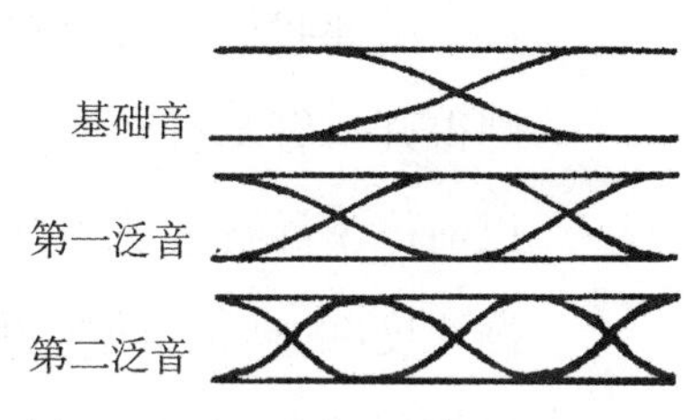

图6　开口管空气柱振动图

这样，我们即可求得开口管基音频率：$F = V/\lambda = V/2L$　　(1-1)

第N次泛音频率：$F = NV/2L$　　$(N = 1, 2, 3\cdots)$

其中：L = 管长，V = 管内声速，λ = 波长。

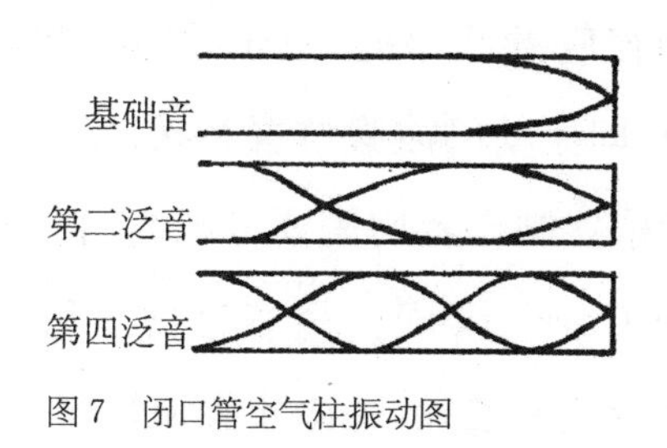

图7　闭口管空气柱振动图

对于闭口管，即一端开口，一端闭口的律管，在开口端总是波腹，由于闭口一端的空气总是不振动的，因此这里总是处于波节，具体的空气柱振动如右图所示。由于闭口管内空气柱的振动波需要往返两次才能使反射波和再次发生的波相位重合，因此其周期就为 $T = 4L/V$。此外，闭口管振动只能产生基音上方的第二、四、六……等偶数的泛音，而无法产生第一、三、五……等奇数泛音。

这样，我们也可得到闭口管的基音频率：$F = V/\lambda = V/4L$ （1－2）

第N次泛音频率：$F = (2N-1)V/4L$ （$N = 1, 2, 3\cdots$）

其中：L = 管长，V = 管内声速，λ = 波长。

由此我们还可得知，如果律管长度相同，比较（1－1）、（1－2）两式，则得开口管基音频率是闭口管基音频率的2倍，即高1个八度，这就是以前律学界普遍认为"同样长度的管子，开管发出的音比闭管发出的音高八度"的理论依据。但是，上述计算是理想化的，没有考虑到律管的管口校正问题。

从以上2组简单公式可以得知，律管发音的高低和律管长度有关，其基音频率及泛音频率均和管长成反比，管子越长，频率越低。

然而，进一步的物理实验发现，实际测得的频率和上述理论公式的计算结果有出入，一般都要低于公式给出的频率值，这一现象的原因在于：实际上当管内空气柱振动时，由于运动的惯性，并不是正好在管口处发生波的反射，而是从管口端面之外的某一点反射回来，这样就使得管子的有效长度增加了一个ΔL，在管口以外的ΔL处才是管内声波向周围空间传播的声源，从这一点开始，纵波振动才从管内的平面波形式转变为管外的球面波形式。此外，在律管的吹口处，由于嘴唇和吹口不能紧贴在一起，也造成气压的最大处、即振动的波腹位置和吹口稍有距离。这些需要附加的有效管长，就是管乐器制作者们需要考虑的"管口校正"（Open end Correction and Mouth Correction）。只有考虑了管口校正数，依照十二平均律制作的律管才能发音准确，管律才能和弦律一致。

测定管口校正数需要结合具体律管的开口形状以及实验测音对比等复杂因素，目前所用的管口校正数都是经验公式，在近代物理学史上，有很多学者研究过管口校正参数，较为著名的如著名物理学家瑞利

(Lord Rayleigh，1842～1919)、中国清代学者徐寿(1818～1884)等。综合现有研究成果，对于长度 L，内径为 D 的开口律管，可取管口校正值为

$$\Delta L = 0.306\,D \tag{1-3}$$

计算基频时，要取律管有效长度为 $(L+2\Delta L)$，因为开口管两端均有管口校正。

对于长度 L，内径为 D 的闭口管，可取管口校正值为

$$\Delta L = 5D/3 \tag{1-4}$$

严格说来，还有其他一些因素也能影响律管发音，具体包括温度①、管壁厚度②以及管壁材料等。但根据有关学者的多次实验，只要管壁不是非常的薄和柔软或者很硬而有弹性，“总的来讲，管壁材料对音色的影响不大”③这些次要因素，在非高精度的理论分析时可以忽略。

尽管声速是温度的函数，但在一般的计算中，取 $V=340$ m/s 即可，大约相当于空气温度是 14 摄氏度时的声波速度。根据上述分析，在常温下，取 $V=340$ m/s时，综合公式(1－1)(1－2)(1－3)(1－4)，对开口管，考虑到管口校正后的律管发音频率计算公式为：

$$\begin{aligned} F_{开} &= V/2(L+2\times 0.306\,D) = 34\,000/2(L+0.612\,D) \\ &= 17\,000/(L+0.612\,D) \end{aligned} \tag{1-5}$$

对闭口管，考虑到管口校正后的频率计算公式为：

$$\begin{aligned} F_{闭} &= V/4(L+5D/3) = 34\,000/4(L+1.666\,7\,D) \\ &= 8\,500/(L+1.666\,7\,D) \end{aligned} \tag{1-6}$$

---

① 唐林等编著:《音乐物理学》,中国科技大学出版社,1991 年,第 108 页。
② 唐林等编著:前引书,第 107 页。
③ E. G. 里查孙主编:《声学技术概要》,科学出版社,1961 年,第 449 页。

其中 L 为律管长度，D 为律管内直径，长度单位厘米，频率单位赫兹。

以上律管发音频率的理论公式，适合于对中国古代律管发音频率的理论计算。在计算闭口律管时，公式(1－6)和杨荫浏、陈万鼐等先生采用的公式完全一致。但对开口管发音频率的计算，比较一下公式(1－5)和公式(1－6)即可得知：不能简单地认为开口管的发音比闭口管高 1 个八度，因为公式(1－5)≠2×公式(1－6)。

根据不同的研究目的，还可以采用声学研究中更精确的计算公式，但目前我们所采用的公式(1－5)与(1－6)，比忽略了管口校正的理想化公式精度更高，用来推算一组律管的频率关系是适用的。至于对律管发音进行更加精密的数理研究，还必须参考专业声学著作，采用更严密的公式。

通过对管口校正原理的分析，我们得知，在律学研究中，不能继续沿用"同样长度的管子，开管发出的音比闭管发出的音高八度"这样过于粗略的说法了。

用上述管口校正方法分析一些历史上有争议的律学问题，比如朱载堉异径管律是否符合十二平均律等，可以获得新的成果，从而澄清争议，辨析分歧。在分析西晋孟康异径管律和宋代阮逸、胡瑗异径管律中，上述理论也帮助我们确认了朱载堉之前的两套律管已经可以实现三分损益的乐律关系①。

用上述相对精密的公式，也可以对朱载堉创立十二平均律的非凡成就做出物理验证。

---

① 徐飞："西晋孟康异径管律考证"。《中国科技史料》，2000 年 3 期；徐飞："宋代阮逸胡瑗异径管律声学成就的数理验证"。《自然科学史研究》，2001 年 3 期。

五、朱载堉创立十二平均律的历史成就

众所周知，朱载堉不仅从理论上发明了他称之为“新法密率”的十二平均律，还亲自实验，图文并茂地给出了按照“新法密率”制作的弦准和律准。关于朱载堉弦准的研究，结论是一致肯定的，此不赘述。由于律管发音除了和管长有关外，还要考虑管口校正的影响，因此，近百年来，对朱载堉律管发音是否符合十二平均律的问题，一直聚讼纷纭。从朱载堉原著的文字看，他不但制作了这些律管，而且实际进行了测音，得出按三分损益律制作的“旧律皆不协”，而按他的尺寸制作的“新律皆相协”①的结论。

从文献上看，朱载堉不但发现了律管发音的管口校正问题，而且通过实验和理论计算，独特地解决了这一难题，给出了异径管律的具体数据、制作工艺和小样图。他的方案是：使全套律管的内外径各不相同，通过调整内径和外径，系统实现了诸律管的管口校正。可是，朱载堉采用的管口校正数据是否合理？近百年来，陆续有中外学者做过复原测音实验，但这些实验得到的结论却有天壤之别，肯定、否定的都有。这就使朱载堉异径管律是否正确，其系统管口校正方法是否有效等问题，一直成为一桩历史悬案。

自上一世纪起，不断有学者对朱载堉律管进行复原测音或理论验算的研究，较具代表性的成果有：

(1) 比利时学者马容的工作。他按照朱载堉律管的数据复制了黄钟倍律、黄钟正律和黄钟半律这 3 个律管，并测定了它们的发音，结果发表于《1890 年比利时皇家音乐年鉴》上。这一结果是早年刘复在《庆祝

---

① “新旧律实验第七”，《律吕精义·内篇》(卷五)。

蔡元培先生六十五岁论文集》中介绍给国人的，此后曾被许多学者反复引用。然而，刘复也是转引了 Maurice Courant 的文章 Essai Historiquesur la Musique de Chinois（中国雅乐历史研究），此事的细节资料还有待进一步考证。马容的主要研究结论如下表 2 所示：

表 2　马容研究结论表

		黄钟倍律	黄钟正律	黄钟半律
通长		2	1	0.5
内径		0.05	0.035 35	0.025
外径		0.070 71	0.05	0.035 35
音高	开口	E^b_3	E^b_4	E^b_5
	闭口	E_2	E_3	E_4

这一结果非常理想，3 根律管之间的发音完全满足八度关系。由于我们无法得知马容复原制作的技术细节，对此结论也只能参而考之。

（2）音乐学家杨荫浏于 1937 年做的工作。杨先生按照闭口管发音公式计算朱载堉律管，得到的结果不太理想，相邻两律间的音程，都略小了一点。因此，他又提出一个修正案，结果却是认为朱载堉律管的“十二半律，原来是多余的”。由此，杨先生否定了朱载堉的管口校正参数，提出要完全符合十二平均律，就必须把朱载堉提出的各律管内径“依次除以 1.029 302 236（$\sqrt[24]{2}$）”改为“依次除以 1.059 463 094（$\sqrt[12]{2}$）”①。

这一修正案，无疑是对朱载堉异径管律精确性致命的否定。杨荫浏是我国著名音乐学家，他的看法对人们全面承认朱载堉十二平均律的伟大成就，特别是肯定朱载堉异径管律的正确性一直有较大的负面影响。

（3）20 世纪 90 年代，中国音乐学院 1991 届硕士研究生刘勇采用杨

① 杨荫浏：前引书，第 301～304 页。

荫浏的夏尺换算方案，进行了关于“朱载堉异径管律的测音研究”的实验，得出结论“证明朱氏的管律是不折不扣的十二平均律”。刘勇的工作，后来发表在《中国音乐学》1992年4期上。但就在这一期杂志上，刘存侠又另执一端，仍然认为：“杨氏（杨荫浏）的数据比朱氏（朱载堉）的数据更精确些。”

（4）中国台湾学者陈万鼐也按杨荫浏的规范做了复原实验，结果发现实测结果不能令人满意。因为“平均律的每一个半音的音分值，都是100音分的级进，故其音分差皆应为100音分。”但是实际上的测量结果，“黄钟与大吕之间的音分，而是97.23分，黄钟与太簇之间的音分，也并非200分，而是194.31分，律与律之间的差，成为97.23与97.68分……实在相差太多”，陈先生由此得出结论：“朱载堉发明的十二平均律，还没有完全达到百分之百的精确程度。”陈先生进而参考杨荫浏的思路，对朱载堉异径管律提出相同的修正方案，并通过计算认为：“结果完全达到理想。”[①]这是较近的一次对于朱载堉异径管律的否定性结论。

出入如此之大的理论计算或复原实验结果，使我们不得不做新的思考。现代物理学已经为我们提供了较为可靠的理论分析工具，按照这一思路，可以得到一个较有说服力的新结论。

对朱载堉异径管律的理论验证如下：

据前分析，在常温下，取 $V = 340\ \mathrm{m/s}$ 时，对于开口管，考虑到管口校正后的频率计算公式为：

$$F_{开} = V/2(L + 2 \times 0.306\,D) = 34\,000/2(L + 0.612\,D) = 17\,000/(L + 0.612\,D) \tag{2-1}$$

① 陈万鼐：前引书，第93～94页

正午时分

对闭口管，考虑到管口校正后的频率计算公式为：

$$F_{闭} = V/4(L + 1.6667D) = 34000/4(L + 1.6667D)$$
$$= 8500/(L + 1.6667D) \quad (2-2)$$

其中 L 为律管长度，D 为律管内径，长度单位是厘米，频率单位为赫兹。

中国古代律管有开口管也有闭口管，因时、因地而异，不可一概而论。具体就朱载堉律管来看，显然是开口管无疑，因为在《律学新说》卷一《吹律第八》中有一段说明：

凡吹律者，慎勿掩其下端。掩其下端，则非本律声矣

这表明朱载堉律管一定是开口管。

接下来是如何将朱载堉所用的夏尺换算成现代的计量单位。

朱载堉在制作律管时采用的是横黍尺，又称夏尺，这是朱载堉苦心考据后得出的尺度。朱载堉认为只有按照先古的尺度制作黄钟，才能保持法度。马容在制作复原时，采用的是横黍尺 1 尺＝23.28 厘米。杨荫浏按照现在保留下来的《乐律全书》上所画的律管尺寸，用实际测量的方法得到朱载堉的横黍尺也即夏尺，其 1 尺＝25.48 厘米。刘勇和陈万鼐复原时采用的都是杨荫浏推算的夏尺标准，没有调整。

我们发现，还有更好的换算办法。根据朱载堉在《律学新说》卷二《今制三种尺式》图说一文所载："营造尺乃夏尺之十二寸半。"结合现代考古学研究成果，明代一营造尺＝32 厘米是比较可信的结论。营造尺不仅在明代全国就是统一的，而且现代学者的考证结果也基本一致。因

此我们立刻可以推算出朱载堉的一横黍尺(夏尺)＝32×10/12.5＝25.6厘米。

现在,让我们回顾一下朱载堉所给出的完整无缺的十二平均律管的原始数据吧。《乐律全书》列出了36根律管的全部数据:

表3 《乐律全书》所载36只律管各部位尺寸一览

(原书共列17位有效数字,这里仅引前7位)　　单位:夏尺,尺

律管名称	通　长	内　径	外　径
倍律黄钟	2.000 000	0.050 000	0.070 710
倍律大吕	1.887 748	0.048 576	0.068 697
倍律太簇	1.781 797	0.047 193	0.066 741
倍律夹钟	1.681 792	0.045 850	0.064 841
倍律姑洗	1.587 401	0.044 544	0.062 996
倍律仲吕	1.498 307	0.043 276	0.061 202
倍律蕤宾	1.414 213	0.042 044	0.059 460
倍律林钟	1.334 839	0.040 847	0.057 767
倍律夷则	1.259 921	0.039 685	0.056 123
倍律南吕	1.189 207	0.038 555	0.054 525
倍律无射	1.122 462	0.037 457	0.052 973
倍律应钟	1.059 463	0.036 391	0.051 465
正律黄钟	1.000 000	0.035 355	0.050 000
正律大吕	0.943 874	0.034 348	0.048 576
正律太簇	0.890 898	0.033 370	0.047 193
正律夹钟	0.840 896	0.032 420	0.045 850
正律姑洗	0.793 700	0.031 498	0.044 544
正律仲吕	0.749 153	0.030 601	0.043 276
正律蕤宾	0.707 106	0.029 730	0.042 044
正律林钟	0.667 419	0.028 883	0.040 847

正午时分

(续表)

律管名称	通　长	内　径	外　径
正律夷则	0.629 960	0.039 061	0.039 685
正律南吕	0.594 603	0.027 262	0.038 555
正律无射	0.561 231	0.026 486	0.037 457
正律应钟	0.529 731	0.025 732	0.036 391
半律黄钟	0.500 000	0.025 000	0.035 355
半律大吕	0.471 937	0.024 288	0.034 348
半律太簇	0.445 449	0.023 596	0.033 370
半律夹钟	0.420 448	0.022 925	0.032 420
半律姑洗	0.396 850	0.022 272	0.031 498
半律仲吕	0.374 576	0.021 638	0.030 601
半律蕤宾	0.353 553	0.021 022	0.029 730
半律林钟	0.333 709	0.020 423	0.028 883
半律夷则	0.314 980	0.019 842	0.039 061
半律南吕	0.297 301	0.019 277	0.027 262
半律无射	0.280 615	0.018 728	0.026 486
半律应钟	0.264 865	0.018 195	0.025 732

曾经有学者在验算朱载堉律管发音是否合律时，不以朱载堉原始数据为根据，而是任意假定朱载堉律管黄钟内径为2厘米，通长为64.825 81厘米①。这种脱离古籍原意的“检验”方法是不足为凭的。朱载堉的异径管律是一个具有系统构思浑然一体的律学成果，不能仅仅根据$\sqrt[12]{2}$和$\sqrt[24]{2}$这样的公比数就随意对朱载堉律管进行设定和验算；此外，不遵守朱载堉原意，用闭口管公式推算发音频率，也是不合适的。

检验朱载堉律管是否合乎十二平均律的理论要求，可以用上表数

① 刘存侠:“朱载堉异径管律的理论检验”。《中国音乐学》,1992年,第4期。

据，按特定的夏尺换算公式，将其转换成现代的公制尺度，然后进行理论或实验验证。

将朱载堉律管各律的 L 和 D 的数据按照 1 尺=25.6 厘米换算成现代尺度，根据开口管公式(2－1)，便可计算出朱载堉十二平均律管的理论频率和音分值及音分差数据。

表 4　朱载堉十二平均律管的理论频率、音分值及音分差数据表一

长度单位:厘米

律　名	管　长	管内径	管外径	理论频率	音分值	音分差
正律黄钟	25.600 0	0.905 0	1.280 0	650.00	0	
正律大吕	24.163 1	0.879 1	1.243 4	688.37	99	99
正律太簇	22.806 8	0.854 3	1.208 1	728.69	197	98
正律夹钟	21.526 8	0.830 0	1.173 8	771.51	296	99
正律姑洗	20.318 7	0.806 1	1.140 2	816.84	395	99
正律仲吕	19.178 2	0.783 4	1.107 7	864.80	494	99
正律蕤宾	18.101 8	0.761 1	1.076 2	915.57	593	99
正律林钟	17.085 7	0.739 3	1.045 5	969.32	691	98
正律夷则	16.127 0	0.718 3	1.015 8	1 026.16	790	99
正律南吕	15.221 8	0.697 9	0.986 9	1 086.34	889	99
正律无射	14.367 5	0.677 9	0.958 7	1 150.02	987	98
正律应钟	13.561 1	0.658 7	0.931 6	1 217.40	1 086	99
半律黄钟	12.800 0	0.640 0	0.905 0	1 288.69	1 184	98

按现代物理理论分析，朱载堉律管的系统管口校正方法基本符合十二平均律的理论要求，各律之间音差缺数最多 2 音分，这一误差人耳已无法察觉。即使是十二律下来的累计音差也只有 16 音分。这已经完全可以通过吹律者的技术处理加以调整了，但是朱载堉却有更好的办法。

从上表可知，朱载堉律管每两律之间的音分差均不足 100 音分，因此，黄钟倍律和半律之间就不足 1 200 音分，为弥补这一不足，朱载堉巧妙地为各律管统一加上了同样大小的吹口。这一办法,一方面有利于吹律者吹出各律正音,另一方面可以系统升高各律发音,从而在整体上完美实现倍、正、半律之间的八度关系。

朱载堉详细规定,这一吹口的规范为:

> 每律上端各有豁口,广一分七厘六毫。倍律、正律、半律皆同。勿令过与不及,不及则浊,过则清矣。通长正数连豁口算者是也。①

遗憾的是,很长一个时期内,这一精妙设计一直被众多学者忽视,除刘勇外,几乎没有人在检验朱载堉异径管律时考虑到这一吹口的影响。因此,我们不妨把工作做得再深入一些,近一步考虑朱载堉特设吹口的影响。

设该吹口口径为Δc,则考虑了吹口影响后,吹律气压从吹口中心点计算,律管长度缩小了$0.5\Delta c$,其发音频率应为:

$$F_{开} = V/2(L + 2\Delta L - 0.5\Delta c) = V/2(L + 2 \times 0.306\,D - 0.5\Delta c)$$

同上分析,取一夏尺=25.6 cm,而$\Delta c = 25.6 \times 0.0176 = 0.4506$ cm,再取$V = 340$ m/s $= 34\,000$ cm/s,这样可得计算结果如表5所列:

表5　朱载堉十二平均律管的理论频率、音分值及音分差数据表二

长度单位:厘米

律　名	管　长	管内径	管外径	理论频率	音分值	音分差
正律黄钟	25.600 0	0.905 0	1.280 0	655.65	0	
正律大吕	24.163 1	0.879 1	1.243 4	694.56	100	100

① 《律吕精义·内篇》(卷五)。

（续表）

律　名	管　长	管内径	管外径	理论频率	音分值	音分差
正律太簇	22.806 8	0.854 3	1.208 1	735.79	200	100
正律夹钟	21.526 8	0.830 0	1.173 8	779.48	300	100
正律姑洗	20.318 7	0.806 1	1.140 2	825.77	400	100
正律仲吕	19.178 2	0.783 4	1.107 7	874.83	500	100
正律蕤宾	18.101 8	0.761 1	1.076 2	926.82	600	100
正律林钟	17.085 7	0.739 3	1.045 5	981.93	700	100
正律夷则	16.127 0	0.718 3	1.015 8	1 040.31	800	100
正律南吕	15.221 8	0.697 9	0.986 9	1 102.21	900	100
正律无射	14.367 5	0.677 9	0.958 7	1 167.82	1 000	100
正律应钟	13.561 1	0.658 7	0.931 6	1 237.36	1 100	100
半律黄钟	12.800 0	0.640 0	0.905 0	1 311.08	1 200	100

由此，我们得到一个令人振奋的结论：在考虑了特设吹口的系统校正因素后，朱载堉异径管律可以分毫不差地实现旋宫转调。换言之，朱载堉的异径管律完全符合十二平均律的理论要求！

由此可见，朱载堉异径管律的数据十分精密，毫米量级的细微变化，也会在发音频率上反映出来，难怪在谈到吹口形制时，朱载堉要强调“勿令过与不及，不及则浊，过则清矣”。这一精妙设计显示了朱载堉不仅有高深的算律理论修养，同时在制律实践中也独具匠心。朱载堉的异径管律以其独特的设计，从理论和制律两方面统一地解决了旋宫转调这一千古难题，实在令人叹为观止！

根据现代物理学的理论分析和精密计算，可以较为全面地证实朱载堉创立十二平均律理论和实践的辉煌成就。可以说，朱载堉在律管的系统管口校正方面也同样做出了重大贡献，而不是以前所说的尚有细微的误差。

至于众多中外学者的实验复原工作为什么会出现如此大的出入，特别是杨荫浏先生和陈万鼐先生为何会得出否定朱载堉十二律管精确性的研究结论，我们也找到了问题的原因。杨荫浏先生没有严格遵守朱载堉律管的形制，忽略了特设吹口的影响，误将朱载堉律管当做闭口管处理，从而对朱载堉律管的精确性给出了错误的判定；有趣的是，杨先生否定朱载堉律管有所不当，但其修正案作为独立的研究成果却是正确的。这说明十二平均律管的制作方案并不唯一。朱载堉律管作为开口管符合十二平均律，不应再用杨荫浏修正案来否定朱载堉异径管律的精确性了。

长期以来，由于杨荫浏对朱载堉律管的误识没能明确澄清，从而对后来的学者产生了很大的消极影响。比如，中国台湾学者陈万鼐虽然也知道"朱载堉实验是用'开口管'"，但是陈先生还是坚持认为"其实'开口管'与'闭口管'都是律管，'开口管'较'闭口管'发音高八度而已，无所谓'指掩下端，识者嗤之'"[①]。因此，直到20世纪90年代，陈万鼐先生还同样忽视了闭口管和开口管的区别，同样忽略了朱载堉的特设吹口，在对朱载堉律管的实测发音时采用了"指掩下端"的闭口管发音，得出了和杨荫浏修正案类似的否定结论。这样违背朱载堉律管形制规范和发音要求所得到的结果，已经不能用来检验朱载堉律管之正确与否了。我们在充分肯定杨荫浏、陈万鼐等前辈学者学术贡献的同时，也有必要对这一错误的否定加以澄清。

在过去的一个时期里，由于种种原因，管口校正的物理学规律，在律学研究的某些领域一直没有被很好地叙述和表达，以至于许多学者简单

① 陈万鼐：前引书，86页。

地认为开口管的发音仅仅是比闭口管高八度。甚至目前的一些音乐学著作中仍然在引用这样不尽严谨的说法。由于对开口管和闭口管之间不同管口校正参数的模糊认识，导致了杨荫浏、陈万鼐二先生虽然进行了理论计算和复原实验，但误将朱载堉律管当做闭口管处理，从而对朱载堉律管的精确性做出了错误的判定。

近现代包括杨荫浏、陈万鼐在内的诸多学者，在研究朱载堉律管或进行复原实验时，如果没有严格遵守朱载堉律管的形制，忽略了其特设吹口的影响，特别是，将朱载堉律管在测音时当成闭口管处理，就一定会导致每个半音之间出现 3 音分左右的误差，从而十二律累积误差就达30～50音分，但这不是朱载堉律管本身的误差，而是复原或推算过程中没有严格遵守朱载堉异径管律的规范所致。

杨荫浏修正案将朱载堉律管当做闭口管处理的消极影响是较为广泛的，对此应当加以更正，不能一错再错。对杨荫浏修正案的得失分析，也使我们从另外一个侧面更加深刻认识了朱载堉创立十二平均律理论和实践的伟大成就。

朱载堉不仅从理论上发明了十二平均律，还通过躬亲实验，图文并茂地给出了按照十二平均律制作的弦准和律准。关于朱载堉十二平均律弦准的复原研究比较好做，也已经有学者做了研究。比如陈应时的工作①。朱载堉计算出的十二平均律的精确数据，可以通过“新制律准”从弦准上得到验证，这一过程记录在其著作《律学新说》中。因此，“朱氏的新准，不仅是定律器，也是世界上第一件建立在十二平均律理论基础上的弦乐器。西方的第一件十二平均律的乐器是意大利人克里斯托弗利（Bartolomeo Cristofori，1655～1731）大约在 1711 年创制的

① 陈应时：“‘均准’和律琴”。《乐器》，1987 年第 4 期。

键盘乐器——钢琴。钢琴的调弦法是敲击以十二平均律设置的钢丝弦,这与朱氏准用手弹拨以十二平均律为准的丝弦在本质上完全一致。”①

朱载堉在物理声学史上的重大成就,更集中地体现在:他通过实验发现了律管存在管口校正问题,并成功地解决了这一问题,给出了一套在管长上完备符合十二平均律计算数据,同时保证各律管发音也严格符合十二平均律理论要求的物理定音器,这就是朱载堉的异径管律。

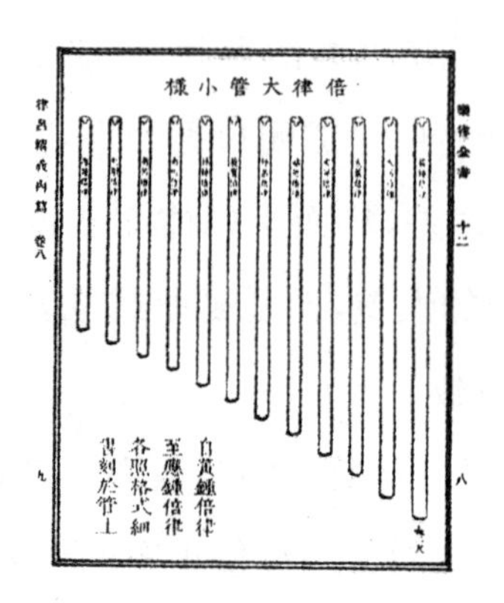

图 8　朱载堉律管小样图

朱载堉除了给出这些律管数据外,还给出了详细的制作工艺及小样图。从朱载堉原著看,他不但制作了这些律管,而且实际进行了测音,得出按三分损益律制作的“旧律皆不协”,而按他的尺寸制作的“新律皆相协”②的结论。

然而,律管发音和弦的发音有所不同,律管发音不是简单地和管长成正比,还设及管口校正等声学问题,从文献记载和前文的分析我们可知,朱载堉不但发现了律管发音的管口校正现象,而且通过实验和理论计算,独特地解决了这一千古难题,给出了一组经他测试完全符合十二平均律的律管制造数据和小样图稿。可是,朱载堉采用的管口校正数据是否合理呢?对此疑问的最终判断,还得依靠复原实验。

半个多世纪前,著名学者刘复在介绍朱载堉伟大成就时,就对朱载

① 王允红:“中国历史上弦准的发展”。《自然科学史研究》,1991 年,第 4 期。

② “新旧律实验第七”,《律吕精义·内篇》(卷五)。

堉的这组异径管律数据提出了看法,他认为:"这种计算法,无论内中有无缺点,总不失为一个有系统结构的东西,决不是信口乱说,可是我们中国人从来没有好好地研究它,实验它,只是报之以冷淡!"刘复先生进而呼吁:"要是我们能够合同了多数的学者再在这上面做多次的实验,……那么,朱氏的管径计算法,在世界音律史上当然也可以占到一个很重要的位置了。"

近百年来,陆续有中外学者对朱载堉的异径管律作过一些复原测音实验,但这些实验的结论却各执一端,有些甚至南辕北辙。有的学者发现,只要实验及测音过程中稍作技术处理,都可能影响实验的结论。这就使得朱载堉所采用的系统管口校正方法是否有效的问题一直悬而未决。

由于管律涉及管口校正等物理学问题,而管口校正又是以物理声学实验为主的专业性工作,因此有相当的学者在遇到管律问题时,都因研究思路或理论依据的不同而导致研究方法乃至研究结论出现差异。因此,虽然从 19 世纪起就有学者开始对朱载堉律管进行复原测音实验,但相当多的学者都没有严格遵守朱载堉律管的理论要求和制作规范,因而得到的实验结果也各不相同。在这些复原实验中,一个普遍性的错误是:将朱载堉律管当作闭口管,而对于朱载堉在各律管上端开设的统一大小的吹口忽略不计,从而导致最终实验结果的可信度大大减低,甚至出现相互矛盾的结果。如果按照朱载堉原著中给出的小样图作为标准,则已有的复原测音实验的绝大多数都是不严格的,因而其结果也不足为据。

我们可将已有的关于朱载堉异径管律复原实验的研究工作做一归纳统计。

表 6　朱载堉异径管律复原测音研究简况

研究者	实验或分析方法	实验结果	发表年份
马　容	仅作三只律管，开、闭口管都做了测音	合律	1890 年
杨荫浏	用闭口管发音公式计算模拟	基本合律，有细微误差	1952 年
庄本立	制作玻璃律管，测定闭口管发音	同上	1956 年
陈权芳	用试管模拟律管，测定闭口管发音	同上	1987 年
陈万鼐	用玻璃及金属材料复原，测定闭口管发音	同上	1992 年
刘　勇	用金属材料复原，测定开口管发音	合律	1992 年
徐　飞	用开口管发音公式并考虑管口校正后计算模拟	合律	1996 年

由上表 6 可见，近百年来对朱载堉律管的复原测音实验，以刘勇的复原工作相对符合朱载堉原著的要求，其结论也为我们判定朱载堉异径管律是否合律提供了接近历史真实的参考；其他学者的工作都是以闭口管作为测音基准，从形制规范上就错了，其结论自然也就不能作为评判朱载堉律管是否合律的依据了。

尽管我们运用现代物理学理论分析证明，在严格遵守朱载堉律管制作规范的前提下，朱载堉的异径管律完全符合十二平均律。但这一分析还需要实验的印证。我们期待能有专家将此实验严格完成，以下将着重对完成此实验相关的若干原则问题进行讨论。

1. 复原朱载堉异径管律的基本规范

在对朱载堉律管进行复原研究时，应当严格遵守朱载堉律管的形制规范，这是科学史研究的基本准则。根据《乐律全书》记载，朱载堉首先用实验证明，按古三分损益律制，取管径相同的律管制作出十二根律管无法还原,即无法实现“旋宫转调”[①],然后他又分析了问题产生的原因,并找到了调整律管发音的2个办法:改变管长或调整管径。由于要使管长符合十二平均律的定数,所以,朱载堉选择了改变管径的办法来进行管口校正,他用来给十二平均律定音的律管共有36根。分别表示从倍律黄钟到半律应钟的36律,相当于现代钢琴中央C及上下方3个八度音程。他设倍律黄钟律管通长2尺(夏尺),正律黄钟律管通长1尺,半律黄钟律管通长半尺,其余各律管通长和新法密率计算弦长一样;至于各律管内径和外径,则按《周礼·粟氏为量》“内方尺而圆其外”的方法,“置黄钟倍律九而一,以为外周”再“置倍律四十而一,以为内径”[②],这样“律管两端形如环田,有内外周径矣。外周内容之方即内径也,内周外射之斜即外径也。”因此,“倍律内径与正律外径同”“正律内径与半律外径同”,参见图9。

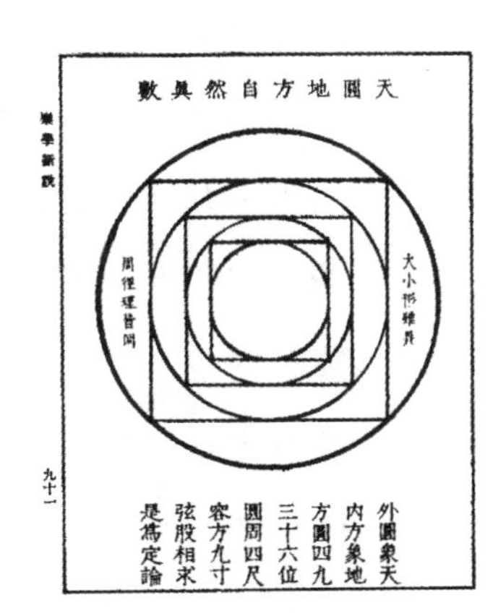

图9　朱载堉律管算法示意图

从图上可见,《粟氏为量》“内方尺而圆其外”的思想的确给朱载堉的算律带来启发。从几何学上看,符合如上图形关系的律管内径和外径尺寸,在数学上无疑是令人陶醉的。科学的审美功能有时也可能引导科学家得到意外的丰收。朱载堉采用这样相互镶嵌浑然一体的律管内外径尺寸,一是符合科学的简单性原则,从设计上很容易画出,再就是,在多数人还不甚明了等比数列计算关系之前,采用“内方尺而圆其外”的几何图形,只要懂得勾股定理以及直径和圆周的换算办法,即可逐一推算出

① 《律吕精义·内篇》(卷二)。

② 《律吕精义·内篇》(卷二)。

各律管的内径和外径尺寸,这种推算与解释的方法和中国传统学术思想相互兼容,容易为大众和朝廷接受。这也是为什么朱载堉在《乐律全书》中常常不厌其烦地一一给出各律管计算数据的原因。按照他的说法:这些数据是供“校正算术所用”。因为此时人们几乎还没有等比数列的认识,不可能像现代人这样用等比例关系来表达十二平均律。以朱载堉时代较为普遍的科学认识能力,要接受十二平均律,首先会遇到数学上的障碍,绕着弯子推算等比数列各项数值,多数人会难以理解朱载堉律管数据的来历,这样就不如三分损益律通俗易懂。这大约也是朱载堉的新法密率乃至相关的一系列成果久久不被广泛接受的一个重要原因。朱载堉实际上也看到了这一点。因此他在《乐律全书》中反复罗列了各个律管的各个部分的数据,这样对于造律者,只要“依乐器图样篇中所载通长及内外径之数足矣”[①]。由于不是每个人都精通算学,所以朱载堉还体贴地按照不同的学术要求,计算出不同精度的十二平均律数据,以供后人与时贤研究,可谓用心良苦。在计算时,朱载堉一般算到 9 位数[②]或 18 位数[③],在为工人造律的乐器图样中,则只取到前五位数[④]。然而,由于数学上的障碍以及社会历史的局限,他的理论一直寥无知音,甚至直到当代,仍然有一些学者仅仅根据$\sqrt[12]{2}$作为管长变化的等比数、$\sqrt[24]{2}$作为管径变化的等比数,就随意假定朱载堉律管的其他数据进行分析或实验,从而由错误假设开始,仍然对朱载堉律管得出各种误识来[⑤]。

事实上,朱载堉不仅对异径管律各部位的尺寸有严格规定,而且对

① 《律吕精义 · 内篇》(卷二)。
② “不取围径皆同第五之上”,《律吕精义》(卷二)。
③ “不取围径皆同第五之下”,《律学新说》(卷三)。
④ “乐器图样第十之上”,《律学新说》(卷八)。
⑤ 陈正生:“朱载堉异径管律分析”。《中国音乐学》,1987 年,第 1 期。

制作律管的材料、方法、工具以及操作工艺等，都有严格要求，并给出了详细的操作说明。按照朱载堉要求，制作律管的材料“宜准古法制律，以铜精妙简易，胜于用竹”[①]在具体制作时：

> 选铸镜匠，令作沙模，广五寸，长一尺五寸，以木作律管形，照铸镜法打成沙模。去管后用沙裹铁条，焙令极干，安于模中，溶铜铸之。
>
> 铸成、去铁条，其木管及铁条长短巨细随律样制，大率荒材里面须小，外面须大，但使有余，勿令不足也。工欲善其事，必先利其器。律管筒中须用钢钻钻之。其钻样制异于常钻，钻头四楞，形如方锥。磨令快利，长短大小随所造律，从小渐大，更换钻头，次第钻之。先将铜律管安在旋床上，手执钻柄，亦如旋匠常法，非如木匠所用之钻也。律之为用，其积数与声气在内不在外，故先治其内而后治其外。内外皆使光莹，合乎周径之数，然后截齐，使合长短之数。未成不可先截，恐钻伤口面故也。截毕，仔细校量，毫厘无差乃精妙矣。造成，镌其律名二字为识，内外皆以黄金镀之。此造律之大概也。[②]

为保证律管内径的精确，朱载堉特制了 36 根特殊的钢锉，造律的基本方法是，在已经铸造好的毛坯基础上，以锉内外修治，“外用方锉，内用圆锉”，至于锉的制法，也同样有着明确规定：

> 方锉若马齀锉之类是也，斯可治外；圆锉彼或无之，则令创造，似箭杆而细小，稍头微大，状如莲子，莲子周围即钢锉也。旋转入内取圆而已。黄钟倍律锉头圆径五分，黄钟半律锉头圆径二分五厘，如是

---

① “造律第七”，《律学新说》(卷一)。

② “造律第七”，《律学新说》(卷一)。

> 锉头有三十六等，先大后小，渐次更换。造成，以尺量之，令内外径与尺寸相合，名为合式也。①

对于制作律管的工人，朱载堉也有要求：

> 凡造律，必良工而后可也，俗工无与焉，……律理精微，工侔造化，周、径、幂、积，察诸毫厘，岂俗工所能哉。②

特别值得一提的，是朱载堉律管的特设吹口。该吹口“状如箫口，形似洞门”③，具体而言：

> 每律上端各有豁口，长广一分七厘六毫。倍律正律半律皆同。勿令过与不及，不及则浊，过则清矣。通长正数连豁口算者是也。④
>
> 洞门纵横皆广一分七厘六毫，乃黄钟正律内径之半也。律有长短广狭，唯吹口则无异，俱依此数。(吹口的制作应当“造律既成，而后刻口，故口在正数内。)⑤

这个特设的吹口正是朱载堉律管的画龙点睛之笔，此前我们已经证明，如果不考虑朱载堉律管的这一吹口，按照开口管发音，朱载堉的异径管律各律间尚有 1 音分左右的误差，这样三十六律累计的误差仍然比较明显，因此，朱载堉采用了一个统一大小的吹口，从整体上一次性校正了

---

① “新旧律实验第七”，《律吕精义・内篇》(卷五)。
② “造律第七”，《律学新说》(卷一)。
③ 《律吕精义・内篇》(卷八)。
④ “新旧律实验第七”，《律吕精义・内篇》(卷五)。
⑤ “乐器图样第十之上”，《律吕精义・内篇》(卷八)。

上述误差,使得异径管律完全合律。然而遗憾的是,近人在复原制作朱载堉律管时,几乎都没有考虑这一吹口的影响,因而其研究结论的误差也就显而易见了。

最后一个不可忽视的问题是对吹律者的要求。朱载堉要求:

> 吹律人勿用老弱者,气与少壮不同,必不相协,非律不协也。吹时不可性急,急乃焦声,非自然声也。
>
> 凡吹律者,慎勿掩其下端,掩其下端则非本律正声矣。故《汉志》曰:“断两节间而吹之”,此则不掩下端之明证也。尝以新律使人试吹,能吹响者,十无一二,往往因其不响,辄以指掩下端,识者哂之。虽然善吹律者,亦岂容易学哉。盖须宁神调息,绝诸念虑,心安志定,与道潜符,而后启唇少许,吐微气以吹之,令气悠悠入于管中,则其正音乃发。又要持管端直,不可轩昂上端;空围不可以唇掩之,掩之过半则声郁抑,气急而猛则声焦杀,皆非其正声矣。吹之得法,则出中和之音,甚幽雅可爱也。
>
> 大抵吹律,气欲极细,声欲极微,方得其妙。先王用此物以正五音耳,非若余乐器取其美听也。①

这一段精彩论述对吹律者素质、开管性质、气息控制、律管角度、嘴唇位置以及音量音色等均有详细交待。然而现代学者在实验吹律时,大多采取闭口管发音,从发音方式上就违背了朱载堉律管的原意。造成这种误识的一个重要原因,可能是闭口管发音较为容易,而开口管发音正如朱载堉所言“能吹响者,十无一二”。加上律学界误以为开口管和闭口管的发音只是相差一个八度,从而多数学者用闭口管的发音结果外推朱载堉的开口管,从而

---

① “吹律第八”,《律学新说》(卷一)。

导致了研究结论的必然性的误差。

事实上，如果要根据朱载堉原著的记载进行复原测音研究，就必须严格符合朱载堉律管的各项技术规范。尤其应当注意不能忽视吹口的存在，更不可用闭口管发音取而代之。既然朱载堉还引用《汉书》作为历史依据，强调开口管发音的正确性，又指出了开口管发音比较困难，因此可见，朱载堉异径管律是在严格的实验之后才得到的结果。如果用闭口管发音就可以得到合律的结果，朱载堉显然不必如此大费周章地选良工、开豁口去追求十个人有八九个吹不出的正音了。

因此，我们今天复原这套律管，也应当严格遵守朱载堉制订的形制规范，方可得到和历史事实相一致的结论。

系统考察朱载堉在十二平均律理论和实验两个方面所取得的成就，已经有充分的证据证明：朱载堉的异径管律和他的新法密率一样，是中国古代科学技术对世界文明的一大贡献。它通过严密的数理计算，大量的实验探索以及巧妙的工艺设计，一举解决了十二平均律管系统管口校正这一物理难题，确立了制作十二平均律音高标准器的基本规范，并成功地提供了第一个实际可行的制造方案、实物模型和测音结果。

由于朱载堉异径管律设计上的巧夺天工，以至于后人在几百年后仍要花费相当精力，才能完全认识其学理之精妙。这再次证明中国古代科技成果乃至中国古代文明的博大精深，难怪朱载堉也要在他的著作声声嘱咐：

此盖二千余年之所未有，自我圣朝始也，学者宜尽心焉。①

① “不拘隔八相生第四”，《律吕精义·内篇》(卷一)。

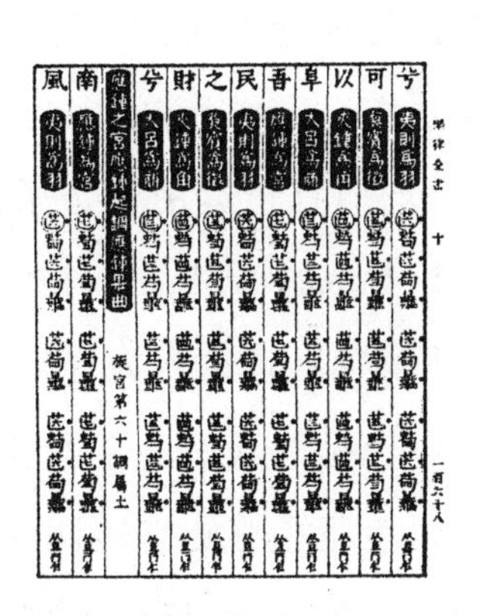

图10　朱载堉十二平均律旋宫琴谱

图11　巴赫十二平均律钢琴曲手稿影印图

现代中国学者对于朱载堉伟大成就的研究和宣传，自1933年刘复先生“十二等律的发明者朱载堉”一文首开先河，经过王光祈、杨荫浏、戴念祖、陈万鼐等诸多学者的合力发掘，以及音乐理论界的各种专业性研究，终于使海内外开始近一步认识到：朱载堉十二平均律的理论与实践，是中国古代对世界文明的一大贡献。当我们深入研读朱载堉著作，结合现代物理学理论，分析异径管律这一物理定音器时，不难发现朱载堉的成就的确令人折服。其十二平均律的理论计算结果创造了世界第一已被公认；与此同时，朱载堉那独具中国传统文化风格的分析思路和算律方法，也显示出中国古代学者在理论思辩方面同样可以和其他文明相媲美；特别重要的是，朱载堉在发现和调整律管发音的管口校正方面，同样创造了世界第一，他是人类文明史上第一个在十二平均律理论指导下，制造出严格遵守十二平均律的管式物理定音器和相应乐器的人。这一系列物理声学重要成就表明，中国古代声学中确有精彩华章。

在西方，一般认为最早对十二平均律做出完整数学计算的是荷兰学者斯特芬(Simon Stevin，1548～1620)以及法国数学家默森(Marin Mersenne，1588～1648)，他们的计算结果都要晚于朱载堉数年乃至数十年，而且几乎多是君子述而不作的理论推演，远不能和朱载堉从算法理论到计算结果再到弦准、律准制作，直至旋宫乐谱演奏这样一体化的解决方案相提并论。而将十二平均律真正运用于音乐创作，要迟至18世纪，1722年，德国作曲家巴赫(J. Sebastian Bach, 1685～1750)创作的《平均律钢琴集》，才真正使十二平均律从理论变为音乐现实。西方的第一件十二平均律的乐器——钢琴，也是意大利人克里斯托弗利在1711年前后创制成功。相比之下，朱载堉那能够旋宫转调的丝竹乐器，以及详细记录了各种可能的转调方式的旋宫乐谱，已经实现并刊行一个多世纪了。

朱载堉提供的简明易懂的弦准和律准小样图，使器乐工匠能够非常容易地制作出符合十二平均律要求的音高标准器及相应乐器。在西方由诸多学者合百年之力所完成的工作，在中国古代却全部出自朱载堉一人一著，这是当时乃至今日的许多学者都难以企及的。在朱载堉发明十二平均律的这一历史奇观背后，还有很多科学史之谜等待人们去探索和发现。但无论如何，众多学者从理论、乐理以及实验等诸多方面的研究结果，已经无可辩驳地证明：朱载堉创立十二平均律的理论与实践是古代中国对世界文明的一大贡献！

（吴　慧）

《中国科学技术通史》总目录

Ⅰ-源远流长

Ⅱ-经天纬地

Ⅲ-正午时分

Ⅳ-技进于道

正午时分

Ⅴ-旧命维新

《中国科学技术通史》总目录

后记

五卷本《中国科学技术通史》，是集合了国内一流学者在各自研究领域代表之作的重大文化工程，缘自中央领导同志的垂询与提议，由上海市新闻出版局立项，委托上海交通大学科学史与科学文化研究院与上海交通大学出版社，联合实施本项工程。

时任上海市新闻出版局局长的焦扬同志，在项目规划启动之初，即付出了大量心血。她的后任方世忠、徐炯等历任领导，都给予《中国科学技术通史》持续的关心。

依托上海交通大学科学史与科学文化研究院，组织全国各科技史研究单位的学术力量，以上海交通大学科学史与科学文化研究院院长江晓原教授为总主编，中国科学院自然科学史研究所两位前任所长：国际科学史与科学哲学联合会现任主席刘钝教授、中国科技史学会前理事长廖育群教授，以及傅熹年院士、剑桥李约瑟研究所现任所长梅建军教授、清华大学刘兵教授、北京大学张大庆教授、中国科技大学石云里教授等，包括上海交通大学科学史与科学文化研究院的多位著名教授，总共40多位来自国内科技史各领域的一流学者，欣然加入本书作者团队。

为保障《中国科学技术通史》（五卷本）编辑出版工作，社长韩建民博士亲自挂帅项目组，刘佩英、张善涛任项目统筹，同时吸纳多位有科技史专业背景的编辑人员，使得编辑团队既有出版经验，又有专业背景。特别是毕业于东京大学的科学史博士宝锁的加入，极大地提高了编辑队伍的学术水准。

在向上述各方深表谢忱的同时，还要感谢吴慧博士、毛丹博士、孙萌萌博士在审稿及大事年表、名词简释写作过程中的辛勤付出，感谢李广良副社长、耿爽小姐、唐宗先小姐在项目组织及实施过程中的卓越贡献。

上海交通大学出版社

2015年11月